普通高等教育"十二五"规划教材

土木工程专门地质学

姜晨光　主编

国防工业出版社

·北京·

内 容 简 介

本书从教学和科普的角度出发，图文并茂地阐述了土木工程专门地质学的学科特点、基本理论、基本方法，较为全面地介绍了当代工程勘察理论和技术，为读者打开了一扇了解土木工程专门地质学的窗口，为高校学生步入工程技术领域后解决各种地质问题提供了最基本的知识储备，对各类工程勘察活动具有重要参考价值。

本书是大土木工程领域的专业基础课教材，适用于本科或高职高专的土木工程、工程管理、交通运输工程、铁道工程、水利工程、水利水电工程、矿业工程、建筑学、城市规划、环境工程等专业。本书除了可以作为教材使用外，还是野外工作必读的基础读物，也是工程勘察工作者案头必备的简明工具书。

图书在版编目（CIP）数据

土木工程专门地质学 / 姜晨光主编. —北京：国防工业出版社，2016.5
ISBN 978-7-118-10748-7

Ⅰ.①土… Ⅱ.①姜… Ⅲ.①土木工程－工程地质学 Ⅳ.①P642

中国版本图书馆 CIP 数据核字（2016）第 102799 号

※

国防工业出版社出版发行
（北京市海淀区紫竹院南路 23 号　邮政编码 100048）
涿中印刷厂印刷
新华书店经售
开本 787×1092　1/16　印张 20¼　字数 462 千字
2016 年 5 月第 1 版第 1 次印刷　印数 1—2500 册　定价 48.00 元

（本书如有印装错误，我社负责调换）

国防书店：（010）88540777　　　发行邮购：（010）88540776
发行传真：（010）88540755　　　发行业务：（010）88540717

本书编委会名单

主　　　编：姜晨光

副　主　编：宋　艳　崔清洋　孙秀丽
　　　　　　张协奎　陈伟清（排名不分先后）

主要参编人员：李红英　赵　菲　王　栋
　　　　　　　武秀文　刘　颖　牛牧华
　　　　　　　王　伟　承明秋　王凤芹
　　　　　　　关秋月　纪　苏　薛志荣（排名不分先后）

前　言

　　土木工程专门地质学是解决人类土木工程活动中相关地质问题的科学。土木工程专门地质学可为各类工程建设的规划、选址、设计提供最基础的地学信息支持，是确保工程建设活动顺利进行的基础，也是确保各类工程结构物健康、可靠运营的最基本的技术保障，其在土木工程活动中的地位至关重要。各类工程结构事故或多或少都与土木工程专门地质学有关，地学信息工作做好了，工程结构事故就会大大降低，因此，从事工程建设活动的人们必须掌握基本的土木工程专门地质学知识。如何普及土木工程专门地质学知识是作者几十年孜孜以求的目标，作者在长期的教学、科研、生产实践中逐步梳理出了土木工程专门地质学的脉络，不揣浅陋编写出了这本教材。编写本教材的目的是希望大土木行业以及与地球科学有关联的学科的大学生们能通过学习本书使视野更加开阔，能对地球和地球科学有一个全面的、整体的认识，能以更开阔的思路来妥善解决实践活动中遇到的各种地质问题、实现"天、地、人"的良好和谐。本书在土木工程专门地质学基本理论的阐述上贯彻"简明扼要、深浅适中，以实用化为目的"的准则，强化了工程应用环节的介绍。本教材完全采用国家现行的各种规范、标准，大量删减并归纳了虽国内尚用，但略显落伍的知识、理论与技术，彻底淘汰了过时的、国内已不应用的知识、理论和技术，全面介绍了目前国际最新、最流行、最具普及性的知识、理论和技术，将"学以致用"原则贯穿教材始终，努力借助通俗的、大众化的语言满足读者的自学需求。

　　本书是作者在江南大学从事教学、科研和工程实践活动的经验积累之一，也是作者30余年工程生涯中不断追踪科技发展脚步的部分收获，本书的撰写借鉴了当今国内外的最新研究成果和大量的实际资料，吸收了许多前人及当代人的宝贵经验和认识，也尽最大可能地包含了当今最新的科技成就，希望本书的出版能有助于土木工程专门地质学知识的普及，对从事各类工程活动的人们有所帮助，对人与自然的和谐共处及协调发展有所贡献。

　　全书由江南大学姜晨光主笔完成，广西大学张协奎、陈伟清，无锡太湖学院刘颖、牛牧华、关秋月、崔清洋，青岛黄海学院宋艳、李红英、赵菲、王栋、武秀文，无锡市建筑设计研究院有限责任公司承明秋，无锡市建设工程设计审查中心纪苏，无锡水文工程地质勘察院薛志荣，江南大学孙秀丽、王伟、王风芹等同志（排名不分先后）参与了相关章节的撰写工作。

　　初稿完成后，中国工程勘察大师严伯铎老先生不顾耄耋之躯审阅全书并提出了不少改进意见，为本书的最终定稿做出了重大奉献，谨此致谢！

　　限于水平、学识和时间关系，书中内容难免粗陋，谬误与欠妥之处敬请读者多多提出批评与宝贵意见。

姜晨光

目　　录

第1章 概　述

1.1　地质学概貌

1.1.1　地质学的研究范围及学科分支

宏观上讲，地质学是研究地球及其他天体的组成、构造、发展历史和演化规律的科学。微观上地质学的研究对象主要是地球，属于地球科学（简称地学）的范畴。地质学的研究对象及其内容既有别于数学也不同于物理和化学，具有独特性和特有的研究方法及体系。地质学的经典研究领域是固体地球的最外层（包括地壳和上地幔的上部，亦即岩石圈），该部分与人类生活和生产密切相关，易于直接观测且研究历史最为悠久。当代地质学的研究范围随卫星、航天、超深钻探、海洋物探、高温高压实验、电子显微镜、计算机、遥感遥测、红外摄影、激光等新技术、新手段的应用而不断扩大，已从地球表层向深部发展（诞生了深部地质学）、从大陆向海洋发展（诞生了海洋地质学）、从地球向外层空间发展（出现了月球地质学、行星地质学、宇宙地质学等学科分支）。地质学是一个综合性的大学科，有研究地壳物质组成、分类、成因及转化规律的结晶学、矿物学、岩石学；有研究地壳运动、地质构造及成因的动力地质学、构造地质学、大地构造地质学；有研究地壳发展历史、生物及古地理演化规律的古生物学、地层学、地史学、第四纪地质学、区域地质学、古地理学、古气候学；还有各种各样的应用地质学学科，比如，资源方面的应用地质学学科——矿床学、找矿及勘探学、地球物理探矿、地球化学探矿，能源方面的应用地质学学科——煤田地质学、石油地质学、放射性矿产地质学、地热学，环境、人类生活和灾害防护方面的应用地质学学科——土木工程专门地质学、环境地质学、地震地质学，具有通用特征的水文地质学，等等；以及形形色色的边缘学科、综合学科及新兴学科，比如地球化学、地球物理学、地质力学、数学地质学、行星地质学、板块构造学、海洋地质学、实验岩石学、遥感地质学、深部地质学、同位素地质学、等等，不胜枚举。以上各个地质学分支学科还可进一步细分，比如古生物学可进一步分为古动物学、古植物学、微体古生物学、超微体古生物学等，而古动物学又可再分为古无脊椎动物学、古脊椎动物学等。就地球而言，地质学的研究对象及任务主要有 4 部分，即物质组成、动力地质作用、结构构造、演化规律。地质学的特征可概括为以下 4 点，即地质事件在空间上既宏观又微观；在时间上既短暂又缓慢；包括物理、化学、生物作用；具有四维特征，即地质现象具有四维性，三维空间加时间。

1.1.2　地质学的特点和历史演进

地质学的研究对象涉及悠久的时间和广阔的空间。地球自形成距今已有约 46 亿年的历史，在这漫长时间过程中地球发生过无数次沧海桑田、翻天覆地的重大变化，其中任何一个变化和事件（包括任何一粒矿物和一块岩石的形成和演化）都常常要经历数百万甚至数千万年的周期，其时间之长久远远超过人类的存在时间，对这些变化和事件进行研究既不能像研究人类历史那样借助文字和文物，也不可能像研究物理、化学那样单纯依靠实验室实验，而必须对地球本身发展过程中所遗留下来的各种记录进行推断、研究和分析。地球空间巨大，其不同地点、不同深度均具有不同的物质基础、外界因素和发展过程，海洋、大陆、大陆各部位、地球表层和深部都有其不同的发展轨迹和过程，因此，要全面、准确、深入地揭示地球的发展规律既要研究其共性，更要研究其个性、差异和相关性。

地质学是多因素互相制约的复合科学体系，其研究对象小到矿物组成（微观世界）、大到整个地球和宇宙（宏观世界），跨越无机界和有机界（从矿物岩石等无机界的变化到各种生命出现的演化），跨越常温常压和高温高压环境，涉及物理演变、化学演变、生物化学演变过程，涉及各种复杂、漫长的能量转化（地球本身各部分物质能量与地球、外部空间物质能量的相互转化）以及各种矛盾的消长与相互作用过程。地球上的任何一种地质过程都不是单一的物理过程和化学过程，地球自诞生以来不仅造就了光怪陆离的矿物世界、岩石世界、海洋大陆、高山深谷，也孕育了种类繁多的生物世界，其玄妙之处常使人们浮想联翩、匪夷所思（目前人类在实验室中合成最简单的生命物质也非常不易），地球演化地质过程的复杂性不言而喻。

地质学的研究由来已久，其萌芽可追溯到人类社会早期，人类在生产实践中认识与探究地质学知识又将这些知识应用于生产实践。地质学研究必须以地球为课堂、以自然为实验室，必须进行大量的野外调查研究以掌握大量实际资料，必须对调查和实验数据进行全面分析、对比和归纳才能得出粗浅的表象性的结论，利用这些表象性的结论指导生产实践必须不断地进行反演、修正、补充。

从某种意义上说，地质学的发展历史就是一部人类文明史，数十万年前旧石器时代的人类祖先在制造石器的过程中逐步掌握了一些岩石的特性，后来又在铜器时代、铁器时代的生产活动中逐步掌握了寻找有用矿产的某些规律，近现代矿产业的发展以及各类科学技术的进步与融合推动了地质学研究的进步并不断催生新的地质学理论。

1.1.3 地质学的研究方法及历史沿革

笼统而言，地质学的研究方法是收集资料→系统分析→实验论证→反演推理（将今论古）→提出假说。地质学的特点决定了其研究方法主要是实践基础上的推理论证。地质学推理的基本方法是演绎和归纳，演绎是指由一般原理推出关于特殊情况下的结论（比如凡是岩石都是地壳发展历史的产物，花岗岩是一种岩石，所以花岗岩是地壳发展历史的产物），归纳是指由一系列具体事实概括出一般原理（比如高山上发现成层的岩石，岩层中含有海生动物化石则说明高山的前身是海洋，这里曾发生过海陆变化），地质学研究中两种推理方法都能用到但归纳是更基本的方法。

地质学研究离不开野外调查。为认识地壳发展规律或了解某地区的地质构造和矿产分布情况，除应搜集和研究前人资料外还必须进行野外调查研究以积累大量感性资料，然后通过"实践、认识、再实践、再认识"循环往复的分析对比、归纳得出反映客观事物本质的结论。

地质学研究须借助必要的室内实验和模拟实验。室内实验是调查研究的重要辅助手段，野外采集的各种样品都要带回室内进行实验、分析和鉴定（比如岩矿鉴定、岩石定量分析、化石鉴定、同位素年龄测定等），为满足实际生产需要或探讨某些地质现象成因及发展规律，有时还需要利用已知岩矿的各种参数及物理、化学过程进行模拟实验。虽然这类实验结果的可靠性非常有限但其重要性却日益凸显，比如人类制造出的人工红宝石、石英、金刚石等既有实用价值，又有助于了解自然界矿物、岩石、矿床的形成和分布规律。人类通过室内地质力学模拟实验可大概推断出各种构造型式的形成条件和展布情况。

地质学研究需借助历史比较法（现实类比法），历史比较法是著名地质学家莱伊尔（Charles Lyell，1797—1875，英国）于19世纪提出的"以今证古"研究方法，人们研究地球历史、重塑地质时代的古地理环境经常使用这种方法。莱伊尔认为当前正在进行着的各种地质作用方式与地质时期是一样的，不同的只是量的差别，比如，目前海洋里沉积着泥沙、泥沙里夹杂着螺蚌壳，假如高山地层中发现螺蚌壳化石就可判断这高山所在曾经是一片海洋并得出结论"地表各处的山脉并不是从来就存在的而是地壳历史发展的产物"。莱伊尔认为地球上的一切地质记录（巨厚的地层、高大的山脉等）并不是什么剧烈的动力造成的，各种缓慢的为人所不察觉的地质作用只要经过漫长的岁月就可产生惊人的结果，这种理论称为均变论（Uniformitarianism）。莱伊尔认为"现在是认识过去的钥匙"，可从现在的已知推求过去的未知，可根据目前的地质过程和方式推断过去的地质过程和方式从而恢复地质时代的历史（这种方法也叫做现实主义方法或原则）。地质学家居维叶（G. Cuvier，1769—1832，法国）则认为地壳变化和生物发展不是自然界逐渐演化形成的，而是因发生多次超越现在人类认识范围和经验的短暂而猛烈的激变事件造成的，比如《圣经》所说的大洪水使一切生物遭到毁灭，上帝又来重新"创造"世界，"灾难—毁灭—再创造"，自然界按这种过程生物界不断形成新属种，如此反复、变化不已。这种观点被称为灾变论或激变论（Catastrophism）。居维叶的灾变论否认生物演化并带有浓厚的神的色彩因而受到批判，其观点也逐渐被均变论所代替。尽管均变论在反对灾变论、建立唯物主义进化观和研究方法中曾经起到进步作用，但莱伊尔只强调缓慢变化的一面而未顾及突变的一面（即只谈量变、未谈质变；只认识古今的一致性而未认识到古今的差异性。过去不会和今天完全一样，今天也不会是过去的重演，地球历史绝不会是简单的重复），因而也备受质疑，许多人认为在地球的长期发展过程中不能排除曾经发生过若干次灾变或激变事件。比如大量的陨石撞击，地磁极的多次反转，地质历史上多次冰川时期的出现等无疑都会影响地球发展的进程和各种平衡关系。现代地质学接受了莱伊尔现实主义的合理部分，即以今证古的原理，同时也注意到地球发展的阶段性和不可逆性以及在地球发展不同阶段自然条件的特殊性，比如大气成分不同、海陆分布形势不同、生物状况不同、地壳运动的方式和强烈程度不同等，因此，风化、侵蚀、搬运、沉积等各种地质作用的方式、速度也有差异，认为研究地球历史必须根据具体情况以历史、辩证、综合的思想作指导（而不是简单、机械地以今证古）才能得出正确结论，这种方法就是历史比较法或现实类比法。

随着大量地球监测数据的不断涌现，人们认为时间是地质事件及其结果最好的过滤器，即随着地球的发展和时间的延续，那些意义不大的地质事件及结果都被筛掉或过滤掉了，人们通过对某些作用结果的观测，比通过对不连续或微弱的信息直接监测地球的一般动力演化会更合理地认识某些地质过程，进而可更合理地研究现在、了解过去、预测未来，这种观点称为"以古证今"。即认为"研究过去是了解现在的钥匙和关键"。总体上讲，以上各种观点各有其合理的部分，应互为补充，古和今是一种辩证关系（以今可以证古、将古亦可论今），不可将它们对立起来。随着人类实践能力的提升、认识水平的提高、实验及探测技术的进步，人类对地质学的认识也将越来应合理、越来越准确，地质学知识的应用也必将不断向更高的水平跃进。

1.2　土木工程专门地质学的作用及学科特点

1.2.1　土木工程专门地质学的作用

土木工程专门地质学是利用地质学基本理论解决与人类工程建筑活动有关的地质问题的学科，属于应用地质学的范畴。也有人将其称为"土木工程地质"或简称"工程地质"。土木工程专门地质学的研究目的在于查明建设地区或建筑场地的工程地质条件，对场区及其有关的各种地质问题进行综合评价，分析、预测和评价在工程建筑作用下可能存在和发生的工程地质问题及其对工程结构物和地质环境的影响和危害，选择最优场地，提出防治不良地质现象的措施，为保证工程建设的合理规划以及工程结构物的正确设计、顺利施工和正常使用提供可靠的地质学依据。土木工程专门地质学是土建项目（比如住宅、楼宇、公路、铁路、机场、码头、堤坝、运河、桥梁、管道等）规划、选址、设计、施工、运营管理不可或缺的支持技术。

目前土木工程专门地质学研究内容主要集中在以下 5 个方面：

（1）确定岩土组分、组织结构（微观结构）、物理性质、化学性质、力学性质（特别是强度及应变）及其对建筑工程稳定性的影响，进行岩土工程地质分类，提出改良岩土的建筑性能的方法。

（2）研究由于人类工程活动影响而破坏的自然环境以及自然发生的崩塌、滑坡、泥石流及地震等物理地质作用对工程建筑的危害及其预测、评价和防治措施，比如地质灾害监测与预测预报理论及应用，地质灾害防治工程设计与施工，地质遗迹旅游开发与保护等。

（3）研究解决各类工程建筑中的地基稳定性问题，比如边坡、路基、坝基、桥墩、硐室以及黄土的湿陷、岩石的裂隙的破坏，重大工程地址区域稳定性研究分析，重大工程场址地质灾害危险性评价等，制定科学的勘察程序、方法和手段，直接为各类工程设计、施工提供地质依据，比如重大工程场址区地基或坝基工程处理、岩土体物理力学参数等的实验与分析、工民建中地基处理、基坑支护、桩基础设计与应用。

（4）研究建筑场区地下水运动规律及其对工程建筑的影响，制定必要的利用和防护方案。

（5）研究区域工程地质条件特征，预报人类工程活动对其产生的影响和变化，做出区域稳定性评价，进行工程地质分区和编图。

随着大规模工程建设的发展，土木工程专门地质学的研究领域日益扩大，其学科体系也在不断膨胀，除岩土学、工程动力地质学、区域工程地质学外，一些新的分支学科正在逐渐形成，比如城市工程地质学、环境工程地质学、工程地震学等。

城市工程地质是土木工程专门地质学的一个主要分支，其主要工作是为城市规划、高层建筑、地下建筑、工业与民用建筑进行工程地质勘察，其研究领域主要包括区域稳定性、地基稳定性、供水水源、地质环境等内容，环境水文地质及环境工程地质的研究、评价和预测工作也是城市工程地质工作的重要组成部分。地震工程地质主要研究重大工程附近的地震活动规律及其对工程结构物的影响，为较稳定地段的选择以及地震区的建筑如何采取抗震措施提出建议，是评价工程建筑地基区域稳定性的依托。城市水文地质学主要解决地下水资源可持续开发、地下水资源评价模型、同位素技术在水文地质学科中的应用、地下水污染防治技术、地下水开采诱发的环境地质问题。环境工程地质学主要解决城市环境地质、矿山环境地质、农业地质、废弃物卫生填埋的环境地质、特殊生态区（湿地、三角洲、沙漠等）开发中的环境地质问题。土木工程专门地质学的一个重要工作就是工程地质论证，工程地质论证是指在工程地质勘察阶段为比较和选出最优方案而对各类建筑工程的工程地质条件进行的分析研究工作，是为工程可行性进行的地质学分析，比如铁路、公路选线，厂房、水坝、核电站等的选址，以及相应的施工方法、施工条件等，论证内容主要为岩土性质、地质构造、水文地质、物理地质现象及地形、地貌等工程地质条件，包括预测可能产生的工程地质问题。

1.2.2 土木工程专门地质学的学科特点

土木工程专门地质学的学科特点可概括为以下 4 个方面：

（1）研究建设地区和建筑场地中岩体、土体的空间分布规律和工程地质性质，控制这些性质的岩石和土的成分和结构以及在自然条件和工程作用下这些性质的变化趋向；制定岩石和土的工程地质分类。

（2）分析和预测建设地区和建筑场地范围内在自然条件下和工程建筑活动中发生和可能发生的各种地质作用及工程地质问题（比如地震、滑坡、泥石流以及诱发地震、地基沉陷、人工边坡和地下洞室围岩的变形和破坏、开采地下水引起的大面积地面沉降、地下采矿引起的地表塌陷及其发生的条件、过程、规模和机制），评价它们对工程建设和地质环境造成的危害程度。

（3）研究防治不良地质作用的有效措施。

（4）研究工程地质条件的区域分布特征和规律，预测其在自然条件下和工程建设活动中的变化和可能发生的地质作用，评价其对工程建设的适宜性。

由于各类工程结构物的结构和作用及其所在空间范围内的环境不同，因而可能发生和必须研究的地质作用和工程地质问题往往各有侧重，因此，土木工程专门地质学又常分为水利水电工程专门地质学、道路工程专门地质学、采矿工程专门地质学、海港和海洋工程专门地质学、城市工程专门地质学等。

1.2.3 土木工程专门地质学的研究方法

土木工程专门地质学的研究方法包括地质学方法、实验和测试方法、计算方法和模拟方法。地质学方法即"自然历史分析法"，其运用地质学理论查明工程地质条件和地质现象的空间分布、分析研究其产生过程和发展趋势并进行定性判断，是工程地质研究的基本方法，也是其他研究方法的基础。实验和测试方法包括为测定岩、土体特性参数的实验；对地应力量级和方向的测试以及对地质作用随时间延续而发展的监测等。计算方法包括应用统计数学方法对测试数据进行的统计分析，利用理论或经验公式对已测得的有关数据进行的计算，据以定量评价工程地质问题。模拟方法目前主要为物理模拟（也称为工程地质力学模拟）和数值模拟，模拟方法以地质研究成果为依据进一步揭示地质原型以便查明各种边界条件，同时在实验研究获得有关参数的基础上结合工程结构物实际作用正确地抽象出工程地质模型，或利用相似材料及各种数学方法再现和预测地质作用的发生和发展过程。电子计算机在土木工程专门地质学领域中的应用使过去难以完成的复杂计算成为可能且能够对数据资料自动存储、检索和处理，甚至能将专家们的智慧存储在计算机中以备咨询和处理疑难问题（即所谓的工程地质专家系统或工程地质信息系统）。

与土木工程专门地质学的相关学科是普通地质学、构造地质学、板块构造学、矿物学、成因矿物学、矿床地质学、地层学、层序地层学、地震地层学、生物地层学、事件地层学、冰川地质学、地震地质学、水文地质学、海洋地质学、火山地质学、煤地质学、石油地质学、区域地质学、宇宙地质学、地史学、古生物学、古生态学、古地理学、沉积学、地球化学、岩石学、实验岩石学等。

1.2.4 土木工程专门地质学的重要成果

土木工程专门地质学的重要成果是工程地质图。工程地质图（Engineering Geological Map）是按比例表示工程地质条件在一定区域或建筑区内的空间分布及其相互关系的图件，是结合工程建筑需要的地质指标测制或编绘的地图，通常包括工程地质平面图、剖面图、地层柱状图和某些专门性图件，有时还有立体投影图，其以工程地质测绘所得图件为基础充实必要的勘探、实验和长期观测所获得的资料编绘而成，其同工程地质报告书一起构成工程地质勘察综合性文件，是工程结构物规划、设计和施工的重要基础资料之一。工程地质图按内容的不同可分为工程地质条件图、工程地质分区图和综合工程地质图等几类，工程地质条件图只反映制图区内主要工程地质条件的分布与相互关系，工程地质分区图的作用是在分析工程地质条件的基础上结合工程结构物特点划分出适宜与不适宜建筑的区段，综合工程地质图既反映工程地质条件又对它们做出综合评价且划分出适宜与不适宜建筑的区段，兼具工程地质条件图和工程地质分区图双重功能，目前一般多编制综合性工程地质图。工程地质图按用途不同可分为专用图和通用图两类。专用图只适用于某一建设部门，所反映的工程地质条件和做出的评价均与某种工程的要求紧密结合。比如，为道路建筑编制的工程地质图只需了解地表以下 10～15 m 深度内的工程地质条件；渠道建筑所需的工程地质图则必须反映土石的渗透性能；为一般工业民用建筑编制的工程地质图还需反映土石的承载能力等。通用图适用于各建设部门，是规划用的小比例尺图，主要反映工程地质条件的区域性变化规律。其以区域地质测量完成的1/20 万地质图为基础参阅区内已有的各种专用图件在室内编制而成。这种图可避免规划各类工程结构物场地的盲目性、减少不必要的损失，对地质环境的合理开发利用和保护极其有益。中国以往的工程地质图大多是各建设部门为各类工程结构物的设计和施工的需要经大比例尺工程地质测绘而编制的专用图，还有一些作规划用的中、小比例尺的通用图。工程地质图强调岩石构造和土质工程特性，其考虑岩相成因，但着重关注对工程影响而较少考虑年代区分（工程地质条件表现相同者可归为同一制图单元），同时还重视现代地质作用动态现象的表示，这样便于为开挖地基、公路和公共设施的修建，以及废物处理、矿产和水资源开采，或其他有关开发土地、整治国土等工程建设的直接需要做出适度解释和判断。各类工程所要求的技术指标是在了解工程性状基础上确定的，在大多数条件下受基岩物理性质控制，这些特性直接或间接地与工程研究所要求的强度和稳定性参数相关。

1.2.5　土木工程专门地质学的历史沿革

土木工程专门地质学是在漫长的人类历史发展过程中由于社会生产的发展和推动而逐渐形成和发展起来的，土木工程专门地质学产生于地质学的发展和人类工程活动经验的积累中。17 世纪以前，许多国家成功地建成了至今仍享有盛名的伟大工程结构物，但人们在建筑实践中对地质环境的考虑，完全依赖于建筑者个人的感性认识。

中国古代的许多大型工程建设便是人类生产和生活需求的产物，建成这些工程必须初步具备一些工程地质知识和经验。始建于公元前 722 年的鸿沟自河南省荥阳引黄入淮，始建于公元前 506 年的伍堰在江苏高淳县沟通太湖与长江，我们的先辈若不具备丰富的工程地质知识完成这些宏伟工程就是纸上谈兵。公元前 250 年李冰父子主持修建四川都江堰分水灌溉工程时，地形利用很巧妙，并能按河流侵蚀堆积规律制定出"深淘滩，低作堰"的治理方案，至今岷江水能够合理利用，灌溉川西平原、造福人民。公元前 200 多年史禄在广西兴安县主持修建的灵渠沟通了湘江和漓江，是连接长江和珠江的跨流域的工程，两千多年来航运不断，这一工程在地质地貌的利用方面非常符合工程地质原理。伟大的长城和大运河工程在规划和建造过程中也都对建筑地区的工程地质情况做了必要的勘察和了解。许多古代桥梁、宫殿、庙宇、楼阁等的建造均充分考虑地震和地下水的问题、选择良好地基、进行合适的加固处理，从而使这些工程结构物坚实稳定、经历千百年而依然屹立。

17 世纪以后，由于产业革命和建设事业的发展，出现并逐渐积累了关于地质环境对工程结构物影响的文献资料。18 世纪末，英国的工程师威廉·史密斯在修建道路和运河的过程中就注意到了对地质现象的观察，并第一个提出用化石确定地层的方法。在俄国，格里高利·马霍金写了《工厂施工回忆录》，讨论了有关水坝和工厂建筑的问题，可以认为是俄国第一本工厂建设的地质指南。19 世纪末欧美也提出了工程地质的概念，如勃拉乌所著的《土木工程专门地质学或地质学在工程中的应用》（1878）及法格涅尔的《地质学在工程事业中的应用》（1887）等。第一次世界大战结束后整个世界开始了大规模建设时期，20 世纪初开始出现了工程地质方面的专著。1929 年出版了 K. 泰沙基等人合著的《工程师应用地质学》，书中提出了土质学这一名词，并做了有关土质的详细研究，对崩塌、滑坡以及坝基、隧道稳定问题等做了深入探讨。西欧著名学者斯蒂尼（J. Stini）和汉·克劳斯（H. Cloos）对构造地质应用于工程地质分析上做了很多研究。奥地利学者缪勒（L. Muller）主张在工程建筑稳定分析中以地质分析为基础，即强调土木工程专门地质学的地质基础。在苏联，1939 年出版了萨瓦连斯基的《工程地质学》，系统阐述了工程地质的主要内容，他在苏联被认为是工程地质学的创始人。20 世纪 50 年代以来，土木工程专门地质学逐渐吸收了土力学、岩石力学和计算数学中的某些理论和方法，完善和发展了本身的内容和体系。

中国土木工程专门地质学的快速发展始于 20 世纪 50 年代，几十年来我国广大工程地质工作者为祖国各项工程建设付出了艰辛的劳动，做出了巨大贡献，同时也在实践中积累了丰富的经验、取得了大量成果。使中国土木工程专门地质学得以快速发展的原因是大量的土木工程建设活动，比如设计、建成的大量巨型水利工程，如新安江、新丰江、刘家峡、三门峡、李家峡、龙羊峡、乌江渡、鲁布格、天生桥、五强溪、葛洲坝、二滩、小浪底、三峡等数以百计的大型水利水电工程；建设完成的众多铁路及枢纽工程，比如宝成、黔桂、成昆、川黔、滇黔、鹰厦、焦枝、枝柳、兰新、湘黔、襄渝、大秦、京九等普速铁路及目前大量兴建的高速铁路；建设完成的众多矿山，比如鞍钢、武钢、攀钢、金川、白银、三山岛等，石油基地，煤炭基地；新兴城市的兴建，比如攀枝花、白银、金昌、大庆、三门峡、深圳，大量城市的扩建；高速公路、立交桥和高层建筑的建设。

思考题与习题

1. 简述地质学的研究范围及学科分支。
2. 地质学的学科特点是什么？
3. 地质学的主要研究方法有哪些？各有什么特点？
4. 简述土木工程专门地质学的作用。
5. 简述土木工程专门地质学的学科特点。
6. 土木工程专门地质学的研究方法有哪些？各有什么特点？
7. 简述工程地质图的作用、特点和应用方法。

第2章 地球概貌

2.1 地球的圈层与地壳

  地球是一个类球状体（见图 2-1-1），地球赤道横截面不是正圆形，为近似椭圆形，其长轴指向西经 20°和东经 160°方向，长短轴之差为 430 m。赤道面不是地球的对称面，从包含南北极的垂直于赤道平面的纵剖面来看，其形状与南极大陆相比基准面凹进 24 m；位于北极的没有大陆的北冰洋却高出基准面 14 m。同时，从赤道到南纬 60°之间高出基准面，而从赤道到北纬 45°之间低于基准面。用夸大了尺寸的比例尺看是一个近似"梨"的形状。为了研究地球，人们喜欢将地球形状简化，简化的第一个模型是物理模型——大地体，大地体的表面称为大地水准面，大地水准面上各点的重力相等（图 2-1-2），大地水准面是地球上衡量高低的基准，地面点沿铅垂线方向到大地水准面的距离即为该点的高程（比如珠穆朗玛峰峰顶高程为 8844.43 m）。简化的第二个模型是数学模型——总地球椭球，总地球椭球是衡量点的球面位置的基准（即经纬度的基准面）。大地水准面不是一个规则球面，其有地方隆起、有地方凹陷，相差可达 100 m 以上。

 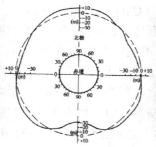 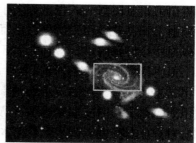

（a）太空中所见的地球 （b）梨状地球固体表面 （c）地球在宇宙中的位置

图 2-1-1 地球的自然形态

 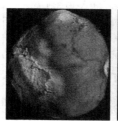

（a）美国宇航局"全球数字高程模型" （b）欧空局卫星绘制的地球重力场图谱

图 2-1-2 地球的物理模型

2.1.1 地球的基本参数

地球的基本参数为总地球椭球数据，比较准确的数据来源于 WGS-84，地球的极半径为 6356752.3142 m、赤道半径为 6378137 m、平均半径为 6371 km、扁率为 1/298.257223563。非测地领域可将地球作为圆球对待。

2.1.2 地球的主要物理性质

1. 地球密度

地球平均密度为 5.516 g/cm³、地表岩石平均密度为 2.7 g/cm³、地心密度为 13 g/cm³，地球密度随深度的变化见图 2-1-3。

2. 地球压力

地球内部压力随深度加大逐渐增高（图 2-1-4），深度每增加 1 km 压力增加 27.5 MPa（1MPa=10^6 N/m²）。深部随着岩石密度的加大其静岩压力增加得更快，静岩压力在莫霍面附近约为 1200 MPa、古登堡面附近约为 135200 MPa、地心处估计可达 361700 MPa（相当于 360 万个大气压力）。

3. 地球重力

地球重力 P 是地球自转引起的离心力 d 和地球引力 F 的合力（图 2-1-5），即 $P=F+d$。其中，$F=G \cdot M \cdot m/R^2$，$d=r \cdot \omega$，G 为万有引力常数、ω 为角速度、m 为地球质量。由于离心力相对很小（即使在赤道也只有万有引力的 1/289），故重力基本上等于万有引力，方向也基本指向地心。为便于比较，人们习惯用单位质量所受的引力来表示重力（重力加速度 g），即 $g=G \cdot M/R^2$，g 的单位为伽（Gal），1 Gal=1 cm/s²。

地球的重力在外部随纬度增加而增加、随海拔高度的增加而减小。若将地球视为均质体，则可以海平面为基准计算出不同纬度的标准重力值，即 $g=987.032[1+5.3×10^{-3}×\sin^2\varphi - 5.9×10^{-6}×\sin^2(2\varphi)]$，其中，$g$ 为重力（Gal，伽）、φ 为纬度。

地球的重力在地球内部的变化比较复杂（图 2-1-6），影响重力大小的不是整个地球的总质量而主要是所在深度以下的质量。由于地壳与地幔的密度都比较小，从地表到地下 2900 km 的核幔界面，重力大体上是随深度增加而略有增加（但有波动）。在核幔界面上，重力值达到极大（约 1069 Gal），再往深处去则各个方向上的引力趋向平衡，重力值逐渐减少，直至变小为零。

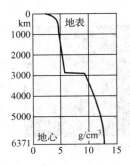
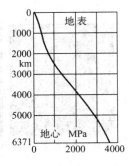
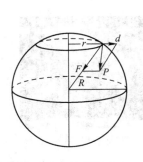
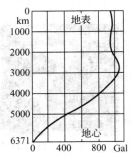

图 2-1-3　地球密度变化　图 2-1-4　地球内部压力　图 2-1-5　地球重力 P　图 2-1-6　地球内部重力

实际测得重力值与理论重力值间的差值称为重力异常，实测重力值大于理论重力值称为正异常；实测重力值小于理论重力值称为负异常。在埋藏有密度较小物质（比如石油、煤、盐等非金属矿产）的地区常显示负异常；而埋藏有密度大物质（比如铁、铜、铅、锌等金属矿产）的地区就显示正异常。因此，人们通常通过重力测量来圈定重力异常的区域，寻找那些引起重力异常的非金属和金属矿产，这就是地质勘查中常用的重力勘探方法。

4. 地球磁场

地球周围存在的磁场称为地磁场。地磁场有两个磁极（磁北极位于地理北极附近，磁南极位于地理南极附近，但不重合），目前地磁轴与地球自转轴的夹角现在约为 11.5°（图 2-1-7），1980 年实测的磁北极位于北纬 78.2°、西经 102.9°（加拿大北部），磁南极位于南纬 65.5°，东经 139.4°（南极洲）。

磁场强度、磁偏角、磁倾角称为地磁三要素（图 2-1-8）。磁场强度为某地点单位面积上磁力大小的绝对值，是一个具有方向（磁力线方向）和大小的矢量，一般在磁两极附近磁感应强度大（约为 60 μT（微特斯拉））、在磁赤道附近最小（约为 30 μT）。磁偏角是指磁力线在水平面上的投影与地理正北方向间的夹角，即磁子午线与地理子午线间的夹角，磁偏角的大小各处都不相同：在北半球，若磁力线方向偏向正北方向以东称"东偏"，偏向正北方向以西称"西偏"，我国东部地区磁偏角为西偏、甘肃酒泉以西地区为东偏。磁倾角是指磁针北端与水平面的交角，通常以磁针北端向下为正值，向上为负值，地球表面磁倾角为 0°的各点的连线称地磁赤道，磁倾角由地磁赤道到地磁北极由 0°逐渐变为+90°；由地磁赤道到地磁南极由 0°变成-90°。

5. 地球温度

人们通过火山和温泉意识到地下深处是热的，地球的温度总体上是从地表向地内逐渐增高的（图 2-1-9）。地表附近受太阳辐射热影响温度有昼夜变化、季节变化和多年周期的变化，这一表层可称"外热层或变温层"，外热层深度一般为十几米。在外热层下界面附近地温常年保持不变，等于或略高于当地年平均气温，该处称为常温层。常温层以下受地球内部热量影响温度会逐渐升高，人们将常温层以下每向下加深 100 m 所升高的温度称为地热增温率或地温梯度，这是由于地球内部热量通过向上热传导而造成的。地区不同其地温梯度也不相同，地球表层的平均地温梯度为 3℃、海底地温梯度一般为 4～8℃、大陆为 0.9～5℃，大陆地温梯度通常显著低于海底。

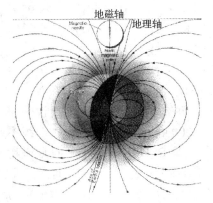

图 2-1-7　地磁轴与自转轴

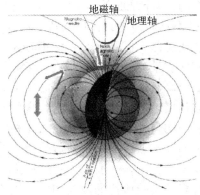

图 2-1-8　地磁三要素变化

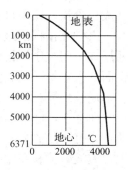

图 2-1-9　地球内部温度

6. 地球弹塑性

地球具有弹性特征，表现为地球内部能传播地震波（地震波是弹性波）；地表的固体岩石在日、月引力的作用下会有交替的涨落现象，其幅度为 7～8 cm，这种现象称为固体潮。也说明固体地球具有弹性。地球的自转能引起地球赤道半径加大而成为椭球，在应力作用下岩石会发生弯曲而不破裂，这些都说明地球具有塑性特征。

2.1.3 地球的内部圈层

地球的内部圈层是指从地面往下直到地球中心的各个圈层，包括地壳、地幔和地核。由于人们无法用直接观察的方法来研究地球内部构造，故只能采用地球物理方法（即利用地震波的传播变化）来研究地球内部构造情况或借助宇宙地质来判断地球内部的成分，比如陨石的成分。地震波分为纵波（P）和横波（S），纵波可在固体和流体中传播（速度较快）、横波只能在固体中传播（速度较慢），地震波的传播速度随所通过介质的刚性和密度变化而改变。如果地球从表及里是由均一物质组成的，则地震纵横波速度在任何深度和任何方向都应该相同。根据地球内部震波传播曲线，人们发现震波传播速度随深度会发生变化，且有些地方还会发生突然变化，由此推断地球内部物质很不均一且存在许多界面，地震波在地下若干深度处传播速度发生急剧变化的面称为不连续面，其中两个变化最显著的不连续面称为一级不连续面，即莫霍洛维奇不连续面和古登堡不连续面，亦即莫霍面和古登堡面。莫霍面（莫氏面，南斯拉夫学者 A.莫霍洛维奇契于 1909 年首先发现）位于地下（自海平面起算）平均 33 km 处（大陆部分），其纵波速度由 7.6 km/s 以下急增为 8.0 km/s，其横波则由 4.2 km/s 增到 4.4 km/s。古登堡面（美国学者 B.Gutenderg 于 1914 年发现）位于 2900 km 深处，其纵波速度由 13.32 km/s 突降为 8.1 km/s，而横波至此则完全消失。于是，人们根据这两个一级不连续面（莫霍面和古登堡面）将地球内部划分为 3 个 I 级圈层，即地壳、地幔和地核。地壳是莫霍面以上的地球表层，其厚度变化在 5～70 km，其中大陆地区厚度较大，平均约为 33 km；大洋地区厚度较小，平均约为 7 km；总体平均厚度约 16 km，地壳物质的密度一般为 2.6～2.9 g/cm^3。大陆地壳（上地壳）主要为富硅铝的硅酸盐矿物组成（称硅铝层），大洋地壳（下地壳）主要为富硅镁的硅酸盐矿物组成（称硅镁层，因其密度较大，故主要分布洋底地壳或大陆地壳的下部）。地幔是莫霍面与古登堡面之间的一个巨厚圈层，其厚度约 2850 km、平均密度为 4.5 g/cm^3。地核为古登堡面以下地心的一个球体，半径为 3480 km，地核的密度达 9.98～12.5 g/cm^3，其成分以铁镍物质为主。根据其状态可分为外核和内核。外核物态为液态，其成分除铁、镍外可能还有碳、硅和硫。内核物态为固态，其成分为铁镍物质。

人们还根据次级界面将地球的内部圈层进一步分为 6 个 II 级圈层。地壳可分为上下两层，中间被康拉德面所分开，但这一界面在海洋部分不明显，有可能根本不存在。莫霍面到古登堡面地震波传播速度大体缓慢且均匀变化（中间缺少一级不连续面，说明地幔物质较地壳具有很大的均匀性），但在约 400 km 和约 1000 km 深处各有一个次一级不连续面存在，即拜尔勒面和雷波蒂面，将地幔分为 3 层，即 B、C、D 层。可见地幔物质也具有一定的分异作用。目前，一般以 1000 km 为界把地幔分为上地幔和下地幔。上地幔震波数值和在橄榄岩中实验所得的数值相似，也称橄榄岩层或榴辉岩层。橄榄岩的成分和广泛分布的石陨石（又称球粒陨石）相似，和地壳相比其 SiO$_2$ 成分减少、镁铁成分增加。上地幔包括 B、C 两层，其中 B 层又可分成 B′和 B″两层，位于莫霍面以下的 B′层相当于固态的橄榄岩层，通常把这一层加上地壳合称为岩石圈，在深度 60～400 km 范围内震波速度明显下降，尤其在 100～150 km 深度左右下降更多，这一层被称为古登堡低速层，相当 B″层。一般认为这一层可能有部分熔融现象且具有较大的塑性或潜柔性，因此又称其为软流圈，软流圈的深度、厚度和范围因地而异，边界有起伏变化，有时呈渐变关系。软流圈温度大约为 700～1600℃，这里可能是岩浆的主要发源地，同时地壳运动、岩浆活动、火山活动以及热对流等皆可能与此层有关。上地幔下部（C 层）也有次一级不连续面。中、深源地震（最深可达 720 km）的震源皆发生在上地幔中，因此，上地幔研究日益受到国际重视。下地幔（D 层）物质密度较大，一般为 5 g/cm³ 以上，在底界接近地球的平均密度、压力可达 $1.5×10^{11}$ Pa。目前认为其化学成分仍然相当于镁铁的硅酸盐矿物，与上地幔无甚差别。由于这里压力很大，这些硅酸盐矿物可能形成晶体结构紧密的高密度矿物。由于纵波和横波都能在地幔通过，因此一般认为地幔呈固态存在。人们根据地震纵波的变化情况将地核进一步分为外核（E 层）、过渡层（F 层）和内核（G 层），据推测地核物质非常致密（密度 9.7～13 g/cm³），地核总质量为 $1.88×10^{21}$ t（占整个地球质量的 31.5%）、压力可达 $3.0～3.6×10^{11}$ Pa、温度为 3000℃，最高可能达 5000℃或稍高，外核因只有 P 波能通过而呈液态，过渡层和内核有 S 波出现、呈固态，地核的成分众说纷纭，很早时认为是铁镍成分，相当于铁陨石的成分，称为铁镍地核说。后来有人认为组成地核的物质也是硅酸盐，但在高温高压下原子结构受到破坏而使各元素原子中的电子游离出来，好像原子核进入了电子之中，因而具有很大的密度和良好的导电性而成为具有金属特性和液体特性的物质，即所谓"压力电离现象"，这种物质状态称为超固态。目前人们借助冲击波动力研究已能进行超过地心压力的实验，实验显示在 $5×10^{11}$ Pa 超高压情况下并不产生硅酸盐金属化，即不存在"压力电离现象"，同时人们也求得了超高压下物质密度与压力的关系以及相当的 P 波速度值，实验结果表明，P 波速度相当于铁族金属。这样，就对硅酸盐金属化假设提出怀疑而重新肯定了铁镍地核说，并认为其中可能还存在一些硅、硫等较轻的元素。美国哈佛大学的地球物理学家根据地震波在地球内部传播情况的监测和分析发现，地震波在包含地球自转轴的平面方向容易穿透地核，而在与地球自转轴垂直的赤道平面则较难穿透地核，从而提出地核形状接近于圆柱体的形状，其中轴线与地球的自转轴重合。

比较一致的观点认为上地幔为从莫霍面至地下 1000 km 的层面，其平均密度为 3.5 g/cm³，成分主要为含铁镁质较多的超基性岩，在上地幔上部 100～350 km 存在一个由柔性物质组成的圈层，即软流圈，地震波的低速带，此软流圈之上的固态岩石圈层称为岩石圈。下地幔为地下 1000 km 至古登堡面之间的层面，其平均密度增大为 5.1 g/cm³，成分仍为含铁镁质的超基性岩，但铁质的含量增加。

2.1.4　地球的外部圈层

在固体地球之外还存在另外三个圈层，即大气圈、水圈和生物圈，它们是地球的重要组成部分，它们与固体地球休戚相关，共同演化、塑造着多姿多彩的地球。

1. 大气圈

从地表（包括地下相当深度的岩石裂隙中的气体）到 16000 km 高空都存在气体或

基本粒子，总质量达 5×10^{15} t（占地球总质量的 0.00009%）。主要成分 N_2 占 78%、O_2 占 21%、其他占 1%（包括 CO_2、水汽、惰性气体、尘埃等）。地球表面形成大气圈是与地球形成和演化分不开的，地球在其形成和演化过程中总是要分异出一些较轻的物质，轻的物质上升，积少成多形成大气圈。上升的气体不会从地球表面跑到宇宙空间中的主要原因是地球引力把大气物质拉住了，从而形成一个同心状的大气圈（物体脱离地球的临界速度是 11.2 km/s。氧分子运动速度是 0.5 km/s、氢分子的运动速度是 2 km/s，这种速度是无法脱离地球引力场的。只有一部分氢和氦在宇宙射线作用下可以被激发而产生很高的速度脱离地球引力。这样，大气圈中氧和其他气体的成分就相对增加了）。月球表面重力只有地球重力的 1/6，物质脱离月球的速度为 2.38 km/s，故月球上分异出的气体物质很容易脱离月球，这样月球就不可能形成大气圈。地球大气圈成分是随时间变化的，最初大气中的 CO_2 可能达到百分之几十，大约在 3 亿年前因植物大规模繁盛才演化成接近现今的大气成分（目前大气中的二氧化碳只有 0.046%），大约在 1 亿年前大气的温度才接近现今的温度。从地史发展看，CO_2 的多少是影响地表温度的一个重要因素，CO_2 增多，地球的温度将会增高。有关资料显示工业革命以来 CO_2 含量已增加 13%，因此人们推测地球的大气温度将会越来越高。大气圈是地球的重要组成部分，是地球生命的保护神，大气为地球生物生活供给了必需的碳、氢、氧、氮等元素，大气使生物免受宇宙射线危害，大气确保了地球表面温度不发生剧烈变化和水分不散失（没有大气圈地球将不会存在水分），一切天气变化（比如风、雨、雪、雹等）都发生在大气圈中，大气是地质作用的重要因素，大气与人类生存和发展密切相关，大气容易遭受污染，大气环境质量直接关系人类健康。

笼统而言，大气圈是指因地球引力而聚集在地表周围的气体圈层，大气圈中的气体主要集中于地表以上 18 km 的范围内（往上气体变得极为稀薄），主要成分为氮 78.09%、氧 20.94%、氩 0.93%、其他 0.04%（按体积计算），由地表往上可分为五个次级圈层，即对流层、平流层、中间层、暖层、扩散层或散逸层。对流层平均厚度 12 km，含大量水蒸气和尘埃，表现为强烈的对流，风、霜、雨、雪、雹、雾等气象现象均发生于此层。平流层为从对流层顶到地表以上 55 km 的范围，该层大气以水平运动为主，几乎不含水蒸气、尘埃，也无天气现象。中间层为从平流层顶到地表以上 85 km 的范围，该层大气呈对流运动，存在电离层，可反射无线电波。暖层（也称电离层）为从中间层顶到地表以上 800 km 的范围，内部存在多层电离层，能强烈反射无线电波。扩散层为从暖层顶到外层空间的区域，其物质多以原子、离子状态存在，是地球物质向宇宙空间扩散的部位。

2. 水圈

地球的水圈主要以液态（绝大部分）、固态（少部分）和气态（极少部分）形式存在，包括海洋、江河、湖泊、冰川、地下水等，是一个连续、不规则圈层。地球水圈质量约为 1.41×10^{18} t（占地球总质量 0.024%，比大气圈质量大得多，但与其他圈层比仍相当小），其中海水占 97.2%、陆地水（包括江河、湖泊、冰川、地下水）占 2.8%，陆地水中冰川占水圈总质量的 2.2%，其他陆地水所占比重非常微小。当然，水分还散布在大气中、生物体内（生物体的 3/4 由水组成）、地下岩石与土壤中。可见，水圈并非独立存在的，而是与其他圈层互相交融渗透。地球上有水，但月球、水星、金星上都没有水（金星表面温度较高，水都变成蒸汽跑掉了），火星上的水不少于地球但几乎都是以冰的形式存在的，火星以外的行星表面温度更低、难以存在液态水，土星光环就是由冰块组成的。大气圈中存在的水只占水圈总量的十万分之一，但其意义却非常重大（因为大气中的水分不时凝结为雨、雪降下，又不时从地面和海面得到补充），是水分循环的中转站（这个中转站对人类及生物圈的生存至关重要），每年大约有 $4.46×10^{14}$ t 的水分经过蒸发进入大气圈，同时也有相等数量大气中的水分经过凝结又降回大地（其中大约有 1/5 降落在陆地上）。地球上的原生水是地球物质分异的产物，火山喷发常有大量水汽从地下喷出便是证明。1976 年阿拉斯加的奥古斯丁火山喷发时一次喷出的水汽达 $5×10^6$ kg。当然地球上的水圈是逐渐演化而成的。水圈是地球构成有机界的组成部分，对地球发展和人类及生物生存具有决定性作用，因此，水圈是生命的起源地，没有水也就没有生命。另外，水是多种物质的储藏床，是改造与塑造地球面貌的重要动力，是最重要的物质资源与能量资源，水资源的多寡和水质的优劣直接关系着经济发展与人类生存。

笼统而言，水圈是指地球表层由水体构成的连续圈层，其物态有固、液、气三种状态，水体的形式有河、湖、海、冰川（盖）、水蒸气、地下水等，并形成了一个包裹着地球的完整圈层，地表上直接被液态水体覆盖的区域占地表面积的 3/4。在太阳能、重力等的作用下，水圈中的水体周而复始地运动形成水循环，水循环的方式主要有海洋与大陆间的循环、地表与地下间的循环、生物体与周围空间的循环、水圈与大气圈间的循环。

3. 生物圈

地球生物圈是指地球表面有生物存在并感受生命活动影响的圈层。目前世界上已知的生物有约 250 万种，其中动物约 200 万种、植物约 34 万种、微生物约 3.7 万种，整个生物圈的质量不大，仅为大气圈质量的 1/300，但起到的作用却非常巨大，生物圈具有相当的厚度（其绿色植物的分布极限大约是海拔 6200 m 左右，在 33000 m 高空中还存在有孢子及细菌），生物圈赋存在大气圈下层、岩石圈上层和整个水圈中（最大厚度可达数万米），其核心部分为地表上 100 m 到水下 100 m，即大气与地面、大气与水面的交接部位是生物最活跃的区域，厚度约 200 m 左右。在这个范围内具有适于生物生存的温度、水分和阳光等最好的条件。生物圈是地球演化过程中形成的一个特殊圈层，大约 30 亿年以前地球开始有了最原始的生命记录，大约 6 亿年前出现了生命演化的飞跃式发展。地球出现生物后便对地球的演化发生影响，生物的生长、活动和死亡使生物和大气、水、岩石、土壤不断进行各种形式的物质和能量交换、转化、更替，从而不断改变着地球环境，比如植物在光合作用过程中不断从大气中吸收 CO_2，放出 O_2，改变着大气成分，同时将碳固定下来并把它们的一部分埋藏在地壳中形成大量的地壳能源。据估计，每年大约有 $1.5×10^{10}$ t 的碳从大气转入到树木之中，煤炭就是某个地质时代树木被掩埋地下形成的。目前，地球生物圈每年大约可形成含碳量 $3×10^8$ t 的泥碳。空气中的 CO_2 溶解到水中形成 HCO_3^-，与 Ca^{2+} 结合形成 $CaCO_3$，沉积成为石灰岩，一部分为生物所吸收变成硬体（外壳、骨骼等）。另外，生物也参与了土壤的发育。

笼统而言，生物圈就是地球表层由生物及其活动地带所构成的连续圈层。两百多万种生物从高等到低等，从动物到植物，从细菌到微生物均生活于地球表面一定范围的陆地、水体、土壤及空气中，构成了一个基本连续的圈层。生物的演化发展受控于自然环境的演化，通过地质历史时期生物化石的研究就可以知道地质演化的历史。可以说，没有生物也就没有今天的地球面貌，没有生物也就不可能提供如此繁多的地球资源。

2.1.5 地球表面的形态

地球表面的形态称为地形，分陆地地形和海底地形两大块。按高程和起伏特征的不同，陆地地形可分为山地、丘陵、平原、高原、盆地和洼地等类型。山地是指海拔高程在 500 m 以上地形起伏较大、相对高程大于 200 m 的地区（海拔 500～1000 m 的称为低山；1000～3500 m 的称为中山；大于 3500 m 的称为高山，而线状分布的叫山脉）；丘陵是指高低不平、相对高程在 200 m 以下的小山丘；平原是指宽广平坦或略有起伏的地区；高原是指海拔高程在 600 m 以上表面平坦或略有起伏的地区；盆地是指四周是高原或山地中央低平（平原或丘陵）的地区；洼地是指陆地上高程在海平面以下的地区（比如新疆鲁克沁洼地，地面标高为-155 m）。如图 2-1-10 所示，海底地形和大陆地形一样复杂多样且规模庞大、奇特壮观，根据其基本特征可分为大陆架、大陆坡、海沟、洋脊、海山（海岭）等类型，大陆架是指与陆地连接的浅海平台，大陆坡是指大陆架外缘的斜坡，海山是指大洋底孤立的隆起高地，洋脊是指贯穿大洋中部的巨大海底山脉，海沟是指大洋边缘紧邻大陆的长条形洼地。海沟多为板块的结合部位，是由于大洋板块向大陆板块下俯冲造成的，大洋中最深的海沟为马里亚纳海沟，深度为 11 km。

（a）大西洋的海底地形

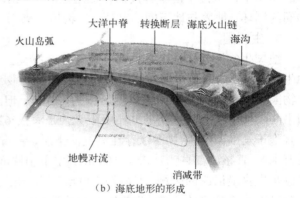

（b）海底地形的形成

图 2-1-10　海底地形

2.2　岩石中的矿物

地壳的物质组成是各种化学元素，亦即构成地壳物质的基本单元就是化学元素。地壳物质中包括了元素周期表中的绝大部分元素（但其含量极不均匀），氧、硅、铝、铁、钙、镁、钠、钾八种元素占了地壳物质重量的 98% 以上。美国化学家克拉克根据大陆地壳中的 5000 多个岩石、矿物、土壤和天然水的样品分析数据于 1889 年首次算出元素在地壳中的平均含量数值（重量百分比），后人为了纪念克拉克而将元素在地壳中的重量百分比称为克拉克值，见图 2-2-1。

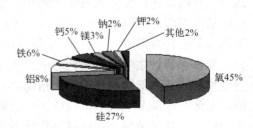

图 2-2-1　地壳元素的克拉克值

地壳中的各种化学元素在各种地质作用下不断进行化合会形成各种矿物。矿物是在各种地质作用下（或各种自然条件下）形成的自然产物（岩浆活动、风化作用、湖泊及海洋作用都可形成矿物），矿物具有相对固定和均一的化学成分（大多数是化合物，少部分是单质元素）及物理性质（矿物可认为是一种自然产生的均质物体），矿物不是孤立存在的，是按一定规律结合起来形成的各种岩石。笼统而言，矿物是在各种地质作用下形成的具有相对固定化学成分和物理性质的均质物体，是组成岩石的基本单位。绝大部分矿物具有晶体结构，只有一小部分矿物属于胶体矿物。食盐是一种矿物，它既具有相对固定的化学成分 NaCl（因其中常含有不定量的杂质，所以说是相对固定），又具有相对均一的物理性质，比如透明、硬度很小、立方形晶体、溶于水、味咸等，它是在一定自然条件下形成的（比如内陆湖泊在干燥气候条件下蒸发沉淀），因此，食盐是一种矿物。食糖虽然也具有一定的化学成分和物理性质，比如透明、硬度小、溶于水、味甜等，但在自然条件下不能形成，因此，食糖不是矿物。许多人工合成的化学药品虽都各有其化学成分和物理特性但均不能算作矿物。某些自然界存在的化合物可通过人工制造，人工制造的只能称其为人工矿物或合成矿物，比如人造金刚石、人造红宝石、人造水晶等。除了地球矿物以外，宇宙空间所形成的自然产物（比如组成陨石、月球岩石和其他天体的物质）也属于矿物（可相应称为陨石矿物或宇宙矿物）。矿物是人类生产资料和生活资料的重要来源之一，是构成地壳岩石的物质基础。自然界里的矿物很多，大约有 3000 种，最常见的只有五六十种，构成岩石主要成分的不过二三十种。组成岩石主要成分的矿物称为造岩矿物（占地壳重量的 99%）。各种矿物都具有一定的外表特征（形态）和物理及化学性质（可作为矿物鉴别的依据），矿物的基本性质可概括为矿物的内部结构和晶体形态、化学成分、集合体形态和物理性质等 3 个方面。

2.2.1 矿物的内部结构和晶体形态

1. 晶质体和非晶质体

所谓晶质体是指化学元素的离子、离子团或原子按一定规则重复排列而成的固体，绝大部分矿物都是晶质体。矿物结晶过程是在一定介质、一定温度、一定压力等条件下物质质点有规律排列的过程，质点的规则排列使晶体内部形成一定的晶体构造称为晶体格架，晶体格架相当于一定质点（比如离子等）在三维空间所成的无数相等六面体紧密相邻和互相平行排列的空间格子构造（比如食盐晶体格架按正六面体规律排列），不同的矿物组成其空间格子六面体的三个边长之比及其交角也多不相同，亦即不同矿物具有不同的、多种多样的晶体构造。适当环境下晶质体生长有足够空间时，晶质体会形成一定的几何外形（即具有平整的面）称为晶面，晶面相交称为晶棱，具有良好几何外形的晶质体通称晶体。大多数晶质体矿物因缺少生长空间会导致许多晶体同时生长、互相干扰而无法形成良好的几何外形。晶质体和晶体除外表形态有区别外其内部结构无任何区别，即二者概念基本相同。少数矿物会呈现非晶质体结构，凡内部质点呈不规则排列的物体都是非晶质体，比如天然沥青、火山玻璃等，这些矿物在任何条件下都不会呈现规则的几何外形。

2. 晶形

一定条件下矿物可以形成良好的晶体，比如晶体生长较快、生长能力较强、生长顺序较早或有晶洞、裂缝等允许晶体生长的空间。尽管晶体形态多种多样，但人们仍将其归结为单形和聚形两类，由同形等大晶面组成的晶体称为单形，单形矿物数量有限，只有 47 种；由两种以上单形组成的晶体称为聚形，聚形的特点是一个晶体上具有大小不等、形状不同的晶面。聚形千变万化，种类可以千万计。自然界晶体在结晶过程中因受各种条件限制往往多形成不甚规则或不甚完整的晶形。自然晶体中两个或两个以上的晶体有规律连生在一起的称为双晶，常见类型为接触双晶（两个相同晶体以一个简单平面接触而成）、穿插双晶（两个相同晶体按一定角度互相穿插而成）、聚片双晶（两个以上晶体按同一规律彼此平行重复连生而成）。双晶是某些矿物的重要鉴定特征之一。

3. 结晶习性

每种矿物都有它自己的结晶形态，晶体内部构造不同、结晶环境和形成条件不同，其晶体在空间三个相互垂直方向上发育的程度也不相同。相同条件下形成的同种晶体所具有的形态称为结晶习性，人们将结晶习性分为一向延伸、二向延伸、三向延伸等 3 种类型。石棉、石膏等晶体沿一个方向特别发育常形成柱状、针状、纤维状，称为一向延伸型；云母、石墨、辉钼矿等晶体沿两个方向特别发育常形成板状、片状、鳞片状，称为二向延伸型；黄铁矿、石榴子石等晶体沿三个方向特别发育常形成粒状、近似球状，称为三向延伸型。结晶习性对鉴定矿物有一定用处。有些矿物晶体晶面上常具有一定形式的条纹，称为晶面条纹。水晶晶体六方柱晶面上具有横条纹，电气石晶体柱面上具有纵条纹，黄铁矿立方体晶面上具有互相垂直的条纹，斜长石晶面上常有细微密集的条纹（双晶纹），这些条纹对矿物鉴定也有一定作用。

2.2.2 矿物的化学成分

1. 矿物的化学组成类型

每种矿物都有一定的化学成分，人们将其大致分为单质矿物、化合物、含水化合物等几种类型。

1）单质矿物

基本上由一种自然元素组成的称为单质矿物，比如金、石墨、金刚石等。自然界这类矿物数量不多。

2）化合物

自然界的矿物绝大多数都是化合物且多种多样的，按组成情况的不同可分为成分相对固定的化合物、成分可变的化合物。

（1）成分相对固定的化合物。其矿物化学组成是固定的（但往往或多或少地含有杂质或混入物）包括简单化合物、络合物、复化物等类型。

① 简单化合物。通常由一种阳离子和一种阴离子化合而成，成分比较简单（比如岩盐 $NaCl$、方铅矿 PbS、石英 SiO_2 以及刚玉 Al_2O_3 等）。

② 络合物。通常由一种阳离子和一种络阴离子组合而成，数量最多，常形成各种含氧盐矿物（比如方解石 $CaCO_3$、硬石膏 $CaSO_4$ 等）。

③ 复化物。大多数复化物是由两种以上的阳离子和一种阴离子或络阴离子构成，比如铬铁矿 $FeCr_2O_4$ 和白云石 $CaMg(CO_3)_2$。有些阳离子是共同的、阴离子是双重的，比如孔雀石 $CuCO_3 \cdot Cu(OH)_2$。有的阳离子和阴离子均为双重但比较少见。

（2）成分可变的化合物。其化合物成分不固定且会在一定范围或以任一比例变化，这种化合物主要由类质同像引起。类质同像是指结晶格架中性质相近的离子互相顶替的现象，互相顶替的条件是离子半径相差不大、离子电荷符号相同且电价相同。比如镁橄榄石 $Mg_2[SiO_4]$，Mg^{2+} 和 Fe^{2+} 都是二价阳离子，半径接近，分别为 $0.78\,Å$ 和 $0.83\,Å$，其中的 Mg^{2+} 经常可被 Fe^{2+} 所置换但并不破坏其结晶格架，这样，就使其在纯 $Mg_2[SiO_4]$ 和纯 $Fe_2[SiO_4]$ 之间出现含 $Fe_2[SiO_4]$ 百分比不同的过渡类型。类质同像中的离子置换有几种情况：

① 互相置换的离子电价相等称为等价类质同像（比如 Mg^{2+}、Fe^{2+}、Ni^{2+}、Zn^{2+}、Mn^{2+} 等或 Fe^{3+}、Cr^{3+}、Al^{3+} 等）。

② 几种离子同时置换、置换的离子电价各异但置换后的总电价相等的称为不完全类质同像，比如斜长石是钠长石 $NaAlSi_3O_8$ 和钙长石 $CaAl_2Si_2O_8$ 的类质同像系列，其置换方式是一面 Na^+ 和 Ca^{2+} 互相置换，另一面 Si^{4+} 和 Al^{3+} 互相置换，置换结果有的组分是在一定限度内进行离子置换；再比如闪锌矿 ZnS 中的 Zn^{2+} 可被 Fe^{2+} 所置换但一般不超过 20%。

③ 两种组分可以任何比例进行离子置换而形成一个连续类质同像系列的称为完全类质同像，比如 $NaAlSi_3O_8$ 和 $CaAl_2Si_2O_8$ 可形成完全类质同像系列。这种系列可根据两种组分的百分比划分不同的矿物亚种。

类质同像是矿物的一个非常普遍的现象，是形成矿物中杂质的主要原因之一，也是许多稀散元素在矿物中存在的主要形式。具有类质同像的矿物其分子式中一般将类质同像互相置换的元素用括号括在一起（中间用逗号分开，把含量高的放在前边）、络阴离子团用方括号括起来（比如橄榄石写成 $(Mg, Fe)_2[SiO_4]$、黑钨矿写成 $(Fe, Mn)[WO_4]$），有时也可不加括号而写成一般化学式的形式。

3）含水化合物

含水化合物通常指含有 H_2O 和 OH^-、H^+、H_3O^+ 离子的化合物，分吸附水和结构水两类。

（1）吸附水。吸附水是指渗入矿物或矿物集合体中的普通水，即呈 H_2O 分子状态、含量不固定，不参加晶格构造。这种水可呈气态而形成气泡水；也可呈液态或包围矿物颗粒而形成薄膜水，或填充在矿物裂隙及矿物粉末孔隙中形成毛细管水，或以微弱联结力依附在胶体粒子表面形成胶体水。蛋白石就是一种含不固定胶体水的矿物，其化学式为 $SiO_2 \cdot nH_2O$，常压下温度 $100\sim110℃$ 或更高一点时其吸附水就会从矿物中全部逸出。

（2）结构水。结构水是指参加矿物晶格构造的水，分结晶水和层间水两类。

① 结晶水。结晶水会以 H_2O 分子形式按一定比例和其他成分组成矿物晶格（比如石膏 $CaSO_4 \cdot 2H_2O$ 就含 2 个结晶水），结晶水在一定热力条件下可以脱水，脱水后其矿物晶格结构也将破坏，矿物的物理性质也将随之改变。比如石膏加热至 $100\sim120℃$，水分开始逸出变为性质不同的熟石膏。不同的含结晶水矿物其失水温度大致相同，这种特性有助于了解矿物的形成温度。结晶水逸出温度多为 $100\sim200℃$，最高不超过 $600℃$。

② 层间水。性质介于结晶水和吸附水之间的水称为层间水。胶岭石 $Mg_3(OH)_4[Si_4O_8(OH)_2] \cdot nH_2O$ 类黏土矿物具有层状格架，水分可进入其层间使层状格架间距加大，

水分也可排出而使格架间距缩小，因此胶岭石具有吸水体积膨胀的特性。

还有一类狭义结构水会以 OH^-、H^+、H_3O^+ 离子的形式进入矿物晶格，比如高岭石 $Al_4[Si_4O_{10}](OH)_8$、天然碱 $Na_3H[CO_3]_2 \cdot 2H_2O$、水云母（K，$H_3O$）$Al_2[AlSi_3O_{10}](OH)_2$ 等，这种水与结构联系紧密，需要较高温（约在 600～1000℃）才能使水分逸出、晶格破坏。一种矿物中可同时存在几种形式的水。

2. 矿物的同质多像特性

同化学成分的物质在不同外界条件（温度、压力、介质）下可结晶成两种或两种以上不同构造的晶体并构成结晶形态和物理性质不同的矿物称同质多像。矿物中的同质多像相当普遍，比如碳（C）在不同条件下可形成的石墨和金刚石（二者成分相同但结晶形态和物理性质相差悬殊）。掌握同质多像规律对确定矿物的形成温度具有一定意义，许多同质多像矿物的变体被称为矿物学温度计，比如三方石英 α 和六方石英 β 在常压条件下的转变温度为 573℃。压力变化对同质多像的转变也有影响，在 3000 大气压条件下 α 石英和 β 石英的转变温度为 644℃。介质的成分、杂质、酸碱度等对同质多像的变体的形成也有一定影响，比如 FeS_2 在相同温度和压力下，在碱性介质中生成等轴黄铁矿，而在酸性介质中则生成斜方白铁矿。研究同质多像有助于研究矿物形成的环境。

3. 胶体矿物

地壳中分布最广的除各种晶体矿物外还有胶体矿物，一种物质的微粒分散到另一种物质中的不均匀的分散体系称为胶体（前者称为分散相，其大小约为 10^{-5}～10^{-7} cm；后者称为分散媒）。胶体分散体系中分散媒多于分散相时称胶溶体，反之则称胶凝体。自然界分布最广的是某些细微固体质点分散到水中所成的胶溶体（胶体溶液），这些固体质点的最大特点是常带有电荷，比如 $Fe(OH)_2$、$Al(OH)_3$ 的分散颗粒带正电荷，SiO_2、MnO、硫化物等的分散颗粒带负电荷，且因其带电而具有吸附作用，即从周围环境中吸附大量带异性电荷的离子，这种特性虽然使某些胶体矿物常含有很多其他成分或杂质但也往往会形成钴、镍等重要沉积矿产。当其电荷被中和时，比如河流中的胶体质点进入海洋就会被海水中的电解质所中和，就会发生凝聚而沉淀（即胶凝作用）并富集成矿，这样形成的矿物实际上是胶体溶液失去大部分水分而成的胶凝体，即所谓的"胶体矿物"。比如 SiO_2、$Fe(OH)_3$ 等胶体溶液失水胶凝后即可形成蛋白石、褐铁矿等。胶体矿物在形态上一般呈鲕状、肾状、葡萄状、结核状、钟乳状和皮壳状等且其表面常有裂纹和皱纹（因胶体失水引起），结构上可为非晶质、隐晶质或显晶质（取决于胶体的晶化程度），化学成分上往往含有较多的水且成分很不固定（由胶体吸附作用和离子交换引起）。

2.2.3 矿物的集合体形态和物理性质

1. 矿物的集合体形态

自然界矿物除极个别以单独晶体出现外，大多数以矿物晶体、晶粒集合体或胶体形式出现。集合体形态既是矿物鉴定的重要特征指标也是反映矿物形成环境的依据。常见的集合体形态有 10 类，即粒状集合体、面线状集合体、致密块状体、晶簇、杏仁体（或晶腺）、结核体（或鲕状体）、蔬果状体、土状体、被膜体、化石体等。

（1）粒状集合体。是指由粒状矿物组成的集合体，多半从溶液或岩浆中结晶而成，当溶液达到过饱和或岩浆逐渐冷却时即会出现许多"结晶中心"且晶体会围绕结晶中心自由发展直至受到周围阻碍，然后便开始争夺剩余空间从而形成外形不规则的粒状集合体（雪花石膏就是由许多石膏晶粒组成的集合体，花岗岩则是由石英、长石、云母等晶粒组成的集合体）。

（2）面线状集合体。主要是指片状、鳞片状、针状、纤维状、放射状集合体。石墨、云母等常形成片状、鳞片状集合体，石棉、石膏等常形成纤维状集合体，也有的矿物集合体呈针状、柱状、放射状。

（3）致密块状体。是指由极细粒矿物或隐晶矿物所成的集合体，其表面致密均匀，肉眼不能分辨晶粒彼此的界限。

（4）晶簇。生长在岩石裂隙或空洞中的许多单晶体所组成的簇状集合体叫晶簇，其一端固着于共同的基底上，另一端自由发育而形成良好的晶形，常见的有石英晶簇、方解石晶簇等，生长晶簇的空洞叫晶洞（许多良好晶体和宝石是在晶洞中发育而成的）。

（5）杏仁体（或晶腺）。矿物溶液或胶体溶液通过岩石气孔或空洞时常会从洞壁向中心层沉淀并最终把孔洞填充起来，小于 2 cm 者通称杏仁体，大于 2 cm 者可称晶腺（玛瑙大多以此形态产出）。

（6）结核体（或鲕状体）。矿物溶液或胶体溶液常围绕细小岩屑、生物碎屑、气泡等由中心向外层沉淀而形成球状、透镜状、姜状等集合体（称为结核），常见结核有黄铁矿、赤铁矿、磷灰石等，黄土中常见石灰（方解石）结核，结核大小可数厘米到数十厘米甚至更大。结核小于 2 mm 形同鱼子状具同心层状构造的叫鲕状体，鲕状体常彼此胶结在一起（比如鲕状赤铁矿、鲕状铝土矿等）。

（7）蔬果状体。是指钟乳状、葡萄状、乳房状集合体，这些形态大多数是某些胶体矿物所具有的特点，胶体溶液因蒸发失水逐渐凝聚而在矿物表面围绕凝聚中心形成许多圆形的、葡萄状的、乳房状的小突起，石灰洞中由 $CaCO_3$ 形成的钟乳石、石笋以及褐铁矿、软锰矿、孔雀石等表面常具此形态。

（8）土状体。是指疏松粉末状矿物集合体，一般无光泽，高岭土等许多由风化作用产生的矿物常呈此形态。

（9）被膜体。不稳定矿物受风化作用在其表面往往会形成一层次生矿物的皮壳称为被膜，各种铜矿表面常有一层因氧化作用而产生的翠绿色孔雀石及天蓝色蓝铜矿的被膜。

（10）化合体。岩石裂缝中经常会发现一种黑色的树枝状物质（酷似植物化石但缺少叶、脉等植物应有的结构）称为假化石，其通常由氧化锰等溶液沿着裂缝渗透沉淀而成。

2. 矿物的物理性质

矿物化学成分不同、晶体构造不同则物理性质也不同，有些物理性质可凭借感官识别（是肉眼鉴定矿物的重要依据），有些则需借助仪器测定，比如折光率、膨胀系数等。矿物的物理性质包括颜色、条痕、光泽、透明度、硬度、解理、断口、脆性和延展性、弹性和挠性、比密度、磁性、电性、发光性、特殊性等。

（1）颜色。是指矿物具有的颜色，如赤铁矿、黄铁矿、孔雀石、蓝铜矿、黑云母等矿物都是根据颜色命名的。

① 自色。因矿物本身固有的化学组成中含有某些色素离子而呈现的颜色称自色，具有自色的矿物其颜色基本固定，是鉴定矿物的重要标志之一。矿物中含 Mn^{4+} 会呈黑色；

含 Mn^{2+} 会呈紫色；含有 Fe^{3+} 会呈樱红色或褐色；含 Cu^{2+} 会呈蓝色或绿色。

② 他色。矿物颜色与其本身化学成分无关而是因矿物中所含杂质成分引起的称为他色，例如纯净水晶 SiO_2 无色透明，若其中混入微量不同的杂质即可呈现紫色、粉红色、褐色、黑色等颜色。无色、浅色矿物常具他色，他色随杂质不同而改变，一般不能作为矿物鉴定的主要特征。

③ 晕色。矿物颜色是由某些化学的和物理的原因而引起的称为晕色，比如云母等片状集合体矿物常因光程差引起干涉色，容易氧化的矿物其表面往往会形成具一定颜色的氧化薄膜称锈色（如斑铜矿）。

他色、晕色、锈色统称为假色。

（2）条痕。矿物粉末的颜色称为条痕，人们常利用条痕板（无釉瓷板）观察矿物在其上划出的痕迹的颜色，矿物粉末可消除一些杂质和物理原因对颜色的影响，颜色更为固定（赤铁矿颜色有赤红、黑灰等色，但其条痕则一致，为樱红色。黄金、黄铁矿颜色大体相同但其条痕则相差很远，前者为金黄色，后者则为黑或黑绿色）。条痕在鉴定矿物上具有重要意义。

（3）光泽。矿物表面的总光量或矿物表面对光线的反射会形成光泽，光泽的强弱主要取决于矿物对光线全反射的能力。人们将矿物光泽分为金属光泽、半金属光泽、特殊光泽 3 类。

① 金属光泽。矿物表面反光极强如同平滑金属表面所呈现的光泽称为金属光泽，黄铁矿、方铅矿等不透明矿物均具有金属光泽。

② 半金属光泽。半金属光泽较金属光泽稍弱、暗淡而不刺眼（黑钨矿具有这种光泽）。半金属光泽又进一步分为金刚光泽和玻璃光泽。金刚光泽闪亮耀眼（金刚石、闪锌矿等具有这种光泽）。玻璃光泽是指像普通玻璃一样的光泽（玻璃光泽大约占矿物总数的 70%。典型的是水晶、萤石、方解石等）。

③ 特殊光泽。有些矿物会因表面平滑度或集合体形态的不同而出现一些特殊光泽。玉髓、玛瑙等矿物具有油脂光泽；白云母等片状集合体矿物常呈珍珠光泽；石棉及纤维石膏等纤维状集合体的矿物常呈丝绢光泽；高岭石等粉末状矿物集合体则暗淡无光呈现土状光泽。

（4）透明度。是指光线透过矿物多少的程度，人们将矿物透明度分为透明、半透明、不透明 3 级，透明矿物碎片边缘能清晰地透见他物（比如水晶、冰洲石等），半透明矿物碎片边缘可模糊透见他物或有透光现象（比如辰砂、闪锌矿等），不透明矿物碎片边缘不能透见他物（比如黄铁矿、磁铁矿、石墨等）。矿物透明度与矿物大小、厚薄有关，大多数矿物标本或样品表面看不透明，但碎成小块或切成薄片后却是透明的，因此不能认为其不透明。透明度常受颜色、包裹体、气泡、裂隙、解理以及单体和集合体形态的影响，比如无色透明矿物中含有众多细小汽泡就会变成乳白色；方解石颗粒透明但其集合体则不完全透明。

（5）硬度。是指矿物抵抗外力刻划、压入、研磨的程度。根据硬度高的矿物可刻划硬度低的矿物的道理，德国摩氏（F.Mohs）选择了 10 种矿物作为标准，将硬度分为 10 级，这 10 种矿物称为"摩氏硬度计"，摩氏硬度代表性矿物依次为 1 滑石 $\{Mg_3[Si_4O_{10}][OH]_2\}$、2 石膏 $\{CaSO_4 \cdot 2H_2O\}$、3 方解石 $\{CaCO_3\}$、4 萤石 $\{CaF_2\}$、5 磷灰石

{Ca$_5$[PO4]$_3$[F,Cl]}、6 正长石{K[AlSi$_3$O$_8$]}、7 石英{SiO$_2$}、8 黄玉{Al$_2$[SiO$_4$][F,OH]$_2$}、9 刚玉{Al$_2$O$_3$}、10 金刚石{C}。摩氏硬度计只代表矿物硬度的相对顺序而不是绝对硬度的等级（根据力学数据，滑石硬度为石英的 1/3500，而金刚石硬度为石英的 1150 倍）。利用摩氏硬度计可方便地测定矿物的硬度，将欲测定的矿物与硬度计中某矿物相刻划，若彼此无损伤则硬度相等，若此矿物能刻划方解石但不能刻划萤石反而为萤石所刻划，则其硬度当在 3～4 之间，因此可定为 3.5。野外可利用指甲（2～2.5）、小钢刀（5～5.5）等代替硬度计，据以把矿物硬度粗略分成软（硬度小于指甲）、中（硬度大于指甲，小于小刀）、硬（硬度大于小刀）三等，少数矿物用石英也刻划不动可称为极硬（但这类矿物比较少）。测定硬度时必须选择新鲜矿物的光滑面实验才能获得可靠结果，同时应注意刻痕和粉痕（以硬刻软留下刻痕，以软刻硬留下粉痕）不要混淆，粒状、纤维状矿物不宜直接刻划而应将矿物捣碎后在已知硬度的矿物面上摩擦（视其有否擦痕来比较硬度大小）。

（6）解理。在力作用下矿物晶体按一定方向破裂并产生光滑平面的性质称为解理，沿一定方向分裂的面叫解理面，解理由晶体内部格架构造决定。石墨在不同方向碳原子的排列密度和间距互不相同，竖直方向质点间距等于水平方向质点间距的 2.5 倍，质点间距越远彼此作用力越小，因此，石墨具有一个方向的解理（即一向解理）。有的矿物具有二向、三向、四向或六向解理（食盐具有三个方向的解理，萤石具有四个方向的解理）。矿物不同其解理程度也常不同，同种矿物不同方向的解理也常不同。人们根据劈开的难易和肉眼所能观察的程度将解理可分为最完全、完全、中等、不完全、极不完全 5 个等级。最完全解理是指矿物晶体极易裂成薄片、解理面较大且平整光滑（比如云母、石膏等）；完全解理是指矿物极易裂成平滑小块或薄板且解理面相当光滑，比如方解石、食盐等；中等解理的解理面往往不能一劈到底、不很光滑且不连续并常呈现小阶梯状，比如普通角闪石、普通辉石等；不完全解理的解理程度很差，在大块矿物上很难看到解理，只在细小碎块上才可看到不清晰的解理面，比如磷灰石等；极不完全解理是指无解理，比如石英、磁铁矿等。具有解理的矿物其同种矿物的解理方向和解理程度相同且性质很固定，解理是鉴定矿物的重要特征之一。

（7）断口。矿物受力破裂后所呈现的没有一定方向的不规则的断开面叫断口，断口跟解理的完善程度互为消长（解理程度高的矿物不易出现断口，解理程度越低的矿物容易形成断口），人们根据断口形状将其分为贝壳状断口、锯齿状断口、参差状断口、平坦状断口等类型。石英、火山玻璃具有同心圆纹的贝壳状断口，一些自然金属矿物常出现尖锐的锯齿状断口。

（8）脆性和延展性。矿物受力极易破碎、不能弯曲的特性称为脆性（这类矿物用刀尖刻划即可产生粉末），大部分矿物具有脆性（比如方解石）。矿物受力发生塑性变形的性质称为延展性（比如锤成薄片、拉成细丝等），这类矿物用小刀刻划不产生粉末而是留下光亮的刻痕（比如金、自然铜等）。

（9）弹性和挠性。矿物受力变形、作用力失去后又恢复原状的性质称弹性，云母屈而能伸是弹性最强的矿物。矿物受力变形、作用力失去后不能恢复原状的性质称为挠性，绿泥石屈而不伸是挠性明显的矿物。

（10）比密度。矿物重量与 4℃时同体积水的重量比称为矿物的比密度（旧称"比重")。若矿物化学成分中含有原子量大的元素或者矿物内部构造中原子或离子堆积比较紧密则比重较大；反之则比重较小。大多数矿物比重介于 2.5～4 之间；一些重金属矿物常在 5～8 之间；极少数矿物（如铂族矿物）可达 23。

（11）磁性。磁铁矿、钛磁铁矿等少数矿物具有被磁铁吸引或本身能吸引铁屑的性质称为磁性，通常可用马蹄形磁铁或带磁性的小刀来测验矿物的磁性。

（12）电性。电气石等矿物受热会生电（称为热电性），琥珀等矿物受摩擦会生电，压电石英等在压力和张力的交互作用下会产生电荷效应（称为压电效应），这些都属于矿物的电性。压电石英已在现代科技领域广泛应用。

（13）发光性。有些矿物在外来能量激发下能发出可见光，外界作用消失后则停止发光，这种现象称为"萤光"（萤石加热后会产生蓝色萤光，白钨矿在紫外线照射下会产生天蓝色萤光，金刚石在 X 射线照射下会产生天蓝色萤光）。有些矿物在外界作用消失后还能继续发光称为"磷光"（比如磷灰石）。利用以上发光性可探查某些特殊矿物（比如白钨矿）。

（14）特殊性。琥珀等矿物具易燃性；有些易溶于水的矿物具有咸、苦、涩等味道；有些矿物具有滑腻感；有些矿物如受热或燃烧后产生特殊的气味，这些称为"特殊性"。

矿物的物理性质是鉴定矿物的依据，只要充分利用各种感官，通过反复实践，抓住矿物的主要特征，就能逐渐达到掌握肉眼鉴定重要矿物的目的。肉眼鉴定矿物是进一步鉴定的基础，也是野外工作所必须掌握的技能。

2.2.4 典型矿物的认识与鉴别

前已述及，矿物是天然产出的自然元素（单质）和化合物。常见的自然元素矿物有金刚石、石墨、硫磺、铜、银、汞等（图 2-2-2）；常见的卤化物矿物有石盐、钾盐、萤石等；常见的硫化物矿物有黄铁矿、黄铜矿、方铅矿、闪锌矿、雄黄等（图 2-2-3）；常见的氧化物和氢氧化物矿物有赤铁矿、磁铁矿、石英等（图 2-2-4）；常见的硫酸盐矿物有石膏、芒硝、重晶石等（图 2-2-5）；常见的碳酸盐矿物有方解石、孔雀石等（图 2-2-6）；常见的硅酸盐矿物有云母、长石、角闪石、辉石、橄榄石等（图 2-2-7）。其他一些典型矿物见图 2-2-8，常见矿物的形态见图 2-2-9 和图 2-2-10，常见矿物的颜色见图 2-2-11，常见矿物的光泽见图 2-2-12，常见矿物的解理见图 2-2-13。地球矿物中硅酸盐矿物种类繁多（约占已知矿物种数的 1/4，占地壳总重量的 85%），最常见的就是长石、云母、辉石、角闪石、橄榄石等几种。

（a）金刚石　　　　　　　（b）自然铜　　　　　　　（c）自然金

图 2-2-2　自然元素矿物

（a）黄铜矿　　　　　　（b）方铅矿　　　　　　（c）辉锑矿

图 2-2-3　硫化物矿物

（a）辰砂　　　　　　　（b）黄铁矿　　　　　　（c）闪锌矿

图 2-2-4　氧化物和氢氧化物矿物

（a）磁铁矿　　　　（b）赤铁矿　　　　（c）石英　　　　（d）锡石　　　　（e）刚玉

图 2-2-5　硫酸盐矿物

（a）重晶石　　　　　　（b）硬石膏　　　　　　（c）石膏

图 2-2-6　碳酸盐矿物

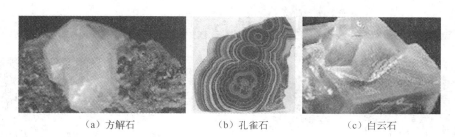

（a）方解石　　　　　　（b）孔雀石　　　　　　（c）白云石

图 2-2-7　硅酸盐矿物

（a）透辉石　　（b）白云母　　（c）黑云母　　（d）滑石　　（e）黄玉

（f）电气石　　（g）冰长石（钾长石）　　（h）正长石　　（i）绿柱石

图 2-2-8　其他常见典型矿物

（a）柱状　　（b）针状　　（c）板状

图 2-2-9　单体形态

（a）片状　　（b）多面体　　（c）立方体　　（d）簇状（水晶晶簇）

（e）放射状（纤水碳镁石）　　（f）毛发状（中沸石）　　（g）粒状（砷铅矿）

图 2-2-10　集合体形态

（a）辰砂（红）　　（b）闪锌矿（橙）　　（c）自然金（黄）　　（d）滑石（绿）

（e）锡石（黑）　　（f）蓝铜矿（蓝，鳞片状）　　（g）刚玉（紫）　　（h）石英晶体（无）

图 2-2-11　常见矿物的颜色

26

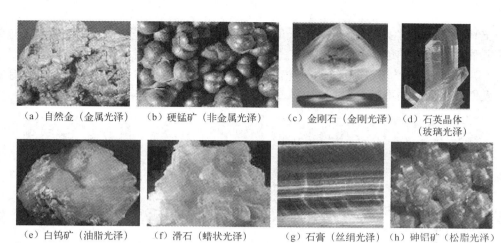

（a）自然金（金属光泽）　（b）硬锰矿（非金属光泽）　（c）金刚石（金刚光泽）　（d）石英晶体
（玻璃光泽）

（e）白钨矿（油脂光泽）　（f）滑石（蜡状光泽）　（g）石膏（丝绢光泽）　（h）砷铝矿（松脂光泽）

图 2-2-12　常见矿物的光泽

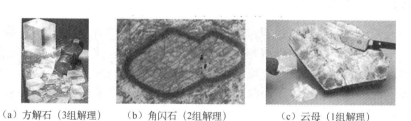

（a）方解石（3组解理）　　（b）角闪石（2组解理）　　（c）云母（1组解理）

图 2-2-13　常见矿物的解理

认识矿物最应该掌握的特性是①矿物颜色。是矿物吸收不同波长可见光的反映。②矿物光泽。是矿物表面对光线反射和折射的程度。③矿物条痕。是矿物粉末的颜色，是矿物在无釉瓷板上刻划出的痕迹（条痕），该痕迹就是矿物粉末。矿物粉末颜色更稳定，更能代表矿物的真实颜色。比如块状赤铁矿表面的颜色可呈现红色、钢灰色等，但其条痕的颜色总是樱桃红色。④矿物硬度。是矿物抵抗外力刻划的能力。野外工作中人们常用指甲和小刀来判断矿物硬度并将其分为软矿物（指甲能刻划）、中等硬度矿物（硬度介于指甲与小刀之间）、硬矿物（小刀不能刻划）等 3 级。矿物学中常用摩氏硬度计来测量矿物的硬度并将矿物的硬度分为 10 级，分别用 10 种硬度不同的矿物代表。⑤矿物的解理。是矿物在受到机械力作用沿着一定方向裂开的性质。

2.3　地壳中的岩石

岩石是自然（由地质作用）形成的由一种或多种矿物或由其他岩石碎屑所组成的集合体，或者说岩石是各种地质作用下按一定方式结合而成的矿物集合体，是构成地壳及地幔的主要物质，是地球发展的产物。见图 2-3-1，大多数岩石是由几种矿物组成的，比如花岗岩是由石英、长石、黑云母等矿物组成，砾岩是由岩石碎屑所组成的集合体。少数岩石由一种矿物组成，比如石灰岩或大理岩主要是由方解石组成的集合体。陨石和月岩也是岩石，是其他天体的岩石。岩石记录了过去发生的地质事件，岩石是探讨地球发展历史和规律的最重要客观依据。岩石既是地质作用的产物又是地质作用的对象，也是研究各种地质构造和地貌的物质基础。岩石中含有各种矿产资源（有些岩石本身就是重要矿产），一定的矿产都与一定的岩石相联系。因此，研究岩石具有重要的理论和实际意义。人们根据成因的不同将岩石分成火成岩（岩浆岩）、沉积岩和变质岩等 3 大类。

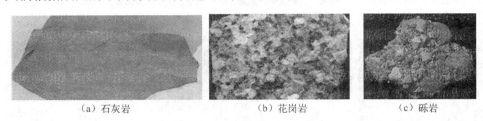

| （a）石灰岩 | （b）花岗岩 | （c）砾岩 |

图 2-3-1　常见的岩石

2.3.1　火成岩

目前一般认为火成岩由两类岩石组成：一类是岩浆作用形成的岩浆岩；另一类是非岩浆作用形成的，比如花岗岩化作用形成的花岗岩。火成岩中以岩浆岩为主。岩浆岩是由岩浆凝结形成的岩石（图 2-3-2），约占地壳总体积的 65%。岩浆岩分为侵入岩和喷出岩（火山岩）两类，若岩浆在地表以下冷凝形成的岩石叫侵入岩，若岩浆喷出地表冷凝形成的岩石叫喷出岩。常见岩浆岩见图 2-3-3。

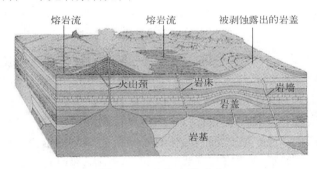

图 2-3-2　岩浆岩的形成

| （a）花岗岩（侵入岩） | （b）闪长岩（侵入岩） | （c）流纹岩（喷出岩） |

图 2-3-3　常见岩浆岩

岩浆形成于地壳深处或上地幔中，其主要由两部分组成：一部分是以硅酸盐熔浆为主体，另一部分是挥发组分，主要是水蒸气和其他气态物质，前者在一定条件下凝固后形成各种岩浆岩，后者在岩浆上升、压力减小时可以从岩浆中逸出形成热水溶液，对成矿往往起很关键作用。也有极少数岩浆是以碳酸盐和氧化物为主的。岩浆的化学成分若以氧化物表示，主要为 SiO_2、Al_2O_3、MgO、FeO、Fe_2O_3、CaO、NaO、K_2O、H_2O 等，其中 SiO_2 含量最大。岩浆中 SiO_2 的含量会影响岩浆的性质及岩浆岩的成分，人们根据岩浆中 SiO_2 的相对含量将岩浆分为酸性岩浆（$SiO_2 > 65\%$）、中性岩浆（$52 < SiO_2 \leqslant 65\%$）、基性岩浆（$45 \leqslant SiO_2 \leqslant 52\%$）和超基性岩浆（$SiO_2 < 45\%$）4 类。酸性强的岩浆黏性大、温度低、不易流动，基性强的岩浆黏性小、温度高、容易流动。温度、压力和挥发组分对岩浆黏度也有影响，温度越高，挥发成分越多，压力越小，则黏度越小（反之则黏度越大）。不同成分的岩浆冷凝后可分别形成酸性岩、中性岩、基性岩和超基性岩。岩浆温度通常随岩浆成分变化，酸性岩浆温度约为 700～900℃、中性岩浆约为 900～1000℃、基性岩浆约为 1000～1200℃。总而言之，岩浆是在地壳深处或上地幔天然形成的、富含挥发组分的高温粘稠的硅酸盐熔浆流体，是形成各种岩浆岩和岩浆矿床的母体。目前认为地下岩浆是由于局部物理化学条件发生变化（比如压力减小、热能积累等）导致部分固态原岩转变为熔融状态形成岩浆。由于岩浆的温度很高、富含挥发组分又处于高压作用下，所以具有极大的物理—化学活动性（即具有巨大的动能、热能和化学能），因此，岩浆可以顺着某些地壳软弱地带或地壳裂隙运移和聚集，从而侵入地壳或喷出地表最后冷凝为岩石。人们把岩浆的这种发生、运移、聚集、变化及冷凝成岩的全部过程称为岩浆作用。岩浆作用主要有两种方式：一种是岩浆上升到一定位置，由于上覆岩层的外压力大于岩浆的内压力迫使岩浆停留在地壳之中冷凝而结晶，这种岩浆活动称为侵入作用，岩浆在地下深处冷凝而成的岩石称深成岩，在浅处冷凝而成的岩石称浅成岩，二者统称侵入岩；另一种是岩浆冲破上覆岩层喷出地表，这种活动称为喷出作用或火山活动。喷出地表的岩浆在地表冷凝而成的岩石称为喷出岩或火山岩，可见，岩浆岩是地下深处的岩浆侵入地壳或喷出地表冷凝而成的岩石。

岩浆因具极高的温度和很大的内部压力往往向地壳薄弱或构造活动地带上升并在沿途不断熔化围岩或俘虏崩落的岩块，从而不断扩大其侵占的空间，冷凝后形成各种侵入岩体。地下岩浆上升侵入并占据一定空间的作用称为侵入作用。根据岩浆侵入的环境和侵入作用方式可以分深成侵入作用和浅成侵入作用。各种侵入作用所形成的岩体都具有一定的产状。所谓产状是指岩体的形状、大小、与围岩的接触关系以及形成时期所处的地质构造环境。在地下相当深处的岩浆侵入活动称为深成侵入作用，这种侵入是通过岩浆对围岩的熔化、排挤、俘虏碎块以及变质等方式而逐渐占据空间的，其结果是形成深成岩体，深成岩体处于压力大温度高的条件下，冷凝过程可以上百万年计，故往往形成结晶良好、颗粒粗大的岩石，岩体一般规模很大，其主要产状有岩基、岩株等。

在地壳浅处的岩浆侵入活动称为浅成侵入作用，这种侵入是岩浆在压力作用下沿着断层、裂隙或层理贯入的方式进行的，其结果是形成浅成岩体，浅成岩规模较小、冷却较快，常形成结晶颗粒较细或大小不均的斑状结构，其主要产状有岩盘、岩床、岩墙等。

火成岩的化学成分实际上和岩浆的成分大体一致，虽然几乎包括了地壳中各种元素，但它们的含量却相差极为悬殊，其中以 O、Si、Al、Fe、Ca、Na、K、Mg、Ti 等元素含量最多（占组成火成岩元素总量的 99% 以上），若以氧化物计，则以 SiO_2、Al_2O_3、FeO、Fe_2O_3、CaO、Na_2O、K_2O、MgO、H_2O、TiO_2 等为主（同样也占总量的 99% 以上）。SiO_2 是火成岩中最主要的成分，SiO_2 和各种金属元素形成多种硅酸盐矿物，各种硅酸盐矿物又组成各种火成岩，所以说，火成岩实际上是硅酸盐岩石。

组成火成岩的矿物以硅酸盐矿物为主，其中最多的是长石、石英（氧化物）、黑云母、角闪石、辉石、橄榄石等（占火成岩矿物总含量的99%），所以称为火成岩的重要造岩矿物。其中颜色较浅的称为浅色矿物，因以二氧化硅和钾、钠的铝硅酸盐类为主又称硅铝矿物，比如石英、长石等；其中颜色较深的称为暗色矿物，因以含铁、镁的硅酸盐类为主又称铁镁矿物，比如黑云母、角闪石、辉石、橄榄石等。硅铝矿物和铁镁矿物在火成岩中的含量和比例不仅影响岩石的颜色，而且影响岩石的比重，通常岩石从超基性到酸性，铁镁矿物逐渐减少而硅铝矿物逐渐增多，故岩石颜色越来越浅、比重越来越小；岩石从酸性到超基性，铁镁矿物逐渐增多而硅铝矿物逐渐减少，故岩石颜色越来越深、比重越来越大。火成岩中的矿物成分是火成岩分类的重要根据之一。岩石中含量较多、作为区分岩类依据的矿物称为主要矿物（比如花岗岩类中的石英和钾长石），岩石中含量较少对区分岩类不起主要作用但可作为进一步区分岩石种属的依据的矿物称为次要矿物。岩浆在冷凝过程中由于物理化学条件不断改变，各种主要造岩矿物结晶析出有一定的顺序且先析出的矿物与岩浆发生反应使矿物成分发生变化而产生新的矿物，1922年美国鲍温（N.L.Bowen，1887—1956）在实验室观察相当玄武岩熔浆的冷却结晶过程并结合野外观察得出玄武岩岩浆造岩矿物的结晶顺序以及它们的共生组合关系（称为鲍温反应系列）。

岩浆在地表或地下不同深度冷凝时因温度、压力等条件不同，即使是同样成分的岩浆所形成的岩石也具有不同的岩石形貌特征，这种差异主要表现在两个方面（即岩石的结构和构造）。所谓结构，是指岩石中矿物颗粒本身的特点（结晶程度、晶粒大小、晶粒形状等）及颗粒之间的相互关系所反映出来的岩石构成的特征。所谓构造，是指组成岩石的矿物集合体的形状、大小、排列和空间分布等所反映出来的岩石构成的特征（比如块状构造、流纹构造、流动构造、气孔构造、杏仁构造等）。

火成岩的种类很多（目前已知有1000余种），火成岩分类的主要根据有2个，一是岩石的化学成分、矿物成分，二是岩石的产状、结构和构造。

最主要的火成岩包括超基性岩类（橄榄岩—金伯利岩类）的橄榄岩、苦橄玢岩、金伯利岩；基性岩类（辉长岩—玄武岩类）的辉长岩、辉绿岩、玄武岩；中性岩类的闪长岩—安山岩类、正长岩—粗面岩类；酸性岩类（花岗岩—流纹岩类）的花岗岩、花岗斑岩、流纹岩；脉岩类的伟晶岩、细晶岩、煌斑岩；火山玻璃岩类的黑曜岩、浮岩。

2.3.2　沉积岩

沉积岩是在地表或近地表条件下由母岩风化剥蚀的产物经搬运、沉积和固结而形成的岩石，见图2-3-4和图2-3-5。地球发展过程中暴露在地壳表部的岩石不可避免地会受到各种外力作用的剥蚀破坏，破坏产物会在原地或经搬运沉积下来，再经过复杂的成岩作用而形成岩石，这些由外力作用所形成的岩石就是沉积岩。沉积岩的物质主要来源于先成岩石（火成岩、变质岩和先成沉积岩）风化作用和剥蚀作用的破坏产物，包括碎屑物质、溶解物质和新生物质，也包括生物遗体、生物碎屑以及火山作用产物，这些物质在低洼地方沉积下来总称"沉积物"。各种沉积物最初都是松散的，经过漫

河床中的沉积物

图2-3-4　沉积岩的形成条件

长的时代上覆沉积物越来越厚、下边沉积物越埋越深，经过压固、脱水、胶结等成岩作用就会逐渐变成坚固的成层岩石（现在未胶结的较新的松散沉积物也包括在广义的沉积岩范畴之内）。沉积岩是在地壳发展过程中受外力作用支配形成于地表附近的自然历史产物。地表环境十分复杂（比如海陆分布、气候条件、生物状况等），同一时代不同地区或同一地区不同时代地理环境往往不同，因而所形成的沉积岩也互有差异，各种沉积岩都毫无例外地记录下了沉积当时的地理环境信息，因此，沉积岩是重塑地球历史和恢复古地理环境的重要依据。按重量计，沉积岩只占地壳的 5%，但却广泛覆盖在地壳表层上（地球大陆部分有 75%的面积露出沉积岩，大洋底则几乎全部为新老沉积层所覆盖）。沉积岩层中蕴藏着煤、石油、铁、锰、铝土、磷、石膏、盐、钾盐、石灰岩等矿产资源，盐类矿产和可燃有机能源矿产几乎全部蕴藏在沉积层中。

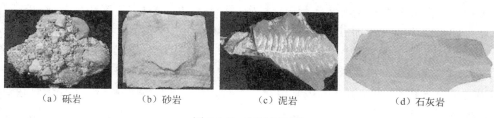

（a）砾岩　　　　　（b）砂岩　　　　　（c）泥岩　　　　　（d）石灰岩

图 2-3-5　常见沉积岩

　　沉积岩的形成过程一般可划分为先成岩石破坏（风化作用和剥蚀作用）、搬运作用、沉积作用和硬结成岩作用等几个互相衔接的阶段，这些作用常错综复杂、互为因果，岩石风化提供剥蚀的条件，岩石被剥蚀后又提供继续风化的条件。风化、剥蚀产物提供搬运条件，而岩石碎屑在搬运中又可作为剥蚀作用的"武器"。物质经搬运而后沉积，而沉积物又可受到剥蚀破坏重新搬运，如此等等，不一而足。

　　引起岩石破坏的主要是风化作用和剥蚀作用。风化作用和剥蚀作用的产物被流水、冰川、海洋、风、重力等转移而离开原来位置的作用称为搬运作用（搬运方式有机械和化学两种），风化和剥蚀产生的碎屑物质多以机械搬运为主，胶体和溶解物质则以胶体溶液及真溶液形式进行搬运。母岩风化和剥蚀产物在外力搬运途中会因水体流速或风速变慢、冰川融化以及其他物理化学条件的改变而使搬运能力减弱并导致被搬运物质逐渐沉积，这种作用即为沉积作用。沉积作用既可发生于海洋也可发生于大陆，亦即沉积作用包括海洋沉积和大陆沉积（前者可再分为滨海、浅海、半深海和深海沉积，后者也可再分为河流、湖泊、沼泽、冰川等沉积），沉积的方式有机械沉积、化学沉积和生物沉积三种。岩石风化剥蚀产物经搬运、沉积而形成松散沉积物，这些松散沉积物必须经过一定的物理、化学以及其他变化和改造才能形成固结的岩石，这种由松散沉积物变为坚固岩石的作用即为成岩作用（广义成岩作用还包括沉积过程中以及固结成岩后所发生的一切变化和改造），成岩作用主要包括压固作用、脱水作用、胶结作用、重结晶作用等几种方式。

　　沉积岩是在外力作用下形成的一种次生岩石，无论从化学成分、矿物成分，还是从岩石结构和构造来看，它都具有区别于其他类岩石的特征。沉积岩的材料主要来源于各种先成岩石的碎屑、溶解物质及再生矿物（即来源于原生火成岩），因此，沉积岩的化学成分与火成岩基本相似（皆以 SiO_2、Al_2O_3 等为主），不同之处在于沉积岩中 Fe_2O_3 的含量多于 FeO（归因于沉积岩形成的氧化条件，火成岩则相反）且富含 H_2O、CO_2 等（归因于沉积岩形成的地表条件以及沉积岩中常含有较多的有机质成分。火成岩中则很少或缺少这样的成分）。沉积岩的矿物成分有160多种（最常见的不过一二十种），其中包括石英、钾长石、钠长石、白云母等碎屑矿物（是母岩风化后继承下来的较稳定的矿物，属继承矿物）；高岭石、铝土等黏土矿物（是母岩化学风化后形成的矿物，属新生矿物）；方解石、白云石、铁锰氧化物（各种铁矿等）、石膏、磷酸盐矿物、有机质等化学和生物成因矿物（是从溶液或胶体溶液中沉淀出来的或经生物作用形成的矿物）。

　　沉积岩具有各种各样的颜色，主要取决于其矿物成分或化学成分（石英颗粒组成的石英砂岩通常为白色、灰白色；正长石颗粒组成的长石砂岩可有肉红、黄白等色）或因其中混入的某些微量成分染色（岩石中含有少量 Fe_2O_3 就会呈现红色；含有少量 FeO 就会呈现绿色；高价铁与低价铁的比例不同时又会呈现紫红、棕红、绿灰、黑色等；含有微量 MnO_2 便会呈现黑褐色；含有一些有机碳质会呈现灰、黑色），这些微量成分有时是在沉积过程中形成的，比如氧化条件下可形成 Fe_2O_3，还原环境下可形成 FeO 或者有机碳等，有的岩石颜色是在成岩后经受风化作用所产生的次生色（比如岩石中含有黄铁矿，风化过程中可变成褐铁矿，从而把岩石染成黄褐色。次生色的特点是颜色深浅不均、分布不均或呈斑点状）。描述岩石颜色常用复合名称，有时加以深浅字样，比如紫红色、蓝灰色、深紫色、浅灰色等，凡复合颜色，前面的是次要颜色、后面的是主要颜色。详细描绘沉积岩的颜色具有实践和理论意义，颜色是沉积岩命名的根据之一（比如黑色页岩、红色砂岩等），沉积岩的颜色可提供找矿线索（比如黑色碳质页岩是找煤线索），沉积岩的颜色可反映岩石成分和沉积时的古地理环境。

　　沉积岩的结构是指沉积岩组成物质的形状、大小和结晶程度，可分为碎屑结构、泥质结构、化学结构和生物结构，这些结构是把沉积岩划分为碎屑岩类、黏土岩类、化学和生物化学岩类的重要依据。

　　沉积岩沉积过程中或在沉积岩形成后的各种作用影响下其各种物质成分会形成特有的空间分布和排列方式即为沉积岩构造，它既是沉积岩的重要宏观特征也是恢复沉积岩的形成环境的依据。沉积岩沉积过程中由于气候、季节等周期性变化必然引起搬运介质变化（比如水的流向、水量的大小等），从而使搬运物质的数量、成分、颗粒大小、有机质成分的多少等也发生变化，甚至会出现一定时间的沉积间断，这样就会使沉积物在铅直方向因成分、颜色、结构的不同而形成层状构造，总称为层理构造。在沉积岩层面上常保留有自然作用产生的一些痕迹（即层面构造），它不仅是岩层某些特性的标志，还记录下了岩层沉积时的地理环境。在沉积岩中常含有与围岩成分有明显区别的某些矿物质团块（称为结核），有球状、椭球状、透镜体状、不规则状等形状（内部构造有同心圆状、放射状等）、大小不一（从数厘米到数十厘米甚至数米），呈层状或串珠状（顺层）分布，有原生结核（比如石灰岩中的燧石结核；砂岩中的铁结核；黄铁矿、菱铁矿、磷灰石等结核；海底的铁锰结核等，这种结核体一般不穿过层理）和后生结核（比如黄土中的石灰结核）之分，还有因风化作用形成的类似结核的团块（称"假结核"）。沉积岩中（特别是古生代以来的沉积岩中）常保存有大量的种类繁多的生物化石（生物遗迹构造），这是沉积岩区别于其他岩类的重要特征之一，根据化石可确定沉积岩的形成时代、研究生物演化规律、了解和恢复沉积当时的地理环境。

　　沉积岩按成因及组成成分可分为碎屑岩类、化学岩和生物化学岩类两类，有一些特殊条件下形成的沉积岩称为特殊沉积岩类。根据碎屑物质来源的不同，碎屑岩类又可再分为沉积碎屑岩和火山碎屑岩两个亚类。常见沉积碎屑岩亚类有砾岩类的角砾岩和砾岩；砂岩类（粒径 2～0.5mm 为粗粒砂岩、0.5～0.25mm 为中粒砂岩、0.25mm 以下为细粒砂岩）的石英砂岩、长石砂岩；粉砂岩类的粉砂岩、黄土；黏土岩类（黏土岩是介于碎屑岩和化学岩之间的过渡岩石，在沉积岩中分布最广）的页岩、泥岩、黏土。常见火山碎屑岩亚类有火山集块岩、火山角砾岩、凝灰岩。化学岩及生物化学岩类多在海、湖盆地中形成，也可在地下水作用下形成，成分较单一，具有结晶粒状结构、隐晶质结构、鲕状结构、豆状结构或具有生物结构、生物碎屑结构等，常见的铝、铁、锰质岩类是铝土岩（铝矾土）、铁质岩、锰质岩；硅、磷质盐类有硅质岩、磷质岩、燧石岩、碧玉岩、硅藻土、磷块岩等；碳酸盐岩类（碳酸盐矿物含量大于 50%，主要矿物成分为方解石、白云石等，常混入二氧化硅、氧化铁、黏土、砂等。常具结晶粒状结构、鲕状结构、豆状结构、生物结构或碎屑结构等）主要为石灰岩类、白云岩类、泥灰岩类，还有蒸发盐岩类、可燃有机岩类等类型。特殊沉积岩类常见风暴岩、浊积岩。

2.3.3 变质岩

变质岩是原岩在地壳中由于物理化学条件发生变化而形成的岩石（见图 2-3-6 和图 2-3-7）。当岩石所处环境跟当初岩石形成时环境不同时，岩石的成分、结构和构造等往往也会随之变化以使岩石和环境间达到新的平衡关系，这种变化总称为变质作用。变质作用不同于风化作用，需要在一定温度、压力等条件下进行。变质作用不同于岩浆作用，其通常是在温度升高过程中的固态下进行。变质作用形成的岩石就是变质岩（由火成岩形成的变质岩称正变质岩，由沉积岩形成的变质岩称副变质岩），变质岩受原岩控制（具有一定的继承性），因变质作用类型和程度不同会在矿物成分、结构和构造上表现出特殊性。变质岩分布广泛，前寒武纪地层绝大部分都是由变质岩组成的，古生代及以后的岩层中岩浆体周围和断裂带附近也会有变质岩分布。变质岩中含有丰富的金属矿和非金属矿，全世界铁矿储量中的 70%储藏于前寒武纪古老变质岩中。

 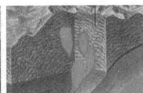 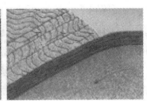

（a）埋藏变质　　　　（b）接触变质　　　　（c）动力变质

图 2-3-6　变质岩的形成条件

（a）片岩　　（b）大理岩　　（c）石英岩　　（d）板岩　　（e）片麻岩　　（f）千枚岩　（g）板岩

图 2-3-7　常见变质岩

岩石变质的因素主要是岩石所处环境物理条件和化学条件的改变（物理条件主要指温度和压力，化学条件主要指从岩浆中析出的气体和溶液），这些条件或因素的变化主要来源于构造运动、岩浆活动和地下热流，因此，变质作用属于内力作用范畴。构造运动中地壳下降使岩层沉到地下深处就要受到地热影响；岩浆活动中岩浆侵入围岩岩石就要受到岩浆热能的影响；岩石构造变形发生断裂岩石就要受到机械摩擦热影响，热力的标志是温度，温度是变质作用的最积极因素，各种原因引起的温度会使岩石发生重结晶作用或产生新的矿物。变质作用的压力范围一般为 0～109 Pa，地壳中岩石受静压力（围压，具有均向性）和侧向压力（或称应力）两种压力作用，静压力会使岩石矿物重结晶成体积减小、密度增大的新矿物以适应新的存在环境，岩石受到挤压、断裂活动或岩浆侵入影响时会变形、破碎或重结晶并使岩石中片状或柱状矿物在垂直于应力方向生长、拉长或压扁（形成明显的定向排列，从而使岩石具有各种片理构造）。岩石所处化学环境发生变化时也可引起岩石的变质（比如白云岩或菱镁矿等在热水作用下形成滑石）。上述各种变质因素常常共同起作用，不同类型的变质作用会有一个因素起主导作用，各种变质因素必须通过岩石本身起作用（不同的岩石在相同条件下可以有不同的变质结果。比如同样热力条件下石灰岩会变成大理岩，砂岩会变成石英岩）。

　　变质岩的最主要特征是岩石重结晶明显（大部分是重结晶的岩石，只是结晶程度有所不同），且具有一定的结构和构造（特别是在一定压力下矿物重结晶形成的片理构造）。大部分变质岩都是重结晶的岩石，所以一般都能辨认其矿物成分（其中一部分矿物是在其他岩石中也存在的矿物，比如石英、长石、云母、角闪石、辉石、磁铁矿以及方解石、白云石等。另一部分矿物则是变质过程中产生的新矿物，比如石榴子石、蓝闪石、绢云母、绿泥石、红柱石、阳起石、透闪石、滑石、硅灰石、蛇纹石、石墨等，这些矿物是在特定环境下形成的稳定矿物可作为鉴别变质岩的标志矿物）。变质岩中矿物常常是在一定压力条件下重结晶形成的，所以矿物排列往往具有定向性和矿物形态具有延长性，甚至像石英和长石这类矿物，也经常形成长条的形状。

　　变质岩的结构主要有变晶结构、碎裂结构、变余结构 3 类。变质岩是原岩重结晶而成的岩石，具有结晶质结构，这种结构统称为变晶结构，人们根据矿物颗粒大小和形态的不同将变晶结构分为粒状变晶结构（花岗变晶结构）、斑状变晶结构、鳞片状变晶结构、角岩结构等 4 种。碎裂结构又称压碎结构，岩石在应力作用下其中矿物颗粒破碎形成外形不规则的带棱角的碎屑（碎屑边缘常呈锯齿状并常有裂隙及扭曲变形等现象），是动力变质岩常有的一种结构。变余结构是指变质岩中残留的原来岩石的结构（比如变余斑状结构、变余砾状结构等），还有交代结构、糜棱结构等类型。

　　变质岩的构造主要有片理构造、块状构造、变余构造 3 类。片理构造是指岩石中矿物定向排列所显示的构造，是变质岩中最常见、最带有特征性的构造。矿物平行排列所成的面称片理面，它可以是平直的面，也可以是波状的曲面。片理面可以平行于原岩的层面，也可以二者斜交。岩石极易沿着片理面劈开。根据矿物的组合和重结晶程度，片理构造又可分片麻构造、片状构造、千枚构造、板状构造、条带状构造等类型。块状构造是指岩石中矿物颗粒无定向排列所表现的均一构造（部分大理岩、石英岩具此构造）。变余构造又称残留构造，为变质作用后保留下来的原岩构造（浅变质岩中可见变余层理构造、变余气孔构造、变余杏仁构造、变余波痕构造等，这些构造是恢复原岩和产状的重要标志）。

因变质作用的因素和方式不同可以有不同的变质类型并形成不同的岩石。动力变质作用形成的岩石主要有断层角砾岩（又称压碎角砾岩、构造角砾岩）、碎裂岩、糜棱岩。接触变质作用分热接触变质作用、接触交代变质作用两种类型，形成的岩石主要有石英岩、角岩（又称角页岩）、大理岩、矽卡岩（常和许多金属矿与非金属矿密切相关）。区域变质作用的主要类型有区域中、高温变质作用（形成岩石主要为各种片麻岩、麻粒岩、角闪岩、混合岩等并主要见于太古宙岩层中）；区域动力热流变质作用（形成的变质岩石可涵盖深度到浅度变质，比如从混合岩、片麻岩、片岩到千枚岩、板岩等）；埋藏变质作用（形成的变质岩一般缺乏片理构造）；洋底变质作用（其变质相主要为沸石相、绿片岩相等）。区域变质带常见岩石有石英岩、大理岩、板岩、千枚岩、片岩、片麻岩、角闪岩、变粒岩、麻粒岩、榴辉岩等。区域混合岩化作用是区域变质作用的进一步发展，是使变质岩向混合岩浆转化并形成混合岩的一种作用，其成因或方式包括重熔作用和再生作用，混合岩通常由两部分组成：一部分称为基体，暗色矿物较多，代表原来变质岩的成分；另一部分称脉体，主要由浅色的长石、石英组成，结构变化较大，由细晶状、花岗状到伟晶状，有时可具片麻状构造。混合岩化作用最强烈时可形成花岗岩或花岗质岩石，这种形成花岗岩或花岗质岩石的作用统称为花岗岩化作用，形成的岩石称为混合花岗岩。

岩石变质过程中所处温度、压力条件不同，则岩石变质的程度也不同，此即为变质强度（或称变质等级）。大面积区域变质作用具有时空分布规律，大陆型地壳的硅铝层以花岗岩为代表，各种变质相变质带分布有规律可循。

2.3.4 岩石的转化

火成岩（岩浆岩）、沉积岩和变质岩三大类岩石都是在特定地质条件下形成的，它们在成因上联系紧密。遥远年代岩浆活动十分强烈，地壳中首先出现的岩石是由岩浆凝固而成。地壳上出现了大气圈和水圈以来，各种外力因素开始对地表岩石发生影响（一边破坏，一边建造）而出现了沉积岩。继而又出现了变质岩。随着时代的演进，在频繁的地壳运动和岩浆活动中，老的岩石不断在转化，新的岩石不断在产生，这就是地壳岩石新陈代谢的过程。因此，任何岩石既不是自古就有，也不会永远不变。在一定时间和一定空间形成的岩石只代表地壳历史的一定阶段，任何岩石都忠实地记录了与它本身有关的那一段地壳历史。

思考题与习题

1. 简述地球的自然形态特征。
2. 构建地球简化模型的科学意义是什么？
3. 地球的基本几何参数有哪些？
4. 简述地球的主要物理性质。

5. 地球的内部圈层是如何划分的？

6. 地球的外部圈层有哪些？其在地球演化过程中的作用是什么？

7. 简述地球表面的形态特征。

8. 矿物的内部结构和晶体形态有哪些？

9. 简述矿物化学成分的概貌与特点。

10. 矿物的集合体形态和物理性质有哪些？

11. 简述火成岩的形成过程。

12. 简述沉积岩的形成过程。

13. 简述变质岩的形成过程。

14. 火成岩、沉积岩、变质岩三大类岩石的转化规则是什么？

第3章 地球的地质作用

3.1 地球地质作用的特点

地球在漫长地质历史中每时每刻都处在不停的运动和变化中，比如地下深处高温高压岩浆向上运移将深处物质带到地球表层使地球表层物质成分发生变化；地表物质在流水、重力作用下由高处移动到低处堆积。这种由自然动力引起的使地壳或岩石圈甚至整个地球的物质组成、内部结构和地表形态发生变化和发展的作用称为地质作用。引起地质作用的自然力称为地质营力，所有地质营力均来源于能，力是能的表现。产生地质作用的能量主要是内能和外能，内能是来源于地球本身的能源系统，主要有地球旋转能、重力能、热能、化学能、结晶能等；外能则是指来源于地球以外的能源，主要有太阳辐射能、日月引力能、生物能等。内能引起的地质作用称内动力地质作用，主要包括构造运动及地震、岩浆作用和变质作用等；外能引起的地质作用称外动力地质作用，主要包括风化作用、剥蚀作用、搬运作用和沉积作用。

3.1.1 地质作用能源的特点

地球本身具有巨大热能，即地内热能，是导致地球发生变化的重要能源，由地球内部放射性元素蜕变而产生的热能（放射性热能）是地球热能的主要来源，地球在由星际物质聚集成球的过程中因本身重力作用体积会逐渐压缩而产生压缩热也是地球热能的一个来源，地球内部物质发生化学反应（或产生结晶作用）也可释放热（即化学能和结晶能同样也是地球热能的来源）。人们估算后认为，地球内部每年产生的总热量大于每年经地表散失的总地热流量，这部分剩余地热能量是导致火山活动、岩浆活动、地震、变质作用、地壳运动的主要能源，岩石圈板块理论认为地内热对流是板块运动驱动力的主要能源。

地球表面任何物体均受重力场影响（地心引力给予物体的位能称为重力能），地球形成和发展过程中地内物质在地心引力作用下会按不同比重发生分异（轻者上升、重者下沉）并引发物质总位能释放转化为热能，这种热能就是重力分异产生的热能，也是地球热能来源之一。

地球自转会对地球表层物质产生离心力和离极力，从而形成地球旋转能。离心力的大小随纬度变化（两极为零，赤道最大，即离心力自两极向赤道逐渐增加），离心力可分解为径向和切向两个分力：径向分力（垂直分力）与重力作用方向相反、垂直于地面（为重力所抵消），切向分力（过地表相应点沿经向的水平分力）是使地壳表层物质由高纬度向低纬度沿切向（水平方向）移动的有效分力。离极力是指可变形旋转椭球体转动惯量矩特有的使自己取极大值趋势的力，其方向指向赤道，是导致地球表层物质向赤道方向移动的主要动力。

太阳向地球输送的热能称为太阳辐射能，一年中整个地球从太阳获得的热量可达 5.4×10^{24} J。太阳辐射热是大气圈、水圈和生物圈赖以活动、发育并相互进行物质、能量交换的主要能源，也是风、流水、冰川、波浪等系列外营力的诱因。

地球在日、月引力作用下使海水产生潮汐现象，潮汐具有强大的机械能（潮汐能），是导致海洋地质作用的重要营力之一。

由生命活动所产生的能量称为生物能（任何生物能都源于太阳辐射能），植物生长、动物活动、人类大规模改造自然的活动都会产生改变地球物质和面貌的作用。

以上各种能源是导致地球内外地质作用的主要能源。源于内能的内力地质作用主要在地下深处进行，也常会波及地表，它会使岩石圈发生变形、变质或重熔乃至形成新岩石，或使岩石圈分裂、融合、变位、漂移而使大地构造格局发生重大改变。源于外能的外力地质作用主要在地表或靠近地表进行，也会延伸至地下相当深处，它会使地表岩石组成不断发生变化、地表形态不断遭受破坏和重塑（任何外力地质作用几乎都有重力能的参与）。地壳形成以来进行的各种地质作用既相对独立又相互依存，具有对立统一特性，内力作用形成高山和盆地，外力作用则把高山削低、盆地填平。一个地区发生隆起其相邻地区就会发生凹陷。高山上的矿物岩石受到风化、侵蚀和破坏，被破坏的物质又被搬运到另外地方堆积下来形成新的矿物岩石。地质作用对地球不断破坏、不断塑造，在不同时空条件下的发展具有不平衡性，彼此互为消长，有些地质作用进行得十分迅速，比如火山、地震、山崩、泥石流、洪水等；有些地质作用却进行得非常缓慢、不为人们感官所察觉，但悠久岁月后却可产生巨大的地质后果。地质作用是地球新陈代谢、汰旧更新的不息动力。

3.1.2 地质作用的分类

地质作用中的内力地质作用主要为构造运动、岩浆活动、变质作用和地震作用，构造运动可进一步细分为切向运动（切向运动）、径向运动（升降运动）；岩浆活动可进一步细分为喷出作用、火山作用、侵入作用。外力地质作用按外营力类型的不同可分为河流地质作用、地下水地质作用、冰川地质作用、湖泊和沼泽地质作用、风地质作用、海洋地质作用等。若按其发生的序列又可分为风化作用、剥蚀作用、搬运作用、沉积作用和成岩作用：风化作用可进一步细分为物理风化作用、化学风化作用、生物风化作用；剥蚀作用可进一步细分为机械剥蚀作用、化学剥蚀作用；搬运作用可进一步细分为机械搬运作用、化学搬运作用；沉积作用可进一步细分为大陆沉积作用、海洋沉积作用、机械沉积作用、化学沉积作用、生物沉积作用。

3.2 火山的形成机制

火山活动是地壳运动的一种形式，火山活动的规模、强度和类型千差万别，随着地球演化进程的增加和地壳的加厚，火山活动有逐渐减弱的趋势。

3.2.1 火山构造

火山构造也称火山机构，主要包括火山通道、火山锥、火山口等。

火山通道是岩浆由地下上升的通道，既可以是许多条断裂（地质历史早期岩浆往往以这些裂隙为通道呈裂隙式喷发），也可以是由若干条断裂交会而成的管状通道，又称火山管。岩浆沿火山管向上喷发称为中心式喷发，是现代大部分火山的喷发形式。火山通道在火山喷发后往往会被熔岩或碎屑堵塞起来，一旦地表遭受风化，填充火山管的物质可以凸起形成峻拔山峰，也可相对凹下。凸起或凹下取决于岩性的软硬。这种填充和形成于火山管的岩石称为岩颈。

火山喷出物大部分会在火山口周围堆积下来而形成火山锥，通常呈圆锥形。典型火山锥上半部坡度较陡，可达 30~40°，下部则逐渐平缓。火山锥通常由多次喷发形成，故火山碎屑物常与熔岩交互成层，这种火山锥称层状火山锥，其中碎屑物的粒度随距火山口的远近会有变化，大块碎屑堆在火山口周围，细粒碎屑则堆在较远的地方。围绕火山口常会因火山喷发形成环状或放射状裂隙，随后裂隙中被熔岩所填充形成环状或放射状岩墙群。有些火山锥主要由熔岩构成，其坡度很缓如同盾状，称盾状火山。一个火山锥形成后会因不断发生的火山活动而在原来的火山口上形成较小的火山锥，或在火山锥的山坡上出现许多小火山锥（寄生火山锥）。意大利西西里岛上的埃特纳火山（3700 m）共有 300 多个寄生火山锥。

位于火山锥顶部或其旁侧的漏斗形喷口称火山口。火山经多次喷发其火山口会不断碎裂扩大，或因地下岩浆冷却收缩而不断塌陷，从而形成巨大火山口，称为破火口。火山口中积水成湖叫火口湖，比如长白山主峰白头山顶上的天池，周径 11.3 km、深 313 m；广东湛江的湖光岩。

3.2.2 火山喷发物

火山爆发会喷出很多物质，称为"火山喷发物"，爆发初期常在火山口或山坡冲开一个出口，喷出黑色气体烟柱，接着大量岩石碎屑及熔岩物质被喷上天空，然后纷纷降落火山周围地区），最后从火山口流出灼热熔浆，沿山坡向下流动。火山喷发停止后还常会沿喷气孔喷发气体或形成温泉。火山喷发物的性质、内容和过程会因地因时有不同表现。常见火山喷发物主要有气体喷发物（火山气体）、固体喷发物（火山碎屑物质）、液体喷发物（熔浆）等。

火山气体成分中以水汽为最多（一般占气体总体积的 60%~90%），其次还有 H_2S、SO_2、CO_2、HF、HCl、$NaCl$、NH_4Cl 等。早期高温阶段 HCl 等气体较多，晚期则富含 SO_2、CO_2 等成分，这种规律可作为火山预测的依据。火山气体主要由岩浆中分异而来，当岩浆处于地下高压条件下时气体能溶解在岩浆中，压力随岩浆上升的减少会导致所含气体逐渐析离且越积越多、蒸汽压越来越大，蒸汽压超过上覆岩层压力时就会轰然爆炸、破口喷射并形成灼热烟柱或气团。火山喷气可升华出硫磺、钠盐、钾盐等矿产。

随火山气体爆炸由火山口喷射到空中的大小岩石碎块以及由熔浆凝固而成的碎块总称为火山碎屑物质，火山碎屑物的喷发量往往很大（1883 年印尼克拉卡托火山爆发，其火山碎屑量约有 2.5 km³ 并被喷到 27 km 的高空）。人们根据火山碎屑物大小和形状的不同将其分为火山灰、火山砾、火山渣、火山弹等 4 种。火山灰包括火山爆发时被崩碎的细小岩屑和凝固熔浆的细小浆屑，粒径一般小于 0.01 mm。比其更细的叫火山尘；比其稍粗但小于 2 mm 的叫火山砂。火山灰很轻，可升到高空进入平流层而在更大范围扩散，长期不落。粒径 2～100 mm 的火山碎屑叫火山砾，大于 100 mm 的称火山块。火山渣通常指火山喷发时由被抛到空中的熔浆凝固而成的熔渣，多具气孔及尖锐棱角，砂粒到核桃般大小或更大。火山弹是指熔浆以高速喷向空中发生旋转、扭曲而形成的具有一定形状的块体（粒径从数厘米到数米），形状多为纺锤形、梨形、扭曲形以及扁平状（落地时尚未完全凝固的可摔成扁平状），有的里面有气孔、外皮有龟裂（称面包状火山弹），火山弹常和其他火山碎屑混在一起堆积在距火山口较近的地方。上述各类火山碎屑物质经胶结、压固等作用可形成各种火山碎屑岩。

喷出地表的岩浆称为熔浆（其中挥发成分大量逸出），熔浆冷凝后称为熔岩。熔浆的流速（约 2～8 m/s）取决于它的黏度、温度及地面坡度（基性熔浆黏性小、温度高、流速大；酸性熔浆黏性大、温度低、流速小），熔浆成分相同时其流速取决于地面坡度。熔浆流动过程中温度逐渐降低，黏性加大，流速减缓并最后凝固成为火山岩（喷出岩）。熔浆冷却速度与熔浆成分有关，较酸性熔浆凝固较快，常形成块状熔岩，较基性的熔浆凝固较慢，常形成波状熔岩或绳状熔岩，海底喷发的炽热基性熔浆与海水接触常形成枕状熔岩。熔浆流动过程中会在地形变化的地方急剧下流冷却后形成熔岩瀑布。熔浆流出地面时会因熔浆成分不同、地形条件不同而形成不同形状、不同规模的岩体，酸性熔浆流不甚远常形成短厚的熔岩锥，或叫熔岩穹，基性熔岩常可形成熔岩流，基性还可形成熔岩被。喷发次数多、喷发量大时可形成熔岩台地，比如东北长白山区新生代的玄武岩台地，分布面积约 5000 多平方千米。印度德干高原为有名的玄武岩台地，面积达 50 多万平方千米、厚度达 1800 m。在岩浆活动过程中会从岩浆中不断析出水蒸气并沿裂隙升出地面从而形成喷气泉或温泉（凡水温高于当地年平均气温的泉水都可称为温泉。并不是所有温泉都直接与岩浆活动有关。地下水下渗受地热或岩浆热影响使水温增高，然后涌出地面也可形成温泉）。周期性喷发的温泉称间歇泉（间歇泉一般有一个漏斗形喷出口，其下有一个细长弯曲或分叉的地下水通道，或在细长通道之下有若干个储水溶洞），地下水受地热影响或岩浆烘烤水温逐渐增加，但上部细长水柱形成很大的压力使水在其中不易上下对流，导致下部水进入超过 100℃ 的过热状态形成很大的上下水温差，下部水温继续增加便开始沸腾（蒸汽有时会集中于空洞的上部），蒸汽压超过上部水柱压力时就会冲开水柱喷向高空，然后地下水又重新聚集，如此周而复始形成间歇喷发现象（冰岛和美国的间歇泉都很有名。我国西藏也发现了很多间歇泉）。

3.2.3 火山喷发的类型

火山喷发主要有裂隙式喷发和中心式喷发两种，火山喷发类型取决于地壳厚薄、岩浆成分（比如酸性与基性、水汽及挥发成分含量、黏度、温度等）、地下岩浆库内的压力、火山通道的形状以及海底喷发和大陆喷发条件等。

裂隙式喷发时岩浆通过地壳中狭长线状深断裂溢出地表，一般没有爆炸现象，流出的主要为基性玄武岩熔浆，冷凝后形成厚度相当稳定、覆盖面积很大的熔岩被（火山碎屑物较少）。地质历史时期大陆壳较薄或比较活跃，曾有过多次裂隙喷发活动，比如印度德干高原世界最大的玄武岩熔岩被。二叠纪时我国西南云、贵、川交界地带喷发的面积广泛的峨嵋玄武岩，目前这种喷发形式在大陆上已不多见，但在大洋中脊却非常普遍（整个大洋壳的玄武岩是在 2 亿年间由大洋中脊裂谷中多次喷发并逐渐向外推移而成的，其

40

喷发量之大十分惊人。冰岛位于大西洋中脊之上，在冰岛可见裂隙式喷发活动，因此这种喷发类型又称为冰岛式喷发类型。

中心式喷发时岩浆沿一定的管形通道喷出地表，熔岩覆盖面积较小，是现代火山活动最主要的类型。人们按喷发剧烈程度不同将其分为宁静式、斯特龙博利式和爆烈式等几种。宁静式喷发型以基性熔浆（玄武岩）喷发为主、熔浆温度较高、气体较少、不爆炸，因此少有固体喷发物，常形成底座很大、坡度平缓的盾形火山锥。以夏威夷诸火山为代表，又称夏威夷式喷发类型。斯特龙博利式喷发型属宁静式与爆烈式之间的喷发型，其以中、基性熔浆喷发为主并有一定的爆炸力，火山爆发时可把未凝固的熔岩抛上空中并旋转形成纺锤形或螺旋形火山弹（因爆炸力小一般没有火山灰），这种喷发以斯特龙博利火山为代表。高 926 m 的斯特龙博利火山位于意大利西西里岛北部利帕里群岛中，火山锥较陡、熔岩偏基性，一次喷发完后堵塞在火山管中的熔岩还未凝固，下面又聚集了大量气体冲开火山管中的熔岩再次爆发，大约每隔 2～3 分钟即喷发一次。夜间在 150 km 外可见到闪闪红光，故有"地中海灯塔"之称。爆烈式喷发型大都以中酸性熔浆喷发为主，含气体多，爆炸力强，经常形成大量的火山碎屑（特别是火山灰），属于这种喷发的火山很多。

火山喷发强度主要取决于岩浆成分（内因），基性岩浆以宁静式喷发为主，酸性岩浆以爆烈式喷发为主。由于地下岩浆以及外界条件会随时间发展变化，任何火山的喷发形式也都不是永远不变的（喷发规模和强度也经常变化）。火山碎屑物的有无和多少是判断火山活动（包括地质时代）类型的重要依据，火山碎屑物数量与全部火山喷出物数量之比称为爆炸指数 E（E 值越大，爆炸性越高；反之则越低），凡是有大量火山碎屑物（特别是火山灰）的火山都是爆烈式火山，只有熔岩流而根本没有或只有少量火山碎屑物者大多是宁静式火山。火山活动是极重要和引人瞩目的地质现象，它既给人类带来严重灾害，也为人类提供了矿产、肥沃土壤和有待开发的热源。目前人们对火山活动机制尚处于间接推测阶段，即使靠近地面活火山的火山口人们也很难接近取得有关数据，火山活动的全部规律尚待探索，随着机器人、飞行器、物联网、遥感、遥测技术的发展，人们对火山活动的认识会不断提高。

3.2.4 地球上的火山分布情况及特点

目前全世界大约有 2000 座死火山、516 座活火山，火山在地球上大体呈带状分布，主要火山带有环太平洋火山带、阿尔卑斯—喜马拉雅火山带、大西洋海岭火山带。现在已知 319 座活火山分布于环太平洋带（占世界活火山总数的 62%），其西带从阿拉斯加起，经阿留申群岛、勘察加半岛、千岛群岛、日本群岛、中国台湾、菲律宾群岛、印度尼西亚诸岛直到新西兰岛（占 45%，构成西太平洋火山岛弧），其东带从南美西岸的安第斯山起经中美、北美西部的科迪勒拉山脉至阿拉斯加（占 17%），东西二带构成"环太平洋火圈"，环太平洋火山岛弧或火山链的靠近大洋一侧称安山岩线（这条线的大陆一侧多喷发中酸性熔浆，比如安山岩、流纹岩），在向海洋一侧则以喷发基性熔浆（玄武岩）为主，世界最高的活火山（厄瓜多尔的科托帕克希火山，5896 m）和世界最高的死火山（安第斯山中阿根廷的阿空加瓜火山，6964 m）以及著名的富士山（3776 m）等都分布在这条火山带上。阿尔卑斯—喜马拉雅火山带又称"地中海火山带"，其横贯欧亚大陆南部（西起伊比利亚半岛，经意大利、希腊、土耳其、伊朗，东至喜马拉雅山脉，南折至孟加拉湾，与太平洋火山带相汇合），有 94 座活火山分布于此带上（占世界活火山总数的 18%）。大西洋海岭火山带北起冰岛经亚速尔群岛、佛得角群岛至圣保罗岛（有活火山 42 座，另外 9 座分布于小安的列斯岛弧上），大西洋活火山占世界活火山总数的 10%。此外，还有一些活火山分布于太平洋、印度洋、南极洲和非洲大裂谷，约占 10%，其中非洲大裂谷上共有 7 座活火山亦被称为东非火山带，比如坦桑尼亚 5895 m 的乞力马札罗山就是东非有名的火山。

我国近代火山多属死火山或休眠火山（活火山为数不多），计有火山锥约 900 座。我国东部（北起黑龙江、吉林，经内蒙、河北、山西、山东、江苏、安徽、中国台湾至广东省的雷州半岛和海南岛）属环太平洋西带范畴，多有火山分布。我国只有台湾鲤鱼山有时尚有活动，黑龙江的五大连池、查哈彦火山、长白山上的白头山、山西的大同火山、台湾的大屯火山等都处于休眠状态。云南腾冲 8 个火山群、新疆南部昆仑山中的火山都属于阿尔卑斯—喜马拉雅火山带的范围。

3.3　地　壳　运　动

狭义地壳运动主要指由内力地质作用引起的地壳隆起、凹陷以及形成各种构造形态的运动。广义地壳运动是指地壳内部物质的一切物理、化学运动（包括地壳变形、变质和岩浆活动等），目前地壳运动的研究没有涵盖整个岩石圈。暴露于地表的岩石在外力地质作用下会不断受到改造和破坏，但外力对地下深处岩石却几乎不能产生影响，地壳乃至岩石圈的岩石变形或变位由地球内力（或内动力）产生，这种内力引起地壳乃至岩石圈变形、变位的作用称为构造运动。由构造运动引起的岩石永久变形称为构造变动，构造变动变形包括褶皱变动和断裂变动两大类。人们根据构造运动发生的时间将其分为老构造运动和新构造运动（晚第三纪和第四纪的构造运动称为新构造运动，之前的构造运动称为老构造运动），新构造运动是指地史上最近一个时期的构造运动，人类历史时期所发生的和正在发生的构造运动称为现代构造运动（现代构造运动是新构造运动的一部分，其与人类的经济活动关系极为密切）。新老构造运动皆由内力引起且都会引发岩石变形与错位，老构造运动所产生的结果和痕迹主要记录在地层里（当时的地貌形态已无踪迹），而新构造运动（特别是现代构造运动）除了在新地层中有显示外常表现在隆起、沉陷、掀斜以及各种地貌形态上。新老构造运动表现和保存的形式不同其研究方法也不完全一样，研究老构造运动主要靠地层，研究新构造运动除地层外主要靠地貌，研究现代构造运动则除用地层、地貌方法外还要利用人类文化遗迹（考古）和历史地震记载研究。另外，还可借助测量手段和各种仪器进行观测判断当前构造运动的速度和方向。

3.3.1　地球构造运动的基本特征

地球构造运动具有方向性，人们按构造运动方向的不同可将其大致分为切向运动（水平运动）和径向运动（垂直运动）两类。地壳或岩石圈物质大致沿地球表面切线方向进行的运动叫切向运动，这种运动常表现为岩石水平方向的挤压和拉张（即产生水平方向的位移以及形成褶皱和断裂），在构造上形成巨大的褶皱山系和地堑、裂谷等，这种运动也称为造山运动，目前可以找到许多例证说明现代切向运动情况（2011 年 3 月 11 日，日本福岛大地震时 GPS 监测显示日本本岛最大水平位移 2.4 m）。地壳或岩石圈物质沿地球半径方向的运动叫径向运动（垂直运动，也叫升降运动），其常表现为大规模的缓慢上升或下降（可形成规模不等的隆起或凹陷并引起海侵、海退，即导致海陆变化。1890 年，G. K. 吉尔伯特称这种大面积的升降运动为"造陆运动"），现代对地观测表明大量径向运动非常缓慢，其上升或下降速度值一般为每年几个毫米到几个厘米，如喜马拉雅山北坡地区每年以 3.3～12.7 mm 的速度不断上升，个别情况速度较快，尤其是地震，地震过程中沿断层瞬间即可产生较大的竖向位移。对于切向运动也有缓慢和迅速之分。把构造运动分为切向运动和径向运动并不意味着运动完全沿着水平方向或竖向进行，两种运动往往相伴而生（构造运动方向不一定都是单纯的水平或竖向，比如一条断层更多的情况是两侧岩层斜着相对滑动，其中既有水平位移分量，也有竖向位移分量）。切向运动必然引起径向运动，径向运动也必然会引起切向运动（比如岩层因挤压而褶皱，有些地方隆起，有些地方凹陷；岩层因拉张而断裂，同样也有些地方上升、有些地方陷落）。从当前发展趋势看，构造运动是以切向运动为主的。关于地球演化有两种相互对立的观点，即固定论和活动论，固定论认为大陆形成以来其基底位置固定不变、主张地壳构造是径向运动的产物（当然也存在切向运动，但是是由径向运动派生出来的）。活动论者认为地球历史演变过程中大陆在地球表面的位置曾发生过显著的水平移动，这种切向运动不是一般的原地附近的水平位移和变形而是整个岩石圈分成许多"板块"，这些"板块"在软流圈上进行"飘移"，这种观点由于"海底扩张"和"板块构造理论"的提出为越来越多的人所接受。

除地震、断层等在短暂时间内可引起显著的变形、位移外，构造运动通常表现为岩石圈长期而缓慢的运动（其速度以每年若干毫米或若干厘米计，是人们感官无法直接感觉的），但经历了漫长悠久的时间后便会产生巨大的变化，比如，喜马拉雅山是今天世界上最高大的一列山脉，在 3000 万年以前那里还是一片东西横亘的汪洋大海（古地中海的一部分），长期处于缓慢下沉和沉积阶段，但所形成的海相沉积岩总厚度竟达 30000 m，这是一个多么惊人的数字。后来亚洲大陆（板块）受到印度大陆（板块）的碰撞，岩层褶皱，大约在 2500 万年前开始从海底升起，到 200 万年前初具规模，虽然上升速度很慢，平均每年只有 4 mm，但现在已居世界之巅，并仍处于继续上升的过程中。强调切向运动的存在并不等于否定径向运动的存在，板块俯冲或仰冲、地壳隆起和凹陷、岩层褶皱和断裂都会引起地壳升降运动，升降运动的速度和幅度常因地因时而异（同一地区常表现为升降交替进行的情况），运动总是呈现波浪起伏的特点。

地球演化历史中的构造运动（切向运动和径向运动）都表现出比较平静时期和比较强烈时期交替出现的特点（比较平静时期运动速度和幅度都小；比较强烈时期运动速度和幅度都大），使构造运动表现出明显周期性。构造运动从缓和到强烈称为一次构造旋回，一次构造旋回往往要经历 2 亿年左右的时间。地球历史每经过一次大的构造旋回都要引起全球性的或区域性海陆、气候、生物、环境的巨大变化，一次大的构造旋回还往往包括若干次一级的和更次一级的构造旋回，这些低级旋回会导致区域性或局部性地理变化。可见构造运动的周期性决定了地球历史发展的阶段性，为此，人们将地史划分为许多代

（代又分若干纪，纪又分若干世）。全球构造运动具有周期性，不同地区也有自己的周期性，不能认为每次构造运动都会波及整个地球（也不能设想每次构造运动在所有地方都会有相同的反映形式。必然，晚第三纪以来喜马拉雅山从古地中海升起上升幅度达七八千米；而在同一时间的江汉平原地区却表现为缓慢下降、沉积了近一千米沉积层；内蒙古高原地区则表现为断裂活动和大面积的玄武岩喷发活动）。板块构造学说出现之前人们对构造运动在时空表现规律的主导认识是构造运动具有全球同时性（承认有统一的构造旋回并具有可对比性），板块构造学说兴起后人们认识到岩石圈板块是以大致均匀的速率不间断地运动的（这样就否定了构造旋回的存在），因此，构造运动的时空规律有待更深的研究和认识。

3.3.2 地球构造运动的证据

新构造运动的证据主要是地貌标志，地貌形态是内外地质作用相互制约的产物，构造运动常控制外力地质作用进行的方式和速度（比如以上升运动为主的地区常形成剥蚀地貌；以下降运动为主的地区常形成堆积地貌），由于新构造运动时间较近、有关地貌形态保留较好，因此，用地貌方法研究新构造运动是特别重要的方法（在陆地上河流两岸常会发现像台阶一样的地貌，即河流阶地，有的地方只有二、三级阶地，有的地方则可有五、六级阶地。越是高位阶地时间越长，阶地保存的形态越不完整；越是低位阶地时间越新，保存的形态也越完整。此外在山地河流出口处常有好几个洪积扇依次叠置。这些标志都是或可能是地壳上升的证据）。地壳升降运动常和第四纪海面升降运动叠加在一起，地壳升降运动可引起海面升降运动，称地动型海面升降运动。陆源堆积物填充于海水之中可导致海面升降，海水温度变化可引起海面变化（有人计算海水温度变化 1℃海面可变化 1～2 m），海水负荷变化会引起海盆补偿性升降（也可能导致海面升降的变化），大陆上冰川的停积、消融是引起第四纪海面升降运动更重要的原因（第四纪大冰川时代，冰期时大陆上冰川面积增加、海面下降；间冰期气候较暖、冰川缩小和消融、海面上升），由上述各种原因所产生的海面变化称为水动型海面升降运动。地动型变化和水动型变化的区别在于前者具有区域性、后者则具有全球性。地貌标志既可由构造运动引起也可由海面升降运动引起（或二者叠加引起）。现代构造运动在短期或瞬息间还不可能在地貌上留下可以观察到的痕迹，必须借助于卫星测量、遥感测量、三角测量、水准测量、远程测量（激光测距）、天文测量等手段定期观测一点（线）的高程和纬度变化以测出构造运动的方向和速度（美国西部圣安德列斯断层从第三纪以来其切向运动速度平均为10 mm/a）。

发生在几百万、几千万以至若干亿年前的构造运动所造成的地貌形态几乎都为后期的地质作用所破坏，因此不能使用研究新构造或现代构造运动的方法进行研究。但构造运动的每一进程却留下可靠的地质记录，根据地层的岩相特征、厚度、接触关系以及构造变形等便能从中找到构造运动的信息、重塑地壳构造的发展历程。一定时间内在一定沉积区可形成一定厚度的地层，对岩层厚度进行分析可在很大程度上得出升降幅度的定量结论，在一定地区范围内进行地层厚度对比即可了解当时下降幅度及古地理基本情况。一定沉积环境，比如是海还是陆，是浅海还是较深的海，气候条件是干燥还是湿润、是炎热还是寒凉，生物情况如何，等等，必然要反映在沉积物上使之具有一定的特征，比如沉积物的矿物成分、颜色、颗粒粗细、结构构造、生物化石种类等，反映沉积环境的沉积岩岩性和生物群的综合特征称为岩相，岩相是岩层形成环境的物质表现（一旦沉积环境发生变化，沉积物的岩性和生物特征也即随之变化），人们将岩相分为海相、陆相和海陆过渡相（比如入海处的三角洲相）三类，其中每类又可细分成若干种相。比如海相可分为滨海相、浅海相、半深海相、深海相等；陆相可分为坡积、冲积、洪积、湖泊、沼泽、冰川、风成等相。岩相是随时间发展和空间条件改变而变化的，在同一时间的不同地点，或在同一地点的不同时间岩相常有不同，同一岩层的横向（水平方向）岩相变化反映在同一时期但不同地区的沉积环境差异，同一岩层的纵向（垂直层面方向）岩相变化反映同一地区不同时期的沉积环境改变，这种改变常常是构造运动的结果。地壳下降、陆地面积缩小、海洋面积扩大（即海水逐渐侵入大陆）时所形成的地层从竖向剖面看自下而上沉积物的颗粒由粗变细，同时新岩层分布面积大于老岩层形成所谓"超覆"现象，具有这种特征的地层即为"海侵层位"。地壳上升、陆地面积扩大、海洋面积缩小（即海水逐渐退出大陆）时所形成的地层从竖向剖面看自下而上沉积物的颗粒由细变粗，同时新岩层的面积小于老岩层形成所谓"退覆"现象，具有这种特征的地层称为"海退层位"。同一地层剖面上有时可见海侵层位和海退层位交替变化，即沉积物颗粒由粗变细，又由细变粗，呈现有节奏的、有韵律的变化，表明该区地壳曾经经历了由下降到上升的过程，称为一个沉积旋回。大多数情况，海侵层位厚度较大、保存较好；而海退层位则相反，厚度较小、不易完全保存，有时甚至缺失，出现沉积间断。

构造运动常使地层产状发生改变并产生褶皱、断裂等构造变形，根据其形态特征可推测其受力方向、性质、强度及应力场分布情况等，比如环太平洋的山系和岛弧以及喜马拉雅山脉等目前多认为是板块水平移动和俯冲造成的。

地壳下降引起沉积、上升引起剥蚀，因此，地壳运动会在岩层中记录下各种接触关系（它们是构造运动的证据）。人们将这些接触关系分成整合接触和不整合接触两类，不整合接触又进一步细分为平行不整合、角度不整合两种。地壳处于相对稳定下降（或虽有上升，但未升出海面）情况下会形成连续沉积的岩层（老岩层沉积在下，新岩层在上，不缺失岩层），这种关系称整合接触。构造运动往往会使沉积中断而形成时代不相连续的岩层，这种关系称不整合接触，两套岩层中间的不连续面称不整合面，按不整合面上下两套岩层之间的产状及其所反映的构造运动过程不整合可分为平行不整合（假整合）和角度不整合（斜交不整合）。平行不整合的形成过程可表示为地壳下降、接受沉积；地壳隆起、遭受剥蚀；地壳再次下降、重新接受沉积（这种接触关系说明在一段时间内沉积地区有过显著的升降运动，古地理环境有过显著的变化）。角度不整合说明在一段时间内地壳有过升降运动和褶皱运动，古地理环境发生过极大的变化。研究不整合关系不仅可确定地史发展过程中的构造运动以及相应的古地理环境（比如海陆变迁、山脉隆起、生物界演变等）的变化，而且还可寻找某些矿产分布的规律（在不整合面上常富集铝土、黏土、铁矿、锰矿等矿产）。

3.3.3 岩层的产状

岩层是指由两个平行的或近于平行的界面所限制的岩性相同或近似的层状岩石。岩层的上下界面叫层面（分别称为顶面和底面）。岩层的顶面和底面的垂直距离称为岩层的厚度。任何岩层的厚度在横向上都有变化，有的厚度比较稳定，在较大范围内变化较小；有的则逐渐变薄，以至消失，称为尖灭；有的中间厚、两边薄并逐渐尖灭，称为透镜体。岩性基本均一的岩层中间夹有其他岩性的岩层称夹层，比如砂岩含页岩夹层，砂岩夹煤层等；岩层由两种以上不同岩性的岩层交互组成，则称为互层，比如砂、页岩互层，页岩、灰岩互层等。夹层和互层反映构造运动或气候变化所导致的沉积环境的变化。

岩层在地壳中的空间方位称为岩层产状，由于岩层沉积环境和所受的构造运动不同可有不同的产状，人们将其分为水平岩层、倾斜岩层、直立岩层和倒转岩层。水平岩层多为广阔海底、湖盆、盆地中沉积的岩层。倾斜岩层的岩层层面与水平面有一定交角（0°～90°），多为构造运动发生变形变位形成，在一定范围内岩层的产状大体一致称为单斜岩层（单斜岩层往往是褶皱构造的一部分）。直立岩层是指岩层层面与水平面直交或近于直交的岩层（即直立起来的岩层），是强烈构造运动挤压的结果。倒转岩层中岩层翻转（老岩层在上而新岩层在下的岩层），主要因强烈挤压下岩层褶皱倒转过来形成。

走向、倾向和倾角称为岩层的产状要素。岩层层面与任一假想水平面的交线称为走向线，即同一层面上等高两点的连线；走向线两端延伸的方向称为岩层的走向，岩层的走向也有两个方向，彼此相差 180°，岩层的走向表示岩层在空间的水平延伸方向。层面上与走向线垂直并沿斜面向下所引的直线叫倾斜线，表示岩层的最大坡度，倾斜线在水平面上的投影所指示的方向称岩层的倾向（又叫真倾向，真倾向只有一个），倾向表示岩层向哪个方向倾斜（其他斜交于岩层走向线并沿斜面向下所引的任一直线叫视倾斜线；其在水平面上的投影所指的方向叫视倾向），倾向或视倾向均有指向，即只有一个方向。层面上的倾斜线和它在水平面上投影的夹角称倾角，又称真倾角，只有一个，倾角反映岩层的倾斜程度，视倾斜线和它在水平面上投影的夹角称视倾角（可有无数个。任何一个视倾角都小于该层面的真倾角）。

测量岩层产状要素必须用地质罗盘。测走向时将罗盘长边（即 NS 边）与层面贴靠、放平、气泡居中后，北针所指度数即为所求走向。测倾向时用罗盘 N 极指着层面倾斜方向，使罗盘的短边（即 EW 边）与层面贴靠、放平，北针所指的度数即为所求的倾向。测倾角时将罗盘竖起以其长边贴靠层面，并与走向线垂直，罗盘指针上挂的倾斜仪所指度数就是所求的倾角。表示走向和倾向都用方位角。因为走向具有两个指向，可用两个方位数值来表示，二者相差 180°，如 NE35°，SW215°。倾向仅有一个指向，只用一个方位数值表示，如 SE125°。倾角的变化介于 0°～90°，如∠45°。上述产状合在一起记录为“NE35°/SW215°，SE125°，∠45°”。野外测量产状要素往往只记录倾向和倾角，只有岩层近于直立时才记录走向。

3.3.4 岩石的变形

岩层由水平岩层变成倾斜岩层、直立岩层、倒转岩层是受力作用的结果（岩层发生褶皱和断裂亦然），物体受力后形状或体积发生的变化称为变形，变形物体承受的力有外力和内力两类：外力是施加于物体的力；内力是指物体受外力作用内部产生的与外力相抗衡的力，也就是物体抵抗外力发生形变时产生的各部分之间相互作用的力。物体内任一截面上单位面积的内力称应力（kg/cm^2），地壳内岩石中的应力称为地应力或构造应力，即组成地壳的岩石在构造运动产生的构造力作用下其内部各点产生的应力。构造应力分布的空间称为构造应力场或简称应力场。人们喜欢将构造应力的空间分布规律用"应变椭球体"进行几何解释。

岩石变形通常有弹性变形、塑性变形、断裂变形三个阶段。岩石性质不同（有脆有柔）其变形性质也不相同，脆性岩石外力作用达到一定程度即由弹性变形直接转变为断裂变形（没有或只有很小的塑性变形），柔性较大的岩石外力作用增大超过岩石的弹性极限时才会由弹性转变为塑性变形，再继续施力就会产生断裂变形。同一岩石作用其中的应力性质不同其效果差异很大。岩石在外力作用下抵抗破坏的能力称为强度，岩石会对不同性质的应力表现出不同的强度,通常情况下岩石的抗压强度＞抗剪强度＞抗张强度。组成地壳的岩石又硬又脆却会发生非常显著的变形或像柔软的面条一样弯曲（褶皱），这与岩石所处的外界条件（比如围压、温度、时间、应力状态等）有关，围压即岩石所受其围岩的压力，处于地壳深处岩石可达几千、几万个大气压。围压能增强岩石塑性变形的能力和提高它的强度。大家知道冰是脆的，受力即破成碎块，但在强大压力下冰可变为塑性物质，冰川所以能够流动就是因为在强大压力下塑性增强的缘故。岩石也是这样，在常态条件下它是坚脆物质，但当岩石处于围压随深度而增加的地下，则变为具有高度塑性的物质。因为围压越大，物体内部质点的内聚力越强，要想使质点分开，产生断裂，那就困难了。温度是影响岩石变形的另一个重要因素，许多固体物质在常温下是脆的而在高温下则变成塑性的。这是因为温度增高可以增强物体内部质点的运动，使之容易发生位移。故在较小的应力下岩石也能发生塑性变形。时间是影响岩石变形的重要因素之一，岩石承受作用时间很长或作用次数增多会引起缓慢的变形，这种现象称为蠕动。应力状态对岩石变形也有很大影响，岩石受到张力时会使岩石脆性增强，这时最容易发生张断裂，岩石受到压力时岩石塑性相应增强，这时剪切裂隙比张裂隙更容易产生。

3.3.5 褶皱构造

岩层的弯曲现象称为褶皱。岩层在构造运动作用下或者说在地应力作用下，会改变岩层的原始产状，不仅会使岩层发生倾斜而且大多数会形成各式各样的弯曲。褶皱是岩层塑性变形的结果，是地壳中广泛发育的地质构造的基本形态之一。褶皱的规模可以长达几十到几百千米，也可以小到在手标本上出现。褶皱构造通常指一系列弯曲的岩层，其中一个弯曲称为褶曲。褶皱主要由构造运动形成，大多数是在切向运动下受到挤压而形成的且缩短了岩层的水平距离，当然升降运动也可使岩层向上拱起和向下拗曲。褶曲形态多种多样但基本形式只有背斜和向斜两种，背斜是岩层向上突出的弯曲（两翼岩层从中心向外倾斜），向斜是岩层向下突出的弯曲（两翼岩层自两侧向中心倾斜）。褶曲核部是老岩层、两翼是新岩层就是背斜，褶曲核部是新岩层、两翼是老岩层就是向斜。

人们提供褶曲要素对褶曲进行分类和描述，褶曲要素是指褶曲的各个组成部分和确定其几何形态的要素，包括核、翼、轴面、枢纽、轴、转折端。"核"是褶曲的中心部分，通常指褶曲两侧同一岩层之间的部分。但也往往只把褶曲出露地表最中心部分的岩层叫核。"翼"指褶曲核部两侧的岩层，一个褶曲具有两个翼，两翼岩层与水平面的夹角叫翼角。"轴面"是指平分褶曲两翼的假想的对称面，可为简单平面，也可是复杂曲面。其产状可直立、倾斜或水平。轴面形态和产状可反映褶曲横剖面的形态。褶曲岩层的同一层面与轴面相交的线叫枢纽，枢纽可以是水平的、倾斜的或波状起伏的。它表示褶曲在其延长方向上产状的变化。"轴"是指轴面与水平面的交线，轴永远是水平的。可以是水平的直线或水平的曲线。轴向代表褶曲延伸方向，轴长反映褶曲规模。"转折端"是褶曲两翼会合的部分，即从褶曲的一翼转到另一翼的过渡部分。可以是一点，也可以是一段曲线。其在一定程度上可反映褶曲的强度或岩石强度。

褶曲的形态分类是描述和研究褶曲的基础，其不仅可在一定程度上反映褶曲形成的力学背景，而且对地质测量、找矿和地貌研究等都具有实际的意义。褶曲要素是褶曲形态分类的重要根据。人们根据轴面产状并结合两翼特点将褶曲的横剖面形态分为直立褶曲、倾斜褶曲、倒转褶曲、平卧褶曲、翻卷褶曲；根据转折端形状及两翼特点将褶曲的横剖面形态分为圆弧褶曲、箱形褶曲、锯齿状褶曲（尖棱褶曲）、扇形褶曲。人们根据枢纽的产状将褶曲的纵剖面形态分为水平褶曲、倾伏褶曲、倾竖褶曲；根据轴面产状和枢纽产状将褶曲的纵剖面形态分为直立水平褶曲、直立倾伏褶曲、倾竖褶曲、倾斜水平褶曲、平卧褶曲、倾斜倾伏褶曲、斜卧褶曲。

褶曲类型不同其平面形态也不相同，常见的平面形态有线形褶曲（长褶曲）、长圆形褶曲（短轴褶曲）、浑圆形褶曲（背斜叫穹窿，向斜叫构造盆地。相应的构造有穹窿构造、底劈构造或挤入构造）。短背斜、穹窿、盐丘等是最理想的储油构造，是石油地质的重要勘探对象之一。不同形态的褶曲（水平褶曲、倾伏褶曲）在地质图上有不同的表现形式。

一个地区褶曲常是连续出现而形成各种褶皱组合特征（在地壳活动强烈地区往往会形成很复杂的褶皱带），从横剖面看常见的褶皱组合类型主要有复背斜和复向斜、同斜褶皱和等斜褶皱、隔档式和隔槽式褶皱；从平面上看褶皱的组合类型主要有平行状褶皱、分枝状褶皱、帚状褶皱（比如广西马巴帚状构造）、弧形褶皱、雁行式褶皱。以上各褶皱主要发育在构造运动强烈的褶皱山地（由于受力不均或水平旋扭等才形成不同的平面形态），在构造活动微弱的相对稳定地区其褶曲组合特点是褶曲孤立、轴向不一致、短轴、开阔（多发育短背斜、穹窿构造），介于其间的则多为平缓的向斜或近水平的岩层。

褶皱构造是地质构造的重要组成部分，几乎所有的沉积岩及部分变质岩构成的山地都会存在不同规模的褶皱构造，小型的褶皱构造可在一个地质剖面上窥其一个侧面的全貌，大型构造则应借助地质图，其往往长宽超过数千米到数万米。这样的褶皱构造在野外观察很长一段距离也未必穿越其一翼的范围。若该地区有现成的地质图则应首先查阅已有的地质图件并进行分析。野外研究褶皱构造可采用地质方法和地貌方法。地质方法必须对一个地区的岩层顺序、岩性、厚度、各露头产状等进行测量或基本搞清楚才能正确地分析和判断褶曲是否存在，然后根据新老岩层对称重复出现的特点判断是背斜还是向斜，再根据轴面产状、两翼产状以及枢纽产状等判断褶曲的形态，包括横剖面、纵剖面和水平面，其野外考察路线可采取穿越法或穿越—追索法。各种岩层软硬薄厚不同、构造不同会在地貌上有明显反映，比如坚硬岩层常形成高山、陡崖或山脊，柔软地层常形成缓坡或低谷等。地貌方法主要应关注水平岩层、单斜岩层、穹窿构造、短背斜和构造盆地、水平褶皱及倾伏褶皱、背斜和向斜等关键要素。

褶皱构造是地壳中广泛发育的构造形式之一，对矿产形成、形态、分布等有一定控制作用，也是形成地貌的重要基础。在背斜顶部常发育一组张裂隙会提供矿液的侵入通道容易形成脉状矿体（矿脉）；岩层褶皱时因层间滑动容易在上下层转折端部位形成空隙

（称为虚脱），从而为矿质填充提供条件、形成鞍状矿体；具有封闭条件的穹窿、短背斜等是重要的储油、储气构造；构造盆地常形成良好的储水构造。褶皱构造与地貌的关系至为密切，几乎控制了大中型地貌的基本形态，由褶皱构造形成的山地称为褶皱山脉。褶皱的发育过程、特征及褶皱时代等往往代表一个地区的构造运动性质及地壳发展历史（通常利用角度不整合的时代来确定褶皱的时代）。

3.3.6 断裂构造

地壳中岩石（岩层或岩体），特别是脆性较大和靠近地表的岩石，在受力情况下易产生断裂和错动总称为断裂构造（和褶皱构造一样是地壳中普遍发育的基本构造形式之一），地球上除地壳表层普遍发育的各种断裂构造外还存在许多不同规模、不同深度的断裂系统，甚至会把岩石圈分割成许多板块。人们根据断裂岩块相对位移的程度把断裂构造分为节理和断层两大类。

1. 节理

几乎所有岩石中都可见节理，即有规律的、纵横交错的裂隙，所谓节理就是断裂两侧的岩块沿破裂面没有发生或没有明显发生位移的断裂构造，节理长度、密度相差悬殊，有的可延伸几米、几十米，有的却只有几厘米；有的密度很大，有的则比较稀疏。沿节理劈开的面称节理面，节理面的产状和岩层的产状一样用走向、倾向和倾角表示，节理常与断层或褶曲相伴生（是统一构造作用下形成的有规律的组合）。按成因不同节理可分非构造节理和构造节理两类，非构造节理是指岩石在外力地质作用下（风化、山崩、地滑、岩溶塌陷、冰川活动以及人工爆破等作用）所产生的节理，常分布于地表浅部的岩石中，几何规律性较差，一般没有矿化现象，但常形成地下水运移通道或在一定条件下形成储水层；风化破碎带对工程建设有很大影响。在非构造节理中还包括岩石在成岩过程中所形成的节理，即所谓原生节理，原生节理主要为侵入岩体中的节理（比如火成岩体中常见的横节理、纵节理、层节理、斜节理）和玄武岩中的柱状节理。构造节理是指在构造运动作用下形成于岩石中的节理，常成组成群有规律地出现，这种节理往往与其他构造（比如褶皱、断层等）有一定的组合关系和成因联系。人们也常喜欢对节理进行几何分类（亦即按节理与其所在岩层或其他构造的关系进行分类，这种几何分类与力学成因关系密切，一定的几何关系可反映一定的力学成因），根据节理与所在岩层产状要素的关系将其分为走向节理、倾向节理、斜向节理、顺层节理；根据节理走向与所在褶曲枢纽关系将其分为纵节理、横节理、斜节理。对水平褶皱而言走向节理相当于纵节理；倾向节理相当于横节理；斜向节理相当于斜节理。也可将节理按力学成因（产生节理的力学性质）分为张节理和剪节理。

在一地区、同一应力场（或在同一构造运动）作用下所产生的褶皱、断裂等彼此具有密切的成因联系，通常情况下褶曲的形成和各种节理的发生序次有两种，即岩层褶皱前的早期节理、岩层褶皱后的晚期节理。

研究节理的类型、成因和分布规律具有重要理论和实际意义，可推断区域性应力场的特点和各种应力的分布规律以及与各种构造的相互关系；推测地貌发育特点及形态。测量节理产状要素的方法与测量岩层产状相同，节理面未暴露在外时可将硬纸片插入节理裂隙中然后测量其产状要素。

2. 断层

岩块沿断裂面有明显位移的断裂构造称为断层，断层规模有大有小，波及深度有深有浅（深可切穿岩石圈或地壳、浅可切穿盖层或只在地表），形成时代有老有新，有的是一次构造运动结果，有的是多次构造运动结果，有的已不活动，有的还在继续活动，形成断层的力学性质或张或压或剪（各不相同）。断层的几何要素包括断层本身的基本组成部分以及与阐明断层空间位置和运动性质有关的具有几何意义的要素。岩层或岩体断开后两侧岩体会沿断裂面发生显著位移，这个断裂面即为断层面，既可以是平面，也可以是弯曲或波状起伏的面，断层面大多倾斜（个别直立），断层面产状和岩层、节理一样也用走向、倾向、倾角表示，同一断层其产状在不同部位常有很大变化，倾向甚至会完全相反。大规模断层多沿一系列密集破裂面或破碎带发生位移形成断层带或断层破碎带（不沿一个简单面发生）。断层面与地面的交线称为断层线（表示断层延伸方向，既可以是一条直线，也可以是一条曲线或波状弯曲的线），断层线形状取决于断层面的产状和地形起伏条件，地面平坦时断层线是直是曲取决于断层面本身的产状。地形起伏很大、断层面倾斜时，即使断层面是平的，断层线的形状仍是弯曲的，特别在大比例尺地质图上这种断层线随地形变化而弯曲的现象会更加明显。

断层面两侧发生显著位移的岩块称为断盘，若断层面倾斜则位于断层面以上的岩块叫上盘、以下的叫下盘，若断层面直立则应根据断块与断层线关系命名，比如断层线走向为东西则可分别称两盘为南盘和北盘。从运动角度很难确定断层面两侧岩盘究竟是怎样移动的，应根据相对位移关系判断上升和下降，相对上升的岩块叫上升盘、相对下降的岩块叫下降盘。上升盘既可以是上盘也可以是下盘。下降盘亦然。断层两盘的相对移动统称位移，实际工作中经常需要推断断层两盘相对位移的方向并测算位移距离，实际工作中（在野外或在地质图上）人们大多根据相当层被错开的距离来测量位移。同一地层由于断开移动分别在上下盘出现，好像变成了两个地层，这两个地层就是相当层。相当层是具体的看得见的东西，以它为据计算位移比较容易。通常是在垂直岩层走向的剖面上来测量相当层间位移，算出来的位移是视位移，称为断距以区别于滑距。视断距是指断层两盘上相当层的同一层面错开后的位移量，地层断距是指断层两盘相当层层面间的垂直距离，相当于两个相当层间重复或缺失的那一部分地层的厚度，铅直地层断距是指断层两盘相当层层面在铅直方向上的距离，水平断距是指在断层面上同一高度的两侧相当层层面之间的距离，代表断层面两侧相当层位移拉开的水平距离或两侧相当层掩覆的水平距离，不代表断层移动的实际距离。在实际工作中非常有用。

人们习惯根据断层走向与两盘岩层产状的关系将断层分为走向断层、倾向断层、斜交断层、顺层断层；或根据断层走向与褶曲轴或区域构造线的关系将其分为纵断层（基本是走向断层）、横断层（基本是倾向断层）、斜断层（基本是斜交断层）；或根据断层两盘相对位移的关系将其分为正断层、逆断层、平推断层、枢纽断层；或根据断层的力学性质将其分为张性断层、压性断层、扭性断层、张扭性断层、压扭性断层。上盘相对下降、下盘相对上升的断层叫正断层，上盘相对上升、下盘相对下降的断层叫逆断层（有冲断层和推覆构造之分，逆断层特别是逆掩断层及推覆构造的形成与强烈的水平挤压作用有关），断层两盘沿断层面在水平方向发生相对位移的断层叫平移断层（平推断层），有些断层运动具有旋转性质（好像上盘围绕一个轴作旋转运动）的叫枢纽断层或旋转断层。

50

自然界许多断层是以一定的组合形式出现的，平面看断层排列有平行状、雁行状、环状和放射状等，剖面看有阶梯状、叠瓦状、地堑和地垒等。两条以上的倾向相同而又互相平行的正断层其上盘依次下降的断层组合称为阶梯状断层，在地形上常表现为阶梯状下降或阶梯状上升的块状山地。两条以上的倾向相同而又互相平行的逆断层其上盘依次向上推移（形如叠瓦）的组合称叠瓦状断层或叠瓦状构造，常和一系列倒转褶皱相伴生，其断层面的倾向和褶曲轴面的倾向大体一致，断层线的走向和褶曲轴的走向大致平行，相当于一系列平行的纵断层。著名的长 6500km 的东非大裂谷就是一个巨型地堑。两条或两组大致平行断层中间岩块为共同的上升盘、两侧为下降盘的断层组合叫地垒（造成地垒的断层一般是正断层，偶尔也有逆断层。地垒构造往往形成块状山地）。在穹窿构造等地区常出现平面上呈环状或放射状的断层。断层产状不同，环形断裂断续相连，断层性质一般以正断层为主。

　　研究断层首先要判断是否有断层存在，然后判断断层性质、成因，最后判断断层时代。断层面（带）上常遗留平行细密均匀擦痕（擦脊和擦槽）、断层滑（镜）面、阶步、断层角砾岩、构造透镜体等痕迹，出现岩层不连续、岩层的重复或缺失、岩层产状变化等情况，断层两侧会出现拖拉褶皱（牵引褶皱）、伴生节理等伴生构造标志，还会出现断层崖和断层三角面、山脉错开或中断、断层谷、断陷湖、断层泉、火山分布、植被变化、等间接（地貌、水文、植被等）标志。在可能条件下应首先测量断层面的产状（走向，倾向，倾角），其次确定断层两盘相对位移的方向（可根据断层面上的擦痕、阶步和断层两侧的拖拉褶皱判断，或根据断层两盘岩层的新老对比判断；或根据褶曲核部或两翼的宽窄变化判断）。确定断层时代可利用断层和岩体、岩脉等的关系进行（若能测出岩体的同位素年龄则可较确切地推断断层时代），或利用断层互相错断关系进行。

　　研究断层，搞清楚断层的存在、性质和产状等具有重要实际意义和理论价值。矿床的形成、矿体产状及其分布等常受断层构造控制（岩浆、热水溶液、含矿溶液最容易循断裂带侵入或充填形成重要成矿带）。进行工程建设、水利建设等必须考虑断层构造，水库、水坝不能位于断层带上以免漏水及引发其他不良后果；大型桥梁、隧道、铁道、大型厂房等通过或坐落在断层上时必须采取相应的工程措施。重大工程项目都必须具有所在地区断裂构造等的地质资料以供设计者参考。断层构造与地下水的运移和储集关系密切，张性断层带往往构成良好的地下水通道。压性断层带由于挤压密实反倒常常无水、形成隔水墙，但断层的一盘或两盘的破碎带和裂隙带却常形成地下水的带状通道，再加上有压紧密实的断层带起到隔水作用因而容易形成地下水的富水地带。断层（特别是活动性断层）是导致地震活动的重要地质背景（断层构造是地震地质和地震预报研究的主要内容之一）。断层和地貌发育关系至为密切，块状山地、掀斜地块、断陷盆地、断层谷、飞来峰、大裂谷及某些水文现象（比如湖泊形成，河流发育等）都与断层有关。研究大型断裂构造的空间展布和时间演化规律对认识区域构造发育历史、进行大地构造单元划分、探讨全球构造演化规律均具有重要理论意义。

3.3.7　韧性断层与区域性大断裂

　　韧性断层是和脆性断层相对应的一类断层，又称韧性剪切或韧性变形，在地壳表层或浅层其断层常表现为脆性断层，其特点是断层面明显、两盘滑动相对集中于个别断裂面上、位移显著。韧性断层带内常形成新的片理。韧性断层主要产出于古老变质岩中，比如古地台基底或褶皱造山带核部，它们是露出地表的、被侵蚀的古老断裂的深部构造形迹。野外可根据新生片理带、退化变质带、磨棱岩带及拉伸线理等构造确定韧性断层。韧性断层研究对认识前寒武纪地壳结构和演化史、不同构造层次断裂构造形成机理等都具有重要意义。

地壳中除存在一般规模的断层外还存在区域性的大型断裂构造，比如深大断裂、裂谷、逆冲推覆构造等这类断裂规模很大，常构成区域性断裂甚至全球性断裂。深大断裂又称深断裂，指规模巨大的深切地下的发育时期很长的区域性断裂构造，其切割深度可切穿地壳深入地幔，区域延伸可上数百千米以至上千千米，最早的深断裂发育于元古宙并成为地壳发展历史的一部分。深断裂把地壳分割成运动特点和构造特点各不相同的地块，成为各级区域构造单元的分界，并控制着区域古地理、古构造的发展，控制着区域性地层、岩相及厚度的变化；控制着各类岩浆活动，成为岩浆和热液的运动通道及停积场所，形成内生成矿带；深断裂也常常成为近代火山带和地震带，是新构造运动最活跃的地方；它也常是大地貌单元的分界线，断裂带本身也往往出现引人注目的各种地貌景观，如串珠式湖泊、洼地、火山锥、大峡谷等；深断裂也常是一条地球物理异常带，并成为区域性地球物理场的分界线，比如我国著名的雅鲁藏布江深断裂就是划分藏北和藏南的地球物理场分界线。深断裂有不同的类型，正断层型是在拉张作用下形成的深断裂，比如贝加尔湖、莱茵河、东非大裂谷、大洋中脊；逆断层型（逆冲断层型）是在压缩作用下形成的；平移断层型常形成区域性走向滑动断裂带；顺层断层型常形成各类顺层滑脱构造。中国重要的深断裂带有雅鲁藏布江深断裂带、台湾大纵谷深断裂带、额尔齐斯深断裂、西拉木伦深断裂、东昆仑深断裂、北祁连深断裂、阿尔金深断裂、龙门山深断裂、金沙江—红河深断裂、班公错—怒江深断裂、郯城（鲁）—庐江（皖）深断裂、沧州深断裂、吴川（粤）—四会（粤）深断裂等。岩石圈包含着一个近于平行的层圈系列（从深部到地表，这种圈层界面间距愈来愈小，界面密度愈来愈大），各个界面侧向展布变化很大、延伸距离不等，形成这种圈层构造的原因主要是顺层滑脱（或者说是滑脱构造所产生的结果），岩石圈内多层次的近水平滑脱造成的薄皮构造（大部分为远距离而来的岩片）构成岩石圈构造的重要特征。许多深断裂依次连接地下众多滑脱面，角度逐渐变缓，以至到一定深度断裂截然终止，这种构造特点常反映在地震源顺层分布以及地震波速度的突然变化等方面。

裂谷是大型区域性断裂构造之一，在一定程度上讲也是深断裂的一种表现形式。大陆裂谷是由一系列以正断层为主构成的地堑或半地堑系；裂谷中常以断陷谷、断陷盆地的形式沉积一套巨厚的碎屑岩，伴有蒸发盐、火山熔岩及火山碎屑岩；沿着断裂常溢出玄武熔岩，或形成一系列火山，地震比较频繁。中国的汾渭地堑带（也可称为裂谷带）以渭河地堑和汾河地堑为主体，裂谷内形成一系列雁列式盆地，北段汾河地堑正好位于背斜区隆起的轴部，整个地带地壳厚度较薄、地震强度大、频度高、震源浅（一般深 10～30 km）。20 世纪 60 年代初期板块构造学说问世后，裂谷作用与全球构造得以有机联系起来成为板块构造中区域构造研究的一项重要内容。

逆冲推覆构造也是一种极为重要的区域性断裂构造，板块构造理论的兴起为逆冲推覆构造的产生成因研究提供了有力的支持。

3.3.8　地质图的特点及阅读分析方法

把各种岩层和地质构造按一定比例投影在平面上并用规定颜色和符号表示的图件就是地质图。从地质图上可全面了解一个地区的地层顺序及时代、岩性特征、地质构造（褶皱、断层等）、矿产分布、区域地质特征等内容。地质图是指导生产实践，进行区域地质、地理、自然环境研究的重要资料。地质图通常为平面图，有时人们也绘制地质剖面图（实测或从平面图上按指定方向绘制）以更清楚地反映地下地质情况，或根据生产或研究需要编制专题地质图，比如水文地质图、工程地质图、第四纪地质图、岩相—古地理图、矿产分布图、构造纲要图、大地构造图等。

地质图的阅读应关注不同岩层产状在地质图上的表现，关注褶曲和断层等在地质图上的表现。读图要领依次为看图名、图幅代号、比例尺；看图例；看剖面线；分析图内地形特征；分析地质内容；分析局部构造；分析整个构造的内部联系及其发展规律。

3.4　外力地质作用

由地球外部能源所引起的地质作用称为外力地质作用。外力地质作用按外营力类型的不同可分为河流地质作用、地下水地质作用、冰川地质作用、湖泊和沼泽地质作用、风地质作用、海洋地质作用等；若按其发生的序列又可分为风化作用、剥蚀作用、搬运作用、沉积作用和成岩作用。具体地，风化作用可进一步细分为物理风化作用、化学风化作用、生物风化作用；剥蚀作用可进一步细分为机械剥蚀作用、化学剥蚀作用；搬运作用可进一步细分为机械搬运作用、化学搬运作用；沉积作用可进一步细分为大陆沉积作用、海洋沉积作用、机械沉积作用、化学沉积作用、生物沉积作用。

3.4.1　风化作用

地壳表层岩石在太阳辐射、大气、水和生物等风化营力作用下发生物理和化学变化使岩石崩解破碎以至逐渐分解而在原地形成松散堆积物的过程，称为风化作用。风化作用是最普遍的一种外力地质作用，在地表最显著，随深度增加其影响逐渐减弱以至消失。风化作用改变了岩石原有的矿物组成和化学成分，使岩石强度和稳定性大为降低。滑坡、崩塌、岩堆及泥石流等不良地质现象大多都与风化作用有关，对工程建设条件具有不良影响。风化作用按占优势的营力及岩石变化性质分物理风化、化学风化及生物风化三种。

在地表或接近地表条件下，岩石、矿物在原地发生机械破碎的过程叫物理风化作用。引起物理风化作用的主要因素是岩石释重和温度变化。此外，岩石裂隙中水的冻结与融化、盐类的结晶与潮解等也能促使岩石发生物理风化作用。

在地表或接近地表条件下，岩石、矿物在原地发生化学变化并产生新矿物的过程叫化学风化作用。引起化学风化作用的主要因素是水和氧。自然界的水（不论是雨水、地面水或地下水）都是水溶液，都溶解有多种气体（如 O_2、CO_2 等）和化合物（如酸、碱、盐等），水溶液可通过溶解、水化、水解、碳酸化等方式促使岩石产生化学风化。氧的作用方式是氧化作用，水能直接溶解组成岩石的矿物使岩石遭到破坏。有些矿物与水接触后发生化学反应吸收一定量的水到矿物中形成含水矿物，这种作用称为水化作用。有些矿物遇水后离解并与水中的 H^+ 和 OH^- 离子起化学作用形成新的化合物，这种作用称为水解作用。水中溶有 CO_2 时水溶液中除 H^+ 和 OH^- 离子外还 CO_3^{2-} 和 HCO_3^- 离子，碱金属及碱土金属与之相遇会形成碳酸盐，这种作用称为碳酸化作用。氧化是地表的一种普遍自然现象，氧化作用是化学风化作用的主要方式之一，干燥空气中氧化作用不强，潮湿空气中氧化作用显著增强，水可大大加快氧化速度。化学风化作用在温暖、潮湿地区最为活跃，进行得也比较彻底。

岩石在动植物及微生物影响下发生的破坏作用称为生物风化作用。生物风化作用主要发生在岩石表层和土中。生物风化作用既有机械的也有化学的。生物的机械风化作用主要通过生物的生命活动进行。生物的化学风化作用通过生物新陈代谢和生物死亡后的遗体腐烂分解进行。岩石、矿物经过物理、化学风化作用以后再经过生物化学风化作用就不再是单纯的由无机物组成的松散物质了，因为它还具有植物生长必不可少的腐殖质，这种具有腐殖质、矿物质、水和空气的松散物质称为土壤。不同地区的土壤具有不同的结构及物理、化学性质，每一种土壤类别都是在其特有气候条件下形成的，比如热带气候下强烈的化学风化和生物风化作用使易溶性物质淋湿殆尽会形成富含铁、铝的红壤。岩石受到风化以后其外观特征或物理力学性质都会发生一系列变化，比如颜色、矿物成分、破碎程度、强度等，根据这些变化可概略判断岩石的风化程度。岩石风化带界线在工程实践中具有重要意义，许多地方都需要运用风化带概念来划分地表岩体不同风化带的分界线作为拟定挖方边坡坡度、基坑开挖深度以及采取相应加固、补强措施的参考。

风化作用形成的残留于原地的松散堆积物称为残积物，包括物理风化形成的碎屑物、化学风化形成的难溶物和生物风化形成的土壤，风化作用的复杂性导致各地残积物特点会有所不同，但其共同特点是原地堆积形成；残积物中的碎屑物质大小不均、棱角明显；堆积物无分选、无层理；由表往里与基岩是逐渐过渡关系，上部风化程度深，下部风化程度浅；残积物在成分上与基岩有密切联系。

残积物不连续地覆盖在地壳基岩上形成的一层薄的外壳称为风化壳。风化壳由上往下因风化程度的不同往往具有分层现象（但层与层之间是逐渐过渡的）。一个发育完全的风化壳从上往下依次为土壤、黏土矿物、角砾状碎屑残积物（半风化岩石）和基岩。风化壳被上覆沉积层掩埋后形成古风化壳，通过研究古风化壳可推断古地理、古气候，确定沉积间断。残积物（空隙多、成分和厚度很不均匀）用作建筑物地基时应考虑其承载力和可能产生的不均匀沉降问题，残积物（结构松散）用作路堑边坡时应考虑可能出现的坍塌和冲刷等问题。

风化作用虽然是地表普遍存在的地质现象，但各处风化作用的类型和速度却差异很大。在影响风化作用的类型和速度的因素中岩性是内在的依据、气候是最重要的外因，地质构造、地形和时间等是辅助因素。

3.4.2 地面流水地质作用

地面流水是指沿陆地表面流动的水体。地面流水根据流动特点可分为片流、洪流和河流等 3 种类型。沿地面斜坡呈无数股、无固定流路的网状细流称为片流，片流汇集于沟谷中形成有固定流路的急速流动的水流称为洪流。片流与洪流仅出现在雨后或冰雪融化时短暂的一段时间（时有时无，称为暂时性流水）。河流是指沿沟谷流动的经常性流水。河流可以因洪流下切谷底至地下水面以下并得到地下水补给形成，也可以由冰川消融或湖水补给形成。地面流水的运动有层流、紊流、环流和涡流等几种方式。

1. 暂时性流水的地质作用

暂时性流水的地质作用包括洗刷作用（形成坡积层）和冲刷作用（形成洪积层）。

片流比较均匀地冲洗破坏斜坡表层的过程称为洗刷作用。片流水流分散、水量小、流动慢、动能小，一般只能冲走细小的碎屑物质（但其作用面积大，对地表的剥蚀作用显著）。洗刷作用的强度与气候、地面坡度、岩性和植被有关，降水量比较集中、坡度较陡、松散物多、植被稀少的山坡洗刷作用强烈，可对荒芜的秃山坡或坡耕地造成大量水土流失，若植被发育好就能有效地吸收片流能量使其洗刷作用大为降低）。洗刷作用冲走的碎屑物质一部分经沟谷进入河流，成为河流中搬运的泥砂的主要来源，其余部分随片流向山下搬运。片流到达缓坡或坡脚处因流速变慢、水流携砂能力减弱所形成的沉积物叫坡积物。坡积物搬运距离短、分选性差、层理不明显、碎屑颗粒呈棱角状，坡积物厚度变化较大，一般是坡脚处最厚，向山坡上及远离坡脚方向逐渐变薄尖灭，坡积物多由碎石和黏土组成（其成分与山坡上的基岩有关），坡积物松散、富水（作为建筑物地基强度较差），坡积物与下伏基岩接触带有水渗入而变得软弱湿润时其坡积物与基岩间的摩阻力会显著降低并容易发生滑动。

雨季或冰雪融化时（尤其是暴雨过后）片流汇聚到沟谷中常形成汹涌洪流，水量和流速大增会导致剥蚀力量增强，洪流以本身的水体动力连同携带的泥砂和石块不断冲击沟底和沟壁使沟谷加深变宽的过程称为冲刷作用。因冲刷作用形成的沟底深窄、沟壁陡峭的沟谷叫冲沟。干旱和半干旱地区雨量比较集中、缺少植被保护时由松散覆盖层组成的地面冲沟会迅速发展并造成大量水土流失、危害农业与交通。有的冲沟发展到一定程度后沟底会被碎屑填塞（沟壁变缓，沟里长满了植物，冲沟也就可能停止发展而成为死冲沟，或称山坳）。洪流一旦冲出沟口，水流会因失去沟壁约束而散开，由于坡度和流速突然减小，搬运物会迅速沉积下来形成扇状堆积地形，称为洪积扇，洪积扇多位于沟谷进入山前平原、山间盆地及河流入口处。洪积扇堆积物成分复杂，由沟谷上游汇水区内岩石种类决定。洪积扇堆积物分布有一定规律性，平面上看扇顶洪积物粗大（多为砾石、卵石）向扇缘方向越来越细（由砂到黏砂土、砂黏土直至黏土），剖面上看地表洪积物颗粒较细、向下越来越粗。洪积物由于未经长途搬运而突然沉积下来，其磨圆度和分选性较差、层理不很发育。在洪积扇上进行工程建设要注意洪积扇的活动性，正在活动的洪积扇每当暴雨季节仍将发生新的洪积物沉积。干旱地区洪积扇具有一定的供水意义，洪积扇中砂、砾层从扇顶向扇缘倾斜具水头压力，在洪积扇的扇缘打井往往可获自流井。洪积扇也是油、气储存场所，克拉玛依油田的储油层就与扇顶部分的砾石有关。

2. 河流的地质作用

河谷横断面形态由谷底和谷坡组成，河谷底部较平坦的部分称谷底，高出谷底的两侧斜坡称谷坡，谷底中经常有水流动的部分称河床，谷底中洪水期被淹没、枯水期露出水面的部分称河漫滩。

（1）河流的侵蚀作用。河流运动过程中对岩石的破坏作用称为侵蚀作用。河水沿河谷流动时不仅以自身的冲力破坏岩石还以携带着的大量泥砂和砾石等碎屑物为工具对河床进行磨蚀，同时对岩石还有一定的溶解能力。河流通过冲蚀、磨蚀和溶蚀三种方式对河底及两岸进行侵蚀。河水动能与流量一次方成正比，与流速二次方成正比。显然，流速对动能的影响比流量更大。河流侵蚀作用按侵蚀作用方向的不同可分为下蚀（竖向进行）和侧蚀（水平方向进行）两种类型，这两种作用在任一河段中都是同时进行的（对不同的河段有主、次之分）。河流下蚀切割河底使河床变深，下蚀的强弱取决于流速、流量并与组成河床的物质有关，流速、流量越大下蚀作用越强；组成河床的物质越坚硬、裂隙越少下蚀作用越弱。下蚀作用在加深河谷的同时又使河流向源头方向伸长。一条河流下蚀作用最强地段由河口开始逐渐向河源方向发展的现象称为向源侵蚀。每条河流水量、河床纵向比降、岩石性质及地质构造等因素不同其向源侵蚀速度也不同。当某一向源侵蚀较快的河流向上伸长并中途切断另一条河流时就会把另一条河流上游的河水夺过来，这种现象称为河流袭夺。河流下蚀作用不是无止境的，下蚀作用达到一定深度下蚀作用就趋近于零了，即当河面标高趋近于河口水面标高时河水不再具有势能差，流动趋于停止，河口的水面标高就是河流下蚀作用的极限（理论上），这个极限称为河流的侵蚀基准面（海平面为所有入海河流的侵蚀基准面）。湖面或干流河面因其自身是变化的，对注入的河流只能起到暂时性的控制作用，故称地区性或暂时性的侵蚀基准面，而海平面为最终侵蚀基准面。河流下蚀作用的结果是使河床高度降低、坡度变缓、阶梯状高差逐渐消失，整个河谷纵剖面成为一条光滑的曲线，这时河床坡度与流速、流量与搬运物完全达到平衡，河流的动能与所携带的物质和克服摩擦阻力的能耗相平衡时，整条河流达到既无侵蚀又无大量沉积状态，这种达到平衡状态的河谷纵剖面称为平衡剖面。平衡剖面虽然是一个永远也达不到的理想剖面，但它对了解河流改造地表的演化过程及研究工程建设所引起的河流变化具有十分重要的意义。河流侧蚀冲刷河岸使河床变弯、变宽，河流产生侧蚀的原因有两个：一是因为原始河床不可能完全笔直，一处微小的弯曲都将使河水主流线不再平行河岸而引起冲刷，致使弯曲程度越来越大；二是河流中的浅滩等各种障碍物也能使主流线改变方向冲刷河岸。侧蚀不断进行，受冲刷的河岸逐渐变陡、坍塌使河岸向外凸出、相对一岸向内凹进，河流形成连续的左右交替的弯曲，称河曲。由于河水主流线不是垂直而是斜向冲刷河岸，故这种弯曲向河流前进方向凸出，随着侧蚀不断发展，这些弯曲逐渐向下游方向推进。河曲进一步发展，河流弯曲程度越来越大，河流也越来越长，导致河床底坡变缓、流速降低。当流速减小到一定程度时河流只能携带泥砂克服阻力流动而无力进行侧蚀，河曲也就不再发展，此时的河曲可称为蛇曲。河流的蛇曲地段弯曲程度很大会形成牛轭湖，某些河湾之间非常接近，只隔一条狭窄地段，到了洪水季节，洪水可能冲决这一狭窄地段，河水经由新冲出的距离短、流速大的河道流动，残余的河曲两端逐渐淤塞，脱离河床而形成特殊形状的牛轭湖。湖中水分逐渐蒸发，可进一步发展成为沼泽。长江下游沙市、汉口等地段，由被遗弃的古河道形成的湖泊、洼地和沼泽星罗密布。

（2）河流的搬运作用。河流具有一定的搬运能力，它能把侵蚀作用生成的各种物质以不同方式向下游搬运，直至搬运到湖海盆地中。河流搬运能力与流速关系最大，流速增加1倍时被搬运物质的直径可增大到原来的4倍、被搬运物质的重量可增大到原来的64倍，流速减小时就会有大量泥砂石块沉积下来。流水搬运方式可分为物理搬运和化学搬运两大类。物理搬运的物质主要是泥砂石块，化学搬运的物质则是可溶解的盐类和胶体物质。根据流速、流量和泥砂石块的大小不同物理搬运又可分为悬浮式、跳跃式和滚动式三种方式。悬浮式搬运的主要是颗粒细小的砂和黏性土，悬浮于水中或水面顺流而下。比如黄河中大量黄土颗粒主要是悬浮式搬运。悬浮式搬运是河流搬运的重要方式之一，搬运的物质数量最大，黄河每年的悬浮搬运量可达 6.72 亿吨，长江每年悬浮搬运量达 2.58 亿吨。跳跃式搬运的物质一般为块石、卵石和粗砂，它们有时被急流、涡流卷入水中向前搬运，有时则被缓流推着沿河底滚动。滚动式搬运的主要是巨大的块石、砾石，它们只能在水流强烈冲击下沿河底缓慢向下游滚动。化学搬运距离最远，水中各种离子和胶体颗粒多被搬运到湖、海盆地中，条件适合时就会在湖、海盆地中产生沉积。

（3）河流的沉积作用。流速和流量降低（特别是流速降低）时河流搬运能力也会随之降低，多余的碎屑物质就会发生沉积，河流搬运物从水中沉积下来的过程称为沉积作用。由河流沉积作用形成的堆积物称为冲积物。因河流在不同地段流速降低的情况不同，各处形成的沉积层也就各有特点，山区河底陡、流速大、沉积作用较弱，河床中冲积层多为巨砾、卵石和粗砂。河流由山区进入平原时流速有很大降低，大量物质沉积下来形成冲积扇。冲积扇形状和特征与洪积扇相似但冲积扇规模大、分选及磨圆度更高。河流下游则会由细小颗粒的沉积物组成广大的冲积平原，比如黄河下游、海河及淮河的冲积层构成的华北大平原。河流入海的河口处流速几乎降低到零，河流携带的泥砂绝大部分都要沉积下来，若河流沉积下来的泥砂量被海流卷走（或河口处地壳下降的速度超过河流泥砂量的沉积速度），则这些沉积物就不能保留在河口或不能露出水面，这种河口则形成港湾，比如我国南方钱塘江河口处海浪和潮汐作用强烈使冲积层不能形成而成为港湾。但大多数大河河口都能逐渐积累冲积层，它们在水面以下呈扇形分布，扇顶位于河口，扇缘则伸入海中，冲积层露出水面的部分形如一个其顶角指向河口的倒三角形，故称河口冲积层为三角洲。三角洲的内部构造与洪积扇、冲积扇相似，下粗上细，近河口处较粗，距河口越远越细。

冲积物具有分选性好、磨圆度高、层理清晰等特征。碎屑物质经过搬运在流速减小的地方便按颗粒的大小、重度依次从水中沉积下来，就像经过筛子筛选一样，大小和重度相似的沉积物便聚集在一起，这种作用叫分选作用（分选性越好粒度越均一）。磨圆度是指颗粒棱角被磨蚀的程度。按韦德尔（Wadell，1932）的定义，磨圆度等于角的平均曲率半径与最大内接圆半径之比。比值越接近于 1 磨圆度越好，显然，磨圆度与搬运方式和搬运距离有关。冲积物通常经过长距离和多次搬运故磨圆度较高（但粒径小于 0.05 mm 的颗粒因呈悬浮搬运其磨圆度差）。层理是指由于矿物成分、粒度、颜色等的不同而在纵向上显示出来的层状沉积界面，是因水动力条件发生改变而造成上、下层的沉积物质不同所致。冲积层分布在河谷、冲积扇、冲积平原或三角洲中，冲积层成分非常复杂，河流汇水面积内的所有岩石和土都能成为该河流冲积层的物质来源。作为工程建筑物的地基，砂、卵石的承载力较高，黏性土较低，应当特别注意冲积层中软弱土层、粉砂层两种不良沉积物，软弱土层通常为牛轭湖、沼泽地中的淤泥、泥炭等。粉砂层容易发生液化现象。冲积层中的砂、卵石、砾石层常被选用为建筑材料的重要源地。厚度稳定、延续性好的砂、卵石层是丰富的含水层，可作为良好的供水水源。

（4）河流阶地。河谷内河流侵蚀或沉积作用形成的阶梯状地形称为阶地或台地。若阶地延伸方向与河流方向垂直则称为横向阶地，若阶地延伸方向与河流方向平行则称为纵向阶地。横向阶地是因河流经过各种悬崖、陡坎（或经过各种软硬不同的岩石）下切程度不同造成，河流经过横向阶地时常呈现为跌水或瀑布，故横向阶地上较难保存冲积物且随着强烈下蚀作用的继续进行，这些横向阶地将向河源方向不断后退。纵向阶地是地壳升降运动与河流地质作用的结果。地壳每一次剧烈上升都使河流侵蚀基准面相对下降并大大增强下蚀强度，河床底被迅速向下切割，河水面随之下降以致再到洪水期时也淹没不到原来的河漫滩了，这样，原来的老河漫滩就变成了最新的Ⅰ级阶地，原来的Ⅰ级阶地变为Ⅱ级……依次类推，在最下面则形成新的河漫滩。一条河流有多少级阶地是由该地区地壳上升次数决定的，每剧烈上升一次就应当有相应的一级阶地，比如兰州地区的黄河有六级阶地。但由于河流地质作用的复杂性使河流两岸生成的阶地级数及同级阶地的大小范围并不完全对称相同，左岸有Ⅰ、Ⅱ、Ⅲ共三级阶地、右岸可能只有Ⅱ、Ⅲ两级阶地，左岸的Ⅲ级阶地可能比较宽广完整、右岸的Ⅲ级阶地则可能支离破碎且残余面积很小。阶地编号越大、生成年代越老、被侵蚀破坏得越严重、越不易完整保存下来。人们根据河流阶地组成物质的不同把阶地分为侵蚀阶地、基座阶地、冲积阶地三种基本类型。侵蚀阶地（基岩阶地）表面由河流侵蚀而成，表面冲积物很少，主要由被侵蚀的岩石构成，侵蚀阶地多位于山区，是地壳上升很快、河流强烈下切造成的。基座阶地表面有较厚的冲积层，原因是地壳上升、河流下切较深以致切穿了冲积层（切入了下部基岩一定深度），从阶地斜坡上可明显看出阶地由上部冲积层和下部基岩两部分构成。冲积阶地（堆积阶地或沉积阶地）整个阶地在阶地斜坡上出露的部分均由冲积层构成，表明该地区冲积层很厚，地壳上升引起的河流下切未能把冲积层切透。野外辨认河流阶地时应注意阶地的形态特征和物质组成特征，从形态上看阶地表面一般均较平缓，纵向微向下游倾斜，倾斜度与本段河床底坡接近，横向微向河中心倾斜。河床两侧同一级阶地，其阶地表面距河水面高差应相近。某些较老的阶地由于长时间受到地表水的侵蚀作用，平整的阶地表面被破坏，形成高度大致相等的小山包，不能只从形态上辨认阶地（以免与人工梯田、台坎混淆），必须从物质组成上去研究。阶地是由老的河漫滩形成的，它应当由黏性土、砂、卵石等冲积层组成。就侵蚀阶地而言，在基岩表面上也应或多或少地保留有冲积物。因此，冲积物是阶地物质组成中最重要的物质特征。

3.4.3　湖泊和沼泽的地质作用

陆上洼地蓄水就形成湖泊，湖泊由大气降水、地面水和地下水补给，水源枯竭时就成为干湖泊（比如新疆的罗布泊）。构造湖是由于地壳运动产生的凹陷或断裂造成的湖盆形成的，其形状长而深，比如我国的兴凯湖、滇池、耳海、艾丁湖等以及俄罗斯深1620 m的贝加尔湖。火山湖是火山口成为湖盆形成，比如长白山的天池、云南腾冲的大龙潭湖。火山喷出物堵塞的湖有东北的镜泊湖及五大连池。河成湖是河流蛇曲取直而形成的牛轭湖及三角洲上因泥沙淤塞而成的三角洲湖。冰川湖是冰川刨蚀形成洼地，冰川后退后积水而成湖，比如青藏高原上的湖泊。海成湖是因海湾淤塞而形成的潟湖，比如杭州西湖就是由于钱塘江的泥沙将海湾淤塞而形成的潟湖。其他外力地质作用形成的湖泊还有石灰岩区因大规模溶洞塌陷形成的溶蚀湖，山崩堆积物阻塞河谷形成的堰塞湖（比如四川叠溪），沙漠中的湖（比如敦煌砂山的月牙湖，四周由风成砂丘围成）。人工湖是在河流上筑坝蓄水的水库，是人工形成的湖泊，比如三门峡、葛洲坝、松花湖、密云水库、新安江水库、三峡水库。

1. 湖泊的地质作用

湖的波浪可发生剥蚀、搬运和沉积作用，但其水流缓慢，剥蚀、搬运能力均较弱，只有巨大湖泊中的拍岸浪可起剥蚀作用（剥蚀的物质向湖心搬运）。湖水主要是起沉积作用，其过程与湖泊的发展、消亡过程密切有关，沉积作用包括机械、化学及生物等不同方式。

（1）机械沉积作用。雨量充沛季节，地表流水挟带大量泥沙汇集到湖泊中，其注入湖泊时流速骤减泥沙逐渐沉积，粗的颗粒靠近湖岸沉积，细的颗粒向湖心沉积，日积月累湖泊将逐渐淤浅。潮湿气候区入湖河流多、水量大，水流挟砂量高时会在湖滨形成三角洲，三角洲逐年扩大后湖泊会淤浅变小以至消亡出现湖积三角洲平原或沼泽。干旱气候区湖水的蒸发量大于补给量时湖水的含盐度会增大，当浓度超过饱和溶解度时多余盐分就从水中结晶析出，因盐类溶解度不同其结晶作用会依序进行。方解石、白云石结晶在先，其后为石膏、芒硝，最后是氯化钠、氯化钾结晶。

（2）生物沉积作用。潮湿气候区的湖泊中繁殖了大量生物，其遗体与泥沙一起形成腐泥，其后堆积物增厚、压力加大，在还原条件下腐泥经细菌发酵分解作用后形成含油岩石，油经运移会聚集于多孔岩石中构成油田。松辽平原、汉江平原等地的石油就是古代湖泊生物作用的结果。

2. 沼泽的地质作用

在陆地上的过湿洼地常生长菖蒲类沼泽植物并形成湿地、草地。沼泽可由湖泊淤塞形成，或滨海浅滩、洪积扇缘、河漫滩以及泄水不畅的低地因水储积而成，还可由某些水生植物、喜水植物吸水抬高潜水面而使地表过湿形成。沼泽中水体小、几乎处于静止状态，在沼泽地主要是生物沉积作用，植物不断生长、死亡，其遗体被泥沙掩埋，在缺氧条件下细菌作用发生分解、霉烂等复杂过程可形成多孔的泥炭、褐煤、肥料和其他化工原料。

3.4.4 海洋的地质作用

海洋接受陆地上泄出的水和物质，由于海水蒸发、降雨形成地球上水的大循环。在海洋中除沉积有大陆泄出的泥沙以外还有很多化学物质，它们在海洋中沉积形成矿藏。海水的运动（洋流、波浪）可产生剥蚀、搬运、沉积作用。

（1）海水的剥蚀作用。巨大的拍岸浪可冲击海岸，通常可达 70 kPa 压力，大风暴时其冲击压力可达 3000 kPa，使岸边岩石破坏（潮汐产生的作用有时也很强烈），因海浪侵蚀可形成各种海蚀地形（海蚀阶地、海蚀崖、海蚀洞等），地震引起的海啸涌浪破坏力更大。

（2）海水的搬运作用。波浪可推动几百甚至千余吨重的巨石，波浪可对岸边物质淘洗，在洋流作用下不断将细小颗粒和溶解的物质自浅海带至深海。钱塘江口由于潮流作用退潮时将泥沙搬往海洋没有形成河口三角洲。海洋不但接受大陆来的物质也接受海底火山喷发的物质以及海洋生物遗体，其沉积物随沉积地貌、环境而异。海洋沉积物可分为 4 个带。滨海带沉积是高潮线和低潮线之间的水域；浅海带沉积是大陆架（低潮线至 200 m 深水域）沉积；半深海带沉积是大陆坡（深 200～2500 m 水域）沉积；深海带沉积是深海盆地（水深大于 2500m 水域）的沉积。远离大陆的沉积物颗粒越来越细小，至远洋底沉积为生物软泥或化学物质的沉积。现代沉积学表明碳酸盐多沉积在滨海和浅海。

3.4.5 风的地质作用

沙漠地区雨水少、植物稀、岩石裸露、物理风化剧烈，使地表岩石分崩离析，沙漠上气温、气压变化剧烈（有时风暴强烈），由于风的作用会产生对岩屑的剥蚀、搬运和沉积。

（1）风的剥蚀作用。大风可飞沙走石并将地面尘土吹扬飞到远处（细小的沙粒也可吹扬），飞行中的沙粒对碰撞的岩石又发生磨蚀形成风蚀地貌，比如石蘑菇、蜂窝石、石檐地形等。

（2）风的搬运作用。风的搬运能力取决于风的强弱和物质的大小、密度。在风的作用下粗的砂粒可离开地面跳跃式前进，细颗粒可飞扬至很远。

（3）风的沉积作用。风沙停积后可形成沙堆，在开阔地形可形成新月形沙丘，其高度可从几米至几十米，甚至 200 m 以上，更细小的粉砂和尘土可由大风带到远方、降落均匀、日积月累形成很厚的黄土沉积（主要颗粒 0.05~0.005 mm）。黄土沉积在我国西北地区分布甚广（在河南郑州以西），在东海的岛屿上也发现有黄土的堆积物。在昆仑山—祁连山—秦岭一线以北，阿尔泰山—阴山—大兴安岭一线以南的广大地区黄土分布于 44 万 km² 土地上（占我国陆地面积的 4.4%，厚度一般为 30~80 m，较厚地区有 200~400 m）。据观测，目前黄土平均年沉积约 1 mm，其形成的时间在 20 万年至 40 万年之间，是第四纪更新世以来的沉积。世界各地黄土沉积也很广泛（比如东欧、美国）。除风成黄土外还有残坡积黄土和水成黄土。

3.4.6 冰川的地质作用

陆地上的冰川是在重力作用下由雪源向外终年缓慢移动的巨大冰体，是水圈的重要组成部分，是丰富干净的淡水资源。现代冰川覆盖面积占陆地面积的 10%。我国冰川面积达 4.4 万 km²，在天山、祁连山、昆仑山、喜马拉雅山均有分布。欧洲的阿尔卑斯山也有冰川分布。冰川活动时的巨大能量能改变一些地区的地貌（高纬度地区及中、低纬度的高山区）。

由于冰川所处地形、气候不同其规模、形态也各不相同。大陆冰川通常在两极和严寒的高纬度地区，地面均被冰雪覆盖（这种冰川占现代冰川的 99%），大陆冰川不受地形影响（起伏的地形均埋于冰层之下）。山岳冰川也称阿尔卑斯式冰川，常见于高山地区，多分布于中低纬度的高山（我国的冰川多是这种类型），按其发育情况和形态又分为冰斗冰川、悬冰川、山谷冰川、山麓冰川等，瑞士冰川最大冰层厚度 700 m。

冰川的地质作用主要为刨蚀作用、搬运作用、沉积作用。冰川的刨蚀作用是指厚的冰层在移动过程中将床底和两侧岩石刨掘、摩擦形成各种冰川地形，比如冰蚀谷、冰斗、角峰、羊背石等地形，在岩壁上常有冰川擦痕、冰溜面等。冰川的搬运作用是指冰川携带着岩石碎屑、巨石移动克服前进的阻力向前推进（被破坏的岩块、碎屑不能像水流搬运那样转移、位移），冰川的搬运能力十分巨大（可将巨大的漂砾推移到很远的地方）。冰川的沉积作用是指冰载物在搬运过程中由于冰体融化而从冰体内卸下，冰体直接融化沉积的堆积物称冰碛（冰川可形成侧碛堤、终碛堤和鼓丘等冰碛地貌，其中的巨大石块称冰川漂砾，冰川形成的堆积物一般分选性差，磨圆度稍差）。冰川融化后形成的水流使原有的冰碛受到水流的分选和重新沉积称冰水沉积（其碎屑物的分选性和磨圆度均较好，并有层理，其中细颗粒沉积形成纹泥），冰水沉积地形有冰积扇、冰河丘、蛇形丘、冰川湖等。第四纪冰川遗迹（地形及堆积物）在我国东部地区（浙江天目山）可以见到。

3.4.7　负荷地质作用

组成斜坡的岩土由于自重以及各种外营力（振动、地下水、地震、爆破等）激发而引起的变形、破坏、移动的过程称为负荷地质作用。这是一种固体或半固体物质的运动，可以速度很快或很慢。意大利 Vajont 滑坡的 2.5 亿 m^3 岩石在 20 s 内滑下，其最大滑速达到 25 m/s。很多边坡处于蠕动状态，要用精密测量才能觉察到。根据物质运动的特点负荷地质作用可分为崩落、蠕动、滑动、泥石流等 4 种类型。崩落是指陡峻斜坡上岩土失去平衡突然坍落、滚动、碰击，一般发生在大于 45° 的斜坡。在高山地区及峡谷地段都易发生这种现象。蠕动是指岩土体在山坡上发生的缓慢移动，上部岩层甚至会发生褶曲（点头哈腰）但这是在长时间内形成的，尤其在一些岩石风化带这种现象比较普遍，在一些不利的条件下也会发生急剧移动或滑动。滑动是指岩土体在山坡上顺着某些软弱面或某一曲面发生开始缓慢而后快速地整体下滑，比如 1967 年四川雅砻江某地发生崩塌性滑坡，6800 万 m^3 的土石顷刻间滑入河谷，形成高达 175～355 m 的天然坝，河流被堵，断流 9 天，随后溢流溃坝，造成一定损失。泥石流是指一定条件下水流挟带泥、石等固体物质在重力作用下形成的特殊洪流，泥石流有时来势凶猛，几十万甚至几百万立方米泥石顺着山势猛泄造成地质灾害。

3.4.8　剥蚀作用

风化作用是一切外力作用的开端，岩石遭受风化之后给风、流水、地下水、冰川、湖泊、海洋等外动力对岩石的破坏提供了物质条件。各种外力在运动状态下对地面岩石及风化产物的破坏作用总称为剥蚀作用。剥蚀作用在破坏地壳组成物质的同时也在不断改变着地球表面的形态。剥蚀作用实际上包括风的吹蚀作用、流水的侵蚀作用、地下水的潜蚀作用、海水的海蚀作用和冰川的冰蚀作用等。但从剥蚀作用的性质看可分为机械的剥蚀作用和化学的剥蚀作用两种方式。

机械的剥蚀作用是指风、流水、冰川、海洋等对地表物质的机械破坏作用。风的吹蚀作用是很强大的破坏作用，它一方面吹起地表风化碎屑和松散岩屑（称吹飏作用），一方面还挟带着岩屑磨蚀岩石（称磨蚀作用）。流水的侵蚀作用更为普遍（在占大陆面积 90% 的地方都处于流水作用之下），流水也和风一样其强大动能不仅冲击着地表风化的或松散的岩矿碎屑（称冲蚀作用）而且水流还挟带着碎屑作为工具进一步磨蚀着岩石（称磨蚀作用）。在占大陆面积约 10% 的地方分布着冰川，冰川的冰蚀作用也很强大，100 m 厚的冰川底部要承受 90000～96000 kg/m^2 的压力，运动着的冰川，特别是挟带着大量岩屑石块（称冰碛）的冰川，就像耕地的犁耙一样破坏着冰川谷壁或谷底的岩石（称刨蚀作用）。海水的海蚀作用也极为显著，海浪拍打海岸岩石其压力强度能达 70 kPa，所以海岸岩石在海浪直接冲击之下再加上以所挟带的岩屑碎块为武器破坏相当迅速。

化学的剥蚀作用除去风、冰川等外，流水、地下水、湖泊、海洋等对岩石还进行着以溶解等方式进行破坏的作用称为溶蚀作用，在石灰岩、白云岩地区这种作用更为显著，通称喀斯特作用或岩溶作用。剥蚀作用和风化作用都是破坏地表岩石的强大力量，二者不同之处主要在于前者是流动着的物质对地表岩石起着破坏作用，而后者是相对静止地对岩石起着破坏作用，二者互相依赖、互相促进，岩石风化有利于剥蚀，风化产物被剥蚀后又便于继续风化从而加剧了地表岩石的破坏作用并源源不断地为沉积岩的形成提供着充足的物质来源）。

3.4.9　搬运作用

风化作用和剥蚀作用的产物被流水、冰川、海洋、风、重力等转移离开原来位置的作用叫做搬运作用。搬运方式有机械搬运和化学搬运两种。一般说来，风化和剥蚀产生的碎屑物质多以机械搬运为主，而胶体和溶解物质则以胶体溶液及真溶液形式进行搬运。

（1）机械搬运作用。风、流水、冰川、海水等都可进行机械搬运。碎屑物质在搬运过程中进行着显著的分异作用和磨圆作用。分异作用主要表现在碎屑粒径顺着搬运方向逐渐变小。磨圆作用是指碎屑在搬运过程中互相摩擦失去棱角变圆的作用。一般地讲，颗粒大、比重大、硬度大、搬运远的磨圆度较好；反之则磨圆度较差。同时，搬运介质跟分异作用及磨圆作用有很密切的关系。流水、风、海水等可以产生良好的分异作用和磨圆作用，海水搬运可以反复进行、风向可经常变化往往比单一方向的流水有更好的分异作用和磨圆作用（比如海砂比河砂纯净、磨圆度高），冰川及重力搬运则一般没有分异作用和磨圆作用（碎屑大小混杂、多具棱角）。

（2）化学搬运作用。除风、冰川等外，流水、湖、海等还进行着化学搬运作用，这种搬运作用基本上有两种方式。一种是以真溶液形式搬运，搬运物质主要来源于岩石风化和剥蚀产物中的 Ca、Na、K、Mg 等可溶盐类（其中 K 易被植物吸收或被黏土吸附，搬运距离较小），比如 $CaCO_3$、$CaSO_4$、$NaCl$、$MgCl_2$ 等。另一种是以胶体溶液形式搬运，搬运物质主要来源于岩石风化和剥蚀产物中的 Fe、Mn、Al、Si 等所形成的胶体物质和不溶物质。据克拉克计算，目前每年通过河流化学搬运入海的物质总量为 27 亿多吨，占全部沉积物质的 8%。化学搬运的物质是组成化学岩的基本物质。

3.4.10　沉积作用

母岩风化和剥蚀产物在外力的搬运途中由于水体流速或风速变慢、冰川融化以及其他物理化学条件的改变使搬运能力减弱，从而导致被搬运物质的逐渐沉积，这种作用称为沉积作用。沉积作用既可发生在海洋地区也可发生在大陆地区，所以沉积作用包括海洋沉积和大陆沉积，前者又分为滨海、浅海、半深海和深海沉积，后者又分为河流、湖泊、沼泽、冰川等沉积。沉积的方式有机械沉积、化学沉积和生物沉积三种。

（1）机械沉积作用。被搬运的岩石碎屑在重力大于水流、风的搬运能力时便先后沉积下来，这种作用称为机械沉积作用。粗大的碎屑首先沉积下来，细小的碎屑随后沉积下来。比重大的碎屑首先沉积下来，比重小的碎屑随后沉积下来。粗、细、轻、重等各种碎屑本来是混杂在一起的，在沉积过程中却按一定顺序依次沉积下来，这种作用叫做机械沉积分异作用。这种作用的结果使沉积物按照砾石→砂→粉砂→黏土的顺序，沿搬运的方向形成有规律的带状分布。它们固结后便形成砾岩、砂岩、粉砂岩、黏土岩等。有些比重大的金属矿物还可以富集起来，形成有用的砂矿。这种按照碎屑大小、比重等进行的沉积分异规律总的来说反映了自然界的一般规律。因此，在进行岩石分析时总是把粗碎屑岩石（如砾岩、砂岩等）代表近岸、浅水沉积环境，而把细碎屑岩石（如粉砂岩、黏土岩等）代表远岸、深水沉积环境。但自然界复杂多变，在流水搬运过程中地形起伏变化或支流汇入可导致流速流量的改变从而造成分异过程错综复杂的现象。浊流往往把成分比较复杂的陆源碎屑（有时还含有浅水动物化石和植物化石）搬运到距岸上千千米远的深海底沉积下来，这种沉积叫浊流沉积，这种岩石叫浊积岩。从浊积岩的成分看无疑是近岸浅水沉积，而从其沉积环境看则十分确凿应属于深海沉积。可见，过去建立起来的机械沉积分异规律或模式在自然界及地质历史时期只能代表沉积的一般规律而不能反映沉积的全部规律。冰川的机械沉积作用与在水中的沉积作用不同。冰川沉积没有分异作用，所以冰碛物颗粒大小混杂，层理不清楚，有时泥和砾混在一起称为泥砾，有时冰川能搬运十分巨大的石块、体积可达几千立方米称为为冰川漂砾。冰碛碎屑大部分都未经磨圆作用、带有棱角，有时冰碛石上带有钉子头状长条擦痕称冰川擦痕。当冰川前端融化或在冰川底部流出水流时则具有一部分流水沉积的特征，称为冰水沉积。如果冰川前端汇水成湖，在冰川湖中经常沉积着细泥。春夏之际融水较多、沉积物稍粗、有机质多、颜色略深，秋冬之际融水较少、沉积物稍细、有机质少、颜色略浅，冬季冰川不融化、沉积也暂告中断。如此周而复始便形成薄层的、条带状的、有节奏的沉积物称为纹泥。根据纹泥可以计算冰川活动的年龄。

（2）化学沉积作用。化学沉积包括胶体沉积和真溶液沉积。

胶体颗粒极小，一般不受重力作用影响，搬运很远，沉积很慢。同时，胶体质点带有电荷，比如 Al_2O_3、Fe_2O_3、$CaCO_3$、$MgCO_3$ 等带有正电荷，称正胶体；SiO_2、MnO_2、黏土、腐殖质等带有负电荷，称负胶体。在一定介质中带有相同电荷的胶体质点互相排斥可长时间保持悬浮状态。但当胶体溶液中加入一定量不同性质的电解质时即发生中和作用并在重力影响下引起胶体沉淀，比如在海岸地带，携带胶体的大陆淡水与富含电解质的海水混合时常发生胶体沉淀。许多浅海相的沉积铁矿、锰矿多是这样形成的。此外，在干燥气候条件下，胶体溶液因蒸发脱水也可引起沉淀。

溶解于水中的物质多种多样，由于溶解质溶解度不同以及溶液性质、温度、pH 值等因素影响，真溶液物质沉积也有先后远近的顺序，这种作用叫化学沉积分异作用。化学沉积分异次序大体为：氧化物（Fe_2O_3，MnO_2，SiO_2）→铁的硅酸盐（海绿石等）→碳酸盐（$CaCO_3$，$CaMg[CO_3]_2$）→硫酸盐（$CaSO_4$）→卤化物（$NaCl$，KCl，$MgCl_2$ 等）。总的说来，上式基本反映了浅海地区的化学沉积分异规律。氧化铁、氧化锰等胶体物因受海水电解质影响常在滨海、近海最先沉积并和砂、泥等共生。其次，部分氧化铁和二氧化硅化合成含铁的硅酸盐，比如海绿石是代表浅海环境的典型矿物。再次是石灰岩、白云岩等碳酸盐沉积。最后是石膏等硫酸盐以及石盐、钾盐、镁盐等卤化物沉积，由于它们溶解度大在海水中停留的时间很长，只有在强烈蒸发条件下才沉积下来，它们代表化学分异作用的后期产物。

上述机械的和化学的沉积分异作用总称为沉积分异作用。研究这种分异作用对了解沉积岩和沉积矿产的形成和分布规律、阐明沉积环境和古地理特征都有重要意义。自然界影响沉积分异的因素甚多，简单的规律不能概括复杂的事实。有时碳酸盐沉积可以形成于浅水环境，而碎屑沉积也可见于相对深水环境。实际上，在沉积岩形成的全部过程中（即在风化作用、搬运作用、沉积作用各阶段）都始终贯穿着物质的分异作用。甚至在沉积物和沉积岩形成之后，由于某些物质的溶解、淋滤、凝聚、集中、分解和改造也会导致物质的重新调整和分配，使一部分物质迁移、一部分物质富集并可形成有用的矿产，这也是一种分异作用——沉积期后的分异作用。

（3）生物沉积作用。生物沉积作用包括生物遗体的沉积和生物化学沉积。前者指生物死亡后其骨骼、硬壳堆积形成磷质岩、硅质岩和碳酸盐岩等；后者指生物在新陈代谢中引起周围介质物理化学条件的变化从而引起某些物质的沉淀，比如海中藻类进行光合作用吸收海水中的 CO_2 可引起 $CaCO_3$ 的沉淀、形成石灰岩。有时是生物遗体沉积后又经过复杂的化学变化形成新的沉积物质，比如煤、石油等。生物沉积过程实际上也是一种特殊形式的物质分异过程，比如植物被埋藏后形成煤炭、硅藻沉积形成硅藻土、铁细菌作用形成铁矿床等都可以看作是通过生物作用直接或间接地使某些成分从自然界中分异出来并在特定条件下进行富集的过程。

3.4.11　成岩作用

岩石的风化剥蚀产物经过搬运、沉积而形成松散沉积物，这些松散沉积物必须经过一定的物理、化学以及其他的变化和改造才能形成固结的岩石，这种由松散沉积物变为坚固岩石的作用叫做成岩作用。广义的成岩作用还包括沉积过程中以及固结成岩后所发生的一切变化和改造。成岩作用主要包括压固作用、脱水作用、胶结作用、重结晶作用等几种方式。

压固作用是在沉积物不断增厚情况下下伏沉积物受到上覆沉积物的巨大压力使沉积物孔隙度减少、体积缩小、密度加大、水分排出，从而加强颗粒之间的联系力使沉积物固结变硬，这种作用对黏土岩的固结有更显著作用（其孔隙度可以由80%减少到20%。同时，上覆岩石的压力使细小的黏土矿物形成定向排列，从而常使黏土岩具有清晰薄层层理）。

脱水作是指沉积物经受上覆岩石强大压力的同时温度逐渐增高，在压力和温度共同作用下不仅可排出沉积物颗粒间的附着水而且还使胶体矿物和某些含水矿物产生失水作用而变为新矿物，比如 $SiO_2 \cdot nH_2O$（蛋白石）变成玉髓（SiO_2）、$Fe_2O_3 \cdot nH_2O$（褐铁矿）变为赤铁矿（Fe_2O_3）、石膏（$CaSO_4 \cdot 2H_2O$）变为硬石膏（$CaSO_4$）等。矿物失水后一方面使沉积物体积缩小，另一方面使其硬度增大。

沉积物中有大量孔隙，在沉积过程中或在固结成岩后其中被矿物质所填充从而将分散的颗粒粘结在一起称为胶结作用。最常见的胶结物有硅质（SiO_2）、钙质（$CaCO_3$）、铁质（Fe_2O_3）、黏土质、火山灰等。这些胶结物质既可以来自沉积物本身也可由地下水带来。砾和砂等经胶结作用可形成砾岩、砂岩，所以胶结作用是碎屑岩的主要成岩方式。

沉积物在压力和温度逐渐增大情况下可发生溶解或局部溶解并导致物质质点重新排列使非晶质变成结晶物质，这种作用称为重结晶作用。重结晶后的岩石孔隙减少、密度增大、岩石的坚固性也得到增强。重结晶作用对各类化学岩、生物化学岩而言是重要的成岩方式。

思考题与习题

1. 简述地质作用能源的特点。
2. 地质作用的类型有哪些？
3. 简述火山的构造特点。
4. 火山喷发物有哪些类型？
5. 火山有哪些喷发类型？其特点是什么？
6. 简述地球上的火山分布情况及特点。
7. 地球构造运动的基本特征是什么？
8. 地球构造运动的证据有哪些？
9. 何谓岩层的产状？
10. 岩石的变形特点是什么？
11. 简述褶皱构造及其特点。
12. 简述断裂构造及其特点。
13. 韧性断层与区域性大断裂有何意义？
14. 简述地质图的特点、作用及类型。
15. 简述风化作用的特点。
16. 简述地面流水地质作用的特点。
17. 简述湖泊和沼泽的地质作用的特点。
18. 简述海洋的地质作用的特点。
19. 简述风的地质作用的特点。
20. 简述冰川的地质作用的特点。
21. 简述负荷地质作用的特点。
22. 简述剥蚀作用的特点。
23. 简述搬运作用的特点。
24. 简述沉积作用的特点。
25. 简述成岩作用的特点。

第4章 地球的地质历史

4.1 地质历史的确定依据

地史学称地壳的演化史为"历史地质学"，是研究地球历史的科学，是主要研究地壳发展历史和规律的一门综合性地质学科。地史学研究以古生物、地层学、地质年代学、古地理学等为支撑，是地质学的一个主要分支。

4.1.1 地层

地层是指具有一定层位的一层或一组岩石，地层既可为固结的岩石也可为没有固结的堆积物。其与上下相邻地层之间既可被明显的层面或沉积间断面分开，也可为因岩性、所含化石、矿物成分、化学成分、物理性质等特征的变化所导致的不十分明显的界限所分开。通常情况下，地层指成层岩石和堆积物（包括沉积岩、火山岩和由沉积岩以及火山岩变质而成的变质岩）。

目前国际上趋向于把地层分为岩石地层、生物地层、时间地层三大类型，岩石地层（岩性地层）以岩性作为主要划分依据，生物地层以化石作为划分依据，时间地层（年代地层）以形成时间作为划分依据。也有人认为年代地层就是生物地层并主张把地层分为两大类型。

划分地层的主要依据是沉积旋回、岩性变化、岩层接触关系、生物化石等。对一个地区的地层进行划分时一般先建立一个标准剖面，若是海相地层则会表现出岩相由粗到细又由细到粗的重复变化（这样一次变化称一个沉积旋回），每一套海侵层位和海退层位构成一个完整的沉积旋回。岩性变化可在一定程度上反映沉积环境的变化，沉积环境变化与地壳运动密切相关，若根据岩性把地层划分成许多单位则基本可以代表地壳的发展阶段，比如在一个剖面中下部是含砂页岩煤层、上部是火山碎屑岩，则它们代表两个不同的环境和时代，一个是还原环境和成煤时代、一个是地壳运动强烈和火山活动时代。这样，就可根据岩性把地层划分成两个单位以代表两个发展阶段。根据岩层之间的不整合面来划分地层的依据是岩层接触关系，任何类型的不整合（平行不整合和角度不整合）都代表岩层的不连续现象（反映了地理环境的重大变化，因此是划分地层的重要标志），地层划分的对象通常为沉积岩，其实对岩浆岩也应该确定它的新老顺序。侵入岩必须根据其和围岩的接触关系确定时代。一种关系是侵入接触，即岩浆体侵入围岩之中，其特点是围岩接触部分有变质现象，岩浆岩中有捕虏体存在的情况可确定侵入岩的时代晚于围岩。另一种关系是沉积接触，即侵入岩上升地表遭受侵蚀后又为新的沉积岩层所覆盖，其特点是上覆沉积岩层不可能有接触变质现象、而侵入岩中也不会有上覆岩层的捕虏体存在，这种情况可确定侵入岩的时代早于上覆岩层的时代。若存在多次侵入现象则侵入体往往互相穿插，这种情况下被穿过的岩体时代较老、穿越其他岩体者时代较新。生物从简单向复杂、从低级向高级发展，生物演化是不断地发生和不断消亡的（进步性），各门类发展具有阶段性和不连续性（周期性），每一属种在地史上的存在只有一次（灭绝后不再重复出现，即不可逆性），因此，不同时代地层所含生物化石会有所不同，地层时代越老所含生物化石越原始、越低级，地层时代越新所含生物化石则越先进、越高级，具有不可逆性。

地层对比对地史研究至关重要。把不同地区的地层单位根据岩性、化石等特征作地层层位上的比较研究后可证明这些地层单位在层位上是相当的、在时间上是接近同时的，这种工作方法称为"地层对比"。地层对比有很多方式，常见有岩性对比、生物对比、古气候对比、同位素年龄值对比等。

4.1.2　平行不整合和角度不整合

地壳下沉引起沉积、上升引起剥蚀，地壳运动往往会使沉积中断并形成时代不相连续的岩层，这种关系称为不整合接触。不整合分平行不整合（假整合）和角度不整合（斜交不整合）。平行不整合是指具有相同走向和倾向的上、下两套岩层之间有一明显的沉积间断（表明这一沉积区的地壳曾经上升遭到剥蚀，然后地壳再下降重新接受沉积）。角度不整合是指上、下两套岩层之间不但有明显的沉积间断而且其上下两层的层面呈现一定的角度相交，这种形态的出现反映在下伏岩层形成之后曾发生较强的构造变动，不但出现沉积间断而且岩层产状也发生了变化，当再度接受沉积时上覆岩层与下伏岩层间就会以一定角度相交。角度不整合说明在一段时间内地壳有过升降运动和褶皱运动且古地理环境发生过极大变化。平行不整合和角度不整合通常都具有明显的侵蚀面和岩层缺失现象（代表长期沉积间断），不整合面上下两套岩层的岩性、古生物通常也有显著不同。

4.1.3　化石

由于地质作用而保存在地层中的地史时期生物遗体、遗迹通称化石。化石保存类型多种多样，有实体化石、遗迹化石、模铸化石、化学化石之分。化石只在沉积岩中才有，岩浆和变质岩中不会存在。一定种类的生物总是存在于一定时代的地层里的，相同时代的地层里必定保存着一定种类的化石，这样，人们就可根据岩层中保存下来的生物化石确定地层的顺序和时代。沉积岩中的动植物化石很多，常见的有木化石、恐龙化石、三叶虫化石、大羽羊齿化石。木化石（又称"石化木"）是指已石化的树干，其物质成分多已变成氧化硅、方解石、白云石、磷灰石、褐铁矿或黄铁矿等，若其主要成分是氧化硅则称"硅化木"，我国中生代陆相地层中木化石很多。恐龙是中生代陆生爬行动物中的一类，其大多身体庞大（最大者体重可达 40～50 t、长 20～30 m，但也有体小如鸡的），其在中生代极为繁盛、白垩纪末灭绝，在地球上生活了将近 1.4 亿年。我国恐龙化石资源极为丰富，化石产地几乎遍及全国，迄今已发现 40 多种各类恐龙蛋化石，是世界上恐龙化石的重要地区之一。典型的恐龙化石有云南东部禄丰县晚三叠地层中发现的禄丰龙，山东莱阳金刚口晚白垩世地层中发现的棘鼻青岛龙，四川宜宾马门溪的建设马门溪龙和合川马门溪龙，马门溪龙是我国发现的最大、蜥臀目化石。1981 年 8 月 26 日日本考古学家在岩手县下闭伊群发现一块约一亿多年前的雷龙化石（在日本是第一次），雷龙化石曾在北美、欧洲、非洲和中国大陆发现过，可见一亿多年前日本的本州同大陆是相连并曾有恐龙走来走去。三叶虫属于三叶虫纲，是节肢动物门中已灭绝的一纲，其个体一般长数厘米（最大可达 70 cm，小型的仅长数毫米）。常见三叶虫化石体多分解、背部覆以肌质背壳，化石多仅保存其背壳或外模（背壳一般为椭圆形，被两条纵向背沟分成中轴及两侧肋部三部分，故名三叶虫）。三叶虫全属海生，大多数喜游移底栖生活，少数钻入泥沙中或漂游生活。三叶虫最早出现在前寒武世，以寒武纪及奥陶纪最为繁盛，志留纪已衰退，古生代末全部灭绝。我国三叶虫化石非常丰富，是早古生代地层的重要标准化石之一。大羽羊齿属蕨类植物，大型单叶（倒卵形、歪心形、纺锤形或椭圆形），边缘呈伞缘、波状或锯齿状，中脉粗、羽状，其在我国出现于南方晚二叠世（属东亚地区晚二叠世特有的植物化石，北美少数地区也有类似标本发现）。

4.2　地质历史的分期

　　地质历史的分期通常用地质年代单位和年代地层单位表示，见表 4-2-1 和表 4-2-2。地质年代表（又称"地质时代表"）通常按年代顺序排列，用来表示地史时期的相对时代同位素年龄。

表 4-2-1　地层与地质年代表

界（代）	系（纪）		统（世）	
新生界（代）K_2	第四系（纪）Q		全新统（世）Q_4 或 Q_h	
			更新统（世）Q_P	上（晚）更新统（世）Q_3
				中更新统（世）Q_2
				下（早）更新统（世）Q_1
	第三系（纪）R	上（晚）第三系（纪）N	上新统（世）N_2	
			中新统（世）N_1	
		下（早）第三系（纪）E	渐新统（世）E_3	
			始新统（世）E_2	
			古新统（世）E_1	
中生界（代）M_Z	白垩系（纪）K		上（晚）白垩统（世）K_2	
			下（早）白垩统（世）K_1	
	侏罗系（纪）J		上（晚）侏罗统（世）J_3	
			中侏罗统（世）J_2	
			下（早）侏罗统（世）J_1	
	三叠系（纪）T		上（晚）三叠统（世）T_3	
			中三叠统（世）T_2	
			下（早）三叠统（世）T_1	

界（代）		系（纪）	统（世）
古生界（代）P_Z	上古生界（晚古生代）P_{Z2}	二叠系（纪）P	上（晚）二叠统（世）P_2
			下（早）二叠统（世）P_1
		石炭系（纪）C	上（晚）石炭统（世）C_3
			中石炭统（世）C_2
			下（早）碳统（世）C_1
		泥盆系（纪）D	上（晚）泥盆统（世）D_3
			中泥盆统（世）D_2
			下（早）泥盆统（世）D_1
		志留系（纪）S	上（晚）志留统（世）S_3
			中志留统（世）S_2
			下（早）志留统（世）S_1
		奥陶系（纪）O	上（晚）奥陶统（世）O_3
			中奥陶统（世）O_2
			下（早）奥陶统（世）O_1
		寒武系（纪）$\in$	上（晚）寒武统（世）$\in_3$
			中寒武统（世）$\in_2$
			下（早）寒武统$\in_1$
元古界（代）P_t	上元古界（晚元古代）P_{t2}	震旦系（纪）Z	上（晚）震旦统（世）Z_3 或 Z_h
			中震旦统（世）Z_2
			下（早）震旦统（世）Z_1 或 Z_a
	下元古界（早元古代）P_{t1}		
太古界（代）A_r			
远太古界（代）			

表 4-2-2 地质年代表

地质时代			距今年数（百万年）		中国地史特征	生物
			中国	世界		
新生代 K_Z	第四纪	Q	3	2	地球发展成现代形势，冰川广泛，岩层多为疏松砂、砾、黄土	人类
	第三纪 R	新第三纪 N	70	67	地壳表面具现代轮廓，喜马拉雅山系形成，岩层多为陆相沉积和火山岩，常见砂砾、红土、砂页岩、褐煤、玄武岩、流纹岩等	高等哺乳动物，如马、象、类人猿等，显花植物繁盛
		老第三纪 E				
中生代 M_2	白垩纪	K	140	137	岩浆活动强烈，岩层为火山喷出岩及砂砾岩	恐龙，植物茂盛
	侏罗纪	J	195	195	除西藏等地外，其他地区上升为陆地，以砂、页岩、煤层为主	
	三叠纪	T	250	250	华北为陆地，沉积砂页岩，华南为浅海、沉积石灰岩	

地质时代			距今年数（百万年）		中国地史特征	生物
			中国	世界		
古生代 P_Z	晚古生代	二叠纪	P	285	285	地壳运动强烈，海陆变迁频繁，华北为海陆交互相沉积，夹煤层，华南以灰岩为主，有煤层	植物，两栖动物
		石炭纪	C	330	350		
		泥盆纪	D	400	405	华北为陆地，受风化剥蚀、极少沉积；华南为浅海，有砂页岩、灰岩	鱼类
	早古生代	志留纪	S	440	440	地壳运动强烈，华北上升为陆地，华南为浅海，沉积砂页岩	
		奥陶纪	O	520	500	地势低平，海水入侵广泛，以海相沉积灰岩为主，有页岩，华北在中奥陶纪后上升为陆地	无脊椎动物
		寒武纪	€	615	570		
元古代 P_t	晚元古代	震旦纪	Z	1700±10		开始有沉积岩覆盖。下部为砂砾岩、中部为冰碛层、上部为海相石灰岩，后期地壳运动强烈，岩石轻微变质	低等植物
	早元古代		P_{tl}	2050±20			
太古代			A_r	>2500		地壳运动普遍强烈，变质作用显著	无生物
远太古代							

4.2.1　地质年代单位

地质年代单位（又称"地质时间单位"，简称"时间单位"）是指地质时期中的时间划分单位，划分的主要依据是生物演化不可逆性和阶段性，按级别从大到小依次为宙、代、纪、世、期、时，分别代表对应的年代地层单位宇、界、系、统、阶、时带。宙、代、纪、世是国际性的地质时间单位（适用于全世界），"期"和"时"是区域性地质时间单位（适用于大区域）。"宙"是指国际地质年代表中延续时间最长的第一级地质年代单位，相当于一个"宇"（一级地层单位）形成的时间，人们根据动物化石出现的情况将整个地质时期分为动物化石稀少的隐生宙及动物化石大量出现的显生宙（宙再分代）。"代"是指国际地质年代表中的第二级地质年代单位，相当于一个"界"（第二级地层单位）形成的时间，代是宙的再分（标志着生物演化的几个主要阶段），整个地质年代分为两个宙五个代（隐生宙分太古代及元古代；显生宙分古生代、中生代及新生代），代再分纪。"纪"是指国际地质年代表中的基本地质年代单位，相当于形成一个"系"（基本地层单位）的时间，纪是代的再分（古生代共 6 个纪，中生代共 3 个纪，新生代分为第三纪和第四纪，总共 11 个纪）。"世"是指国际地质年代表中的最小地质年代单位，相当于形成一个"统"（国际最小地层单位）的时间，世是纪的再分，一个纪一般分为 2～3 个世。区域性地质年代单位中的"期"相当于形成一个"阶"（区域性地层单位）的时间（期是世的再分），"时"（又称"年代"）是与"时带"相应的地质年代单位。

4.2.2　年代地层单位

年代地层单位（又称"时间地层单位"）是指以地层的形成时限（或地质时代）作为依据而划分的地层单位。年代地层单位与地质时代单位互相对应，年代地层单位中的宇、界、系、统、阶、时带分别与地质年代单位中的宙、代、纪、世、期、时相对应。理论上年代地层单位之间的界限应为等时面，确定等时面最有效的是年代对比方法，包括古生物的、同位素年龄的、构造运动的（区域性不整合）、古地理的（海陆变迁）以及古地磁和古气候等方法。其中以古生物（或生物地层）的方法最为有效。

国际性年代地层单位中的"宇"是指在"宙"的时间内形成的地层，它是比"界"高一级的国际性的最大的地层单位（比如隐生宇包括太古界和元古界，显生宇包括古生界、中生界和新生界）。"界"是指在一个"代"的时间内形成的地层，是比"系"高一级、比"宇"低一级的国际性时间地层单位（比如太古界（始生界）、元古界（原生界）、古生界、中生界和新生界），界的符号为界名的英文或德文字母（比如太古界用 A_r、元古界用 P_t 表示）。"系"是指在一个纪的时间内形成的地层，是比"统"高一级、比"界"低一级的国际性基本年代地层单位（比如寒武系、三叠系、第三系等），一个系可分 $2\sim3$ 个统（有时也有用亚系或超系的），系的符号一般为系名的英文（个别为德文或汉语拼音）的第一个字母（比如震旦系用 Z、石炭系用 C）。"统"是指在一个"世"的时间内形成的地层，是比"系"低一级、比"阶"高一级的国际性年代地层单位，统是"系"的再分，一个系可分为 3 个或 2 个统，统的名称为在系名上增加下、中、上或下、上等文字（比如下寒武统、中寒武统、上寒武统；下二叠统、上二叠统等），统的符号为系符号右下方加上 1、2、3 表示（比如寒武系下、中、上统分别以符号 $\in_1$、$\in_2$、$\in_3$ 表示）。

全国性或区域性年代地层单位中的"阶"是指在一个"期"的时间内形成的地层，是比"统"低一级、比"亚阶"高一级的全国性的区域性年代地层单位，一个统可分为几个阶，阶的专名适用于整个生物地理区，不同生物地理区可以有不同的阶名。"时带"是指在一个生物带延伸的时间间距内所形成的全部地层，"时带"是比"阶"低一级的正式时间地层单位，习惯上把广相的生物带（比如笔石带、菊石带等）称为时带。

地方性地层单位是指适用于一定范围的地层单位，包括岩石地层单位（群、组、段、层），其与时间地层单位（界、系、统、阶）间没有相互对应关系，前者可以穿越后者的界线。"群"是最大的地方性地层单位，群是组的组合（其范围相当于一个系、一个统或更大），有的群不能再分为组，群是在相似环境下形成的一套生因复杂的岩相岩石组合（具有较大的厚度和较广的空间分布），群与群之间常为区域性不整合（但也可以是连续的），群是以构造环境变化的阶段性为依据建立的（在地层划分中不是普遍使用的地层单位），前寒武纪老岩系一般称群（比如我国的泰山群）。"组"是岩石地层单位的基本单位，一个"组"具有岩性、岩相和变质程度的一致性，其既可以由一种岩石组成也可以由两种或更多的岩石互层组成，其厚度可自几米到千米以上，其名一律用地名加"组"命名（若一个组岩性单一还可以用地名加岩石名命名，比如栖霞石灰岩，但目前已少用）。

4.3　地质历史与地貌的关系

地质历史与地貌的关系见表 4-3-1 和表 4-3-2。

表 4-3-1 我国主要构造运动时期划分

时代		沿用构造运动名称（绝对年龄 单位：百万年）	构造运动阶段	遗迹分布	运 动 特 点
新生代	第四纪	喜马拉雅	第四阶段	喜马拉雅台湾最明显	海水退出中国陆地，奠定现代地貌
	第三纪	燕山 (80—130)晚期		全国东部最强	奠定中国现代构造轮廓。岩浆广泛活动、构造的东西差异明显
中生代	白垩纪	(150—190)早期		华 南	华南隆起，中国南北再次连成一体
	侏罗纪	印支(190—230)			
	三叠纪	华力西(230—260) 晚期			
晚古生代	二叠纪	(300) 中期 主幕	第三阶段	秦岭—昆仑 阴山—天山	北部、东南部褶皱隆起，岩浆岩广泛活动
	石炭纪	(350) 早期			
	泥盆纪	加里东(380—410)晚期		祁连山，南岭（造陆运动遍及中国东部）	华北、四川盆地——地壳整体隆起或沉降；祁连山、天山、大兴安岭——地层强烈褶皱、岩浆岩侵入喷发；东南地区——早古生代地层强烈褶皱变质，混合岩化岩浆侵入
早古生代	志留纪	(430—460)中期 主幕			
	奥陶纪	(490—520)早期			
	寒武纪	兴凯			
晚元古代	震旦纪 上统	少林 —澄江—杨子	第二阶段	华 南	中、朝古陆再次上升，华南昆阳群、板溪群及西北几个主要山系褶皱隆起，中国南北连成一体
	震旦纪 下统	晋宁 —雪峰—			
	青白口纪	芹峪 —晋宁			
	蓟县纪	东川—武陵—东安—四堡			
	长城纪	吕梁 —中岳—中条	第一阶段	阴山天山及秦岭昆仑两构造带间	运动频繁、强烈，形成三套变质岩群，吕梁运动形成中朝古陆
早元古代	上部	五台 — —嵩阳			
	下部	阜平 —鞍山—泰山			
太古代					

表 4-3-2 我国侵入岩分期

时代			年龄（百万年）	主要分布地区	侵入岩类别
中新生代	喜马拉雅期		<80	喜马拉雅、台湾、帕米尔、秦岭、东南沿海	伟晶岩、花岗岩、浅成岩类、超基性岩
	燕山	晚期	80~130	东部地区、滇西、西藏、喀喇昆仑山	黑云母花岗岩、花岗闪长岩、碱性岩类及浅成岩类
		早期	150~190	东部地区、（滇西、西藏）	黑云母花岗岩、花岗闪长岩、基性岩、超基性岩
	印支期		190~230	青藏高原东部、南岭、海南岛、秦岭	黑云母花岗岩、石英闪长岩、辉长岩、部分地区有超基性碱性岩
古生代	华力西	晚	230~260	东北北部、内蒙、祁连山、滇西、台湾地区	花岗岩、白岗质花岗岩、基性岩、超基性岩
		中	300±	天山、阿尔泰山、北山、大小兴安岭、川滇地区	黑云母花岗岩、花岗闪长岩、基性岩、超基性岩
		早	350±	天山、滇西、川滇地区	基性岩、超基性岩、花岗岩、花岗闪长岩
	加里东	晚	380~410	东南地区、祁连山、天山、内蒙北部、秦岭	黑云母花岗岩、花岗闪长岩、混合花岗岩
		中	430~460	祁连山、北山、贺兰山、大兴安岭、秦岭	花岗岩、基性岩、超基性岩、伟晶岩
		早	490~520		

时代		年龄(百万年)	主要分布地区	侵入岩类别
晚元古代	第三期（澄江期）	700±	鄂西、雪峰山、九岭山、怀玉山、大巴山、龙门山	花岗岩、花岗闪长岩
	第二期（晋宁期）	800～1000	川滇地区、滇西、东北东部	花岗岩、闪长岩、伟晶岩、辉绿岩、超基性岩
	第一期（四堡期）	1400±50	北京密云、五台山、吕梁山、辽吉地区、桂北	奥长环斑花岗岩、斑状花岗岩、伟晶岩、闪长岩、基性岩、超基性岩
早元古代	第三期（吕梁）	1700～1900	五台山、太行山、大青山、燕山、辽吉地区、祁连山	伟晶岩、花岗岩、混合花岗岩
	第二期（五台）	2000～2100	阴山、五台山、吕梁山、辽东、鲁中	花岗岩、花岗闪长岩、闪长岩、伟晶岩、基性岩
	第一期（阜平）	2500±	鲁中、燕山、辽东、嵩山、太行山	花岗岩、伟晶岩、混合花岗岩、基性岩、超基性岩

4.3.1 太古代（宙）特征

隐生宙泛指寒武纪以前的一段漫长地质时期，是地壳发展的最古地质历史阶段。20世纪 30 年代有人建议把地史时期划分为两个大的阶段并取名为比"代"高一级的时间单位"宙"，即用隐生宙代表动物化石稀少的前寒纪，用显生宙代表动物化石开始大量出现的寒武纪以后的阶段。隐生宇指隐生宙形成的地层，划分的依据多为不整合和变质程度深浅等（目前多用同位素年龄值来进行各地区间的对比），目前隐生宇上部地层（元古界）已有可能用藻类化石或超微化石来进行对比，隐生宇包括太古界（始生界）和元古界（原生界）。前寒武纪是指地质时期中最早的太古代（始生代）和元古代（原生代），国际地质科学联合会前寒武纪地层分会于 1982 年 11 月在埃及坦塔市坦塔大学举行的第六次会议上一致同意将 25 亿年作为前寒武纪元古庙和太古宙的划分界限，会议还决定将元古宙划分为元古宙Ⅰ、Ⅱ、Ⅲ三个相当于界的时期（分别以 16 亿年和 9 亿年作为它们的划分界限），会议结束了过去国际上对前寒武纪的时期划分一直没有统一意见的状况并采用了成员投票表决方式，前寒武世是指 5.7 亿年前的整个地质年代（约占全部地球历史的百分之八十七，金、铁、铜、镍、铀等重要矿物主要产生于这个时期的地层中）。

太古代又称"始生代"（属隐生宙），是地质年代中最古老的一个代（以距今约 25亿年作为太古代与元古代的界限）。我国曾根据本国实际把太古代上限暂置于距今 20亿年左右，目前为了与国际上的划分基本一致，已把太古代上限移至距今 25 亿年左右。目前认为最早的生物遗迹是在南非发现的距今 32 亿年左右的两个微植物化石，并认为生物圈在距今 36 亿年左右可能已开始出现。原始地壳的形成开始于距今 46 亿年左右。最早的原始地壳为薄而脆弱的玄武岩圈（硅镁层），具有大洋地壳的性质，成分相当于大洋拉班玄武岩，具体代表有津巴布韦的西瓦克维系下部的超基性岩等。原始水圈可能开始出现在距今 40 亿年左右，并开始出现了沉积圈，但这时火山作用频繁而强烈，与沉积作用相比仍占优势，故主要形成了基性至中基性火山岩和火山沉积岩，以后变成了辉绿岩。这些古老的辉绿岩组成了所谓原始大陆的核心，成为古地台的基底。距今 35～26 亿年开始出现了"花岗岩"圈（硅铝层），最早花岗岩为波罗的海地盾的奥长花岗岩（年龄为35 亿年），此阶段花岗岩化广泛发育、规模大、延续时间长。太古代末发生了广泛而强烈的地壳运动。

太古界又称"始生界"，太古代形成的地层称太古界。太古界一般变质较深、构造变动大、分布广，组成古地台的基底。其主要特征是超基性岩、基性火山岩和凝灰岩广泛发育，很少有碳酸盐岩石。我国华北到东北南部地区太古界广泛分布，构成了著名的"华北地台"的结晶基底，主要为片麻岩、混合岩等。我国南方目前尚未发现确切无疑的太古界。世界太古界地层主要分布于西伯利亚地台（安卡拉地台）、俄罗斯地台、加拿大地台（北美地台）、巴西地台（南美地台）、非洲地台、印度地台和澳大利亚地台等。由于那时地壳处于非常活动的状态，构造运动强烈、次数频繁，因此是一个重要的成矿时代，世界上超大规模的变质层状铁矿（即条带状磁铁石英岩）都是这个时期生成的，我国鞍山铁矿、美国的上湖铁矿、瑞典基隆铁矿、澳大利亚西部铁矿等都是这一时期形成的知名重要铁矿。

4.3.2　元古代（宙）特征

元古代又称"原生代"（属隐生宙），是地质年代的第二个代，人们已在元古界中发现了很多菌藻植物的化石和微古植物，因而将元古代称为菌藻植物时代。元古代末期，除藻类大量繁育外还出现了著名的伊迪卡拉动物群，其中有腔肠动物、环节动物、节肢动物和介壳动物。元古代后期曾发生过全球性的大冰期。元古代火山作用已渐减弱，元古代中期发生过广泛的地壳运动（在我国北方称为吕梁运动），伴随构造变动有岩浆活动以及与岩浆活动有关的内生成矿作用。

元古界又称"原生界"，元古代形成的地层称为元古界。元古界中火山岩类已逐渐减少，各种碎屑沉积和生物、化学沉积大量出现。元古界中蕴藏有丰富的矿产，我国东北南部辽河群中巨大的菱镁矿床、五台群中的变质铁矿、滹沱群中的锰矿、江苏锦屏的变质磷矿等均为那个时代的产物。

元古代震旦系沉积的时间称为震旦纪（"震旦"为中国古称），生物界以菌藻植物的大量繁育为其特征。震旦纪晚期在我国辽宁、湖南、青海已发现水母、原生水母动物群，在陕东已发现蠕形动物等化石。我国南方、西北地区发现了冰碛层。南方冈瓦纳古陆上冰碛层分布更为广泛，这是震旦纪一个重要的地质现象。

4.3.3　古生代特征

显生宙，又称"显动宙"，是指从寒武纪开始出现大量较高级动物以后的阶段，即古生代、中生代和新生代，距今5.7亿年为显生宙的起点。显生宇（又称"显动宇"）是显生宙时形成的地层，显生宇的主要特点是所含动物化石极为丰富，从此生物地层学方法成了划分和对比地层的主要方法（分界、分系、分统、分阶均有了古生物学根据）。

"古生代"是显生宙的第一个代，始于迄今5.7亿年、延续时间3.4亿年，分为早、晚古生代。早古生代包括寒武纪、奥陶纪和志留纪，寒武纪开始发生了广泛的海侵，这是海生无脊椎动物为主的时代。其中以三叶虫、笔石、珊瑚、鹦鹉螺、腕足类、棘皮动物等最繁盛。奥陶纪出现了最早的脊椎动物无颚类。晚古生代包括泥盆纪、石炭纪和二叠纪，此时陆地不断扩大，是陆生生物逐渐繁荣的时代，鱼类至泥盆纪达到全盛。石炭纪和二叠纪是两栖类全盛时代。海生无脊椎动物中除早古生代已有门类继续发展外，还出现了筳（蜓）类和低等菊石类。植物界在早古生代以水生菌藻类为主，到志留纪末期实现了从水生到陆生的飞跃（出现了裸蕨植物群）。泥盆纪后期至二叠纪中期是孢子植物繁盛时代，二叠纪晚期出现了大量裸子植物。石炭纪和二叠纪在各个大陆上都形成了蕨类为主的大森林，是地史上的重要成煤期。早古生代在西北欧、格陵兰岛、北美、中国西北和南部等发生了加里东构造旋回。晚古生代在欧洲中部、北美、中国西北和东北北部等地发生了华力西构造旋回。石炭纪末期在古地中海以南的南方冈瓦纳古陆上广泛地出现了大陆冰川现象，其范围遍及南美、印度、澳大利亚和南非。

古生界是指古生代形成的地层（一般为二分，也有三分的）。下古生界（包括寒武系、奥陶系和志留系），以海相沉积岩为其特征。上古生界（包括泥盆系、石炭系和二叠系）以陆相沉积大量发育、含煤沉积广泛分布以及大陆冰川沉积遍及冈瓦纳古陆为其特征。在我国华北及东北南部下古生界由寒武系和中、下奥陶统的浅海相石灰岩为主组成（缺失上奥陶统、志留系、泥盆系及下石炭统），中上石炭统为海陆交互相的含煤沉积，二叠系则以内陆盆地堆积为主，中奥陶统与中石炭统之间为一广泛分布的区域性假整合。我国南方古生界是一套巨厚的浅海相石灰岩，上二叠统早期夹有重要海陆交互相煤系，志留系与二叠系之间在西南部分地区存在着区域性假整合。我国东北北部，古生界是巨厚的海相沉积和海陆交互相沉积，以夹有中酸性火山岩和凝灰岩为其特征。我国西北区古生界以巨厚海相沉积为主，并以含有大量火山岩和火山沉积为其主要特征。包括喜马拉雅山区在内的西藏、青海和滇西地区出露以浅海碳酸盐岩为主的奥陶系至二叠系。台湾省海相石炭系、二叠系均已变质。我国古生界产有丰富的沉积矿产，比如华南、华中寒武系底部的磷，泥盆系的铁、锰；华北中石炭统底部的铁和铝土矿；华北中上石炭统及二叠系的煤；华南上二叠的煤等。

寒武纪的"寒武"源自英国威尔士的古地名拉丁文"Cambria"，为日文音译、我国沿用。因是首先在那里研究的，故就地取名（1835）。寒武纪开始于距今5.7（或6）亿年、延续时间为7000万年，分早、中、晚三个世。动物群以具有坚硬外壳的、门类众多的海生无脊椎动物大量出现为其特点，是生物史上的一次大发展。其中三叶虫最为常见，是划分寒武纪系的重要依据；植物群以藻类为主。寒武纪三叶虫群分区现象特别明显。动物地理区主要有两个，即东方太平洋区和西方大西洋区。寒武纪是一个海侵的时期，在我国形成了比震旦系分布更广泛的碳酸盐岩和碎屑岩为主的海相寒武系。

中国寒武纪共有八个阶，分属三个统。我国寒武系全为海相，分布几乎遍及全国各地，在华北及东北南部区下寒武统以紫红色页岩为主夹少量灰岩，中寒武统以厚鲕状灰岩为主，上寒武统发育最全，寒武系以巨厚的白云质灰岩、白云岩和厚层灰岩为其特征。在黔北和川南白云岩中夹有石膏。东南区的下寒武统以黑色砂页岩为主，中上寒武统则以黑色薄层灰岩含大量球接子类三叶虫为其特征，少数地区有火山岩流出现。在西北区，三叶虫类与东南区相似并以火山喷发岩与海相沉积相间成层为其特征。寒武系底部含磷矿层，分布于滇东、黔、川、鄂、湘、皖南、豫西及陕南等地，在浙、湘、鄂、陕南等地发现主要由藻类形成的"石煤"。在西北祁连山地区变质的寒武系中上部发现有铁矿，称"镜铁山式铁矿"。在山西中部吕梁山东麓中奥陶统马家沟组灰岩上部含有石膏层，厚数米至数十米，山西西北部黄河附近中奥陶统灰岩中也有石膏与白云岩共生。

奥陶纪是古生代第二个纪。"奥陶"一名源自英国北威尔士一古代民族名

"Ordovices"，音译为奥陶。在这个古代民族居住的地区，这一时期的地层发育较好，故此命名（1879）。奥陶纪开始于距今 5 亿年、延续时间为 6000 万年。奥陶纪是地史上海侵范围最广的一个纪，分早、中、晚三个世。由于当时浅海广布、气候温和，故海生无脊椎动物空前发展（其中以笔石类和鹦鹉螺类十分繁盛为其特征）。笔石类在我国南方分布较广，鹦鹉螺类在我国北方以弯颈式的阿门角石为最多，而在南方则以直颈式的震旦角石较为常见。该期还出现了最早的脊椎动物无颚类。植物界仍以水生藻类为主，从奥陶笔石、牙形刺、三叶虫等动物群的分区情况看，大体上有太平洋（包括澳大利亚和北美）动物群和大西洋（欧洲）动物群等两大动物群。中国奥陶纪动物群分华北型、东南型和扬子型三种类型，华北型动物群接近北太平洋（北美）动物群，东南型动物群接近南太平洋（澳大利亚）动物群，扬子型动物群属大西洋动物群。晚奥陶世在非洲、南美洲和欧洲出现了大冰期，比如非洲的撒哈拉和南非，南美的阿根廷和玻利维亚，欧洲的西班牙、法国南部等地。由于有广泛的海滨火山喷发和岩浆侵入形成了金、铜、铅、锌等多金属矿床。

志留纪的"志留"一名源于英国东南威尔士一个古代部族（Silures）居住的地方名"siluria"，日文译音、我国沿用。志留纪开始于距今 4.4 亿年、延续了 3500 万年。奥陶纪末期许多地区发生了重要的地壳运动并引起了普遍的海退，比如亚洲的中、北部，美洲及澳洲东部。志留纪初海水又开始广泛的侵漫，至志留纪后期海水才普遍后退，构成了另一次巨大的海侵旋回。志留纪初期我国广大地区被海水淹没，仅华北及东北南部隆起为陆地。在北欧及我国华南等一些地区发生了强烈的加里东运动，导致了地壳构造的明显变动和古地理面貌的急剧变化，陆地显著扩大，生物界也发生了巨大变革。该期生物界主要特点是脊椎动物无颚类进一步发展和植物群中开始出现原始陆生植物裸蕨，海生无脊椎动物仍占重要地位（以单笔石的兴起、珊瑚类和腕足类的大量繁育为其特点），最早的呼气动物板足鲎类，比如翼肢鲎等出现并达到极盛。由于志留纪浅海广布，各个海区相沟通，使动物群之间发生混生现象，导致动物分区现象不明显。

泥盆纪的"泥盆"一名来自英国西南的泥盆郡（De-vonshire，我国现译为"德文郡"），由于这一时期的地层首先在该地研究故就地取名（1839）。是日本音译、我国沿用。泥盆纪开始于距今 4.05 亿年、延续了 5500 万年，分早、中、晚三个世。由于志留纪末受加里东运动影响，促进了泥盆纪生物界的重大变化（陆生植物进一步发展），早、中泥盆世以裸蕨植物为主。早泥盆世后期出现了原始石松类，中泥盆世出现了原始鳞木、原始楔叶类和原始真蕨类，至晚泥盆世出现了原始石松类的斜方薄鳞木和裸子植物的古蕨羊齿。海生动物中的正笔石类中只有单笔石延续到早泥盆世，三叶虫大量减少，而四射珊瑚进一步发展（比如早至中泥盆世广泛分布的拖鞋珊瑚），腕足类中石燕类极为繁育，穿孔贝类的鸮头贝在中泥盆世分布也很广泛。该期出现了原始菊石类（比如晚泥盆世的棱角石类和海神石类），竹节石和牙形石也很发育。由于该期无颚类和盾皮鱼类等鱼形动物大量繁育，故又称泥盆纪为"鱼类时代"（比如中泥盆世的沟鳞鱼等）。泥盆世大西洋动物群与印度洋、太平洋或南太平样动物群没有多大差别，可合称为欧亚古地中海动物区。该期我国沉积矿床丰富，鄂西、湖南及我国东南等地常见有鲕状赤铁矿，黔、桂的菱铁矿，川西北、黔桂及祁连山北麓的石膏和岩盐等均在那个时代形成。

石炭纪的"石炭"一名最初创用于英国（1822），由于这个时期的地层中蕴藏着丰富的煤矿故名。该期开始于距今 3.5 亿年、延续了 6500 万年，分早、中、晚三个世。在北美通常把石炭纪分为两个独立的纪或亚纪（相当于早石炭世的称密西西比纪；相当于中、晚石炭纪的称为宾夕法尼亚纪）。由于二叠系也含煤，在法国有时将石炭系和二叠系合起来称为大石炭系。石炭纪陆生生物进一步发展，以植物界的空前繁盛为其特点，其中以石松、楔叶、种子蕨和真蕨最重要。至中、晚石炭世，由于大陆性气候分带非常显著，从而出现了植物分区的现象：北有安加拉植物区，南有冈瓦纳植物区，中间为从西欧向西到北美洲东部，向东经东欧、中亚到我国，向南转至印尼苏门答腊一带的中部植物区。由于森林广布，昆虫大量繁殖。脊椎动物两栖类中出现了只能匍匐行进的坚头类。海生无脊椎动物中以䗴（蜓）类的出现和发展为其特征。珊瑚和腕足类仍繁盛。四射珊瑚以三带型为代表，腕足类以长身贝科最突出，深水生活的棱菊石类进一步发展。石炭纪的海生动物分区与泥盆纪相似。总的说来，中国石炭纪动物群除早石炭世具有一些太平洋特有的化石外，与古地中海或西欧动物群比较接近，属古地中海动物区。石炭纪地层的特点是除海相外，出现广泛的含煤陆相或海陆交互相类型。我国的石炭系分布广泛、发育良好，各种沉积类型都有代表，化石丰富并以富含煤、铝、铁、黄铁矿、锰及耐火材料等矿产为著。我国东部的华南与华北的石炭系各具特点、迥然不同：华南以海相为主，发育全；华北则以陆相或海陆交互相为主，富含煤层，发育不全，只有中上统。我国北部的天山—兴安区的石炭系与我国东部不同，为巨厚的地槽型沉积岩及火山岩。西北部祁连山的石炭系发育全，下、中、上统都有，上石岩统和华北相似。华北石炭系的本溪组和太原组是我国北部石炭系中最重要的煤系地层。另外还有许多铁、黄铁矿、锰、铝土矿及耐火黏土等均为该期形成。

二叠纪是古生代最后一个纪，原译二叠纪是德文"Dyas"的意译（1859），现用二叠纪（Permian）乃源于苏联乌拉尔西坡的彼乐姆城（Perm），因为 Permian 创定在先（1841）故被国际引用。二叠纪开始于距今 2.85 亿年、延续 5500 万年。该期由于地壳运动强烈导致自然地理条件发生急剧变化、生态环境迅速变化，促进了生物界的大变革。植物界除了由石炭纪延续下来的石松类、有节类、真蕨类、种子蕨外，二叠纪后期出现了适应干燥寒冷气候的裸子植物（松柏类、苏铁类等植物），开始出现了中生代植物的面貌。该期植物的气候分带和地理分区与石炭纪相似。由于在我国、朝鲜及东南亚一带出现了以大羽羊齿为代表的独特植物群，因而将上述地区划分出来称为华夏植物区。该期与植物密切相关的昆虫类有了新的发展，与石炭纪巨大的单纯的昆虫群不同其形体变小、种属增多。脊椎动物中的两栖类仍很敏盛，还出现了原始的爬行类。海生无脊椎动物（比如䗴（蜓）类、珊瑚、腕足类）也有新的发展。二叠纪海生动物分区与泥盆纪和石炭纪基本相似。在中国境内由于为中朝古陆和中天山隆起所分隔，二叠纪动物群基本上可以分为北方区和南方区：北方区的天山、内蒙、东北北部与苏联西伯利亚、北美的北太平洋动物群相似；南方区的华南与西欧、乌拉尔、中亚、澳大利亚的古地中海（或特提斯）动物群相似。当时南太平洋区与古地中海区很可能形成了一个统一的主要生物区（即广义的古地中海区）。我国早二叠世末到晚二叠世早期，在西南地区有大规模玄武岩喷发，称峨嵋山玄武岩（东吴运动）。晚二叠世早期则为海陆交替相含煤沉积（龙潭煤系），是我国南方的重要含煤地层。晚二叠世晚期又形成海相沉积。华北及东北南部在若干盆地内形成了陆相含煤堆积。

4.3.4　中生代特征

中生代是显生宙的第二个代，开始于距今 2.3 亿年、延续了约 1.63 亿年。中生代包括三叠纪、侏罗纪和白垩纪共三个纪。该期生物界的演化发展到更高级阶段。就植物而言，裸子植物已占主导地位，故中生代有"裸子植物时代"之称。白垩纪后期，新的、高度发育的被子植物出现了排挤了古老的裸子植物而占据主要地位，使白垩纪晚期的植物群具有了新生代植物的面貌。就动物而言，以爬行动物的极度发展为其特征，故中生代又称"爬行动物时代"或"恐龙动物时代"。海生无脊椎动物中的头足类的菊石类趋于极盛，统治当时的海洋，故又称中生代为"菊石时代"。随着中生代的结束，巨大的恐龙类和海洋中的菊石类都灭绝了。原始的哺乳类在白垩纪早期出现。鸟类的祖先出现于侏罗纪晚期。在古地理方面，从世界范围看，古地中海范围缩小，限于南欧、北非、地中海沿岸一带，向亚洲延伸，经伊朗至喜马拉雅山，折向东南延伸，经缅甸转马来西亚。古地中海以北的古欧亚大陆，中生代时欧洲部分常为浅海侵没，亚洲部分则大部高出海面以上。在古地中海以南的南方冈瓦纳大陆，中生代后期由于进一步解体的结果形成了南极大陆、南美、非洲、印巴次大陆和澳大利亚几个分离的陆块，在它们之间及欧亚大陆和北美大陆之间形成了印度洋和大西洋两个巨大的大洋盆地。中生代时有些地区发生过强烈的地壳运动。在欧洲称老阿尔卑斯运动，因在太平洋两岸也很强烈故又称太平洋运动。在美洲西部称内华达运动和拉拉米运动。在中国则称印支运动和燕山运动。在这个时期我国东部沿海地区伴随大规模岩浆活动形成了许多重要内生金属矿床。

中生代形成的地层称为中生界，中生界包括三叠系、侏罗系和白垩系。我国中生界以陆相为主，三叠系分南方和北方两种类型：南方为海相，北方为陆相。侏罗系、白垩系仅在我国边缘地带有海相沉积，其余广大地区全为陆相沉积，已无南北之分，而为东西两区所代替，东部盆地群在早侏罗世沉积了含煤地层（中侏罗世至白垩纪主要为红色碎屑岩或杂色岩系并夹有火山岩系），西部内陆盆地群早侏罗世为含煤沉积（中侏罗世至白垩纪以红层及不含火山岩系为特征），沉积矿床有煤、石油、油页岩、岩盐、石膏及沉积铁矿和铜矿等。

三叠纪是中生代第一个纪，"三叠纪"一名来自德文"Trias"的日文意译、我国沿用。由于在德国这一时期的地层研究最早，一系三分的性质非常明显故取名（1834）。该期开始于距今 2.3 亿年、延续了约 3500 万年，分早、中、晚三个世。该期生物界与二叠纪比有了显著变化，繁盛于晚古生代的鳞木、封印木、科达树都绝灭了而裸子植物中的苏铁类占重要地位，真蕨类和木贼类也逐渐繁荣。脊椎动物方面鱼类以亚全骨类的繁盛为其特点，爬行动物迅速发展，恐龙类开始出现而两栖类则趋向衰退。海生无脊椎动物中繁盛于晚古生代的四射珊瑚和䗴（蜓）类已完全绝灭，腕足类明显衰退，所存无几。软体动物中菊石类和瓣鳃类及腹足类中的小型软舌螺却进一步发展成为重要标准化石。我国三叠纪动物群与古地中海动物群关系密切。三叠纪形成的地层在欧洲和阿尔卑斯区全属海相，英国纯属陆相，德国则为海陆交互相。该期我国南方以海相沉积为主，北方则以陆相沉积为主。我国三叠纪沉积矿产丰富，许多岩盐、钾盐、石膏、石油、天然气、油页岩以及煤等均为该期形成。

中生代的"侏罗纪"得名于法国、瑞士交界的侏罗山系（"Jura"音译应为汝拉山系，日译侏罗、我国沿用），在此山区侏罗系出露完好、化石丰富故就山系取名（1829）。该期开始于距今 1.95 亿年、延续了约 5800 万年，分为早、中、晚三个世。侏罗纪是地史上海侵比较广泛的一个纪，又是地壳史上植物界最为均一少变的时期，其整个生物界反映了典型的中生代面貌，爬行动物、菊石和裸子植物极其繁盛。植物界以裸子植物中的苏铁类、松柏类和银杏类为主，蕨类植物中真蕨类仍很重要和常见。自中侏罗世起欧亚大陆地势分异和气候分带现象重新加强，从而又出现了横亘欧亚的植物区，在南欧、中南亚和东南亚热带植物区以苏铁类为其特征，在北极附近的斯匹茨培根地区则以松柏类为主，介于两者之间的西伯利亚温凉植物区则多松柏类和银杏类。爬行动物中以恐龙类最繁盛，其最突出的特点是生态的分异。有空中飞翔的翼龙，海中生活的鱼龙，还有四川龙及合川马门溪龙那样在沼泽地带生活的大型恐龙。晚侏罗世生物演化史上发生了一次由陆地向空中发展的飞跃，最早的鸟类始祖鸟出现了，发现于德国南部晚侏罗世的石印石灰岩中。鱼类以全骨鱼类为主，原始真骨鱼兴起，比如晚侏罗世的狼鳍鱼。陆生生物中还有昆虫、叶肢介、介形虫及淡水软体类等，海生无脊椎动物中以菊石和箭石最繁盛（是划分对比海相侏罗系的重要依据）。我国的重要代表有早侏罗世的香港菊石等，中侏罗世的维契尔菊石及晚侏罗世的喜马拉雅菊石等。海生动物分区在中、晚侏罗世比较明显，包括北极海区（斯匹茨培根和北美北部为主的北极动物区，其特点是有厚壳的瓣鳃类雏蛤及菊石等但缺乏珊瑚相）、古地中海区（包括阿尔卑斯区、喜马拉雅区、东南亚和南美安第斯区，北延至日本南部，以造礁珊瑚、海绵、厚壳瓣鳃类双角蛤及菊石、箭石为特征）。三叠纪末，由于印支运动影响，我国大部地区隆起为陆，所以陆相侏罗系普遍含有煤层。

　　白垩纪是中生代第三个纪（或最后一个纪），"白垩"一名来自拉丁字"Creta"（即白垩的意思），由于这一时期西欧沉积了一种极细的、富含钙质的白垩层故就岩性取名（1822）。现在英法海峡两岸的断崖均为这种白色的白垩构成（是研究白垩系的最早地区）。白垩纪开始于距今 1.37 亿年、延续时间 7000 万年，分早、晚两个世。白垩纪是一次生物界显著变革的时期，许多生物种类于白垩纪末相继绝灭，植物界也发生了显著变化。早白垩世被子植物开始出现并至晚白垩世才大量发展、占据主要地位（与新生代第三纪接近），典型的中生代裸子植物则趋向衰亡。早白垩世植物分区与中、晚侏罗世大致相似，不过温带与热带植物分区界线更向北移。脊椎动物中爬行动物达于极盛时期，恐龙类继续统治着当时的海陆空，故侏罗纪和白垩纪共同构成恐龙的全盛时代。我国发现恐龙很多，早白垩纪有新疆的准噶尔翼龙、克拉玛依龙、山东的盘足龙；晚白垩世有山东莱阳金刚口的青岛龙等。白垩纪末由于自然环境的急剧改变，这些形体巨大的爬行动物失去了适应环境的能力相继绝灭了。白垩纪淡水全骨鱼类继续发展，真骨鱼类开始繁盛，出现了真正的鸟类，哺乳动物开始发展，出现了一种形体很小的原始有胎盘类（以虫类为主要食料）。在陆生无脊动物中淡水瓣鳃类、叶肢介、介形类和昆虫等进一步发展，成为陆相白垩系划分对比的重要依据。海生无脊椎动物中菊石类和箭类仍然敏盛并有新的发展，海生动物分区与侏罗纪相似。白垩纪是地史上最广泛的海侵期之一，白垩纪末发生了世界规模的海退。白垩纪沉积矿产主要有石油、油页岩、岩盐、石膏和芒硝等，比如松辽平原、华北平原、南阳盆地、江汉平原及西部大型盆地的白垩系中石油，伴随燕山运动及强烈的岩浆活动还形成了许多种金属和非金属矿产（我国东南沿海地区最丰富）。

4.3.5 新生代特征

新生代是显生宙的第三个代。新生代不仅是地史时期中最新的一个代而且也是延续时间最短的一个代，约开始于距今 7000 万年延续至今，目前比较一致的标准是将其划分为两个纪共七个世，即新生代分第三纪 R 和第四纪 Q，第三纪 R 又再分为早第三纪 E（老）和晚第三纪 N（新），第四纪 Q 又再分为更新世 Q_P（冰期）和全新世 Q_h（现代），早第三纪 E 又进一步分为古新世 E_1、始新世 E_2、渐新世 E_3，晚第三纪 N 又进一步分为中新世 N_1 和上新世 N_2。

第三纪延续时间约为 6700 万年，第四纪延续时间约 200～300 万年。新生代的生物界已与现代接近。植物界以被子植物为主，故称新生代为"被子植物时代"。脊椎动物中爬行动物如恐龙等已绝灭、鸟类繁多、化石保存少、哺乳动物极为繁盛，故新生代又有"哺乳动物时代"之称。人类的出现和发展是第四纪的最重要特征，故第四纪又称"灵生纪"。第四纪的另一个重要特点是更新世全球性大冰期，故又有"冰川时代"之称。由于第四纪地层记录保存最全、研究最详细且大多数工程建设等也都是在第四纪地层的基础上进行的，因此在人类现实生活上的意义很大。从世界范围看，新生代古地理的海陆分布情况与现代趋近一致，当时古地中海区发生了强烈的地壳运动（在欧洲称为新阿尔卑斯运动，在亚洲称为喜马拉雅运动），现代的最高山系，如亚洲的喜马拉雅山系、欧洲的阿尔卑斯山系、北美的西海岸山系、南美的安第斯山系等都是在这个时期形成的。第三纪初期冈瓦纳古陆陆续解体，在非洲东部发生了大断裂带形成了现代的红海和东非盆地、同时有大量玄武岩喷溢。第三纪时在华北、华南及东北等地区发生过玄武岩喷发。我国陆相第三系在西部主要分布在呈北西或北西排列的内陆盆地，如塔里木盆地、准噶尔盆地、吐鲁番盆地、哈密盆地、柴达木盆地和河西走廊地带；在东部主要分布在呈北东向排列的松辽平原、华北平原、渤海湾盆地、江汉平原等地（含有丰富的石油）。早第三纪东北及渤海湾地区气候温暖湿润、森林广布，因此在这个地区的断陷盆地中形成很有价值的煤层和油页岩。第三纪末气候开始转冷，第四纪初期寒冷气候带向南迁移使高纬度和高山地区进入冰期并广泛发育冰盖或冰川。第四纪冰期的规模很大，在欧洲冰盖南缘可达北纬 50° 附近，在北美，冰盖前缘一直伸到北纬 40° 以南，南极的冰盖也远比现在大得多，包括赤道附近在内的地区，山岳冰川和山麓冰川都曾达到较低的位置。我国第四纪冰川作用的范围不仅包括东北、西北、西藏和西南等地的山地和高原且已波及到东部山区和山麓平原，这次大冰期至少可以分成四次冰期和三次间冰期（在最大一次冰期中世界大陆有 32% 的面积为冰川覆盖。大量水分停滞于大陆上致使海面下降约 130 m）。第四纪冰期中气温平均比现在低 37℃ 左右、雪雨降量也比较大，不但高纬度地区多冰川覆盖，中低纬度地区也出现寒冷气候并在山区发育山岳冰川。李四光教授根据江西庐山的冰碛物和冰蚀地貌划分鄱阳、大姑、庐山三次冰期和二次间冰期并建议把我国西部海拔 3000 米左右发育的大理冰期作为更新的一次冰期，即共四次冰期和三次间冰期。全新世后（冰后期）雪线撤到现在高度。欧洲和中国第四纪冰期的对比见表 4-3-3。

表 4-3-3　欧洲和中国第四纪冰期的对比

起迄时间（距今年数）	欧洲亚冰期	中国亚冰期
10～1 万年	武木亚冰期（Würm）	大理亚冰期
24～10 万年	里斯—武木间冰期	庐山—大理间冰期
37～24 万年	里斯亚冰期（Riss）	庐山亚冰期
68～37 万年	民德—里斯间冰期	大姑—庐山间冰期
80～68 万年	民德亚冰期（Mindel）	大姑亚冰期
91～80 万年	群智—民德间冰期	鄱阳—大姑间冰期
115～91 万年	群亚冰期（Günz）	鄱阳亚冰期
137～115 万年	多脑—群智间冰期	
190～137 万年	多脑亚冰期	

4.3.6　地球上现在仍生存的史前生物

科学家认为，目前地球上仍然生存着 15 种史前生物，它们是空棘鱼、澳洲肺鱼、海豆芽、鲨、霍加披、大熊猫、史蒂劳斯岛蛙、鳄晰、鳄、龟、鸭嘴兽、栉蚕（以上为动物）、银杏、水杉、硬果松。1982 年 1 月日本科学考察队在非洲东南部的科摩罗伊斯兰联邦共和国领海内捕到了一条被称为"活化石"的空棘鱼。空棘鱼属总鳍鱼亚纲空棘目矛尾鲁科（又叫"拉蒂迈鱼"），这种鱼在 3.5 亿年前泥盆纪时期是非常繁盛的，过去曾认为这种鱼已绝种，1938 年曾在东非以东海洋中才捕到了第一条。日本考察队捕获的这条空棘鱼身长 1.77 m、体重 85 kg，是迄今为止捕获的最大一条，其对搞清空棘鱼的进化过程具有重要意义。

思考题与习题

1. 地史学研究以什么为支撑？
2. 简述地层的特点及在地史学研究中的作用。
3. 简述平行不整合和角度不整合的特点及在地史学研究中的作用。
4. 简述化石的特点及在地史学研究中的作用。
5. 地质年代单位是如何划分的？
6. 年代地层单位是如何划分的？
7. 简述太古代（宙）的地球特征。
8. 简述元古代（宙）的地球特征。
9. 简述古生代的地球特征。
10. 简述中生代的地球特征。
11. 简述新生代的地球特征。
12. 地球上现在还生存着哪些史前生物？

第5章　地球表面的基本形态

5.1　地球的大陆与大洋的分布

因地质作用地球表面明显地分为海洋和大陆两部分,海洋占地球表面的 70.8%。大陆平均高出海平面 0.86 km,海底平均低于海平面 3.9 km。地壳表面起伏不平,有高山、丘陵、平原、湖盆地和海盆地等。世界最高的山峰为珠穆朗玛峰,高 8844.43 m;最深的海沟为马里亚纳海沟,深 11022 m,两者高差在 19 km 以上。

5.1.1　大陆的地势特征

大陆上典型的地形单元为线状延伸的山脉和面状展布的平原、高原等。海拔高于 500 m、地形起伏大于 200 m 的地区称为山地:通常海拔 500～1000 m 者为低山,1000～3500 m 者为中山,大于 3500 m 者为高山。除个别孤立火山外,绝大多数山地呈线状延展,称为山脉。山脉主要是地壳运动导致地表隆起的结果,是地壳活动性较大的地带。现代地壳活动性较强,具有全球意义的山脉有两条,即安第斯山脉—科迪勒拉山系,阿尔卑斯山脉—喜马拉雅山脉—横断山脉。平原是较大的平坦地区,一般海拔小于 600 m,地形起伏小于 50 m,大面积平坦地形的出现表示这一地区内部是比较稳定的。高原是海拔高于 600 m、表面较平坦或有一定起伏的广阔地区,是近期地壳大面积整体隆起上升的结果。大陆上有一些宏伟的线状低地,这些地带是地球表面的巨型裂隙,地壳在这些地方被拉张而裂开,称为裂谷或大陆裂谷系,最著名的东非大裂谷为一系列的湖泊和峡谷、全长约 6500 m。丘陵为有一定起伏的低矮地区,一般海拔在 500 m 以下,相对高差在 50～200 m 之间,丘陵的特点介于山地和平原之间。四周是高原或山地、中央低平的地区称为盆地,大陆上有些盆地很低、高程在海平面以下的称为洼地,比如我国吐鲁番盆地中的艾丁湖,其湖水面在海平面以下 150 m,称克鲁沁洼地。

5.1.2　海底的地势特征

大量海洋考察数据证实,海底与大陆一样具有广阔的平原、高峻的山脉和深陡的裂谷且比大陆更为雄伟壮观。海底的山脉泛称海岭,其中那些现在经常有地震、正在活动的海岭称为洋脊或洋中脊。洋脊在地形上为一系列平行的鱼鳍状山脉,其两侧较低、中间较高且在中心部位常有一条巨大的裂谷。洋脊总宽度可达 1000～2000 km、高出深海底 2000～4000 m,洋脊在各大洋都有分布且互相连接全长近 65000 km。海底的长条形洼地泛称海槽,其中较深且边坡较陡者称海沟,海沟深度一般超过 6000 m,是地球表面最低的地段,也是规模仅次于洋脊的地形和地质单元。大洋盆地是海底的主体,约占海底面积的 45%,其由洋脊两侧向外展布,一般深 4000～5000 m,大洋盆地通常比较平坦,有些低缓起伏，分深海丘陵和深海平原两种单元。海洋中的岛屿有的是微型的大陆，比如日本列岛；有的是被海水淹没的大陆露出水面的部分，比如海南岛及许多大陆架上的岛屿；为数众多的是大洋盆地中的火山岛，它们是大洋中的火山露出水面的部分。大洋中还有许多比较孤立的水下山丘称为海山，海山一般高度大于 1000 m，多呈圆锥状，边坡较陡，峰顶区较小，有的海山顶部为较宽的平台称平顶海山或盖约特（guyot），一般认为其是被海水冲刷夷平的岛屿因区域性海底下沉没入水下而成。海洋边部的浅海是被海水覆盖的大陆，这一部分海底称为大陆边缘，大陆边缘占海洋总面积的 15.3%，包括大陆架、大陆坡和大陆基。大陆架是围绕大陆分布的浅水台地，是大陆在水下自然延伸的部分，平均坡度仅 0° 07′、平均宽度 50～70 km。大陆架以外较陡的斜坡称大陆坡，其平均坡度为 4.3°、平均宽度 28 km。大陆坡与大洋盆地的过度地带称大陆基或大陆麓。

5.2 地球大陆和海底的地貌特点

5.2.1 地貌形态

自然界的地貌形态常以单个形态或形态组合的形式存在。地貌形态中较小较简单的形态，比如冲沟、沙丘、冲出锥等称为地貌基本形态，范围较大包括若干地貌基本形态的组合体称为地貌形态组合。地形形态多种多样，按地形的形态特征对其进行描述和分类的学科叫做形态描述学（Morphography）。常见地貌形态有高原、平原、斜坡、悬崖、丘、冈、阜、山（巅）峰；脊、桌地、盆地、垭、谷、阶地、穹、洞等等。地貌形态测量特征包括高度（绝对和相对）、坡度、地面切割程度等。

地球地貌通常分 3 个等级，第一级地形是大陆和洋盆（主要为由岩圈结构和岩圈运动差异所造成的地形），第二级地形是在大陆和洋盆内由于（新）构造运动类型和强度不同所形成的山岳、高原、平原等大规模的构造地形，第三级地形是由于外力作用对构造地形的改造所形成的各种剥蚀地形和堆积地形或由各种地质构造形态（褶皱、断层等）所形成的地形。当然，还可以营力作用为指标分出四级、五级地貌形态类型，比如陆地，平原，流水地貌，冲积平原，河漫滩、阶地。地形的等级与成因是有一定联系的，因此，地形等级的划分是地形成因分析的前提和基础。中国的地貌类型见图 5-2-1 和图 5-2-2。

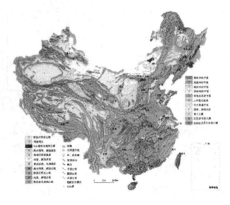

图 5-2-1　中国地貌类型图

图 5-2-2　大陆及构造地貌

5.2.2 大陆及构造地貌

大陆及构造地貌主要为山地和平原,见图 5-2-3~图 5-2-5。中国山地、丘陵等级分类见表 5-2-1,中国平原等级分类见表 5-2-2。受地质构造控制所形成的地貌称为构造地貌,包括水平岩层构造地貌、褶皱构造地貌、单斜构造地貌、穿窿构造地貌、断层构造地貌。另外,还有火山地貌和熔岩地貌。

| 图 5-2-3 青藏高原 | 图 5-2-4 平原 | 图 5-2-5 山地 |

表 5-2-1 中国山地和丘陵的等级系统

名　　称	海拔高度/m	相对高度/m
极高山	>5000	极大起伏>2500;大起伏 1000~2500;中起伏 500~1000;小起伏 200~500
高山	3500~5000	极大起伏>2500;大起伏 1000~2500;中起伏 500~1000;小起伏 200~500
中山	1000~3500	极大起伏>2500;大起伏 1000~2500;中起伏 500~1000;小起伏 200~500
低山	500~1000	中起伏 500~1000;小起伏 200~500
丘陵		高丘陵 100~200;低丘陵<100

表 5-2-2 中国的平原等级系统

分 类 指 标		名　　称	海拔高度/m	坡度/(°)
按高度分		高平原	200~600	
		低平原	0~200	
		洼地	<0	
按形态分		平坦的		<2°
		倾斜的		>2°
		起伏的		>2°,相向或相背倾斜
		凹状的		>2°,倾向中心
按成因分	堆积平原	三角洲、冲积平原、洪积平原、湖积平原、干燥堆积平原、风积平原、黄土堆积平原、岩溶堆积平原、冰碛平原、冰水平原、海积平原		
	侵蚀平原	侵蚀剥蚀平原、湖蚀平原、干燥剥蚀平原、风蚀平原、溶蚀平原、冰蚀平原、海蚀平原		

1. 水平岩层构造地貌

水平构造(切向构造)在地貌上主要表现为平原或高原。高原受河流切割形成构造台地或低山丘陵,山顶若有硬岩层覆盖则形成方山或桌状山,岩层软硬相间时可形成阶梯状台地。构造高原见图 5-2-6,构造台地和方山见图 5-2-7,崖壁和峡谷地貌见图 5-2-8,丹霞地貌见图 5-2-9。丹霞山位于广东省韶关市东北郊,面积 290 km²。其山石由红色砂砾岩构成,地形以赤壁丹崖为特色,看去似赤城层层,云霞片片,古人取"色如渥丹,

84

灿若明霞"之意称之为丹霞山。

图 5-2-6　构造高原

图 5-2-7　构造台地和方山　　图 5-2-8　崖壁和峡谷地貌　　　图 5-2-9　丹霞地貌

2. 褶皱构造地貌

见图 5-2-10，地壳运动时水平岩层受到挤压而产生的一系列波状弯曲称为褶皱，其中每个弯曲称为褶曲，在褶皱影响下所成的地貌称为褶皱构造地貌。褶皱构造地貌包括原生褶曲构造地貌、次生褶曲地貌、多褶曲的山地地貌等类型。

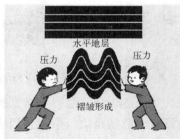

图 5-2-10　褶皱构造地貌及成因

（1）原生褶曲构造地貌。见图 5-2-11，未经外力破坏或受破坏轻微的背斜和向斜所成的地貌称为原生褶曲构造地貌，比如背斜（构造）为山（地貌）、向斜为谷的地貌，这种地质构造形态与地形起伏相吻合的地貌又称顺构造地貌。事实上，顺构造地貌一般很少见到，大多数是已破坏了的蚀后构造地貌。

图 5-2-11　原生褶曲构造地貌

（2）次生褶曲地貌。见图 5-2-12，背斜和向斜经长期侵蚀都会受到严重破坏，原来受它支配的地貌也会发生重大变化，结果是背斜快速下蚀成为谷地、向斜下蚀较慢反而高起成为山地，这种地质构造形态与地形起伏相反的地貌又称为逆地貌或地貌倒置（属次生褶曲地貌）。见图 5-2-13，地貌转化的重要原因是背斜张节理发达加快了背斜轴的风化破坏，从而使整个背斜形态及山形迅速下蚀变成谷地，与背斜相反的向斜层因受压力作用而岩石破裂较少、侵蚀也较为缓慢反而高出背斜而成为山岭（比如庐山的莲谷原属向斜谷现为向斜山）。

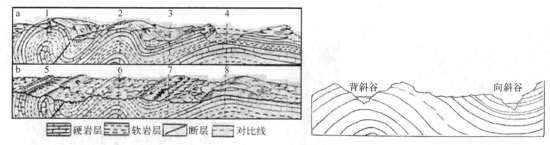

图 5-2-12　褶曲构造地貌

a—原始褶曲构造地貌；b—经剥蚀后褶曲构造地貌，1、2—背斜山；
3—向斜谷；4—背斜谷；5、6—背斜谷；7—向斜山；8—背斜山。

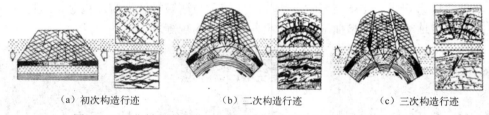

（a）初次构造行迹　　　（b）二次构造行迹　　　（c）三次构造行迹

图 5-2-13　背斜发生、发展过程中不同阶段出现的构造行迹示意图

（3）多褶曲的山地地貌。见图 5-2-14，世界上常见的褶皱山脉大多数是由多列褶曲山地和谷地组成，更复杂的褶皱山脉则是由一系列强烈褶皱曲，比如倒转褶曲、平卧褶曲或逆掩断层推覆构造体等山地组成。事实上，该类山地的构造形态大部分已被破坏，影响山地形态的主要是岩性（古老而又坚硬的岩石形成山岭，软弱的岩石及断层带形成谷地）。

3. 单斜构造地貌。见图 5-2-15，向一个方向倾斜的岩层称为单斜构造，可能出现在已被破坏的背斜两翼、已被破坏的穹窿构造的四周、盆地的外围、掀斜的水平岩层或断层的掀斜层等处，典型的单斜地貌主要有单面（斜）山和猪背山。

（1）单面山。组成单面山山体的岩层倾角一般在 25° 以下、山体沿岩层走向延伸、两坡不对称，一坡与岩层倾向相反、坡陡而短，称为前坡或单斜崖，造崖层由硬岩层组成；另一坡与岩层倾向一致、坡缓而长，称为后坡或单斜脊，构成山地主体，组成后坡的岩层也是硬岩层。由不对称的两坡组成的单面山只有从单斜崖一侧看上去才像山形，故名单面山，见图 5-2-16，单面山被河流切开后往往会形成多个山峰，比如庐山的五老峰单面山。

图 5-2-14　多褶曲山地地貌

图 5-2-15　倾斜岩层山

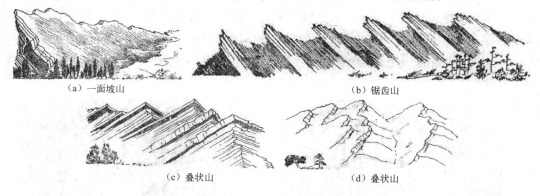

（a）一面坡山　　　　　　　（b）锯齿山

（c）叠状山　　　　　　　（d）叠状山

图 5-2-16　单面山

（2）猪背山。见图 5-2-17，当单斜层倾角较大形成两坡对称的山体时称为猪背山（脊），它多发生在已被破坏的背斜陡翼上。水平构造地貌与单斜构造地貌的典型形态见图 5-2-18。

4. 穹窿构造地貌

穹窿构造地貌的典型形态见图 5-2-19。

图 5-2-17　猪背山

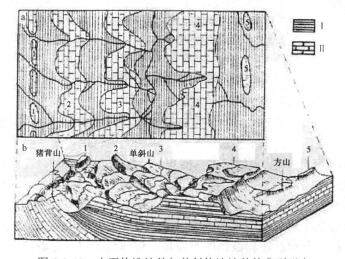

图 5-2-18　水平构造地貌与单斜构造地貌的典型形态

a—平面图；b—立面图；Ⅰ—软岩层；Ⅱ—硬岩层；1—猪背山；2、3—单斜山；4—桌状山；5—方山。

5. 断层构造地貌

典型的断层构造地貌主要有断层崖、断层山、断层线崖、断层谷等。

（1）断层崖。当岩层遭受的构造作用力超过其塑性限度时就会出现断裂，在断层面两侧的上、下盘位移时所出露的陡崖即为断层崖。断层崖走向挺直可以贯穿不同的古老地形，崖下可能出现串珠状洼地、涌泉或温泉，崖壁上的地层往往在另一侧谷底出现。断层崖的高度和坡度分别取决于断距大小和断层面的倾角。

断层崖受外力作用会不断后退、高度也会逐渐降低，直至消失。横穿断层崖的河流峡谷最初只把断崖切成梯形面，后来峡谷扩大、梯形面缩小变为三角面，最后再变成一系列小崖，或称"末端面"。此时它已后退，与断层线相差一段很远的距离。我国山西太谷断层崖即有明显的断层三角面和梯形面存在，见图 5-2-20。断层崖地形发生过程见图 5-2-21。

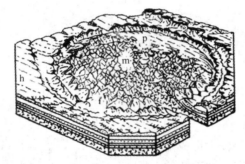

图 5-2-19　穹窿构造地貌

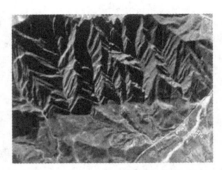

图 5-2-20　山西太谷断层崖

m—岩浆岩山地；f—单面山；p—穹窿中央高原；h—穹窿外围水平岩层。

（a）平行岩层走向的断层崖　　　　（b）横交褶皱的断层崖　　　　（c）海洋中脊区断层崖

图 5-2-21　断层崖地形发生过程示意

（2）断层山。断层山的典型形态见图 5-2-22。

（3）断层线崖。断层崖形成后在构造运动长期稳定的场合下河流侵蚀作用和其他风化作用及剥蚀作用会继续进行下去，一条断层崖的上部可以被改造成为一些彼此分离的剥蚀丘陵或山岳（以至使断层崖的形态荡然无存），而其下部则可以被保存于冲积物和其他松散堆积物的掩埋之下（断层崖地形因此消失）。当断层运动再度活动重新使断层一侧地形相对升高、一侧相对降低时，则会在原剥蚀残留形态的基础上重新形成崖的形态特征，称复活的断层崖。当断层崖两侧由于构造上升运动相对于周围地区升高时，覆盖断层崖的沉积物会被河流和其他剥蚀作用所破坏，被埋藏的断层崖被剥露出来而形成剥露断层崖。剥露断层崖是一种受断层构造控制的主要由侵蚀作用所形成的剥蚀（侵蚀）构造地形，叫做断层线崖，见图 5-2-23。

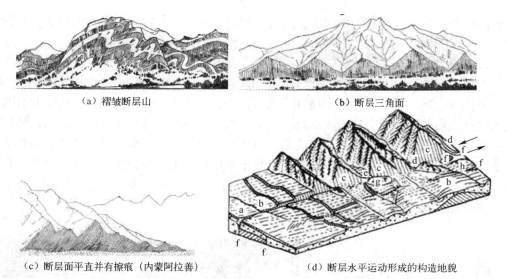

（a）褶皱断层山　　　　　　　　　　　　　　（b）断层三角面

（c）断层面平直并有擦痕（内蒙阿拉善）　　　　（d）断层水平运动形成的构造地貌

图 5-2-22　断层山的特征

箭头表示运动方向；a—断层弯曲处凹地；b—小于 10 m 的低断层崖；c—断层挫断山嘴形成的三角面；d—小河在断层处发生弯曲；e—断层挫移小丘形成的断层池；f—断层陷落地；g—闭塞丘；h—断层小隆起。

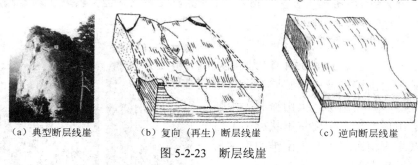

（a）典型断层线崖　　　　　（b）复向（再生）断层线崖　　　　　（c）逆向断层线崖

图 5-2-23　断层线崖

（4）断层谷。见图 5-2-24，断层谷的剖面特征是断层线通常为一构造破碎带且容易被风化侵蚀，在断层线上发育的谷地称为断层谷，形态上一般为深窄的峡谷。若其出现在上、下盘间的断层线上时谷地的两坡不但地层位置会不对应且地形也会不对称，上升盘一坡高而陡、下降盘一坡低而缓。

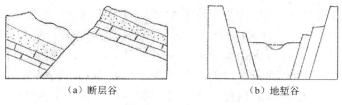

（a）断层谷　　　　　　　　　　　　（b）地堑谷

图 5-2-24　断层谷

断层谷的平面特征是在单一断层线上发育的断层谷走向平直，在两组不同走向的断层线上发育的谷地走向随断层而变化，呈"之"字形走向或不自然的转弯，比如雅鲁藏布江在宿瓦卡附近的大转弯就是受北东向和北西向两组断层线支配的。当平移断层切过多条老河谷时它们都会被截断和发生位移，但都会在断层线上共同发育出一段新的断层谷，这段谷地沉积物年代较新，谷地两坡的阶地等地貌也与老河谷相异，当断层穿过软、硬相间的岩层时会在易蚀的软岩层上发育出宽谷、难蚀的硬岩层上发育出峡谷，从而出现宽狭相间的串珠状谷地，断层谷支流往往不依地势倾斜而成反向河流。

6. 火山地貌

见图 5-2-25，火山是岩浆喷出地面后形成的山体，通常由火山口和火山锥两部分组成。

见图 5-2-26，火山口是火山喷发的出口，平面上呈圆形或椭圆形，火山喷发时首先是气体把上覆的岩层爆破造成火山口，然后是火山碎屑物和熔岩从火山口喷出，随后部分喷出物在火山口周围堆积下来构成高起的环形火口垣。于是火山口便成为封闭式的漏斗状洼地，内壁陡峭，中央低陷，直径由数十米至数百米，少数超过千米，深几十米至百米以上，口内往往积水成为火口湖，比如我国白头山上的天池，面积 9.8 km^2，最大水深为 373 m。

（a）示意图　（b）维苏威火山结构

图 5-2-25　火山地貌

（a）老黑山火山口　　　　（b）活火山口

图 5-2-26　火山口

见图 5-2-27，火山锥是以火山口为中心，四周堆积着由火山熔岩及火山碎屑物（包括火山灰、火山砂、火山砾、火山渣和火山弹等）组成的山体。形态主要有锥状火山、盾状火山和低平火山等三种。火山锥的形态与喷发的熔岩性质有关。

图 5-2-27　典型火山锥

7. 熔岩地貌

典型的熔岩地貌包括熔岩高原及台地、熔岩隧道、熔岩堰塞湖等。

（1）熔岩高原及台地。见图 5-2-28，由裂隙式或中心式喷出的玄武岩熔岩冷凝后可形成高度较大的玄武岩高原（比如冰岛高原、印度德干高原、美国哥伦比亚高原）和高度较小的玄武岩台地（比如我国琼雷台地，是我国第一大玄武岩台地，面积共 7290 km^2）。熔岩台地上除有火山锥分布外，台地面和缓起伏、风化壳薄，有时还可见到原始的熔岩流痕迹，存有火山渣、火山弹及玄武岩块等。熔岩台地在外力作用时间不长的情况下一般只会发育出短浅的河谷与沟谷，若为被深切的台地则往往会形成顶平坡陡的熔岩方山，比如东北敦化、密山等地的方山，长江下游的江宁方山、句容县赤山、六合县灵岩山等。

（2）熔岩隧道。见图 5-2-29，熔岩隧道是指埋藏在熔岩台地内的长形洞穴。我国琼雷台地熔岩隧道分布很普遍，已知最长的是琼山儒玉村隧道，长 2000 m。熔岩隧道的长宽和高度通常相差十分悬殊，洞顶呈半圆拱形或屋脊形，有熔岩钟乳石、天窗（崩塌）和天然桥，洞底有岩柱（崩落）、熔岩堤（残余的熔岩流），洞壁有绳状流纹和岩阶。熔岩隧道的形成与熔岩流的物理性质有关，是在温度高、黏度小、含气体多、易流动的熔岩流内产生的，熔岩流冷凝时表里凝固速度不一致，虽然表层已经凝固成岩壳，但里层仍然保持高温和继续流动，一旦熔岩来源断绝则里层熔岩就会"脱壳"而出留下了空洞。琼雷台地的典型熔岩隧道特点见表 5-2-3。

（a）火成岩产状示意　　　　　　　　　（b）方山

（c）台地　　　　　　　　　　　　　（d）气孔岩石

图 5-2-28　熔岩高原及台地特征

表 5-2-3　琼雷台地典型熔岩隧道概况

分　布　地　点	埋深/m	长度/m	高度/m	宽度/m
遂溪农场	16~27			
遂溪农场附近金屋村	26		4	0.8
海康调风下港村仙人洞		100	2~4	2~6
徐闻愚公楼那屯村	38~41		2.5	
琼山十字路儒玉村	19	2000	2~4	7~8
琼山石山区	1~5	250~1216	1~8	1~25

（3）熔岩堰塞湖。见图 5-2-30，熔岩流进入河谷后堵塞了河道就会形成堰塞湖，我国牡丹江上游的镜泊湖就是由全新世玄武岩熔岩阻塞牡丹江而成，形成面积为 96 km²、长约 40 km 的湖泊。

（a）海口仙人洞　（b）海口那甲泉　　　　　（a）镜泊湖　　　　　　　（b）长白山天池

图 5-2-29　熔岩隧道　　　　　　　　图 5-2-30　熔岩堰塞湖

5.2.3　风化作用

1. 风化作用

出露地表的岩石会在太阳能、大气和生物的作用下发生崩解、破碎而变为松散碎屑物，这种在原地发生的物理和化学变化称为风化作用（Weathering）。风化作用主要有物理风化、化学风化、生物风化等 3 种类型。物理风化（Physical Weathering）是指由胀缩变化引起的机械崩解作用（又称机械风化），温度的季节变化和昼夜变化会使岩石表层经受长期的热胀冷缩而崩解分裂，由大块变成小块，由小块变成更小的碎屑，以至成为砂粒，但其化学成分不变。岩石裂隙和孔隙中的水冷却结冰时体积会增大 9%，这时其对围岩的压力可达 0.6MPa，如此冻融反复进行会对岩石产生巨大破坏力并使其崩解、破碎，这种作用又称冻融风化作用。化学风化（Chemical Weathering）是指岩石表面在水、氧、二氧化碳、有机酸等作用下产生溶解、结晶、水化、水解，碳酸化和氧化等一系列复杂的化学变化，在强烈化学作用下不仅岩石的结构成分会受破坏而变成松散的土层而且矿物成分也会发生变化。生物风化（Biological Weathering）是指生物在其生长和分解过程中使岩石矿物受到物理和化学作用，生物的物理风化作用包括植物根系发育（树根发育可对围岩产生 1～1.5 MPa 的作用力）、动物（比如蚯蚓、田鼠和蚂蚁等）挖掘洞穴使岩石矿物遭受机械破坏，生物在矿物遭受破坏的过程中一方面从岩石矿物中吸取养分、另一方面也分泌出各种酸（比如碳酸、硝酸和各种有机酸等）对岩石矿物进行强烈化学分解（即产生生物化学风化作用）。三种风化作用在自然界往往不是单独进行的，而是同时交替进行，一个地区、一个时期以哪种作用为主取决于具体的气候条件，高山、高纬地区以物理风化为主，湿热地区以化学风化为主，植物繁茂则生物风化作用占据重要地位。

影响风化作用的因素主要有气候因素、地形因素、地质因素。

气候对风化的影响主要通过气温和降水量实现。气温年较差和日较差大有利于物理风化作用的进行。气温的高低对矿物的溶解度、水溶液的浓度和化学反应速度等有很大影响。降雨量的多寡除影响地面冲刷外还对化学风化和生物风化起重要作用，因此不同气候带的风化作用有明显差异。极地和高山地带终年温度在 0℃以下以冻融作用为主、化学作用缓慢，故长期处于物理风化阶段。干旱荒漠地带日照强、温度日较差大、年降水量小于 250 mm、蒸发量大于降水量，化学风化除氧化外，溶解和水化学作用也有发生，但氯化物和硫酸盐不能全部被淋溶，故仍处于物理风化为主的阶段。半干旱草原地带日照强、年降水量 250～500 mm，蒸发量大于降水量，物理风化作用强，化学风化作用也较活跃，化物和硫酸盐等大部分被淋溶，钙镁盐类则相对富集形成钙积层，故处于富钙阶段。半湿润森林草原地带年降水 500～50 mm，蒸发量与降水量大致相等，化学风化为主，处于富钙或富硅铝两阶段之间。温湿地带年降水量 750～1000 mm，降水量大于蒸发量，处于化学风化为主的中期阶段，形成富硅铝残积物。湿热地带年降水量大于 1000 mm，终年高温，有利于化学风化作用迅速进行，高温加速水解作用，多雨增大化学风化效能，同时高温多雨使植物繁茂，各种有机酸及细菌作用活跃，生物风化作用也得到加强，长期处于富铝阶段，发育很厚的（可达 200 m 上）红色风化壳。

坡度、高度和切割程度的不同会使风化的深度、厚度和强度有所差别。缓坡上的风化强度和深度比陡坡强。不同坡向和不同高度通过温度、水湿条件差异间接地影响风化。

地形切割程度不同不仅使地表和地下水的循环条件不一样而且还会造成小气候差异，对化学和物理风化的进行有显著的影响。

岩石的矿物成分、结构、构造都直接影响风化作用。岩石的抗风化能力取决于组成岩石的矿物成分，而各种矿物对化学风化的抵抗能力（即它们的相对稳定性）差别很大，见表 5-2-4。常见各类造岩矿物的风化过程主要有钾长石→绢云母→水云母→高岭石；辉石、角闪石→绿泥石→水绿泥石→蒙脱石→多水高岭石→高岭石；黑云母→蛭石→蒙脱石→高岭石；白云母→水云母→贝得石→蒙脱石→多水高岭石→高岭石；石英（部分）→硅酸→石髓→次生石英。在适宜气候条件下，高岭石还可进一步分解成铝土矿和石髓等，而辉石、角闪石、黑云母还可分解成褐铁矿和针铁矿等。花岗岩含有较多的石英和长石（即含有较多的硅铝元素）、含钙量很少，可较快地进入硅铝化阶段，容易形成富含石英和高岭土的风化壳。玄武岩含钙多，因此碳酸盐化阶段较长，碳酸钙的白色薄膜可包裹岩石碎屑。橄榄石等超基性岩含铁量高，会形成含褐铁矿和针铁矿等风化壳，此即残积铁矿，在一定的条件下还可形成残积镍矿。砂岩含硅多会形成石英砂，蛋白石等风化壳。页岩、板岩为不含碳酸盐的黏土质岩石会形成黏土风化壳。石灰岩、泥灰岩和白云岩等含碳酸盐的岩石易受化学风化和溶解，当可溶解的碳酸钙被带走后余下杂质则形成残积层（一般为黄色或红褐色塑性相当大的黏土），只有在其下部才有石灰岩碎屑。岩石的矿物结构也影响风化作用，由粗粒结构矿物组成的岩石比细粒的容易风化；粒度差异大的比等粒矿物组成的岩石容易风化；致密等粒矿物组成的岩石（比如花岗岩和玄武岩）具有三组相互直交的原生节理易形成球状风化及层层剥离现象，见图 5-2-31。

表 5-2-4　化学风化对造岩矿物相对稳定性的影响

相对稳定性	造 岩 矿 物
极稳定	石英
稳定	白云母，正长石，微斜长石，酸性斜石
不大稳定	普通角闪石，辉石类
不稳定	基性斜长石，碱性角闪石，黑云母，普通辉石，橄榄石，海绿石，方解石，白云石，石膏

2. 风化壳

风化带是指地壳最上部发生风化作用的地带。风化带的深度会因风化作用的因素、方式和强度的不同而不同，从地表向地下依次出现全风化带、强风化带和弱风化带。花岗岩风化壳的剖面见图 5-2-32。风化作用使地球表面和接近地表的岩石圈遭受物理破坏和化学分解（有的仅在结构上发生变化，有的成分也发生变化）并在原地生成松散的堆积物称残积物（Eluvium），其岩性与原来基岩相似但又不完全相同。由残积物所组成的覆盖于地壳表面的整个复杂剖面的总体称为风化壳（Weathered Crust），因此，残积物是风化壳的一部分、风化壳则是岩石圈的一部分。典型风化壳剖面见图 5-2-33。残积物的特征可概括为以下 5 个方面，即岩石成分、矿物成分、化学成分和下伏基岩有密切的联系；是基岩风化破碎后留在原地的风化物质（未经搬运磨圆，未经分选，不具层理）；残积物经长期风化所形成黏土矿物常粘附在石英砂的表面；残积物的结构等特征向下伏基岩逐渐过渡；由上而下风化程度逐渐减弱（颗粒由细变粗）。气候是风化壳形成的主要因素（影响风化发育阶段和强度等），对形成不同的风化壳类型起着决定性作用。不同风化壳的形成规律见表 5-2-5，风化壳的主要类型见表 5-2-6。

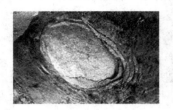
图 5-2-31　球状风化

图 5-2-32　花岗岩风化壳剖面

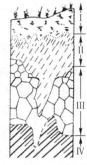
图 5-2-33　典型风化壳剖面

表 5-2-5　不同风化壳的形成规律

风化壳类型	风化过程	风化条件	主要风化矿物
碎屑风化壳	机械破坏矿物，化学元素及其化合物的微弱淋失和堆积	低温风化条件：岩石微弱的化学破坏和微弱的生物化学破坏，土壤溶液呈各种程度的酸性反应	风化过程中很少改变原来岩石的原生矿物
氧化物-硫酸盐风化壳	Na、Ca、Mg 的氯化物硫酸盐发生堆积	高温和缺水的风化条件，碱性溶液向上移动占优势，在元素的移动和堆积中有机体的作用很弱	石盐、硝石、硬石膏、芒硝、蒙脱石、绢云母、次生石英
碳酸盐风化壳	H_2SiO_3、$Al(OH)_3$、$Fe(OH)_3$ 的混合物（硅铝矾土）的形成，Ca、Mg、K 和部分 Na 的堆积（主要是 $CaCO_3$ 的堆积）	中温、中湿到高温干旱过渡的风化条件，有机质、腐殖质酸极作用，土壤水向上或向下移动，土壤溶液呈中性或弱碱性	方解石、赤铁矿、白云石、石膏、高岭石、蒙脱石、绢云母
黏土风化壳	H_2SiO_3、$Al(OH)_3$、$Fe(OH)_3$ 的混合物（硅铝矾土）的形成，SiO_2 堆积，Al_2O_3 和 Fe_2O_3 在下层淀积，Cl、Na、Ca、Mg、K 等元素流失	中温、中湿的风化条件，有机质、腐殖质酸极作用，溶液向下移动，土壤溶液呈弱酸性到强酸性反应	水云母、高岭石、蒙脱石、拜来石、绿高岭石、水铝矿、褐铁矿、水化赤铁矿
富铁铝风化壳	SiO_2、Ca、Mg、Na、K 等元素淋失，Al_2O_3、Fe_2O_3 堆积，铁矾土和铝矾土的形成	高温潮湿的风化条件，大量元素和化合物淋失、迁移，残留物形成，土壤溶液呈弱酸性、中性或弱碱性反应	水铝矿、硬锰矿、高岭石、绿高岭石、水赤铁矿、褐铁矿、软锰矿

表 5-2-6　风化壳的主要类型

风化壳类型	风化作用	元素迁移特点	标志元素	标志矿物
岩屑型风化壳	高寒气候、生物作用弱	元素迁移弱，机械破坏为主		轻微化学变化的碎屑
硅铝-黏土型风化壳	温带潮湿气候，有机酸起积极作用	碱金属元素已析出，Al_2O_3、Fe_2O_3 带到下层，SiO_2 在表层堆积	Al、Fe、Si	水云母，高岭土，绿高岭土，Fe、Al 的氢氧化物、
硅铝-碳酸盐型风化壳	温带半干旱气候，有机酸起作用	碱金属元素析出和碳酸盐富集（主要是 $CaCO_3$）	Ca、Mg、(Na)	方解石、白云石、高岭土、蒙脱石
硅铝-氯化物、硫酸盐型风化壳	干旱气候，生物作用弱	碱金属元素部分析出，形成并堆积氯化物、硫酸盐类矿物	Cl、Na、S、(Ca、Mg)	岩盐、硬石膏、芒硝、蒙脱石
砖红土型风化壳	湿热的热带、亚热带气候，有机酸作用强	SiO_2 及碱金属已被带走，Al_2O_3、Fe_2O_3 堆积	Al、Fe、Si、Mn	Al、Fe 的氢氧化物，SiO_2（蛋白石），高岭土

3. 古风化壳

风化壳形成后被后来的各种堆积物覆盖而保留下来的风化壳称为古风化壳（Paleo-Weathered Crust），在一定的地形构造条件下可形成多层古风化壳。

4. 成土作用

成土作用（Soil Forming Process）是指残积物的表层在一定条件下发育成土壤的过

程,即残积物的表层通过生物风化、物理风化和化学风化发生了物质移动和能量转化,它包括了土体内有机质的积聚和分解、矿物的形成和破坏、元素的迁移和变换、土壤剖面结构的形成和发展等,这一切就是土壤的形成过程。

见图 5-2-34,土壤是残积物的表层经成土作用发育而成,即经有机酸对残积物发生生物化学作用使土质富含腐殖质而具有肥力。残积物与土壤的最根本区别是其不具有肥力,其次土壤形成速度比风化壳和残积物的形成快得多,湿热气候条件下形成一个完整的风化壳需要几十万年到几百万年,而在同样气候条件下形成土壤剖面只需几十年或几百年。

图 5-2-34 典型土壤剖面

现代土壤是指在现代成土条件下发育而成的土壤。森林土壤是在湿润、半湿润区域森林植被下发育的土壤,从寒带到热带除干旱和半干旱地区外均有森林土壤分布,包括灰化土、灰黑土(灰色森林土)、棕壤、褐土、黄壤和红壤等。草原土壤是在半干旱草原区形成的土壤,包括黑钙土、棕钙土、灰钙土以及草原红土等。荒漠土是干旱地区发育的土壤,包括灰漠土、灰棕漠土和棕漠土等,我国荒漠土分布在新疆、甘肃、青海、宁夏等省区。荒漠土由于降水稀少等原因,岩石风化和成土作用微弱,土体中元素很少迁移,碳酸钙在土壤表面积聚,即使较易移动的石膏和易溶盐类也淋滤不深,有机质含量少(大多在 0.5%~0.3% 以下)。古土壤(Paleo Soil)是指非现代成土条件下形成的土壤,古土壤形成于第四纪及第三纪末,具有埋藏或非埋藏的表面。

5. 古土壤与现代土壤的区别

古土壤的剖面一般不完整,大多没有腐殖质层(即使有也由于易遭分解而颜色变浅,或易遭炭化而染成黑棕色),其淋溶层下部与淀积层则为质地较黏的黏化层(因铁的富集,颜色带红),其淀积层下部为富含碳酸钙的淀积层(常聚集形成钙结核或姜结石)。现代土壤一般有完整的剖面,有色暗的腐殖质层,淋溶层的颜色较浅,其黏性不如古土壤。古土壤的存在表示当时地面稳定(既没有强烈的剥蚀,也没有快速的堆积,使土壤发育较充分),故可根据古土壤的剖面特征及埋藏条件等来研究第四纪古气候、古地貌等,古土壤也是划分第四纪地层和冰期、间冰期的重要依据。

5.2.4 重力地貌

重力地貌是由块体运动形成的(图 5-2-35),不同类型块体的运动特征见表 5-2-7,运动方式见图 5-2-36。

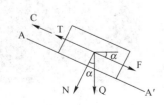

图 5-2-35 地滑发生机制示意图

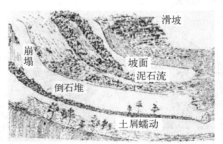

图 5-2-36 块体运动方式示意图

表 5-2-7　不同类型块体的运动特征

类　　　型	运动本质	运动速度	堆　积　特　征
崩塌	倾倒	极快	崩塌体破碎后，小颗粒被气浪抛至远方，呈水平方向的分选
滑坡	剪切	极慢～极快	滑坡体多保留原状或分级、分条、分块
泥石流	流动（多面剪切）	慢或快	呈长条状的泥石混合堆积，分选性和磨圆度均差
蠕动	蠕动	极慢，并自表部向深部渐小	蠕动体变形自表层向深部渐弱，竖向上顺坡弯曲

1. 崩塌及崩积物

崩塌是指斜坡上的岩土块体在重力作用下突然发生沿坡向下急剧倾倒、崩落现象，崩塌的运动速度很快（有时可以达到自由落体的速度），崩塌的体积可以从小于 $1\ \mathrm{m}^3$ 直到若干亿立方米（川藏公路 1968 年发生的拉月大崩塌就有 600 m 厚的岩层崩塌下来），一个典型的崩塌必须具备母体、破裂壁、锥形堆积体等基本要素，见图 5-2-37。

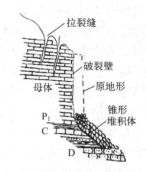

图 5-2-37　崩塌基本要素示意图

形成崩塌的基本条件主要有地形、地质和气候条件等。地形条件包括坡度和坡地相对高度。坡度对崩塌的影响最明显，通常由松散碎屑组成的坡地当坡度超过它的休止角时则可出现崩塌；由坚硬岩石组成的坡地坡度一般要在 50°～60° 以上时才能出现崩塌。崩塌发生的最佳地形坡度是 45°～60° 之间。在节理和断层发育的山坡上岩石破碎很易发生崩塌。当地层倾向和山坡坡向一致而地层倾角小于山坡坡度时常沿地层层面发生崩塌。软硬岩性的地层呈互层时较软岩层易受风化形成凹坡、坚硬岩层形成陡壁或突出成悬崖易发生崩塌。崩塌通常发生在降雨季节，很多崩塌发生在暴雨时或暴雨后不久，暴雨增加了岩体负荷、破坏了岩体结构、软化了黏土层夹层、减低了岩体之间的聚结力、加大下滑力并使上覆岩块失去支撑而引起崩塌。

见图 5-2-38，崩塌下落的大量石块、碎屑物或土体都堆积在陡崖的坡脚或较开阔的山麓地带形成的崩塌堆称倒石堆（岩屑堆或岩堆）。倒石堆是一种倾卸式的急剧堆积，结构多松散、杂乱、多孔隙、大小混杂而无层理。倒石堆块体的大小从锥底到锥尖逐渐减小，先崩塌的岩土块堆积在下面，后崩塌的盖在上面。由于每次崩塌的强弱不同会形成碎屑大小不等的近似互层，因此，有时在倒石堆剖面上可以看到假层理现象。楔形体崩塌及倒石堆见图 5-2-39。

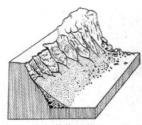

（a）结构示意图　　　　（b）三峡库区链子崖危岩体　　　　（c）倒石堆实景

图 5-2-38　倒石堆结构

山区经常发生崩塌使村庄、道路和渠道受到破坏、造成灾害。防治崩塌的首要工作是圈定崩塌区和近期可能发生崩塌区的范围，查明与成灾密切有关崩塌体的详细情况，然后再制定处理措施。若倒石堆正在发育则在工程建设规划时应尽量避开或绕过，对表层、局部的不稳定岩体可采用清挖、锚固、网包或拦挡等工程加固处理。对已基本稳定的倒石堆通过适当的地基加固处理可考虑利用。要注意的是必须防止地表水的集中和大量的渗入。通过地下挡水或排水工程有效降低其地下水位对提高倒石堆的整体稳定性具有重要意义。

2. 滑坡

见图 5-2-40，滑坡是指构成斜坡上的岩土体在重力作用下失稳沿着坡体内部的一个（或几个）软弱面（滑动面）发生剪切而产生整体性下滑的现象。

图 5-2-39　楔形体崩塌及倒石堆　　　　　　图 5-2-40　滑坡

滑坡要素（见图 5-2-41）包括滑坡体、滑动面和滑动带、滑坡床（滑床）、等。斜坡上向下滑动的那部分岩（土）体称为滑坡体，它以滑动面与下伏未滑动地层分隔开来，滑坡体虽有局部的土石松动破碎但因呈整体下滑移位之后基本保持原有的层位关系和节理、构造的特点，滑坡体的规模大小不一（从几十立方米到几亿立方米不等）。滑坡体沿其滑动的面称为滑动面，在均质土体中滑动面呈圆弧形，滑动面有时只有一个，有时有几个，故可分出主滑动面和分支滑动面）。沿滑动面有时可见擦痕及磨光面，有时在滑动面附近的土体有一层明显揉皱的结构扰动带，称为滑动带。滑动带的厚薄不一，从几厘米到数米不等。滑坡床（滑床）是指滑动面以下的稳定岩土体，滑坡床与地面的交界线称为滑坡周界，它圈定了滑坡作用的范围。

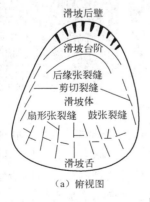
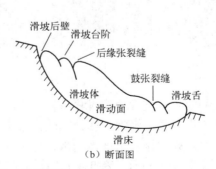

图 5-2-41　滑坡要素

滑坡的地貌形态主要有滑坡壁和滑坡台阶、滑坡洼地与滑坡湖、滑坡舌和滑坡鼓丘、滑坡裂缝等。滑坡体与坡上方未动土石体之间通常由一半圆形的围椅状陡崖分开，这个陡崖称为滑坡壁（一般坡度 60°～80°，高度数厘米至数米不等），滑坡壁是滑动面的出露部分，其高度代表滑坡下滑的距离。滑坡壁上常留有擦痕。滑坡体下滑时由于上下各段滑动速度的差异或滑动时间的先后不同常产生分支滑动面把滑坡体分裂成几块滑体，滑体之间相互错断而构成的阶梯状地面称为滑坡台阶。因滑体沿弧形滑动面滑动，故滑坡台阶原地面皆向内倾斜呈反坡地形。这种反坡地形可由"醉汉树"（"醉林"）反映出来。滑坡体向下移时会在滑坡体与滑坡壁间因土体外移以及滑坡体的反向倾斜而形成月牙形洼地，有时积水成湖称滑坡湖，此外，在滑坡台阶与鼓丘之间也可有低洼凹地分布。在滑坡体的前缘形如舌状的突出部分称滑坡舌，有时会因前面受阻同时又受到后方土体的压力作用被挤压而鼓起成弧形土脊，称滑坡鼓丘，土脊上常分布有扇状张裂隙，脊内土层常有褶皱构造形态。滑坡地面裂缝通常纵横交错甚为破碎，按裂缝展布方向、位置、性质可划分为后缘拉张裂缝、前缘（下部）鼓张裂缝、两侧羽状剪切裂缝、中部横向"凸"型裂缝等 4 种类型。

　　见图 5-2-42 和图 5-2-43，滑坡按物质组成的不同可分为土质滑坡、岩质滑坡 2 类：土质滑坡可再分为黏土滑坡、黄土滑坡、碎屑堆积层滑坡；岩质滑坡也可再分为风化岩浆岩滑坡、沉积层滑坡、变质片岩滑坡。按滑动面与岩体结构面之间的关系可分为同类土滑坡、顺层滑坡、切层滑坡。按滑坡体厚度可分为浅层滑坡（厚度仅数米）、中层滑坡（厚度为数米到 20 m 左右）、深层滑坡（厚度在 20 m 以上）。按运动形式不同可分为牵引式滑坡、推动式滑坡：牵引式滑坡是指滑坡体前部（下部）首先开裂起动滑移而后牵引中、上部岩土体依次开裂滑移的滑坡；推动式滑坡是指滑坡体先从后缘（斜坡上部）开裂，滑坡体后部的巨大势能逐渐向中、前部推进，在滑坡体前部滑移面附近产生应力集中，当滑坡体前部的抗剪能力支持不住滑动体推力时便产生滑动。牵引式滑坡和推动式滑坡的力学机制和运动形式不同，对它们的整治措施也不一样：牵引式滑坡只需针对前部第一块坡体设置抗滑工程就能防治以后的几块滑动，推动式滑坡需对整个滑体作防治工程。按滑坡体厚度划分滑坡类型便于进行稳定性评价和确定防治措施。

　（a）黄土滑坡　　　　　　　　（b）滑坡堰塞河道　　　　　　　　（c）滑坡裂缝

图 5-2-42　典型的滑坡

　　人们在同滑坡长期斗争的过程中积累了丰富的经验，总结出了夯填、排水、护坡、减重、支挡等许多整治滑坡的有效方法。整治滑坡的主要措施有两个，即消除或减轻水对滑坡的作用，亦即排除滑坡地表水、地下水和防止水对坡脚掏蚀；增加滑坡的重力平衡能力，即改变滑坡外形，降低滑坡重心和修建支挡建筑物而增加滑坡抗滑力。

3. 蠕动

　　见图 5-2-44，蠕动是指斜坡上的土体、岩体以及它们的风化物质在重力作用下顺坡发生不易被觉察的缓慢的块体运动。

（a）残体　　　　　　　　　（b）全貌

图 5-2-43　长江新滩滑坡

图 5-2-44　蠕动

5.2.5　海底地貌

见图 5-2-45，大量海洋考察数据证实，海底与大陆一样具有广阔的平原、高峻的山脉和深陡的裂谷，且比大陆更为雄伟壮观。

（a）大西洋的海底地形

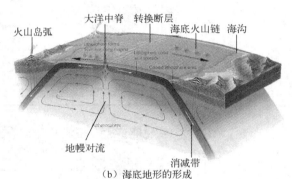

（b）海底地形的形成

图 5-2-45　海底地貌

5.3　地球地貌的成因

5.3.1　地球地貌的形成机理

地貌的成因人们喜欢用戴维斯的三要素说来解释，即地形是构造、作用和时间的函数，三要素指地质结构（岩石与地质构造）、营力、发育阶段（时间和阶段）。岩性不同、地质构造不同、作用营力不同、经受作用的时间长度或发育所处的阶段不同都会导致地貌形态不同。反过来说，地貌形态差别可从岩性、构造、营力、历史或阶段等方面得到解释或找出原因。三要素说的提出明确了地貌形成的内因是岩石与构造，外因是营力，以及其形成过程需要一定的时间和必然经过不同的阶段。

1. 地貌形成的物质基础

地貌形成的物质基础是地质构造和岩石，地貌对地质构造具有适应性（地貌的发育通常与构造线相一致或部分一致），大地构造单元是地貌发育的基础，中国大地貌单元（即山地、高原、盆地、平原等在平面上的排列组合形式）的形成主要受大地构造控制，见图 5-3-1。

地质构造是地貌形态的骨架,在地质构造影响下会出现各类构造地貌,比如褶皱山、断块山等。正向构造(背斜、穹隆、地垒)与高地相一致,负向构造(向斜、构造盆地、地堑)与低地相一致,此两者称为顺构造地形,见图5-3-2。正向构造与低地相一致,负向构造与高地相一致,称为逆构造地形,见图5-3-3。

图 5-3-1 中国山脉分布示意

图 5-3-2 顺构造地形

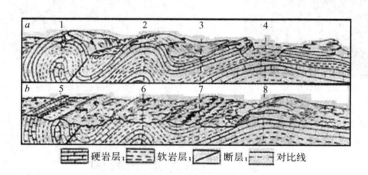

硬岩层; 软岩层; 断层; 对比线

图 5-3-3 逆构造地形

a—原始褶曲构造地貌;b—经剥蚀后褶曲构造地貌;1、2—背斜山;3—向斜谷;4—背斜谷;
5、6—背斜谷;7—向斜山;8—背斜山。

见图5-3-4,岩石性质对地貌的影响实质上是指岩石对来自外界的物理作用和化学作用的反映,地貌研究中通常所说的岩性坚硬和软弱(或岩石抵抗侵蚀能力的强和弱)就是这种影响程度的表现。通常情况下,砂岩、石英岩、玄武岩、砾岩等属于坚硬岩石,泥岩、页岩等属于软弱岩石。由于岩性所引起的差别风化和差别侵蚀结果,坚硬岩石通常表现为突出的正向地貌(山地、丘陵等),相对软弱岩石出露之处在地貌上形成负向地貌(谷地、盆地等),岩性对地貌的影响在那些经历了长时期剥蚀的地区表现最明显。岩石坚硬和软弱、抗侵蚀能力的大小都只是一个相对概念,它与岩石所处的自然环境有很大关系。花岗岩分布在我国北方常呈高大险峻的山地,比如华山、黄山、崂山等,泰山则为片麻岩;而在华南地区则成馒头状丘陵,前者地形起伏明显、后者地势变化和缓。

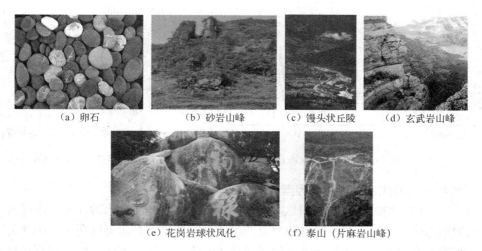

（a）卵石　　　　（b）砂岩山峰　　　　（c）馒头状丘陵　　　　（d）玄武岩山峰

（e）花岗岩球状风化　　　　（f）泰山（片麻岩山峰）

图 5-3-4　岩石性质对地貌的影响

2. 地貌形成的动力

地貌形态千姿百态，但形成地貌的动力主要有内力作用和外力作用两类，地貌的形成发展是内/外力相互作用的结果。外力是指地球表面在太阳能和重力驱动下通过空气、流水和生物等活动所起的作用，见图 5-3-5，它包括岩石的风化作用；块体运动；流水、冰川、风力、海洋的波浪、潮汐等的侵蚀、搬运和堆积作用；以及生物甚至人类活动的作用等（外力作用非常活跃且易被人们直接观察到）。内力作用造成地壳的切向运动和径向运动并引起岩层的褶皱、断裂、岩浆活动和地震等，见图 5-3-6。除火山喷发、地震等现象外，内力作用一般不易为人们所觉察，但实际上它对于地壳及其基底长期而全面地起着作用，并产生深刻的影响。地球上巨型、大型的地貌，主要是由内力作用所造成的。人类活动在现代社会里已成为一种重要的地貌营力，能产生许多新的人工（为）地貌，比如堤坝、人工湖、护岸工程、城镇建筑群等，见图 5-3-7，也能夷平破坏一些地貌。

（a）海水动力地质作用　　　　（b）火山作用　　　　（c）太阳综合作用

（d）地面流水地质作用

图 5-3-5　地貌形成的外力地质作用

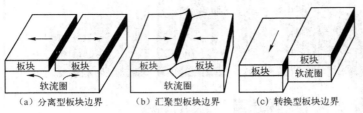

（a）分离型板块边界　　　（b）汇聚型板块边界　　　（c）转换型板块边界

图 5-3-6　三种板块边界类型　　　　　　　图 5-3-7　人类活动改变地貌

3. 影响地貌形成发展的时间因素

内、外力作用的时间也是引起地貌差异的重要原因之一。作用时间长短不同其所形成的地貌形态也有区别，显示出地貌发育的阶段性。急剧上升运动减弱初期出现的高原会随着时间的推移在外力侵蚀下破坏殆尽而成为崎岖的山区，再进一步发展则可转化为起伏和缓的丘陵。

5.3.2　地貌的地带性

在一个地带内的地形发展会表现出一种与其他地带不同的特点称为地形发展的地带性，见图 5-3-8 和图 5-3-9，主要有大地构造地带性和气候地带性两大类。

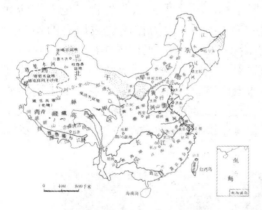
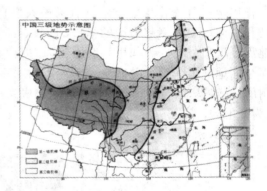

图 5-3-8　中国三大自然地理区　　　　　　图 5-3-9　中国三级地势

1. 气候与地貌

气候是地貌形成的重要因素之一。气候（主要是温度和降水量）决定着外力的性质和强度，从而影响其塑造的地貌。不同气候条件下风化作用的性质和侵蚀作用的强度差异明显，见图 5-3-10。现代流水侵蚀强度最小的气候区有 3 类，即降水少的中纬度干旱区；降水少且低温的极地和亚极地冰缘区；高温多雨但植被繁茂的热带区。现代流水侵蚀强度最大的气候区在雨量中等、植被并不茂密的中纬度温湿区，见图 5-3-11。气候也直接影响风沙作用、冰川作用和岩溶作用等的强度，见图 5-3-12。

2. 气候地貌分带

形成地貌的外力受气候控制，地球上气候呈现分带性，故地貌的空间分布亦具分带性。

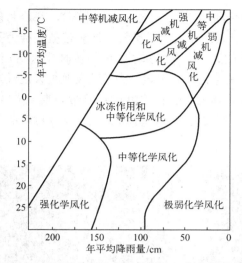

图 5-3-10　不同气候条件下盛行的风化作用类型　　图 5-3-11　不同气候条件下的流水侵蚀强度

（1）冰雪气候地貌带。冰雪气候地貌带有冰川气候地貌区（图 5-3-13）和冰缘气候地貌区（图 5-3-14）两类。冰川气候地貌区为高纬极地和高山雪线以上的地区，年平均温度在 0℃以下，终年为冰雪覆盖，冰川作用占绝对优势，其次还有冰冻风化，发育冰川地貌和冰水地貌。冰缘气候地貌区为年平均温度在 0℃上下的无冰盖的极地和亚极地以及雪线以下、森林线以上的高山带（冰雪融水渗入土层，形成多年冻土层），冻土表层发生日周期性和年周期性的解冻（故冻融作用占优势，其次是雪蚀作用），由于高压反气旋中心的存在风力作用也很重要，此区会发育各种冻土地貌。

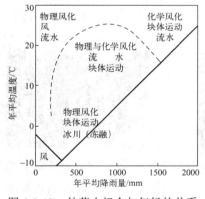  

图 5-3-12　外营力组合与气候的关系　　图 5-3-13　冰川气候地貌区　　图 5-3-14　冰缘气候地貌区

（2）温湿气候地貌带。主要分布在中纬度，年平均温度 10℃左右、降水量 800 mm左右。本带流水作用占优势，流水地貌发育。此带沿纬向变化较大，地貌发育也有较大差别（图 5-3-15）。

（3）干旱气候地貌带。在副热带高压带和温带大陆中心，气候极端干燥、降水极少，年降水量一般在 250 mm 以下且降水非常集中，但蒸发量却远大于降水量（大几倍、几十倍甚至百倍），因此相对湿度和绝对湿度都很低。在温度方面有两种情况，一种是温带干旱区，冬寒夏热（比如我国新疆北部），年温差和日温差都很大，年温差可达 60～70℃

103

以上，日温差可达 35～50℃；另一种是热带亚热带干旱区（比如非洲北部），寒冷月份的平均温度不低于 0℃，所以年温差较小，仅日温差较大。干旱气候地貌带植被极为贫乏，地面裸露，物理风化作用强烈，经常性水流缺乏，只有由暴雨形成的暂时性水流（洪流），风力作用盛行，风力作用和干燥剥蚀作用成为这里的主导外力，风成地貌大规模发育并形成大面积沙漠和戈壁，见图 5-3-16。在干旱区与湿润区之间的过渡带为半干旱区，年降水量约 400 mm，降水比较集中，片流、冲沟发育，广泛分布黄土并发育特有的黄土地貌，见图 5-3-17。

图 5-3-15　温湿气候地貌带　　　　　　　　　图 5-3-16　干旱气候地貌带

（4）湿热气候地貌带。位于赤道和低纬地区，降水量和蒸发量都很大（但前者要超过后者），年平均降水量在 1000 mm 以上，最冷月温度大于 18℃（没有真正的冬天）。由于气候高温多雨、地面植被茂密、生物化学风化作用极其突出使基岩受到强烈分解，广泛发育深厚的砖红土型风化壳，比如巴西结晶岩上的红色风化壳厚度普遍超过 100 m。本带虽降水丰富，但由于化学风化盛行、植被繁茂、河流中碎屑物质含量少，因而侵蚀作用反不如温湿气候区强烈，见图 5-3-18。

湿热带的可溶盐（主要是石灰岩）分布区高温多雨、植被茂盛的生物气候条件十分有利于岩溶作用，岩溶地貌得到充分的发育，形成了大规模的峰林地貌，见图 5-3-19。

图 5-3-17　黄土地貌　　　　　图 5-3-18　湿热气候地貌带　　　　　图 5-3-19　峰林地貌

海滨生长着热带生物（红树林和珊瑚），通过它们的生命活动会形成特有的热带生物海岸——红树林海岸和珊瑚礁海岸，见图 5-3-20。

图 5-3-20　红树林海岸

5.3.3　地球海底地貌的形成机理

海底地貌的成因与陆地类似，不同之处在于外力作用以海水的剥蚀和搬运作用以及海洋的沉积作用为主。

思考题与习题

1．简述地球大陆与大洋的分布情况。
2．地球大陆的地势特征是什么？
3．地球海底的地势特征是什么？
4．地球地貌的主要形态有哪些？
5．地球大陆构造地貌的特点是什么？
6．风化作用的地貌特征是什么？
7．重力地貌特征是什么？
8．海底地貌是什么样的？
9．简述地球地貌的形成机理。
10．何谓地球地貌的地带性？其形成原因是什么？
11．地球海底地貌的形成机理与陆地有何不同？

第 6 章　地球表面的流水地质作用

6.1　流水地质作用的特点

见图 6-1-1，流水是陆地表面最普遍、最活跃的一种外力（在地表随处可见，即使干旱地区也无例外），其在地貌塑造和演变过程中扮演者重要的角色，由流水作用塑造的地貌分布十分广泛，故又被称为常态地貌。地表流水按其运动形式的不同可分为坡面片流（Sheet flow）、沟谷暴流、河谷流水（河流）等类型。

图 6-1-1　陆地流水的典型形态

流水作用的强弱取决于其能量和基本流态。流水的能量有势能和动能两种。流水是由高处往低处流的，流动过程中势能不断转变为动能，流水动能 E 的大小取决于流速 V 和流量 M，流水动能的大小与流量的一次方和流速的二次方成正比，其表达式为 $E=MV^2/2$。同一河段流量越大时其流水动能也越大，不同河段流速越快的地方其流水的动能也越大，而流速则取决于坡降，即坡度越大的地方流速越快、动能也越大。流水动能主要消耗于克服其与床面、水分子间的摩擦以及搬运流水所挟带的泥沙，若流水动能克服摩擦、搬运泥沙后仍有余力则会导致流水侵蚀作用的发生，若流水动能全部消耗于克服摩擦及维持前进而无余力搬运泥沙时则会导致流水沉积作用的发生，流水运动过程中进行着的侵蚀、搬运和沉积作用统称为流水地质作用。

流水的侵蚀、搬运和堆积作用通常同时进行，但不同地点、不同时间和不同条件下它们的作用性质和强度不同，不能把侵蚀、搬运和堆积作用孤立起来进行机械式的划分。

人们将流水的水流流态分为层流和紊流两种。层流是指水的质点彼此相互平行流动（互不干扰和混掺），呈有规则的分层流动。紊流是指水质点的不规则运动，当水流流速增大或水深增加时层流就会失去稳定而产生漩涡运动（即紊流），紊流会使水质点互相混杂并迫使不同水层间的质点不断交换，同时还会使水流的运动方向经常发生变化。

6.2　流水的侵蚀作用

流水破坏地表及攫取地表物质的作用称为流水的侵蚀作用。流水能直接攫取松散泥沙颗粒的主要原因是流水作用于泥沙时产生推移力（拖曳力）和上举力，当这些力的强度大于泥沙本身的重力（阻力）时就会使泥沙浮动脱离地表而发生位移，即产生侵蚀。流水侵蚀作用按其作用方式的不同分机械冲刷作用和化学溶蚀作用两类；按地表水运动形式的不同分坡面侵蚀（片蚀）、槽床侵蚀两类。坡面侵蚀（片蚀）是指片流流动过程中比较均匀地冲刷整个坡面松散物质，使坡面降低、斜坡后退的现象，因此，坡面侵蚀也被称为片状侵蚀，由于片流是暂时性的，因此片状侵蚀也是暂时性的但却分布非常广泛。槽床侵蚀是指水流汇集于线状延伸的沟槽或河槽中流动而进行的侵蚀作用，又称线状侵蚀，包括沟谷流水侵蚀（暂时性的）和河谷流水侵蚀（经常性的）两类。

槽床侵蚀（Gully Erosion）按侵蚀的方向的不同分竖向侵蚀（下切、下蚀）、溯源侵蚀（向源侵蚀）、侧向侵蚀 3 种。竖向侵蚀（径向侵蚀）是指水流垂直地面向下的侵蚀，其结果是加深沟床或河床。溯源侵蚀是指侵蚀方向不断向源头即上游方向进行的现象，其侵蚀结果是使沟谷或河谷长度增加，溯源侵蚀常以裂点（瀑布 Fall）后退的方式表现出来，比如我国黄河的龙门瀑布，落差为 17 m，在流水的侵蚀作用下瀑布每年后退约 5 cm，目前已退到了壶口，见图 6-2-1。侧向侵蚀是指流水对沟谷和河谷两岸进行冲刷作用。任何一条自然河流的河床发育总是有弯曲的，原因是地表形态的起伏和岩性差异，弯曲处流水会因惯性离心力作用而向圆周运动的弧外方向偏离（即偏向弯道的凹岸）并导致水流冲击侵蚀凹岸，比较平直的河道水流同样会因地球自转偏向力（科里奥利力）影响而发生侧向侵蚀，北半球河流偏向右岸侵蚀，南半球河流向左岸侵蚀，侧向侵蚀的结果是使谷坡后退以及沟谷（或河谷）展宽。

溯源侵蚀有两种方式，一是暴流在沟头侵蚀（加上片流作用使沟头崩塌），二是河流上游有泉水出露时泉眼以上的岩层或土体会因受掏蚀而崩塌后退。溯源侵蚀既可出现在河流上游，也可出现在老河谷的中下游，比如当地壳上升而侵蚀基准面下降时河流纵剖面的坡度就会增加，从而引起河流下切的重新加强，此时会由坡度变大的地点开始重新发生溯源侵蚀。世界上许多大河中的裂点（瀑布）都是再溯源侵蚀过程中的产物，比如贵州的黄果树瀑布、美国的尼亚加拉瀑布等，见图 6-2-2 和图 6-2-3。

图 6-2-1　黄河龙门瀑布　　　　图 6-2-2　贵州黄果树瀑布　　　　图 6-2-3　美国尼亚加拉瀑布

6.3　流水的搬运作用与堆积作用

6.3.1　流水的搬运作用

水流在其运动过程中可以把地表风化物质和侵蚀下来的物质带走，这种挟带可以是某些物质被溶解在水中而带走（但大量的却是以机械的方式被流水挟带走），这种在水流作用下搬运地表物质的过程称为流水的搬运作用，见图 6-3-1。流水搬运作用的搬运方式主要有推移、悬移和化学溶解搬运等 3 种。推移的对象通常是粒径粗的泥沙（在粒度上相当于沙一级或砾石级），它们在流水的迎面压力及上升力作用下沿河床底部滑动、滚动或跳跃（跃移），推移质（包括跃移质）的运动速度比其所在河流中的流水速度要缓慢一些。悬移的对象是细小的泥沙（通常是细粉砂及黏土），当河流中紊流的上升流速大于其沉速时就可上升到距底床较高的位置而随水流以相同的速度向下游搬运。溶解搬运的是可溶性物质，其被溶解在河流中呈均匀的溶液状态被搬运带走。溶解搬运是一种重要的搬运作用，但其对河流的地貌特点没有显著的直接影响，溶解搬运的物质在河谷中沉积的数量极其微少，几乎全部被河水带到海洋中沉淀。

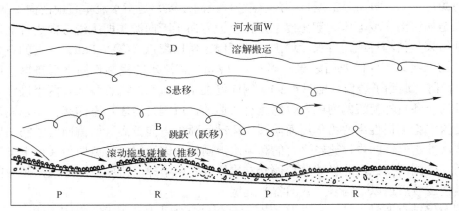

图 6-3-1　河流的搬运方式

P—深槽、R—浅滩、W—河水面

6.3.2　流水的堆积作用

流水挟带的泥沙在搬运条件改变时，比如坡度减少、流速减缓、水量减少和泥沙量增多等，出现搬运能力减弱并随之发生泥沙沉降堆积的现象称为流水的堆积作用。当泥沙来量大于水流挟沙力时多余的泥沙就要沉积下来（泥沙发生沉积的条件见图 6-3-2），泥沙沉积在摩阻流速小于沉速时才会发生。

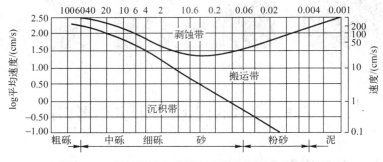

图 6-3-2　平均流速与碎屑颗粒搬运沉积的关系曲线

图 6-3-2 中的侵蚀速度是指使床面上松散的一定大小的泥沙颗粒进入运动的最低速度即起动流速，侵蚀流速曲线实际上是一条宽的带，下沉速度曲线代表给定大小的泥沙颗粒脱离悬浮发生沉积时的速度。人们根据图 6-3-2 中两条曲线的相对位置划分出了侵

蚀区、沉积区、搬运区三个不同的区域。侵蚀流速线（带）以上为侵蚀区，那里的流水可以带走各种粒径的泥沙，包括上游来沙。下沉速度线右方范围为沉积区，那里的水流速度既不能带走床面泥沙也无法使上游来沙继续在水中悬移，来沙会迅速沉积。下沉速度和侵蚀速度带之间的范围为搬运区，那里的流速不能侵蚀河底泥沙（上游来沙也无法沉积下来），是过境泥沙的搬运带。从图 6-3-2 中还可看出，直径 0.06～2.0 mm 的相当于沙一级的泥沙颗粒最易受侵蚀，其起动速度最小，流速 12～15 cm/s 时即可被带走，粒径小于 0.01 mm 的泥沙（粉沙、黏土）呈悬移状态，是不易沉积的物质。

6.4　流水的地貌特征

6.4.1　暂时性流水地貌

暂时性流水包括片流和沟谷流水（暴流）。

1. 暂时性流水作用

（1）片流作用。大气降雨或冰雪融化后在倾斜地面上所形成的薄层的面状流水称为片流，片流大多数情况下是由无数细小的股流组成的，它们没有固定流路、时分时合，沿坡面呈网状流动，故又称散流。片流是暂时性水流，其流动过程中具有一定能量，因此具有产生侵蚀的能力。片蚀作用发生在广阔的地区，侵蚀总量很大，对地貌特别是微地貌的生成具有巨大作用，在由松散细粒沉积构成的斜坡上常会造成严重的水土流失，比如我国北方的黄土地区和南方的红土地区，这一点大家应高度重视。影响片蚀作用的因素主要是气候、地形、岩性、植被以及人为影响。片流的侵蚀强度主要取决于降雨量和降雨强度（以降雨强度为重要），单位时间内降雨量越大片流流量越大、对斜坡的冲刷破坏越强烈。坡度增大会使水流速度加快、冲刷加强，斜坡坡度 40°～50° 时冲刷作用最强，超过这一坡度受水面积会变小并影响流量、冲刷作用反而会减弱，坡长和坡形对片流侵蚀作用也有影响（通常冲刷作用强度与坡长成正比），坡地形态支配着坡地水流的集散。坡面组成物质的性质和结构不同其抗蚀能力也不一样，弱岩组成的山坡其岩层容易风化与侵蚀，粗碎屑构成的风化壳比细碎屑风化壳抗蚀力强，结构疏松但具有团粒结构的风化壳和土层粘结能力好、透水性强可减少地表径流和冲刷，结构疏松且由细颗粒组成的风化壳或土层抗蚀力很差、易被侵蚀，比如黄土层。树木的树冠、草类和凋落物可防止雨滴对坡面的直接击打，凋落物层既能储存水分又能增加地表水的下渗率，还能阻滞地表径流、减少泥沙流失，植物的根茎能固结土层、拦阻径流、使土层得到保护。应避免人为影响导致的片流作用增强，应避免出现管理失误、植被破坏以及生态环境的严重失调，应避免因人口增长而大量毁林开荒致使植被受到毁灭性破坏，应摒弃落后的耕作方式，在矿山开发、道路修筑、刨土取石以及进行工程建筑时应严禁乱挖滥炸和废石沙土乱弃，以避免现代突发性的人为地表破坏。人们将片流作用区域分为弱冲刷带、冲刷带、淤积带 3 部分（图 6-4-1），弱冲刷带位于分水岭地段，地形和缓、集水量较小、片流冲刷能力很弱；冲刷带位于坡面中部、坡度较陡，片流水量会因沿程补给（雨水）而增大，冲刷强烈；淤积带位于坡麓，由于坡度转缓、流速降低会发生淤积。

（2）暴流作用。暴流又称沟谷水流，是暂时性线状流水，有固定的流路，但它与另一种线状流水（河流）又有很大不同，其水文特点是流量变化大（暴涨暴落，有时完全干涸）、水流湍急、含沙量多且颗粒大小混杂（分选性和磨圆度均差）。因此，暂时性的暴流也叫洪流。暴流大多由坡地片流汇集而成，坡地上地表通常不平整且存在局部低平的凹地，凹地两侧和上游片流水质点向中间最低处汇集形成流心线，在此水层增厚、流速加大、冲刷能力增强的情况下流水会逐渐把凹地冲刷加深形成了沟谷和沟谷流水。

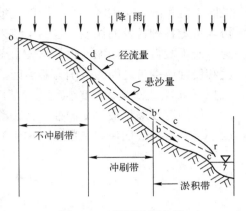

图 6-4-1 坡面冲刷分带

2. 暂时性流水地貌

暂时性流水侵蚀地貌主要是侵蚀沟，堆积地貌则以坡积裙、洪积扇等为主。

（1）侵蚀沟。侵蚀沟按沟谷大小和发育形态的不同可分为细沟、切沟、冲沟、坳沟（干谷）等 4 种主要类型，见图 6-4-2。侵蚀沟的发展阶段见图 6-4-3。几种主要侵蚀沟的特征见表 6-4-1。典型冲沟和冲积堆形态见图 6-4-4。

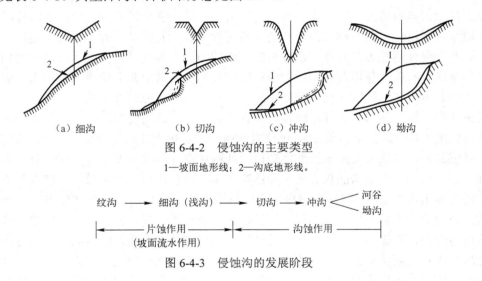

（a）细沟 　　（b）切沟 　　（c）冲沟 　　（d）坳沟

图 6-4-2 侵蚀沟的主要类型

1—坡面地形线；2—沟底地形线。

纹沟 —→ 细沟（浅沟） —→ 切沟 —→ 冲沟 〈 河谷 坳沟

|—— 片蚀作用 ——| |—— 沟蚀作用 ——|
（坡面流水作用）

图 6-4-3 侵蚀沟的发展阶段

表 6-4-1 几种主要侵蚀沟的特征

类型	深　度	宽　度	形　态　特　征
纹沟	<0.01 m	不易测得	坡面薄层水流受地面微小起伏或石块草丛等阻滞使水层聚成细小股流，形成微细的纹沟，稍经耕犁可消失
细沟	0.1～0.4 m	0.5 m 以下	沟底纵剖面与坡面一致，沟缘不明显，经耕犁可消失
切沟	1～2 m	1～2 m	沟床多陡坎，沟底纵剖面与坡面不一致，有明显的沟缘
冲沟	几米至几十米（或更大）	几米至几十米（或更大）	沟底纵剖面略呈凹形，上陡下缓，纵剖面呈 V 形，沟床与沟底不易分开，向下游逐渐展宽，有明显的沟缘
坳沟	宽度大于深度		沟底宽平，横剖面呈浅 U 形，无明显的沟缘，沟坡呈上凸形

（2）坡积裙。片流沿斜坡下部和坡麓地带堆积的松散沉积物称为坡积物。坡积物围绕坡麓披盖，形似衣裙即为坡积裙。坡积裙的剖面形态似微凹的缓倾斜曲线（裙上部坡

度一般 5°～6°，下部更缓），厚度由上向下逐渐加厚（通常 2～3 m 不等）。坡积裙岩性成分取决于坡地上部的母岩成分，机械组成通常为沙、亚沙土、亚黏土和中小砾石。因搬运距离不远导致碎屑物磨圆度很差、分选性不好、略具层理、倾向下游（反映了片流间歇性堆积的特点）。

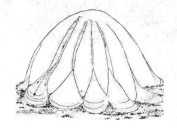

图 6-4-4　典型冲沟和冲积堆

（3）洪积扇。沟谷出口处堆积的由暴流侵蚀的物质（平面形状为扇形）即为洪积扇。由于沟谷暴流出山后坡度骤减、流速降低，加上暴流出山后水流分散成放射状、单宽流量减小，使暴流搬运能力大大削弱，导致大量泥沙和砾石在沟口处堆积形似扇状的地貌。在山地沟谷出口多见扇形地，其规模大小与搬运的物质数量成正比，面积较小的扇形地只有数百平方米表面坡度较大，中下部 5°～10°，顶部可达 15°～20°，形态似半锥体，这种扇形地又称冲出锥。干旱、半干旱地区山区大量冰雪融水或暴雨会形成很大的暴流流量，加之干旱气候条件下山地物理风化作用强烈、地表植被稀少使暴流输沙量大为增加，出口处形成的扇形地规模通常很大，其表面坡度较小，上部一般 6°～8°，边缘部分则只有 1°～2°，形态比较扁平，称洪积扇，其面积数十平方千米至数百平方千米不等，其扇顶与边缘高差可达数百米。扇形地组成物质分布很有规律，自扇顶到边缘可分扇顶相、扇形相、滞水相三个岩相带。扇顶相（又称内部相或粗粒相）是粗略平行的透镜状层理的巨砾、砾石层，其空隙中有砂、黏土混杂充填、分选差，砾石磨圆度也不好。扇形相位于中部，是夹砾石、砂透镜体的亚砂土、亚黏土层，砾石呈倾向上游的迭瓦状构造，磨圆度较扇顶相稍好。滞水相（或称边缘相）位于洪积扇的边缘部分，沉积物以亚砂土、亚黏土和黏土为主（偶夹砂及细砾石透镜体），具有近平行的斜层理，这里是地下水溢出带并会形成地表滞水（在干旱区常为人口密集的绿洲所在）。洪积扇在新构造运动影响下会发生明显变形而形成垒叠式洪积扇、洪积阶地、串珠状洪积扇以及不对称侧叠式洪积扇等，是了解新构造运动性质和强度的依据。山前地区几个相邻洪积扇连接后可能会形成整片的扇形地平原，即山前（足）平原，因其有较大倾斜度故又称山前倾斜平原。典型洪积扇水文地质剖面见图 6-4-5。

（4）泥石流。在斜坡或沟谷中的碎屑物质被水浸润后形成饱含泥沙的固相、液相的快速流体称为泥石流，见图 6-4-6。人们将泥石流地貌分为侵蚀区、流通区、堆积区 3 区。泥石流的形成条件有 4 个，即松散碎屑物质、

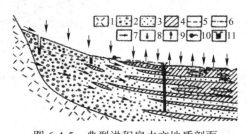

图 6-4-5　典型洪积扇水文地质剖面

1—基岩；2—砾石；3—砂；4—黏性土；5—潜水位；
6—深层承压水测压水位；7—地下水及地表水流向；
8—降水补给；9—蒸发排泄；10—下降泉；
11—井；涂黑为有水部分。

水源条件、陡峻地形、人为活动。

图 6-4-6　泥石流

6.4.2　河流地貌

见图 6-4-7，河流地貌主要有河谷地貌、河床地貌、河漫滩、河流阶地、河口三角洲等。

1. 河谷地貌

河谷是由河流长期侵蚀而成的线状延伸的凹地，其底部有经常性水流，其他成因（比如构造运动）所成的谷地没有河流出现的都不能称为河谷。河谷长短不一，大的河谷可长达数千千米，比如亚马逊河为 6516 km、尼罗河为

图 6-4-7　河流

6484 km、长江为 6380 km，形态各异。河谷由谷坡和谷底两大部分组成（图 6-4-8）。谷底由河床及河漫滩组成：河床是河谷中的最低部分，有经常性的水流，在其两侧为高起的河漫滩；河漫滩只在洪水泛滥时才会被淹没，故又称为洪水河床。人们将河谷（图 6-4-9）分成峡谷（又称 V 形河谷）、河漫滩河谷、成形河谷等 3 种类型，河谷的发育过程大致有三个阶段并会相应产生 3 种谷形。河谷发育的一般规律是上游多成深窄的峡谷，中下游多是宽敞的河漫滩河谷和成形河谷，下游以河漫滩河谷为主。

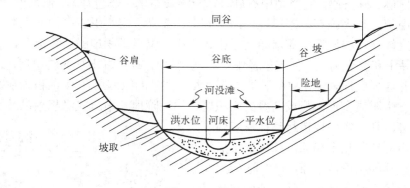

图 6-4-8　河谷要素

（a）隘谷　　（b）峡谷　　　　（c）宽底河谷　　　　　　（d）复式河谷

图 6-4-9　常见的河谷形态

112

（1）峡谷。见图 6-4-10，峡谷在由基岩组成的山区河谷中表现最为明显，其河谷横剖面呈 V 形（两壁较陡、谷底狭窄），谷底即为河床、没有河漫滩，河床纵剖面坡降很大、河床底部起伏不平、水流湍急，沿河多急流、瀑布，河谷平面形态较平直。典型的长江三峡瞿塘峡有"两岸乳岩半空起，绝壁相对一线天"的美誉，长江虎跳峡深 2500～3000 m、谷底宽不到 100 m，美国科罗拉多峡谷谷深 1500～1800 m。

| （a）长江瞿塘峡 | （b）长江虎跳峡 | （c）科罗拉多峡谷 |

图 6-4-10　典型峡谷

（2）河漫滩河谷。V 形河谷进一步发展后下切作用会减弱、侧向侵蚀能力加强、谷底得以拓宽并会发育出河漫滩，因而也就转变成了箱形的河漫滩河谷（图 6-4-11），河漫滩河谷谷底的扩宽是有限度的，其宽度大小与河流流量、河岸抗冲强度和河床纵比降有关。

图 6-4-11　河漫滩河谷

（3）成形河谷。当河漫滩河谷因侵蚀基准面下降而河流重新下切时原河漫滩就会转化为阶地，尔后河流又会在新的基准面上开辟新的谷地，这种具有阶地的河谷称为成形河谷（图 6-4-12）。它的出现代表河谷经历了较长时间的发展过程。

2. 河床地貌

河床地貌主要通过河床纵剖面、河床平衡剖面以及侵蚀基准面与河床纵剖面的关系反映，大致有山地河床地貌、平原河床地貌等类型。

图 6-4-12　成形河谷

（1）河床纵剖面。河床纵剖面是指由河源至河口的河床底部最深点的连线。宏观看纵剖面是一条上凹形的曲线，其上游坡度大、下游坡度小；微观看曲线上每一段均并非平整，而是呈阶梯状高低起伏。原因是河流对河床的作用有许多因素参与。中国几条典型河床的纵剖面见图 6-4-13。影响河床纵剖面形态的因素主要有 4 个方面，即地质构造和地壳运动的影响、岩性影响、地形影响以及支流影响。

河床纵剖面的巨大起伏首先与地质构造有关，在大地构造上升区和下降区地形高差甚大往往塑造出纵剖面上大规模的阶梯。长江由发源地至金沙江段为新构造强烈上升区，河流运行于青藏高原和丛山峻岭之中形成深切的峡谷，河床纵剖面急陡。流入相对下降的四川盆地后纵比降明显减小，发育了典型的河曲。穿越的三峡是新构造运动显著的穿窿抬升区，河床纵比降亦明显增加。流出三峡后进入了近代下沉的江汉平原，河床蜿蜒

113

曲折，纵比降又显著减小。岩性是影响河床纵比降的重要因素之一，坚硬的岩石抵抗流水侵蚀力大、河床不易下切、深度较浅但容易展宽而形成以侧蚀为主的侧向侵蚀区，岩性软弱的河床下切明显会形成以竖向侵蚀为主的深向侵蚀区，不同岩性交替出现的河床必然会导致不同比降的交替出现。河床沿程地形的宽窄直接影响水流对河床的冲淤变化和纵比降大小，高水位期河道束窄段或河底凸起段的水面落差比河道扩张段或河床凹陷段大，故前者在高水位期冲刷、河床加深成为深向侵蚀区，后者河床淤积、河床展宽成为侧向侵蚀区。若两者交替出现则河床就会形成一系列的阶梯。有支流加入的主流河床，由于水沙增加会使水情及泥沙性质发生变化，这种变化也会在河床纵剖面上得以反映。

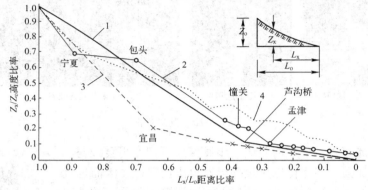

图 6-4-13　中国几条典型河床的纵剖面

1—永定河（官厅到石佛寺段，190 km）；2—黄河（兰州到东营河口，2960 km）；
3—长江（宜宾到吴淞口，2831 km）；4—渭河（渭淤 28 至 1 断面，129 km）

　　（2）侵蚀基准面与河床纵剖面的关系。河流的下切侵蚀是有止境的，通常受某一基面（Base-level）控制，河流下切到这一基面后即失去侵蚀能力，这一基面是个水平面，称为河流侵蚀基准面。地球上大多数河流均注入大海，其水流活动受海平面控制，尽管河流下蚀深度在个别地段因局部流水动力、岩性或地壳下沉等因素影响可以达到海平面以下（比如长江三峡段河床上有在海平面以下 30～45 m 的深槽出现，在武汉以东有些地方的河床竟低于海平面几十米至近百米），但海平面对河流侵蚀深度仍是有一定限制作用的（任何一条河流都不可能出现河床全部低于海平面的现象），人们通常认为海平面就是河流的终极基准面，或称永久侵蚀基准面。若河流注入湖泊或支流汇入主流，则湖面（或主流水面）就成为该河（或支流）的侵蚀基准面，就一条河流各河段而言可将造成急流或瀑布的坚硬岩坎作为其上游河段的侵蚀基准面，上述这些侵蚀基准面存在时间通常较短、影响范围也较局部，因而统称为临时侵蚀基准面或局部侵蚀基准面。河床纵剖面是以侵蚀基准面为起点建立的，当这个侵蚀基准面发生变化（比如上升或下降）时都会引起纵剖面的演变。侵蚀基准面下降时可能出现以下 3 种情况，当侵蚀基准面下降后出露的地表倾斜度大于原来的纵剖面时河流侵蚀会复活并会从河口向上游进行溯源侵蚀；当侵蚀基准面下降后出露的地表倾斜度小于原来的纵剖面时河流将出现回水现象并会发生沉积；当侵蚀基准面下降后出露出的地面与原来纵剖面的倾斜度一致时其纵剖面通常不会发生大的变化。侵蚀基准面上升时只在一定距离范围内对河流具有影响，该距离取决于回水高度、河流比降及流速等，在该距离范围内一般发生堆积，而在此以外则影响不到。总体而言，河流下游（特别是河口地区）堆积旺盛、河床比降减小、下切受到限

114

制（因侵蚀基准面影响），在河流上游（特别是河源处）水量较小、下切力弱，在河流的中游下切最强，是因这里水量、流速都较大，有足够的力量进行侵蚀和搬运泥沙，因此河床纵剖面基本形态为上凹形曲线。但因原始地形、地质构造、地壳运动和局部水力等影响这条曲线通常不平滑。

（3）河床平衡剖面。在河流长期作用下河床纵剖面发展到一定阶段时就会趋向于平衡，这时的纵剖面称为平衡剖面，而所谓平衡主要是指"动力平衡"（平衡时的河流侵蚀力与河床阻力相等，河流既不侵蚀也不堆积，水流动力正好消耗在搬运泥沙和克服水流内外摩擦阻力上，此时由河流上游带来的泥沙等于河流带走的泥沙，即冲淤平衡）。河流是一个开放系统，其与周围环境不断发生物质和能量交换，欲使河流上游的来沙与当地河流的挟沙力相等通常是不可能的，原因是组成环境的因素具有复杂性和多变性，比如流域内的地质构造、岩石、气候、植被的变化或河流流量、含沙量、坡度、地形的改变等，于是河床也就必然会发生冲刷或淤积，当输入的泥沙超过当地水流的挟沙力时过多的泥沙将会沉积下来并使河床淤高，当来沙少于当地挟沙力时不足的泥沙将从当地河床中得到补充，于是河床被刷深，此时河床的平衡剖面也将受到破坏。但河流的自动调节作用会促使河床发生相应调整使河流达到新的平衡。这种平衡是暂时和相对的，不平衡是长期和绝对的。达到"动力平衡"的河床纵剖面形态大致为一上凹形的抛物曲线，但从微观看它仍然是阶梯式的或波状起伏的。

（4）山地河床地貌。山地河流发育一般都比较年青（以下蚀作用为主，河床纵剖面坡降很大），多壶穴（深潭）、石质深槽、岩槛、跌水（瀑布）、浅滩，其河床底部起伏不平、水流湍急、涡流十分发育。急流和涡流是山地河流侵蚀地貌的主要动力。河底旋涡流携带着砂、砾石具有较强冲蚀力，可旋磨河床底部的坚硬岩石而形成深陷的凹坑，即为"壶穴"。壶穴大小可从不足一米至六七米，位于瀑布下面的深潭可深达二十余米）。壶穴发育在岩体上成为石质河床加深的主要方式，当壶穴彼此连通后河床即得以被加深（这些崩溃了的壶穴就成为新河道上一条条石沟地形，一条深水道便产生出来了），原来的石质河床此时也会部分干出而形成高水河床。山地河床以河床浅滩地形发育为特点，山地河床浅滩地形按组成物质不同可分石质浅滩和砂卵石浅滩两类，后者与平原河流的浅滩属同一性质。由于山地河流滩多流急会对船舶航行造成危险，故浅滩又称为滩险。浅滩的成因主要有3个，即坚硬岩层横阻河底（即岩槛，俗称石龙过江）成为石滩；峡谷两岸土石崩落阻塞河床而成；冲沟沟口的扇形地和泥石流阻塞河床而成（由暴流冲沟所成的扇形地伸入河床而成的滩险称"溪口滩"）。

（5）平原河床地貌。人们根据平原河道的形态及其演变规律将其分为顺直河道（顺直微弯型）、弯曲河道、分汊河道等3种类型，其中，分汊河道又可划分为相对稳定型和游荡型2个亚类。人们习惯用河道长度与其直线距离之比值作为标准来判断河道的顺直与弯曲划分，这一比值称为弯曲率，其大小变化通常在 1～5 之间，顺直河道弯曲率为1.0～1.2，弯曲率 1.2～5 的称为弯曲河道。

顺直河道在平原或山地中都有分布但平原区顺直河道比山地更少、长度更短，比如晋陕间的黄河从延长县马家河至宜川县蛤蟆滩河道长度 82 km，其中顺直段距离为74 km，弯曲率为 1.10，河床下切于三叠纪的岩层内。位于平原的顺直河道长度很少有超过河宽 10 倍的，地球上顺直河道比弯曲及分汊河道都要少得多。顺直河道主流线位于河床中央（流速也最大），其两侧会形成两个对称的横向环流。顺直河道洪水期表层水流由中央流向两岸，到达岸边后下沉成为底流，而底流由两岸底向河心相汇然后再上升，这种环流往往使两岸受到冲刷及发生河心堆积，故洪水期容易出现塌岸（图 6-4-14（a））。顺直河道枯水期和平水期河心水面比两岸低，表层水流从两岸向河心集中然后下降成底流，底流从河心向两岸分流最后又沿岸边上升，构成与洪水期流向相反的两个环流，此时河心底部受到冲刷、两岸发生堆积（图 6-4-14（b））。顺直河道不易保存且大多数略带弯曲，如图 6-4-15 所示，原因是河道在各种自然条件影响和地球偏转力的作用下主流线经常偏离河心而折向一边河岸冲

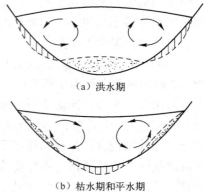

（a）洪水期

（b）枯水期和平水期

图 6-4-14　塌岸堆积

击，因此河道出现了弯曲）。上游一旦弯曲下游水流便会作"之"字形的反复折射并产生一连串的河湾，湾顶上游来水集中、水力加强发生冲刷会形成深槽，两个相邻河湾间过渡段以及湾顶对岸水流分散、水力减弱会发生沉积并形成河湾之间的浅滩和紧贴岸边的边滩。深槽、浅滩和边滩经常变位，水深很不稳定，会给水利工程和河港建设带来不利影响。

图 6-4-15　顺直微弯型河床的典型平面形态

　　弯曲河道是平原地区比较常见的河型（又称曲流），其弯曲率一般都在 1.5 m 以上（长江的上荆江为 1.7 m、下荆江为 2.84 m；南运河则为 1.96 m，这些均属典型的弯曲河道）。弯曲河道的形成与发展均取决于弯道环流，见图 6-4-16，实线为表层水流指向凹岸，虚线为底层水流指向凸岸。水内环流见图 6-4-17，实线为表流，虚线为底流，燕尾线为主流线，单向环流作用下凹岸表流集中且下沉、能量增大（一方面使河岸受到侵蚀后退，另一方面河底也冲成深槽），凸岸底流上升加上水流分散、能量减少，因此发生堆积形成边滩，上下游两深槽之间同样是底流上升处发生堆积形成浅滩（浅滩多半是因洪淤、枯冲，而深槽则主要是因洪冲、枯淤）。由于凹岸不断后退和凸岸不断前伸，其结果是使河床形成一系列弯曲并造成曲流。弯曲河道的典型地貌为曲流，有自由曲流和深切曲流 2种类型。自由曲流又称迂回河曲，一般发育在宽阔的河漫滩（河岸冲积平原）上组成物质比较松散和厚层处，这有利于曲流河床比较自由地在谷底迂回摆动而不受河谷基岸的约束，长江中游的荆江河道是我国自由曲流发育规模最大、最典型的地段，尤其是藕池口至城陵矶段，即下荆江，见图 6-4-19。这段河道直线距离仅 87 km，天然弯曲的河道长度竟达 239 km，共有河湾 16 个。这里截弯取直现象经常发生，近百年来因自然截弯而遗留的新、老牛轭湖有十多处。1972 年 7 月 19 日石首县六合垸发生的最近一次截弯取直使原来长达 20 km 多的河曲缩短到不足 1 km。深切曲流通常出现在山地中，是一种深深切入基岩的河曲，又称嵌入河曲。因这种河曲被束缚在坚硬的岩层中故称为强迫性

曲流。深切曲流生成之前本来是平原上的自由曲流，后因地壳强烈上升、河床下切、河道仍保持原有的弯曲就形成深切曲流（四川合川以上的嘉陵江发育有典型的深切曲流），深切曲流不断发展也会发生截弯取直，取直后在原弯曲河道的中间会留下相对凸起的基岩孤丘，称为离堆山。河床深切使被废弃的曲流位置相对增高，称为高位废弃曲流。见图 6-4-20，其中，1 为高位废弃曲流，2 为离堆山。

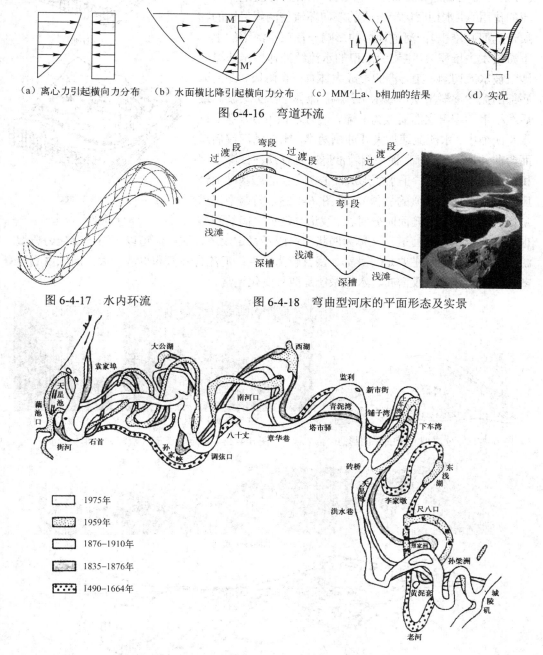

（a）离心力引起横向力分布　（b）水面横比降引起横向力分布　（c）MM′上a、b相加的结果　（d）实况

图 6-4-16　弯道环流

图 6-4-17　水内环流

图 6-4-18　弯曲型河床的平面形态及实景

1975年

1959年

1876—1910年

1835—1876年

1490—1664年

图 6-4-19　荆江牛轭湖古河道分布示意图

平原上发育的无论是直道或弯道，一旦河床中出现一个或几个以上的江心洲时就会使

河床分成两股或多股汊道并导致河道呈现宽窄相间的藕节状，这种河道称为分汊河道，见图6-4-21。平原上分汊河道按其稳定程度不同分相对稳定型和游荡型两大类。江心洲的发育是稳定型汊道（双汊）产生的地形标志，见图6-4-22。江心洲通常形成于以下四种情况，即直道双向环流的作用（洪水期底流辐合式的双向环流使两岸侵蚀的物质带到河心堆积）；河道地形的影响（在束窄河道的上、下游段发生堆积）；主支流汇口的水流缓冲作用；边滩或沙咀被水流切割。江心洲的形成大体有三个阶段，即河床底部的泥沙逐渐淤积形成水下浅滩；滩体不断扩大淤高最后在枯水期露出水面而成为心滩，浅滩堆积得到加强、过水断面缩小、水流流速加大并冲刷两岸，水道随河岸后退而弯曲并加强了环流，促使粗粒沙砾即推移质在浅滩上沉积；心滩滩面超过了平水面形成江心洲（在心滩基础上经历多次洪水期悬移质的加积）。见图6-4-23，游荡型汊道是指河床中汊道密布而时分时合、汊道与汊道之间的洲滩

（a）深切曲流

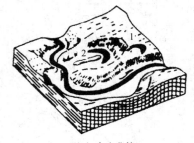

（b）内生曲流

图6-4-20　曲流

也经常变形变位的河道，又称为网状河道或不稳定汊道，这种河道以黄河下游最为典型。游荡型汊道的特点主要是河身宽、浅且较为顺直；河流含沙量和输沙量大；河床内心滩众多且变化迅速；河汊密布、水流系统乱散且变化无常。

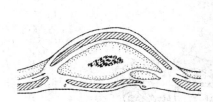

图6-4-21　分汊型河床的平面形态

（a）葛洲坝水利枢纽

（b）都江堰工程

图6-4-22　稳定型汊道（双汊）地形标志

（a）地上悬河——黄河

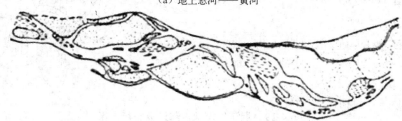

（b）游荡型河床平面形态（黄河下游）

图6-4-23　游荡型汊道

118

枯水期河床中的各种地貌见图 6-4-24，其中，粗实线为中水河床岸线，细实线为枯水河床水边线，虚线为水下等高线。

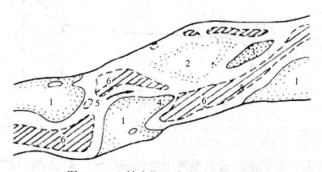

图 6-4-24　枯水期河床中的各种地貌

1—边滩；2—江心洲；3—心滩；4—沙嘴；5—深槽；6—浅滩

3. 河漫滩

河漫滩（Flood Plain）是指在河流洪水期被淹没的河床以外的谷底平坦部分（被普通洪水淹没的部分称为低漫滩，特大洪水泛滥被淹没的部分称为高漫滩），大河下游河漫滩可宽于河床几倍至几十倍。这种大型河漫滩又称河岸平原。

河漫滩是河流发育过程中的产物，是在河流侧向侵蚀和河床横向迁移过程中形成的。见图 6-4-25，最原始的河漫滩出现在年青时期的 V 形谷内，由于河流的侧向侵蚀使谷坡逐渐后退，谷底开始展宽，在河弯的凸岸处形成狭窄的和由粗大砾石所组成的河床浅滩。随着侧向侵蚀作用的不断进行，凹岸继续后退，凸岸处雏形浅滩不断扩大加高以致在河流平水期也大片露出，发展成为雏形河漫滩。雏形河漫滩形成后谷底进一步扩宽、滩面再度淤高，洪水时由于滩面水深变浅而流速减小，洪水中的大量悬移质就可以在那里沉积下来，构成由粉沙及黏土组成的沉积层，形成真正的河漫滩。

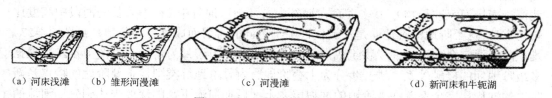

（a）河床浅滩　　（b）雏形河漫滩　　　　（c）河漫滩　　　　　　　（d）新河床和牛轭湖

图 6-4-25　河漫滩的形成与发展

河漫滩在沉积上具有二元结构特点，其上部为细粒的河漫滩相堆积，比如黏土及粉沙等，是洪水泛滥期的堆积，故河漫滩又有泛滥平原之称；其下部为粗粒的河床相堆积物，比如砾石、卵石和粗沙等，代表河床侧向移动过程中的产物。

4. 河流阶地

阶地（River Terrace）是指分布于谷坡上的阶梯状地貌（属谷坡的一部分），因其高出河漫滩且最大洪水也不能淹到而与河漫滩区别开来。阶地通常由阶地面和阶地坡组成。阶地面比较平坦、微向河床倾斜，阶地面以下为阶地斜坡，是朝向河床急倾斜的陡坎，坡度较陡。阶地高度一般是指阶地面与河流平水期水面间的铅直距离。阶地的形态要素见图 6-4-26。阶地通常沿河谷分布但往往不连续（一般多保存在河流的凸岸），许多河谷中阶地均不只一级而是有数级的，标记阶地级序应采用从新到老的顺序，即自下而上编号，把最新的超出河漫滩或河床的最低一级阶地称为第Ⅰ级阶地，其余向上依次类推。

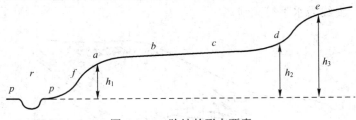

图 6-4-26　阶地的形态要素

r—河床；p—河漫滩；f—阶地斜坡；a—阶地前缘；d—阶地后缘；e—第二级阶地前缘；
abcd—阶地面；de—阶地陡坎；h_1—阶地前缘高度；h_2—阶地后缘高度；h_3—第二级阶地前缘高度。

（1）阶地的成因。阶地的生成主要源于地壳的相对升降运动、侵蚀基准变化和气候变化，使原来河谷底部的河漫滩脱离了现代河面及河流作用范围，是一种古河流地貌。当地壳相对稳定或下降时河流以侧向侵蚀作用为主（此时塑造出河漫滩），然后地壳上升、河床纵比降增加、水流转而进入积极下切，于是原来的河漫滩便成了河谷两侧阶地，地壳多次间歇性上升就可形成几级阶地。气候变化影响河流水量和含沙量，气候变干时河水量减少、地面植被稀疏、坡面侵蚀加强、河水含沙量相对增多（此时河床堆积填高），气候湿润期河水量增多、植被茂盛、河水含沙量相对变少（导致河流向下侵蚀而形成阶地），气候干湿变化引起堆积、侵蚀交替作用而形成的阶地称为气候阶地。侵蚀基准面下降可由地壳升降运动或气候变化引起（由地壳变动引起侵蚀基准面变化而成的阶地称为地动型阶地，由气候变迁引起的侵蚀基准面变化而成的阶地称为水动型阶地），基准面下降后河流向外伸展（原来河口附近将出现裂点并加速河流下切），随后裂点位置会不断上溯并在裂点以下出现阶地（阶地面与裂点以上的河漫滩位置相当）。

（2）阶地的类型。根据形态和结构特征的不同河流阶地可划分为侵蚀阶地、堆积阶地、基座阶地和埋藏阶地等4种基本类型。侵蚀阶地通常由基岩构成（有时阶地面上会残留极薄层河流冲积物），其多发育在河谷上游及山区河谷中（在不太长的河段中高度比较稳定），这类阶地的阶地面是河流侵蚀削平不同的岩层而成称侵蚀阶地，见图 6-4-27。堆积阶地通常全由河流冲积物组成，一般在河流的中下游最为常见，见图 6-4-28，根据多级阶地间的接触关系可进一步分为上叠阶地、内叠阶地等类型，上叠阶地的特点是新阶地的冲积层完全叠置在老阶地的冲积层之上（后期河流下切的深度未达到先期河流的谷底），内叠阶地的特点是新阶地的冲积层套在老阶地冲积层之内（各次河流下切的深度均达到了原来的谷底），大部分气候阶地具有前述这两种阶地形态。河流堆积阶地的基本特征见图 6-4-29。基座阶地通常由两种物质组成，上部是河流冲积物，下部是基岩，因河流下切深度超过了原冲积层厚度而切到基岩内部形成，主要分布于新构造运动上升显著的山区（图 6-4-30）。若早期形成的阶地被后期冲积物覆盖而埋入地下就成为埋藏阶地，这种阶地不显露于地面，见图 6-4-31。

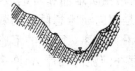

图 6-4-27　侵蚀阶地

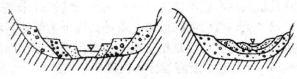

图 6-4-28　堆积阶地

120

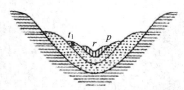 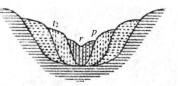

图 6-4-29　河流堆积阶地的基本特征

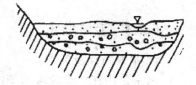

图 6-4-30　基座阶地

r—河床；p—河漫滩；t_1—上叠阶地；t_2—内叠阶地。

以上四种基本类型的阶地既可在同一条河流的同一地段出现，也可在一条河流的不同地段出现，在同一地段出现时高阶地通常为侵蚀阶地或基座阶地、低阶地则为堆积阶地，在不同地段出现时上游通常以侵蚀阶地和基座阶地为主，下游则以堆积阶地和埋藏阶地为主。

图 6-4-31　埋藏阶地

河流阶地即可对称分布也可不对称分布，通常前者在河谷两侧同一高度上分布、后者则在河谷两侧不同高度上左右错列分布（反映以河流为轴心、两侧不等量的上升运动）。

5. 河口三角洲

（1）河口区水文特征。河口区通常是指河水与海水混合地区（对外流河而言），其水文条件非常复杂，包括河流水动力的变化、盐淡水的混合、河流的径流量与输沙量、河口潮汐和潮流、河口波浪作用等，对三角洲的形成影响很大。

（2）三角洲的形成条件。河口处泥沙堆积通常呈扇形向海伸展，其所形成的冲积平原即为三角洲。现代三角洲的概念中包括各种形状的河口堆积体、已成陆的三角洲平原和水下三角洲。三角洲的形成条件主要有以下 3 个，即河口有充足的沙源，尤其上游来沙量要大，即输沙量与径流量的比值 $S/W \geqslant 0.24$ 才能形成三角洲；河口沿岸无强大的波浪和海流，强大海洋动力可将河口泥沙带走、不利于堆积形成三角洲；河口外海滨区的原始水下斜坡坡度适宜，水下坡度小时的广阔浅水区对波浪具有消能作用，有利于三角洲的成长。

（3）三角洲的形成过程。三角洲的形成早期是在河口堆积起沙坝（拦门沙）从而引起水流分汊，然后又在汊道口产生新的次一级或更次一级的沙坝及汊道，最后发育出三角洲平原。这种三角洲发育模式通常会因河口水流、波浪和潮汐作用差异而塑造出各种各样的类型。

（4）三角洲的常见类型。三角洲的常见类型主要有扇形三角洲（见图 6-4-32）、鸟爪形三角洲（见图 6-4-33）、尖头（鸟嘴）形三角洲（见图 6-4-34）、港湾形三角洲（或河口湾形三角洲，见图 6-4-35）、舌形三角洲（见图 6-4-36）、弓形三角洲（见图 6-4-37）。

  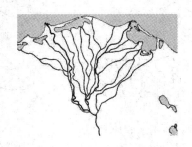

图 6-4-32　滦河三角洲　　图 6-4-33　密西西比河三角洲　　图 6-4-34　尼罗河三角洲

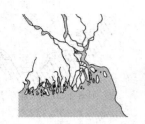

图 6-4-35　恒河三角洲

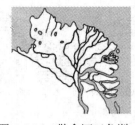

图 6-4-36　勒拿河三角洲

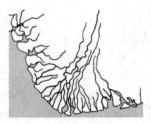

图 6-4-37　尼日尔河三角洲

6.4.3　流域地貌

1. 水系特点及类型

　　水系是指在一个流域系统内各级河流的组合系统，是在一定的地貌、地质条件下发育形成的，其在某种程度上反映了地貌的特征。常见的水系类型有树枝状水系、格子状水系、平行状水系、放射状水系、向心状水系、环状水系，见图 6-4-38。树枝状水系的特点是一个水系内河流分支甚多且排列极不规则、呈树枝状，各级河流多以锐角相交，常见于岩性均一、地形比较平坦地区，比如花岗岩区、黄土区及平原区等，见图 6-4-39。格子状水系是指干支流呈直角相交的水系，典型的格子状水系（图 6-4-40）多见于单斜地区，在褶皱山区也可见到。在这里干流发育于向斜轴，支流来自向斜两翼并以直角与干流相汇。另外，沿两组直交断层发育的河流通常也呈格子状。平行状水系的特点是各级河流平行排列、地貌上成为平行岭谷。在倾斜上升的地面一侧发育的河流多为平行排列，见图 6-4-41。当它们以直角与干流相交而另一侧支流不发育时就会形成类似淮河水系那样的梳状水系。放射状水系通常为在锥状火山或穹窿山上发育的河流，它们均向四周作放射性流出、互不相交，见图 6-4-42。向心状水系多分布在盆地区，河流从四周山地向盆地中心集中，比如新疆的塔里木河水系，见图 6-4-43。发育于穹窿山外围的河流，穹窿山被破坏后其四周将产生单面山圈状包围着中央的山丛，于是在中央山丛与单面山间（或内层与外层单面山间）的河流也就必然沿岩层走向作环状排列形成环状水系，见图 6-4-44。

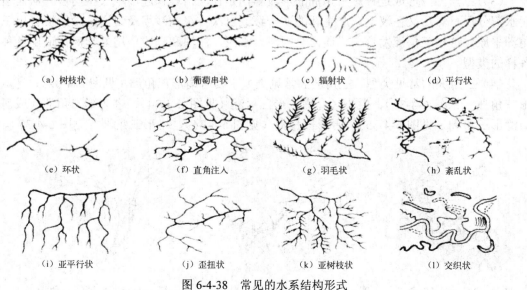

（a）树枝状　　　　（b）葡萄串状　　　　（c）辐射状　　　　（d）平行状

（e）环状　　　　（f）直角注入　　　　（g）羽毛状　　　　（h）紊乱状

（i）亚平行状　　　　（j）歪扭状　　　　（k）亚树枝状　　　　（l）交织状

图 6-4-38　常见的水系结构形式

图 6-4-39　树枝状水系

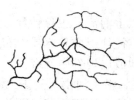

图 6-4-40　格子状水系

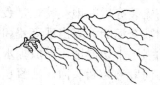

图 6-4-41　平行状水系

图 6-4-42　放射状水系

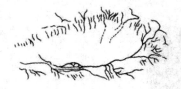

图 6-4-43　向心状水系

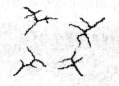

图 6-4-44　环状水系

2. 分水岭的迁移和河流袭夺

一个水系范围的集水区域称为流域，每个流域间的分水高地称为分水岭，分水岭不是固定不变的，会随流域内地形的变化而变化。

（1）分水岭的迁移。分水岭两侧坡地上岩性强弱不同、坡角大小不一、降水量和植被覆盖度不等以及距基准面距离远近不同均会导致两侧坡地剥蚀速度和河流侵蚀速度出现明显差异，侵蚀力较强的河流促使分水岭位置向另一侧发生缓慢移动，见图 6-4-45。有时侵蚀力较强的河流上游可伸进分水岭另一侧流域内且迫近相邻的河流，这种现象称为"河流的欺凌"。比如湘江欺凌漓江，湘江距漓江最近处只有 370 m，湘江水低于漓江水 6 m 左右。秦代为了统一岭南，于公元前 214 年人工凿穿分水岭开成灵渠，把湘江水引入漓江以利运输。

（2）河流袭夺地貌。分水岭迁移、河流欺凌的结果是使侵蚀力强的河流溯源侵蚀切穿分水岭并把分水岭另一侧侵蚀能力弱的河流上游掠夺过来，使原来流入其他流域的大量水流改流入切穿分水岭的河流，称为河流袭夺（River Capture）或"掠水"，掠水的河流叫袭夺河、被掠去水流的河流称为被夺河，见图 6-4-46。

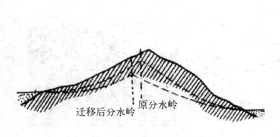

图 6-4-45　分水岭迁移示意

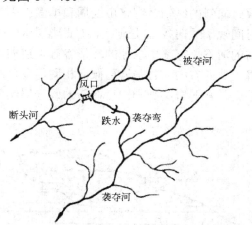

图 6-4-46　河流的袭夺

河流袭夺后的地貌特征是袭夺点上河流发生急转弯、形成袭夺湾；袭夺湾附近因袭夺河和被夺河的河床出现高差和裂点往往形成急流或瀑布，见图 6-4-47；袭夺河因水量大增加强了下切侵蚀可形成掠水阶地或出现谷中谷现象，见图 6-4-48；被夺河在袭夺湾以下的河段称为断头河，见图 6-4-49，断头河由于失去上游河段，水量减少，河床变小，与原河谷很不相称，形成宽谷小河，称为不配称河，断头河有时缺水成了干谷；在袭夺湾与断头河之间所残留的老河谷形态成了垭口，或称风口，成为新的分水高地。风口中通常有残留的老冲积层或阶地。

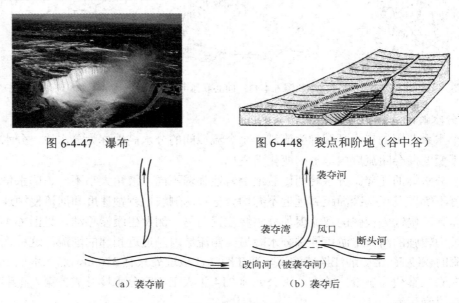

图 6-4-47　瀑布　　　　　　　图 6-4-48　裂点和阶地（谷中谷）

（a）袭夺前　　　　　　　　（b）袭夺后

图 6-4-49　断头河

3. 河谷发育与构造的关系

见图 6-4-50，河谷发育与构造的关系主要表现为顺向谷 c、次成谷 s、逆向谷 o、偶向谷 i。顺向谷是指顺岩层倾向发育的河谷，其形成时间一般较早且通常生成于背斜两翼、向斜的纵轴、穿窿山四周和单面山主脊上。次成谷谷地通常沿岩层走向发育（成谷时间晚于顺向谷），是河流沿软岩层走向下蚀而成的谷地，比如背斜轴的背斜谷、单斜崖前的河谷、穿窿山后期的环形谷等。逆向谷是指反岩层倾向的河谷，比如单斜崖上的河谷。偶向谷的河谷与岩层倾向相同但发育时间晚于顺向谷。单面山上次级单斜脊上的河谷就是软弱岩层被剥蚀后在新的硬岩层倾斜面上发育出来的，其流入次成谷内。

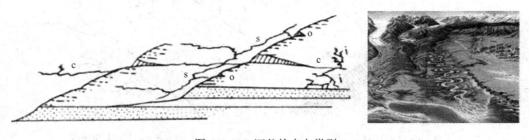

图 6-4-50　河谷的走向类型

4. 河谷地貌发育阶段

河谷地貌的发育阶段见图 6-4-51。

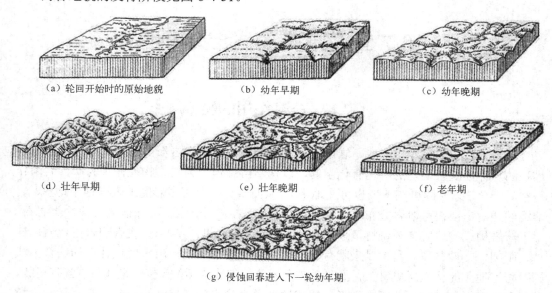

（a）轮回开始时的原始地貌　　　　（b）幼年早期　　　　　　　　（c）幼年晚期

（d）壮年早期　　　　　　　　　（e）壮年晚期　　　　　　　　　（f）老年期

（g）侵蚀回春进入下一轮幼年期

图 6-4-51　流水地貌的发育阶段

思考题与习题

1. 简述流水地质作用的特点。
2. 简述流水侵蚀作用的特点。
3. 简述流水搬运作用的特点。
4. 简述流水堆积作用的特点。
5. 暂时性流水地质作用的表现是什么？
6. 简述暂时性流水地貌的特征。
7. 河谷地貌的特点是什么？
8. 河床地貌的特点是什么？
9. 河漫滩地貌的特点是什么？
10. 河流阶地地貌的特点是什么？
11. 河口三角洲地貌的特点是什么？
12. 简述流域水系的特点及类型。
13. 分水岭的迁移和河流袭夺的原因是什么？简述其过程。
14. 简述河谷发育与构造的关系。
15. 河谷地貌发育有哪些阶段？

第 7 章　地壳的岩溶地质作用

7.1　岩溶作用的特点

　　岩溶地貌由岩溶作用形成，岩溶作用主要是指水对可溶岩石的溶蚀、冲蚀、崩塌和堆积的总称，既有物理的，也有化学的，以化学溶蚀作用为主、物理作用为次，岩溶作用空间十分广阔（即可在地表也可在地下），从而塑造了丰富多彩的地表与地下地貌。岩溶地貌通常出现在可溶岩分布地区，可溶岩主要是指碳酸盐类、硫酸盐类及卤盐类岩石，由可溶岩构成的地貌景观奇特，有"奇峰异洞"之称。见图 7-1-1，我国的岩溶地貌以桂林、阳朔一带最典型，自古以来就有"桂林山水甲天下，阳朔山水甲桂林"的美誉。我国对岩溶地貌的认识历史悠久，早在 800 多年前的宋代沈括的《梦溪笔谈》中就有记载，我国和世界上最早的岩溶研究学者、明代地理学家徐宏祖（1586—1641）在《徐霞客游记》中对湘、桂、黔、滇等地的岩溶地质地貌做了详细的记载。19 世纪末南斯拉夫学者对南斯拉夫西北的喀斯特（Karst）石灰岩高原进行研究并于 1893 年正式用"Karst"来概括喀斯特高原的地貌景观，自此 Karst 一词渐被世界各国学者所接受。中国地质学会第一届喀斯特学术会议（1966 年 2 月，桂林）建议在我国使用"岩溶"一词并把它作为 Karst 的汉语同义语。可溶岩在世界上分布很广，据统计，碳酸盐类岩约占全球沉积岩的 15%、面积 4100 万 km^2，硫酸盐岩面积为 1100 万 km^2，合计面积为 5200 万 km^2、占全球面积的 10.2%，因此由可溶岩所成的地貌分布也很广。我国碳酸盐类岩的分布分为裸露、覆盖和埋藏等三种类型，面积共 344.3 万 km^2（其中裸露型面积为 90.7 万 km^2），形成的地貌主要分布在广西、贵州和云南等地，是世界上岩溶地貌最发育的地区之一。岩溶地貌不仅是一种很好的旅游资源，而且在地下溶洞中还埋藏着大量的古生物和古人类化石以及丰富的沉积矿床，因此具有重大的科研与生产价值。此外由岩溶作用所成的地貌灾害，比如地基破裂、地表及地下崩陷、水库漏水和地面干旱等，对生产建设非常不利，因此，防治岩溶灾害又是研究岩溶地貌的重要课题。

　　（a）漓江　　　　　　　　（b）象鼻山　　　　　　　（c）阳朔

图 7-1-1　岩溶地貌风光

7.1.1 溶蚀作用

溶蚀作用是指水通过化学作用对矿物和岩石进行的破坏或改变,化学作用主要有溶解、水解、水合、碳酸化及氧化等,其中水对可溶岩的溶解和水解十分普遍。大气中的 CO_2 与水化合后即成为碳酸,其作用过程依次为 $CO_2+H_2O \longleftrightarrow H_2CO_3$、$H_2CO_3 \longleftrightarrow H^++HCO_3^-$、$H^++CaCO_3 \longleftrightarrow HCO_3^-+Ca^{2+}$,综合反应式为 $CaCO_3+CO_2+H_2O \longleftrightarrow 2HCO_3^-+Ca^{2+}$。溶蚀后若所有组分全部溶解即称为"全溶解",若只有部分组分溶解则称为"不全溶解",不溶或难溶的物质会残留在岩石表面或裂隙中阻碍溶解作用。由硫化铁氧化时产生的硫酸,生物活动或死亡后分解而产生的有机酸,闪电时产生的二氧化氮溶入水后形成的硝酸等强酸类对石灰岩都会产生强烈的溶蚀作用。溶蚀作用能否进行及其溶蚀速度主要受水的溶蚀力、岩石的可溶性及岩石的透水性等因素影响。

1. 水的溶蚀能力

水的溶蚀力取决于水的化学成分、温度、气压、水的流动性及流量等。

(1) 水的化学成分。水含酸类是岩石溶蚀的关键,酸含量影响岩石的溶蚀速度,酸的含量越高溶蚀力越强。酸的来源除了少部分来自矿物的分解或由生物活动直接产生外,大多数是由大气中的 CO_2 溶入水中而成,这些 CO_2 来自火山喷发、有机物燃烧、动植物呼吸、有机物分解及微生物作用,CO_2 对岩石的溶解起着重要作用。

(2) 水的温度。水中 CO_2 含量与温度成反比,温度越高 CO_2 含量越少,温度越低 CO_2 含量越多。温度高的水 CO_2 含量虽然减少了但水分子的离解速度加快,水中 H^+ 和 OH^- 离子增多,溶蚀力反而得到加强。实验表明,气温每增加 10℃ 水的化学反应速度加快一倍,故高温地区岩溶速度较快。

(3) 气压的影响。气压会影响水中 CO_2 的含量,一般大气中 CO_2 含量占空气体积的0.03%,因此,自由大气下空气中 CO_2 的分压力为 0.0003 大气压。水中 CO_2 含量与气压成正比,在温度条件不变情况下局部分压力越高水中 CO_2 含量越多、$CaCO_3$ 溶解度越大。

(4) 水的流动性及流量。经常流动的水体能较大幅度地提高水的溶蚀力。原因是流动的水处于开放系统中能不断地补充因溶蚀岩石所消耗的 CO_2 使水体不易达到饱和;流动状态的水会发生浓度、温度、异离子混合溶蚀现象。我国不同气候带的碳酸盐岩溶蚀量见表 7-1-1。

表 7-1-1　我国不同气候带的碳酸盐岩溶蚀量

地　区	气候带	年降水量/mm	年平均气温/℃	年溶蚀量/mm
河北西北部	暖温带半干旱区	400~600	6~8	0.02~0.03
湖北三峡	中亚热带湿润区	1000~1200	12~15	0.06
黔北务川	中亚热带湿润区	1271	15.6	0.036
滇东罗平	中亚热带湿润区	1734	15.1	0.051
广西中部	南亚热带湿润区	1500~2000	20~22	0.12~0.3

2. 岩石的可溶性

岩石的可溶性是岩溶地貌发育的最基本物质条件,可溶性主要取决于岩石化学成分以及岩石结构,溶解度最大的是卤盐类,比如钾盐、石盐;溶解度较大的是硫酸盐类,比如硬石膏、石膏、芒硝；溶解度较小的是碳酸盐类，比如石灰岩和白云岩等。地球上卤盐类和硫酸盐类岩石分布不广、厚度小、溶解速度快、地貌不易保存，故地貌意义不大。碳酸盐类岩石溶解度虽小但分布广、岩体大、地貌保存较好，最有地貌意义，世界上绝大多数岩溶地貌都发生在该类岩石中，以石灰岩为突出。碳酸盐岩石的溶蚀强度顺序为质纯石灰岩>白云岩>硅质石灰岩>泥质石灰岩。岩石的结构与溶解度有密切关系，试验表明，结晶岩石的晶粒越小溶解度越大，隐晶质微粒结构的石灰岩相对溶解度为1.12，中、粗粒结构为0.32，比前者少2.5倍。不等粒结构的石灰岩比等粒结构石灰岩的相对溶解度大。

3. 岩石的透水性

岩石的透水性对岩石的溶蚀速度和地下岩溶的发育具有重大影响，透水性不良岩石其溶蚀作用只限于岩石表面，很难深入岩石内部，透水性好的岩石其地表和地下溶蚀都很强，地貌发育也好。透水性强弱取决于岩石孔隙、裂隙的大小与多寡。原生透水性是指成岩时生成的孔隙及裂隙以及伴生的透水性能，碳酸盐岩石中一般结晶的石灰岩孔隙度都很小，小于3%，透水性都较弱。次生透水性是指岩石生成后由于构造运动、风化和侵蚀作用而成的裂隙所产生的透水性能，其中由构造运动形成的张裂隙、断层裂隙和卸荷裂隙等对透水性影响最大，明显控制着岩石的透水性。另外，溶蚀作用本身也在不断改变着次生透水性。

7.1.2 冲蚀作用

水在可溶岩表面流动流速大时，就会发生冲击和磨蚀，统称为冲蚀作用（特别是夹带着沙砾等固体物与岩面摩擦时）。岩溶区冲蚀作用的特点是有溶蚀作用参与；冲蚀作用不仅发生在地表而且发生在地下。

7.1.3 崩塌作用

岩溶区的崩塌作用同样可发生在地表和地下且均与溶蚀作用有关，溶蚀为崩塌创造了空间条件，因溶蚀诱发的崩塌称为岩溶崩塌作用，其主要类型有错落、陷落和气爆等。

7.1.4 堆积作用

岩溶区堆积比较复杂，不仅有地表和地下堆积，还有化学性的 $CaCO_3$ 堆积（沉淀）与物理性的碎屑物堆积。化学堆积以 $CaCO_3$ 为主，在地下溶洞内尤其发达，堆积机制与石灰岩的溶解作用相反，即当水中 CO_2 逸出时水中的碳酸氢钙即行分解、$CaCO_3$ 发生沉淀，反应式为 $Ca(HCO_3)_2 \rightarrow CaCO_3 \downarrow + CO_2 \uparrow + H_2O$。导致 CO_2 逸出的原因多种多样，水温或气温升高、CO_2 分压力降低、水流速度加大、出现紊流或有生物，比如藻类，吸收 CO_2 等都会造成 $CaCO_3$ 的沉淀。此外还有干旱地区由于强烈蒸发而引起水溶液的过饱和；高山冰雪融化的地下水在温度较高的低处出露；海岸潮间带海水的蒸发而使 $CaCO_3$ 结晶成海滩岩的胶结物。

7.1.5 岩溶水的分布和运动对岩溶的影响

岩溶水与常态水不同，其在空间分布上分地表径流和地下径流，在流态上两者自成系统但可互相联系和转化。

1. 地表径流的特征

地表径流的特征是地表河流、湖泊和沼泽是地下水的补给区；径流少、水量不多；水质有变化。

2. 地下径流的分带及水流特征

地表径流通过各种裂隙和管道转入地下后向深处运动，运动方向有铅直的也有水平的，由上至下大致可分成包气带或竖向循环带、季节变动带、饱水带或水平循环带等3带，见图7-1-2。

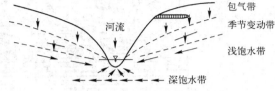
图7-1-2　地下水的竖向分带

（1）包气带。包气带是指位于地面以下至丰水期潜水面之间的地带，其水流受重力作用由上往下渗流，故又称为竖向循环带。其水流时间通常不稳定，基本在降雨或冰雪融化季节发生，平时干涸。该带厚度视潜水面深度而异，潜水面深浅与河流切割深度有关。地壳上升区河流深切、潜水面很低、包气带厚度大。地壳稳定区河流下切较浅、潜水面较高、包气带厚度小。包气带水的溶蚀力虽在转入地下前已趋向饱和，但因通过土层时溶入了土壤空气中较多的 CO_2 和有机酸，故进入地下管道时又因 CO_2 压力增大加上"混合溶蚀"和"冷却溶蚀"作用其溶蚀力仍然得以保持。总的来说，溶蚀作用随深度增加而减弱。竖向溶蚀的结果多形成各种大小不同的竖向溶隙、管道和洞穴。

（2）季节变动带。季节变动带是指位于包气带之下的丰水期潜水面与枯水期潜水面之间的地带，这两种潜水面具有季节变动的特点。雨季或冰雪解冻时潜水面升高，即随河水位上升而形成丰水期潜水面，此时水流方向近水平向河谷排泄与饱水带相同，并可溶蚀出水平状洞穴。干季潜水面下降形成枯水期潜水面，此时水流方向铅直并与包气带连成一片。可见该带是上部包气带与下部饱水带之间的过渡带，岩溶作用及地貌多变。

（3）饱水带。饱水带是指位于枯水期潜水面之下直至可溶岩底板之上的区域。该带终年呈饱水状态，具有自由水面，水流方向近水平，多向河谷排泄。水在流动过程中溶蚀力一般减弱，但当有新的水流汇入或流速加大时其溶蚀强度会增大，甚至有向下游加大的趋势。饱水带上部水流动快、交替较强、矿化度较低、溶蚀较活跃，上部饱水带形成的地貌以水平状溶洞和地下河为主，其数量多、规模大，世界上著名的水平洞穴都在该带发育。饱水带下部一般在谷底之下的深处，具有承压性，水的流向虽然仍近水平但流动却不受当地河水位的影响，而是向侵蚀基准面更低或地质减压方向运动，其水流缓慢、水体交替弱、矿化度高、溶蚀停滞，其只形成规模小的孔洞并显示出饱水带溶蚀作用随深度减弱的特点。

7.2　岩溶的地貌特征

岩溶地貌发育受地表和地下岩溶作用支配，因此也塑造出了地表岩溶地貌和地下岩溶地貌两大类。见图7-2-1，其中，1 为喀斯特峰林、2 为喀斯特洼地、3 为喀斯特盆地、4 为喀斯特平原、5 为孤峰、6 为喀斯特漏斗、7 为喀斯特坍陷、8 为喀斯特洞穴、9 为地下河、a 为钟乳石、b 为石笋、c 为石柱。两类地貌虽各自发展但却相互影响，一方面是地表地貌的高度降低、类型减少、趋向消亡；另一方面则是地下地貌不断暴露并转变成为地表地貌，若地壳发生升降运动则这种变化会变得更加复杂。

图 7-2-1　喀斯特地貌类型

7.2.1　喀斯特地表地貌形态

喀斯特地表地貌按形态特征的不同可分为小型溶蚀地貌、岩溶洼地、大型盆地、岩溶谷地、岩溶石山和岩溶平原等 6 种，见表 7-2-1。

表 7-2-1　地表岩溶地貌类型表

主　要　类　型		次　级　类　型
小型溶蚀地貌		溶孔、溶窝、溶纹、溶缝、溶沟、溶槽、石芽、石脊、石林
岩溶洼地		溶蚀洼地、塌陷洼地、沉陷洼地、潜蚀洼地
大型盆地		坡立谷与槽谷
岩溶谷地		干谷、盲谷、袋形谷
岩溶石山	单体形态	塔状、圆锥状、单斜状
	组合体形态	峰丛、峰林、孤峰（残丘）
岩溶平原		岩溶边缘平原、岩溶基准面平原、岩溶山足平原

1. 小型溶蚀地貌

（1）溶沟和溶槽。溶沟和溶槽是指岩石表面的石质沟槽（见图 7-2-2），其横剖面可呈楔形、V 形或 U 形，长度不一，深数十厘米至数米不等。沟槽的发育受构造裂隙、层面和坡面产状等影响。

（2）石芽、石脊和石林。相对突出于沟槽之间的尖形岩石，竖立在沟槽包围中的齿形岩石称为石芽（见图 7-2-3），若石芽呈岭脊状延伸则称为石脊（见图 7-2-4）。石芽和石脊的形状有笋状、菌状、柱状、尖刀状等，排列形态有不规则、车轨状的或方格状的，其大小不一，高度一般由数厘米至数米，高度与可溶岩厚度、纯度有关，质纯厚层石灰岩可发育出尖锐而高大的石芽，薄层泥质灰岩和硅质灰岩难于溶蚀只能发育出矮小而圆滑的石芽。高大而密集的石芽又称为石林（见图 7-2-5）或石林式石芽。我国云南路南县石林的石芽高可达 35 m、分布面积达 35 km^2，是在厚层质纯、产状平缓、节理倾角陡但密度较疏的石灰岩中形成的，当地地壳轻微上升、气候湿热多雨等条件下为其发育创造了优良的条件，其出露之前曾埋藏在第三系红层之下。

图 7-2-2　溶沟和溶槽

图 7-2-3　石芽

图 7-2-4　石脊

图 7-2-5　石林

（3）漏斗。漏斗又称喀斯特漏斗、溶斗、盘坑、盆坑和圆洼地等，是一种呈漏斗形或碟形的封闭洼地，直径在几米至一百米之间，深几米到几百米，是地表水沿节理裂隙不断溶蚀并伴有塌陷、沉陷、渗透及溶滤等作用发育而成的，漏斗底部常有落水洞通往地下起消水作用，漏斗也可由落水洞底部被溶蚀残余物及碎石充填堵塞而成。

世界闻名的小寨天坑（见图 7-2-6）就是一个硕大无比的岩溶漏斗，天坑四面绝壁如斧劈刀削，天坑底部还有小山，山中幽静可以仰视蓝天，即所谓"坐井观天"，别有一种滋味。坑底的暗河从高达数十米的洞中飞奔而出、咆哮奔腾后再从坑底破壁穿石而出形成美丽如画的迷宫河。世界上最长的天井峡地缝（见图 7-2-7）全长 37000 m、宽 1～500 m、深 4～900 m，由上游宽谷及原始森林、中游峡谷及消水洞、下游地下河及一线天构成。

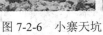
图 7-2-6　小寨天坑

图 7-2-7　天井峡地缝

2. 岩溶洼地

见图 7-2-8，岩溶洼地是一种封闭性小型盆地，其常见平面形状为圆形、椭圆形、星形、长条形，其常见竖向剖面形态有碟形、漏斗形和筒形，由四周向中心倾斜，其长、宽多在数十至数百米之间，其深度较浅，一般数米至数十米不等。洼地基底通常为岩石，也有被砂、黏土层覆盖的。这些土层多是岩石风化后的残留物可种植。但因洼地底部存在裂隙和落水洞，所以洼地易透水干旱。一旦透水通道堵塞则洼地就会储水成湖，称为"岩溶湖"，我国广西称其为"天塘"或"龙湖"。洼地是包气带岩溶作用下的产物，也是岩溶作用初期的地貌标志，因此它在岩溶高原上发育得最普遍。洼地形成初期以面积较小

131

的单个漏斗（溶斗）为主，以后多个漏斗不断溶合扩大形成面积较大的盆地。洼地的发展不但使地面切割加剧而且还促进了正地貌的形成，洼地和与之相邻的峰丛石山关系是洼地越发育峰丛石山越明显。

图 7-2-8　岩溶洼地

3. 坡立谷与槽谷（大型岩溶盆地）

见图 7-2-9，坡立谷（Polje）一词源于南斯拉夫语（原意是田野），地貌上指大型的岩溶盆地，其宽可由数百米至数千米，其长可由数千米至数十千米，这种大型盆地在我国云、贵及广西的都安、马山、大新和龙津等地十分发达。其四周多被峰林石山围绕，谷坡坡陡，横剖面呈槽形，故又称槽谷，俗称"坝子"。坡立谷的发育大致有三种类型，即发育于可溶岩与非溶岩的接触地带；发育在断陷盆地或向斜构造基础之上；完全发育在可溶岩区。原因是潜水面埋藏浅，受强烈溶蚀及地表河侵蚀。典型的槽谷是红池坝高山草场（见图 7-2-10），其位于巫溪县西北边缘，面积近 2 万顷，海拔 1800～2500 m，由多个岩溶槽谷平坝组成，槽谷底部地形辽阔平坦，夏季绿草如茵、繁花似锦，冬季银装素裹、一派北国风光。

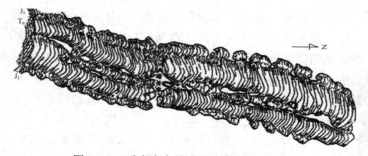

图 7-2-9　重庆青木关溶蚀洼地与坡立谷

图 7-2-10　红池坝高山草场岩溶槽谷

4. 盲谷和干谷

地表河流潜入溶洞或落水洞后河谷会突然中断，这种下游不正常延伸的河谷称为盲谷，见图 7-2-11。如图 7-2-12 所示，干谷是一种干涸的河谷，它原是岩溶区昔日河谷，因谷底岩溶作用活跃，当地壳上升或岩溶基准面下降时河水沿谷底漏陷地貌渗入地下成为伏流，使原来的河谷变为干涸的"悬谷"或雨季时有部分水流通过的"半干谷"。

图 7-2-11　地下河　　　　　　　　　　　　　　　图 7-2-12　干谷

5. 岩溶石山

岩溶石山是岩溶作用下形成的山体，这类山体非常独特，不但有奇异的地表形态，还有复杂的山内地貌。其地表岩石裸露，山峰尖锐挺拔，山坡陡峭，地面坎坷不平，布满着凸起的石芽、石脊和与之交错的石沟石槽，还有陷入地下的落水洞及消水坑等。石山内部更有纵横交错和大小不等的溶洞、裂隙和坑道分布且通常有地下河或暗河穿过。这种地貌结构特殊的山体称为岩溶石山。石山的单个形态与岩层产状有关，在水平岩层和质纯石灰岩上发育的石山呈塔状或圆筒状；在产状水平但不纯的石灰岩上发育的石山呈圆锥状，基部大、山顶小；在单斜层上发育的石山呈单斜状，其山体两坡不对称。石山的组合形态主要有峰丛石山、峰林石山、孤峰石山或残丘等3种，见图7-2-13。以上三种石山组合的分布特点一般是峰丛位于山地中心、峰林位于山地边缘、孤峰位于山地以外的溶蚀平原上或坡立谷地之中。

（1）峰丛石山。峰丛石山是基座相连而峰顶分离的石山群，其基座厚度大于峰顶厚度，其峰顶之间为深陷的岩溶洼地所分隔，峰顶相对高度一般为100～200 m，国外称为锥状岩溶或多边形岩溶。这类石山的生成是因石灰岩区内洼地扩大，洼地之间蚀余的岩石就成为峰顶，属岩溶作用中期的产物，其在我国贵州及桂西北一带分布最广。

（2）峰林石山。峰林石山是基座分离或稍有相连的石山群，又称"塔状岩溶"，其相对高度在百米以上。该类石山主要由峰丛石山演变而来即原分布在峰丛石山上的岩溶洼地向下发展深切至潜水面附近后转化为坡立谷和溶蚀平原从而把石山基座彻底分开，于是峰丛就变为峰林，因此峰林石山常与坡立谷或溶蚀平原相伴生成为岩溶后期的产物。若地壳上升则峰林石山也会重新变为峰丛石山。该类石山主要发育于湿热多雨的热带及亚热带地区，我国桂林、阳朔一带是峰林石山的典型地区。其石山群排列受地质构造影响，在褶皱紧密、岩层陡倾地区石山呈脊状排列，在岩层缓倾和褶皱舒展地区石山排列不规则、有的呈星点状。

（3）峰林石山或残丘。峰林石山是指分布在岩溶平原或坡立谷中的孤立石山，其形态低矮，相对高度数十米，是在地表长期稳定下峰林石山进一步破坏而成，属岩溶作用晚期产物。

6. 岩溶平原

见图7-2-14，岩溶高原和石灰岩山地经过长期的溶蚀破坏其地形高度会逐渐降低、起伏减小并最后发展成为面积广阔的平原，平原面的发育严格受地下潜水面和石灰岩内不透水层面的控制且多与岩溶区内或边缘地带的河流作用有关，因此其多沿河流两岸分布。岩溶平原的发育有的在岩溶区内，由多个坡立谷合拼而成。有的在岩溶区边缘，是在伏流出口的袋形谷的扩大和地表河的侧蚀共同作用下形成的。

图 7-2-13　岩溶石山　　　　　　　　　　　图 7-2-14　岩溶平原

7.2.2　地下岩溶地貌

地下岩溶地貌是岩溶作用的特有地貌，主要有落水洞、溶洞和地下河、地下湖等。

1. 落水洞

见图7-2-15，落水洞是从地面通往地下深处的洞穴，其竖向形态受构造节理裂隙及岩层层面控制，呈铅直、倾斜或阶梯状，其洞口常接岩溶漏斗底部。其洞底常与地下水平溶洞、地下河或大裂隙连接，具有吸纳和排泄地表水的功能，故称落水洞。落水洞直径一般为数米至数十米，深度远较直径为大，目前已知单段直落最深可达 450 m，曲折多变的落水洞深度更可长达千米，法国"牧羊人深渊"深 1122 m，比利牛斯山上的"马丁石"达 1138 m。深度大、洞形陡直的落水洞称为竖井，见图 7-2-16。形似井或洞底常有水的称为天然井，洞口小、深度小称消水坑，见图 7-2-17。落水洞通常发育于包气带内，由于它是地表汇水地点，故流量大、流速快、溶蚀强、冲蚀作用强，甚至会造成洞壁崩塌、洞体扩大。有河流注入的落水洞会形成"落水洞瀑布"，此时的冲蚀作用成了洞的主要破坏力量。

　　图 7-2-15　落水洞　　　　　　　　图 7-2-16　竖井　　　图 7-2-17　消水坑

2. 溶洞

广义上说，溶洞包括了地下大小不同的各种类型的洞穴，也包含了落水洞。狭义的溶洞是指发育在饱水带或季节变动带内的水平状溶洞，其次是倾斜或铅直状溶洞。世界上规模最大、最富有地理意义、研究的最为详细的是水平溶洞类型，见图 7-2-18。溶洞作用力复杂，除溶蚀外还有地下河的冲蚀、崩塌、化学堆积和生物作用等，其形成的地貌形态通常也多种多样。

（1）溶洞的形成机制。近几十年来人们对溶洞生成的研究除野外探测外还包括了室内模拟试验，通过研究认识到溶洞的生成受地质、地貌、水文、气候、土壤和生物等多种自然因素影响，这些因素都通过水文地质起作用，特别是含水层的补给、运动、排泄及水化学作用。人们总结出了普通非承压含水层或潜水层成洞、普通承压含水层成洞、深部热水矿水成洞等成洞模式。

普通非承压含水层（潜水层）成洞模式有 3 个阶段，即初始洞穴阶段、初始管道阶段、系统洞穴阶段。见图 7-2-19，初始洞穴发育在有利于溶蚀的部位特别是岩石的层面和构造裂隙处。当裂隙的溶蚀直径或宽度达到紊流出现时即标志着第 1 阶段完成，此时洞穴的规模尺度约为 5～15 mm。紊流作用使溶洞迅速扩展，当地下水流的输入补给点和输出排泄点之间出现连通管道时即表示第 2 阶段的结束。见图 7-2-20，此时的管道称为初始管道，其延伸方向总是沿着地下水面的最大坡度方向，其具体发展则是顺着最小阻力方向，这种补给点和排泄点的连通不但使溶洞发展突然加快而且还会使同一含水层中相邻的初始管道发生合并。第 3 个阶段的主要过程就是管道的合并、扩大以至洞穴系统的形成发展与完善。

普通承压含水层成洞模式的普通承压含水层是指以大气降水为补给和顶、底面被相对隔水层夹持的可溶岩含水层，在此层内裂隙全充水、地下水流动缓慢、沿构造节理溶蚀出二维空间的小通道，其形状和大小较近似常组合成网状迷宫。

图 7-2-18　水平溶洞

图 7-2-19　溶孔、溶穴

图 7-2-20　串珠状溶洞

深部热水矿水成洞模式考虑到深部地下水水温高、含气体和矿物成分也高的问题，这些水的成因复杂，可来自火山水、岩浆水、沉积共生水、深循环的大气水等，其水的性状、成洞机制与结果都十分复杂，可有富含二氧化碳的热水成洞和富含硫化氢的热矿水成洞方式。富含二氧化碳的热水成洞模式认为，热水上升并进入碳酸盐岩石后产生的溶洞有两种形态，即直线网格式迷宫由下往上伸展的树枝状洞。其溶蚀机制主要是碳酸化溶解和冷却溶解，当热水与浅层碳酸盐淡水混合时还会发生混合溶解。其特点是有热矿水形成的特殊矿物堆积，比如方解石晶体以及小圆顶的袋形洞。富含硫化氢的热矿水成洞模式认为，油田或气田水常富含硫化氢，这类矿水上升至潜水面后受氧化会产生溶蚀性很强的硫酸，其对碳酸盐岩石溶蚀时还会产生二氧化碳从而进一步加强溶蚀作用。

（2）溶洞形态。溶洞形态非常复杂、洞的规模大小相差悬殊，反映了其不同的形成机制、形成因素和演化历史。其基本形态有通道、洞室或洞厅、石窟等 3 种。见图 7-2-21，通道是指人能通过的管状洞的总称。溶蚀通道直径较小，多在数米以内但长度可达数百米。通道发育多与地下河作用有关，通道顶、侧往往遗留着昔日河水溶蚀的痕迹。见图 7-2-22，洞室（洞厅）是指长、宽、高相似的单个溶洞或洞段，规模小的称洞室，大的称洞厅，它们常发育在岩性易溶、裂隙较密集或断裂交叉、水流交汇的地段，洞厅的规模可以很大，洞内崩塌是溶洞扩大成厅堂的重要原因。见图 7-2-23，石窟是指沿水平方向切入陡坡、陡壁或洞壁的单个浅洞。其大小规模在 10 m 以内，洞口大但深度小，状似神龛，又称"岩屋"。其成因常与河流冲蚀或差异溶蚀有关，也有的是大溶洞崩塌破坏的残余。

图 7-2-21　岩溶通道

图 7-2-22　岩溶洞厅

图 7-2-23　沿层面发育的层状溶洞石窟

各种溶蚀通道、洞室、洞厅常交叉连通而构成洞穴系统，其组合方式与结构形状十分复杂离奇，反映了形成机制、地质结构、环境条件及成洞历史的差别，人们根据组合形态结构特点的不同将其分为横向树枝状、垂向树枝状、格子状迷宫、蜂窝状迷宫、楼层状等洞穴系统，见图 7-2-24～图 7-2-27。

图 7-2-24 背斜核部滑脱溶蚀洞穴

图 7-2-25 沿断裂交汇带发育的溶洞

（3）溶洞化学堆积形态。目前人们已发现溶洞洞内堆积矿物 80 余种，其中大部分为方解石的化学堆积，造成方解石堆积的主要原因是渗入洞内的碳酸水溶液中的 CO_2 逸出，CO_2 的逸出与水质、水温、洞内空气中 CO_2 的含量、水的运动和藻类生物的化学作用等有关。常见的溶洞化学堆积形态有石钟乳、石笋、石柱、石幔、石旗、边石坝、钙华板、石花、卷曲石、爆玉米等。见图 7-2-28～图 7-2-31，石钟乳、石笋、石柱是一组由洞顶滴水而产生的堆积地貌，石钟乳是从洞顶铅直往下悬挂的堆积形态。若洞顶有足够的供水，石钟乳末端的滴水就会滴在洞底位置上产生与石钟乳相对应的但生长方向相反的石笋。石钟乳下伸触及洞底或石笋上长至洞顶或二者相向对生后连接时就成为石柱。

图 7-2-26 牛鼻洞

图 7-2-27 溶洞相间不相通

图 7-2-28 石钟乳

图 7-2-29 石钟乳

图 7-2-30 石笋与石柱

图 7-2-31 石塔

见图 7-2-32 和图 7-2-33，石幔、石旗、边石坝、钙华板是一类由薄膜（层）状溶水所成的堆积地貌，总称为"流石"。当水沿额状洞壁往下漫流时就会形成布幔状或瀑布状流石，即"石幔"。水集中沿一条凸棱下流时会形成薄片状的堆积，称为"石旗"。若薄层水在洞底斜面上作缓流而又遇到小凸起时流速就会加快、水中的 CO_2 会逸出并会在凸起处发生堆积，这些局部堆积反过来又会加快流速并再次促进局部堆积，这样反复作用的结果就会最终形成花边状弯曲的小堤，或称"边石坝"。饱和的碳酸钙水溶液在洞底流动时常会形成多孔状的堆积层，称"钙华板"或"灰华层"，其最厚者可达数米，其结构通常呈多孔状，与地表河流瀑布坎的钙华相似，因此跌水急流也可能是钙华板的成因。

136

图 7-2-32　地表石幔、石旗、边石坝、钙华板

图 7-2-33　地表边石坝

石花、卷曲石、爆玉米是一类毛发状、草叶状、豆芽状或花球状的微小岩溶形态，常附生在其他大型碳酸钙堆积形态上。其生长方向乱散，似是不受重力影响。其成因复杂，主要与毛细水运动有关，同时还受洪水量少、环境较封闭、气温较稳定和气流扰动少等条件影响。石花的"花瓣"呈针状向外辐射，形似蓟草的花球，常由文石组成。卷曲石似豆芽，其卷曲可能是晶格错位所致。爆玉米是群生的小瘤，是毛细水蒸发的产物。

（4）溶洞崩塌地貌。溶洞内周围岩石的临空和洞顶的溶蚀变薄会使洞穴内的岩石应力失去平衡而发生崩塌，直到洞顶完全塌掉变为常态坡面为止。崩塌是溶洞扩大和消失的重要作用力。溶洞崩塌的典型地貌是崩塌堆、天窗、天生桥、穿洞等。溶洞崩塌主要发生于洞顶岩层薄、断裂切割强以及地表水集中渗入的洞段，崩塌发生后洞底就会堆出崩塌堆，若有地下河活动时崩塌堆会逐渐被搬运而只留下一些较大的崩石。洞顶局部崩塌并向上延及地表，或地面往下溶蚀与下部溶洞贯通都会形成一个透光的通气口，也称为"天窗"。若天窗扩大及至洞顶塌尽时地下溶洞就成为竖井。地下河通道塌顶后就变为箱形谷或峡谷，但这种崩塌常常不是一次性完成的。如果通道上、下游两端先崩而中间局部保留就会出现横跨谷地的桥状地形，称为"天生桥"。天生桥是洞顶崩塌的残余地形、呈拱形、宽数米至百米。桥下的洞两头可对望的称为"穿洞"，比如桂林的象鼻山、阳朔的月亮山等，见图 7-2-34。

图 7-2-34　穿洞

3. 地下河

见图 7-2-35，有长年流水的地下溶洞称为地下河或暗河，它和地表河一样发育有瀑布、冲蚀坑、壶穴、深槽地貌和沙砾堆积物，其河流过水面积受石质河槽限制不能自由扩大，其流向受断裂构造节理或层面走向支配，显得十分曲折和不连续，宽窄也不一致。当地壳上升和潜水面下降时河水便渗入更深的地下，原来的地下河槽则变成了干涸的水平溶洞，以后就会发育出各种各样的碳酸钙堆积地貌。地下河及地下河堆积物见图 7-2-36～图 7-2-40。

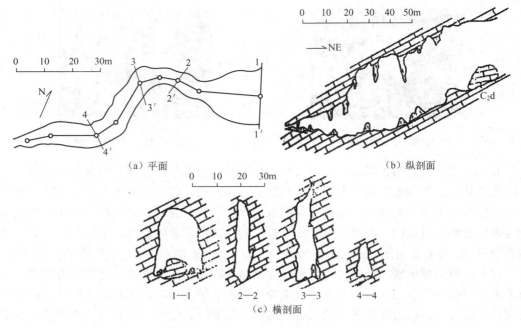

（a）平面 （b）纵剖面

（c）横剖面

图 7-2-35　溶洞平面及纵横剖面

图 7-2-36　地下河

图 7-2-37　地下河入口

图 7-2-38　地下河出口之一

图 7-2-39　地下河出口之二

图 7-2-40　地下河堆积物

7.2.3　岩溶地貌发育的基本规律

近 100 年来的岩溶研究，人们提出了许多单种形态的、多形态组合的、地区性和地带性的岩溶发育模式，力图说明岩溶地貌发育的地区性、地带性和演化性。

1. 岩溶地貌发育的地带性

气候对岩溶地貌的发育具有重要影响，大气降水、蒸发、日照和气温等气象要素不仅直接影响地表的岩溶作用，而且还通过水文、土壤及生物等间接地影响岩溶过程，这些影响集中反映在水的径流量和溶解性两个方面上，其结果是使全球岩溶地貌景观具有强烈的气候分带色彩。

（1）潮湿热带岩溶地貌。潮湿热带岩溶是在气温较高、温差小、雨量多、降雨强度大、地表水量多、水流循环快、生物化学作用活跃和土壤中富含 CO_2 气体等条件下进行的，其岩溶作用具有速度快、强度大和集于浅层的特点，其地表岩溶和浅层岩溶地貌发育，地貌种类多、密度高和规模大。

（2）半干旱温带岩溶地貌。该带年降水量较少，部分又为固体降水或雪，故地表径流量较小、水流活动时间较短、气温较低，因其有寒冷的冬季、生物化学活动明显减弱，故岩溶作用较弱、地表岩溶地貌不突出、地下溶蚀裂隙和小孔洞较多。在高原或山地里由于地下水有低的集中排泄基点，故深部常有细长的溶管发育，局部地段有溶洞，但很少有大的地下河。

（3）干旱带岩溶地貌。该带年降水量很少、风力强蒸发大、地表径流几乎绝迹、地下水深埋、地下径流微弱、地面植被和土壤缺乏，这种环境很不利于岩溶作用的进行，故岩溶地貌发育很差，不但数量少且规模小、形态极不完全。但一些规模较大的古岩溶地貌却能在干燥环境下得到长久保存。

（4）寒带岩溶地貌。寒带气温低、结冰期长、冻土分布都极大地限制了地表水的活动和地下水的补给，从而削弱了岩溶作用的进行。虽然没冻结的低温水能溶入较多的 CO_2 并在一定程度上加大石灰岩的溶解量，但低温还会减弱化学反应速度，所以总的溶蚀强度低于热带、高于干旱带。

2. 岩溶地貌的演化

岩溶地貌的演化见图 7-2-41。

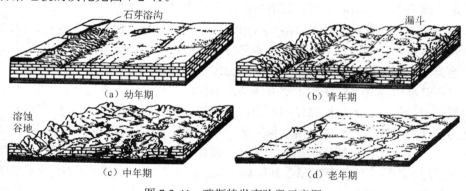

图 7-2-41　喀斯特发育阶段示意图

7.3　我国岩溶地貌的分布

据统计，我国碳酸盐岩分布面积约为 $2×10^6 \text{ km}^2$，占国土总面积的 1/5，其中裸露于地表的约 $1.3×10^6 \text{ km}^2$，占国土总面积的 1/7，碳酸盐岩分布的地理位置包括西南、华南、华东、华北等地以及西部的西藏、新疆等省区，在川、黔、滇、桂、湘，鄂诸省呈连续分布，其面积达 $5×10^5 \text{ km}^2$，是我国主要的岩溶区。

我国碳酸盐岩形成于不同的地质时代。我国华南地区自震旦纪至下古生代的寒武、奥陶纪；从上古生代的泥盆、石炭、二叠纪到中生代的三叠纪；碳酸盐岩总厚达3000～5000 m。我国华北地区则为震旦纪和下古生代，碳酸盐岩总厚1000～2000 m。这些碳酸盐岩为岩溶的形成提供了雄厚的物质基础。我国疆域辽阔，地跨热带、亚热带和温带不同气候区，与之相应的岩溶类型也丰富多采，南部诸省的灰岩地区岩溶发育、风景奇丽、早已闻名于世，比如"桂林山水"。我国岩溶分布之广、面积之大、类型之多是世界上其他国家所不能及的。为了运用岩溶发育规律来指导岩溶区的工程建设真正做到兴利除害，就必须对岩溶问题进行细致、全面的研究。

我国地域辽阔、气候类型较多，包括热带、亚热带、温带三大类型以及青藏高寒地区和西北干旱地区。不同气候带中碳酸盐岩的溶蚀速度、岩溶形态的规模和类型都不相同。由表7-3-1可知，属于副热带的广西中部年溶蚀率为0.12～0.3 mm/年；属于温带的河北西部年溶蚀率较小、仅为0.02～0.03 mm/年；属于亚热带的湖北的年溶蚀率介于二者之间。

表 7-3-1　我国某些气候带的碳酸盐岩溶蚀率

地　区	年降水量/mm	平均气温/℃	年溶蚀率/（mm/年）
广西中部	1500～2000	20～22	0.12～0.3
湖北三峡	1000～1200	12～15	0.06
四川西部	1160～1350	9	0.04～0.05
河北西北部	400～600	6～8	0.02～0.03

我国不同气候带岩溶发育程度及形态类型各具特点。在以广西为代表的副热带地区，溶蚀、侵蚀、溶蚀起主导作用，岩溶作用充分而强烈，地表为峰林、丘峰与溶洼、溶原、地下溶洞系统及暗河发育、岩溶泉数量多且水量大。四川、湖南、湖北、浙江、安徽南部等地的岩溶也很发育，以溶丘与溶洼、溶斗为特征，属亚热带岩溶。河北、山东、山西等省地表岩溶一般不太发育，为常态侵蚀地形，几乎无岩溶封闭地形，以地下隐伏岩溶为主，岩溶泉数量少但流量较大而稳定，本区以干谷和岩溶泉为其特征，属温带岩溶。青藏高原湿润气候区，主要为深切割的高山和极高山，既有冰川、霜冻、泥石流作用也有岩溶作用，流水侵蚀作用强烈，在剥蚀面上有封闭的岩溶负地形残留，尤其在较低的剥蚀面上残留有早期岩溶现象并进一步发育现代岩溶。温带干旱气候区包括新、藏、青、蒙、川、甘、宁等省全部或一部分，现代溶蚀作用占极次要的地位，早期形成的石芽、溶沟、溶洞、溶斗等逐渐受到破坏。总之，降水量大、气温高的地区植物繁茂，死亡的植物在土壤中微生物的作用下能产生大量的CO_2及各种有机酸，同时各种化学反应速度快，故其岩溶发育规模和速度比其余气候区要大。气候对岩溶发育的影响是区域性的因素，因此，气候带可以作为岩溶区划中一级单元考虑的主要因素，但具体到某一确定地区甚至某一工程建筑场地内时气候对岩溶发育差异性的影响就不明显了。

中国碳酸盐岩分布很广，但喀斯特地貌发育最完美的是西南地区，即广西、贵州、云南和川东、鄂西、湘西一带，因这些地区在相当长的地质时期里一直处在湿热的气候环境下。

广西过去和现在都属热带型气候、碳酸盐岩分布很广且多属厚层的石灰岩和白云岩、喀斯特地貌非常发育,峰丛、峰林、孤峰、残丘随处可见。广西峰丛山体巨大,顶部为分割的峰林,基部彼此接联,相对高度可达 500~600 m,峰丛间有溶蚀洼地、漏斗、落水洞等。广西峰林形状多柱状或锥体,溶洞极为发育,有"无山不洞"之称,比如桂林的七星岩、芦笛岩等,溶洞可长达数千米、高数十米。广西孤峰多为分散的、孤立的峰林,相对高度 50~100 m,孤峰间地表有串珠状的落水洞,地下常有暗河。广西残丘大多丘体低矮,散落在喀斯特平原与谷地上。广西喀斯特发育反映了从不成熟到更成熟的各个不同阶段。

黔中、黔南和滇东高原上碳酸盐岩分布面积与厚度也都较大,这些地区目前属亚热带型气候,在高原面未抬升的新第三纪时为热带型气候,喀斯特地貌是在当时气候条件下发育起来的,在海拔 2000 m 或 2000 m 以上的高原面上主要是溶蚀小洼地、漏斗和落水洞等以及散布其间的一些低矮的峰林和石林。石林分布于路南、宜良、东川、弥勒、罗平一带,其中以路南石林最著名。在海拔 1000~1500 m 的地面上以大型溶蚀洼地、矮小的丘陵或石林为特征。大型洼地中有许多落水洞和漏斗,它们成连串分布,其地下往往是暗河。贵州南部向广西盆地降落的斜坡地带,地下水以竖向运动为主,高大的峰丛往往伴以深陷的圆洼地,地表河流多半转入地下。

黔北、鄂西、川东、湘西一带碳酸盐岩分布也比较广泛但多属复杂的褶皱构造,地表出露的碳酸盐岩与非碳酸盐岩成条带分布,因而较前述地区的喀斯特发育略弱。靠近长江、乌江地带由于地面向河谷倾斜,地下水竖向循环旺盛,所以溶蚀洼地、漏斗、落水洞等的密度和深度都很大,水流往往从出水洞注入河流。

思考题与习题

1．岩溶作用有哪些特点?

2．溶蚀作用有哪些特点?

3．水的溶蚀能力取决于哪些因素?

4．岩石的可溶性取决于哪些因素?

5．岩石的透水性取决于哪些因素?

6．冲蚀作用有哪些特点?

7．岩溶崩塌作用有哪些特点?

8．岩溶堆积作用有哪些特点?

9．岩溶水的分布和运动对岩溶有何影响?

10．简述地下径流的分带及水流特征。

11．喀斯特地表主要地貌形态有哪些?各有什么特点?

12．地下岩溶主要地貌形态有哪些?各有什么特点?

13．岩溶地貌发育的基本规律是什么?

14．简述我国岩溶地貌的分布情况及特点。

第8章 地壳的冰川地质作用

8.1 冰川作用的特点

高纬度和高山地区气候寒冷，年平均温度多在 0℃以下，地表常被冰雪覆盖或埋藏着多年冻土。冰雪地区的主要外力作用是冰川作用，由冰川作用所成的地貌称为冰川地貌，见图 8-1-1 和图 8-1-2。冻土的主要外力作用是融冻作用，以融冻作用为主所形成的一系列地质、地貌现象总称为冻土地貌。全世界现代冰川和冻土分布面积分别为 1623 万 km^2 及 3500 万 km^2，各占陆地面积的 11%和 24%。我国现代冰川面积约 5.86 万 km^2，冻土面积约有 215 万 km^2，它们的总面积占全国面积的 23%。在第四纪最大冰期时世界上冰川、冻土作用区的面积更为广大。因此，对冰川与冻土地貌的研究，具有重要的理论意义和实践价值。

图 8-1-1　冰川全貌　　　　　图 8-1-2　"冰川活化石"一号冰川

8.1.1 冰川的形成

1. 雪线与成冰作用

见图 8-1-3，雪线是指某一个海拔高度，在这个高度上每年降落的雪刚好在当年融化完。一个地方的雪线位置不是固定不变的。季节变化就能引起雪线升降，这种临时现象称季节雪线。只有夏天雪线位置才比较稳定，每年都回复到比较固定的高度，因此，测定雪线高度都在夏天最热月进行。就世界范围而言，雪线是由赤道向两极降低的。珠穆朗玛峰北坡雪线高度在 6000 m 左右，南北极雪线则在海平面上。雪线是冰川学上一个重要的标志，控制着冰川的发育和分布，只有山体高度超过该地的雪线每年才会有多余的雪积累起来，年深日久才能成为永久积雪和冰川发育的地区。雪线以上区域内，从天空降落的雪和从山坡上滑下的雪容易在地形低洼的地方聚集起来，由于低洼地形一般都状如盆地，因此冰川学上称其为粒雪盆，见图 8-1-4。粒雪盆是冰川的摇篮，聚积在粒雪盆里的雪经过一系列的"变质"作用而形成冰川冰，这个过程称为成冰作用。新降的雪呈片状、星状、针状、枝状、柱状、轮柱状和不规则状等，具骸晶形态。当骸晶形态完全消失而成为大体圆球状雪粒时称之为粒雪，雪与粒雪晶粒间的孔隙与大气相连通，在变质成冰过程中其总的趋向是密度不断增大、孔隙率不断降低。新雪密度通常只有 $0.05\sim0.07$ g/cm^3、粒雪密度则已增至 $0.4\sim0.8$ g/cm^3，一旦孔隙完全封闭成气泡与大气不相通，即可认为粒雪变成了冰川冰，此时冰的密度通常为 $0.83\sim0.91$ g/cm^3。

图 8-1-3 昆仑山雪线

图 8-1-4 粒雪盆

2. 冰川的运动

运动是冰川区别于其他自然界冰体的最主要特征，冰川运动主要通过冰川内部的塑性变形和块体滑动来实现。见图 8-1-5，导致冰川运动的力源主要是重力和压力，取决于底床坡度而流动叫重力流，多见于山岳冰川。取决于冰面坡度而流动叫压力流，多见于大陆冰盖。冰川的运动速度取决于冰川厚度以及冰床或冰面坡度，两者成正比关系。冰川的流动速度通常非常缓慢，肉眼不易觉察。山岳冰川流速一般每年几米到一百多米，中国天山冰川流速 $10\sim20$ m/年，珠穆朗玛峰北坡绒布冰川中游的最大流速为 117 m/年。世界上有些冰川也有在短期内出现爆发式前进的。1953 年 3 月 21 至 6 月 11 日不到三个月，喀喇昆仑山南坡斯塔克河源的库西亚冰川前进了 12 km，平均每天 113 m。西藏南迦巴瓦峰西坡的则隆弄冰川在 1950 年 8 月 15 日（藏历七月初二）晚突然前进，数小时内冰川末端由原来海拔 3650 m 处前进至海拔 2750 m 的雅鲁藏布江河谷，前进水平距离达 4.8 km，形成数十米高的拦江冰坝使江水断流。

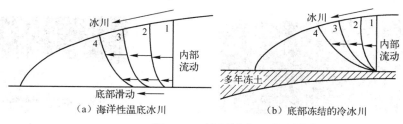

（a）海洋性温底冰川　　　　　　　（b）底部冻结的冷冰川
图 8-1-5 冰川运动

冰川运动的速度在冰川各部分是不同的。从冰川纵剖面看中游流速大于下游；从横剖面看中央流速大于两侧；从铅直剖面看冰舌部分以冰面为最大、向下逐步减少，在冰雪补给区则因下部受压大其最大流速常位于下层离冰床一定距离的地方，其在冰川最底部因为和冰床摩擦速度降低。由于冰川表面各点运动速度不同，因而常会在冰面上产生各种裂隙，见图 8-1-6。冰川运动速度及末端的进退往往反映冰川物质平衡的变化，当冰川积累量与消融量处于

图 8-1-6 冰裂隙

平衡时冰川停滞稳定，若随着气候变化降雪增多、冰川积累量加大就会导致冰川流速变快并以动力波的方式向下传播、冰舌末端向前推进，若冰川补给量减少或消融量增加则冰川流速相应减小、冰川后退。

8.1.2 冰川的类型

1. 冰川的形态分类

地球上的冰川按形态和规模的不同可大致分为大陆冰川和山岳冰川两大类。

（1）大陆冰川。大陆冰川是不受地形约束而发育的冰川，大陆冰川又叫大陆冰盖，也称极地冰盖，简称冰盖，国际上习惯把超过 50000 km^2 面积的冰川当作冰盖。目前，世界上主要有南极和格陵兰两大冰盖，见图 8-1-7 和图 8-1-8。南极冰盖最为巨大，包括边缘分布着的冰架在内总面积达 1380 万 km^2、厚度 720~2200 m、最大厚度 4267 m。整个南极大陆几乎都被永久冰雪所覆盖，只有极少数山峰突出于冰面之上称为冰原石山，见图 8-1-9，冰盖边缘有一些没有脱离冰盖的大冰流伸向海中并漂浮于海上，有的可延伸几百

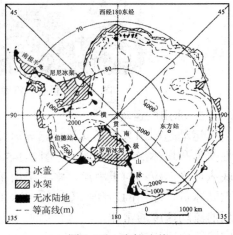

图 8-1-7 南极冰盖

千米，虽然冰体是运动着的但其范围却是基本稳定的，称为冰架或冰棚。在冰盖边缘的其他地方也常有一些冰舌伸入海上，这就是流动速度较快的溢出冰川。冰架和溢出冰川都是陆缘冰，其前端由于消融而崩解使大小不等的冰块在海上漂流，称为冰山。格陵兰冰盖面积约 170 万 km^2，由南北两个大冰穹组成，冰盖最大厚度 3411 m，其边缘没有大冰架、溢出冰川甚多。

图 8-1-8 冰盖冰川

图 8-1-9 冰原石山

（2）山岳冰川。山岳冰川是完全受地形约束而发育的冰川，主要分布于地球的中低纬高山地带（其中，亚洲山区最发达）。山岳冰川发育于雪线以上的常年积雪区，沿山坡或槽谷呈线状向下游缓慢流动。山岳冰川根据冰川形态、发育阶段和地貌特征的差异可进一步分为悬冰川、冰斗冰川、山谷冰川、山麓冰川、平顶冰川等多种类型。如图 8-1-10所示，悬冰川是山岳冰川中数量最多但体积最小的冰川，成群见于雪线高度附近的山坡上，像盾牌似的悬挂在陡坡上，其前端冰体稍厚，没有明显的粒雪盆与冰舌的分化，厚度一般只有一二十米，面积不超过 1 km^2，对气候变化反应敏感（容易消退或扩展）。如图 8-1-11 所示，冰斗冰川多分布在河谷源头或谷地两侧围椅状的凹洼处，冰斗底部平坦、

壁龛陡峻，冰体越过冰坎呈短小冰舌溢出冰斗悬挂在斗口，冰斗冰川面积一般在数平方千米左右。如图 8-1-12 所示，山谷冰川是山岳冰川中发育最成熟的类型（具有山岳冰川的全部作用功能），山谷冰川具有明显而完整的粒雪盆和伸入谷地中的长大冰舌，冰川长度可达数千米至数十千米，冰川厚度可为数百米，山谷冰川以雪线为界具有明显的冰雪积累区和消融区（分别表现为粒雪盆和长大冰舌），它像河流那样顺谷而下，沿途还可接纳支冰川汇入组合为规模更大的复式山谷冰川、树枝状山谷冰川。如图 8-1-13 所示，山麓冰川是指巨大的山谷冰川从山地流出并在山麓地带冰舌扩展或汇合而成的大片广阔冰体，现代山麓冰川只存在于极地或高纬地区，比如阿拉斯加、冰岛等。阿拉斯加的马拉斯平冰川是条著名的山麓冰川，它由 12 条冰川汇合而成，山麓部分的冰川面积达 $2682\ km^2$，冰川最厚达 $615\ m$。平顶冰川是山岳冰川与大陆冰盖的一种过渡类型，它发育在起伏和缓的高原和高山夷平面上，故又称高原冰川或高山冰帽，这类冰川规模差别很大（其面积自数十至数千平方千米不等，比如我国祁连山最大的平顶冰川土尔根大坂山的敦德冰川面积为 $57\ km^2$），有时平顶冰川的周围常会伸出若干短小的冰舌。

图 8-1-10　悬冰川　　　　　　　　　　图 8-1-11　冰斗冰川

图 8-1-12　山谷冰川

图 8-1-13　山麓冰川

2. 冰川的物理分类

人们根据冰川活动层（由冰川表面以下至 15～20 m 深度内）以下恒温层所特有的热力特征将冰川分为暖型、冷型和过渡型等 3 类。

（1）暖型冰川。冰川上部的活动层可受气温变化而升高或降低，而下部的恒温层则不受气温变化影响，使冰川至底部的温度具有压力融点的等温状态（0℃附近），只有冬季上层几米处于负温。在冰内或冰下通道里有大量融水存在，由于冰川底部有一层融水，因而常使冰川运动速度较大（运动速度可达 100 m/年或更大）。其雪线较低，冰舌可向下深入森林带，冰川进退幅度大，冰川地质作用较强。

（2）冷型冰川。存在于极地或温带某些山岳冰川中，不仅冰川活动层的温度很低，恒温层内温度也明显低于冰融点温度。其冰体直到很大深度都是负温，主体温度常在-1～-10℃以下。冰川里几乎没有融水可起润滑作用，所以冰川运动慢（一般年运动速度为30～50 m）。其雪线较高，冰舌高居在森林带以上，进退幅度小，冰川地质作用强度较弱。

（3）过渡型冰川。冰川表层为低温，而底部为相应的压力融点温度。

8.2 冰川的地貌特征

8.2.1 冰川地貌

1. 冰蚀作用与冰蚀地貌

（1）冰蚀作用。冰川对地表具有很大的侵蚀破坏能力称为冰蚀作用，冰蚀作用包括挖蚀作用和磨蚀作用，它与冰川作用的其他因子结合就塑造出了多种多样的冰蚀地貌类型。

冰川的挖蚀作用主要因冰川自身的重量和冰体的运动引发，挖蚀作用致使底床基岩破碎，冰雪融水渗入节理裂隙（时冻时融从而使裂隙扩大），岩体不断破碎，冰川就像铁犁铲土一样把松动的石块挖起带走。挖蚀作用在基岩凸起的背流面和裂隙发育的地方表现明显，形成的冰碛物比较粗大，大陆冰川作用区的大量漂砾一般是冰川挖蚀作用的产物。

冰川磨蚀作用由冰川对冰床产生的巨大压力引起（冰川厚度 100 m 时每平方米冰床上将受到 90 t 左右的竖向静压力），通过冰川运动就可使底部石块压碎，压碎了的岩屑冻结于冰川的底部成为冰川对冰床进行刮削、锉磨的工具，从而形成了一些粒级较细的以粉砂、黏土为主的冰碛物。当冰川运动受到阻碍或遇到冰阶时磨蚀作用表现更为突出（会产生基岩或砾石表面的磨光面）。磨光面上常带有冰川擦痕。冰川擦痕宽、深一般只有数毫米，长短不等，多呈钉头形，有时亦可弯曲或呈弧状。冰川擦痕与冰川运动方向平行，基岩或砾石磨光面上的几组交切擦痕通常为冰川流动方向改变引起，或因被冰川挟带砾石方位的转动引起。

有人估计，冰川的冰蚀作用强度可能是河流侵蚀作用的 10～20 倍，斯堪的纳维亚半岛在大冰期中平均被挖蚀去的岩层厚度可能超过 25 m（岩屑总量可以填平现在的波罗的海和它周围的一切湖泊），号称"千湖之国"的芬兰境内湖泊就是由大陆冰川挖掘地面形成的（北美五大湖也是如此）。

（2）冰蚀地貌。最典型的冰蚀地貌有冰斗、刃脊、角峰、冰川谷（U 形谷）、羊背石等。

如图 8-2-1 所示，冰斗是冰川作用山地中分布最普遍、明显的一种冰蚀地貌（冰斗三面为陡壁所围，朝向坡下的一面有个开口，外形呈围椅状），冰斗由冰斗壁、盆底和冰斗出口处的冰坎（冰斗槛）组成。冰斗进一步扩展或谷地源头数个冰头汇合时冰坎往往会不明显甚至消失，这种复式大冰斗叫围谷（或称冰窖）。冰川消退后冰斗底部往往积水产生冰斗湖（见图 8-2-2）。由于冰斗多发育于雪线附近，因此冰斗具有指示雪线的意义，即可以根据古冰斗底部的高度来推断当时雪线的位置，古冰斗在冰川地貌学上就成了一种特殊的"化石"。山岭两坡发育冰斗后随着冰斗的进一步扩大，斗壁会后退，岭脊会不断变窄并最终形成刀刃状的锯齿形山脊，称为刃脊（图 8-2-3）。由三个以上的冰斗发展所夹峙的尖锐山峰称为角峰（比如珠穆朗玛峰，其外形呈巨大的金字塔形），见图 8-2-4～图 8-2-6。冰蚀作用下形成的冰斗、刃脊、角峰和冰川谷见图 8-2-7。

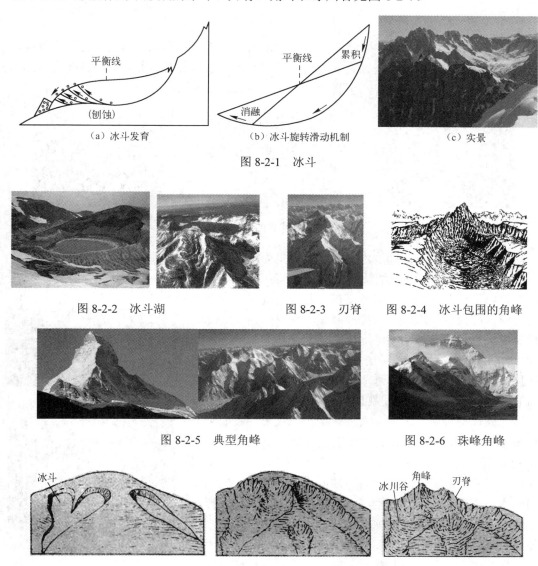

（a）冰斗发育　　　　（b）冰斗旋转滑动机制　　　　（c）实景

图 8-2-1　冰斗

图 8-2-2　冰斗湖　　　　图 8-2-3　刃脊　　　　图 8-2-4　冰斗包围的角峰

图 8-2-5　典型角峰　　　　图 8-2-6　珠峰角峰

图 8-2-7　冰蚀作用下形成的冰斗、刃脊、角峰和冰川谷

　　如图 8-2-8～图 8-2-10 所示，冰川谷又称 U 形谷或槽谷，其前身大多是山地上升前的河谷，以后由冰川切割 V 形河谷而成，但两者的地貌特征却截然不同。所有槽谷都有一个落差很大的槽谷头，就像河流溯源侵蚀的裂点一样，但其形成原因则是因为那里冰川最厚、底部剪切应力大、处于压融点状态、冰川冰可塑性强、侵蚀力强。古冰川谷见图 8-2-9。

图 8-2-8　冰川谷

见图 8-2-10 和图 8-2-11，在主、支冰川汇流处常因冰量不同而出现侵蚀强度差异，主冰川比支冰川厚度大、侵蚀力强、槽谷深度也大，冰川衰退后支冰川槽谷就高挂在主冰川槽谷的谷坡上形成悬谷，可高出主冰川槽谷底数十米至数百米不等。

图 8-2-9　古冰川谷　　　　图 8-2-10　冰川的槽谷和悬谷　　　　图 8-2-11　唐古拉山冰川谷

峡湾通常分布在高纬度沿海地区，这里为冰期前河谷发育的山谷冰川（其下游入海后仍有较强的侵蚀能力，继续刷深、拓宽冰床），冰期后受海浸影响形成两侧平直、崖壁峭拔、谷底宽阔、深度很大的海湾，称为峡湾或峡江（挪威海岸一峡湾长达 220 km，南美巴塔哥尼亚海岸的峡湾深度达 1288 m）。

如图 8-2-12 所示，羊背石是冰床上由冰蚀作用形成的石质小丘（常成群分布，远望犹如匍匐的羊群，故称羊背石），羊背石平面上通常呈椭圆形，剖面形态两坡不对称，迎冰流面以磨蚀作用为主（坡度平缓作流线形，表面留下许多擦痕刻槽、磨光面等痕迹），背流面则在冻融风化和冰川挖蚀作用下形成表面坎坷不平的锯齿状陡坡。如图 8-2-13 所示，鲸背石迎冰面与背冰面均为流线型，挖蚀作用基本不存在，说明冰底滑动以水平滑动为主，是更暖而冰下多水的条件下形成的冰蚀丘陵。羊背石常见于一般山地冰川的冰床，鲸背石则多属大陆冰盖下的产物（但山地冰川也有出现）。羊背石和鲸背石的长轴方向均与冰川运动方向平行，因而可以指示冰川运动的方向。

图 8-2-12　羊背石

图 8-2-13　鲸背石

2. 冰川搬运、堆积作用与冰碛地貌

（1）冰川的搬运和堆积作用。冰川运动过程中不仅具有强大的侵蚀力，而且还能携带冰蚀作用产生的许多岩屑物质以及冰川谷两侧山坡上因融冻风化、雪崩等作用所造成的坠落堆积物（它们不加分选地随冰川一起向下运动），这些大小不等的碎屑物质统称为冰碛物（运动冰碛），冰碛物中的巨大石块称为漂砾。如图 8-2-14 所示，a 为具有底碛的冰川冰、位于 b 之上；b、c 为汇聚于主冰川的 2 条冰川冰；d 为插入冰川 c 之中的支流冰川冰（在这些冰川中出现中碛和侧碛）。冰川具有巨大的搬运能力，成千上万吨的巨大漂砾皆能随冰流运移到很远的地方（我国喜马拉雅山的山岳冰川可把直径 28 m、重达万吨的漂砾搬走；波罗的海南部的一块体积 4 km×2 km×0.12 km 巨大岩块就是由冰川从别处搬来的）。冰川还具有逆坡搬运能力，可把冰碛物从低处搬到高处（我国西藏东南部一大型山谷冰川曾把花岗岩漂砾抬升

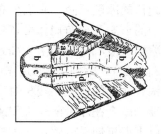

图 8-2-14 山谷冰川中的冰碛

200 m 高；美国还有抬举 1500 m 高的）。冰川消融后被冰川携带搬运的物质就堆积下来，所有直接由冰川冰沉积的未受水体扰动的沉积物称为冰碛物（堆积冰碛），也叫冰碛（Till）。冰川表面的岩石碎块称为表碛，如图 8-2-15 和图 8-2-16 所示。冰川两侧的是侧碛，如图 8-2-17 所示。两条冰川汇合时相邻的两条侧碛合为一条中碛，如图 8-2-18 所示。冰川底部的叫底碛，如图 8-2-19 所示。包含在冰川内部的叫内碛或里碛，如图 8-2-20 所示，系由碎屑物落入冰裂隙、冰洞，或由表碛、底碛转化而成。位于冰川边缘前端、冰舌末端的冰碛物叫做前碛或终碛，如图 8-2-21 所示。

图 8-2-15 冰川表碛

图 8-2-16 冰蘑菇

图 8-2-17 冰川侧碛

图 8-2-18 冰川中碛

如图 8-2-22 所示，冰碛物的特征一般常被描述为"大小混杂"、"杂乱无章"、"没有分选"等，其实冰碛物并非都是如此。冰碛物的特征可概括为以下 8 点，即缺乏分选（不等于没有分选）、在各种较细的基质中常含有大小不等的岩屑（包括卵石）；结构趋向于块体状（没有平整的纹理或均匀的层理）；组成的成分为各种矿物和岩石的混合物，其中有些曾经长途搬运而成多面体岩块，也有未经长途搬运而成的磨圆卵石，比如冰下冰碛物中的；冰碛物中有擦痕石和具有微弱擦痕的颗粒；长条形碎屑物可能有一个共同的方向；由于沉积期间承受了巨大的压力，可能比周围其他沉积物更为坚实；由于搬运期间的频频破裂和局部磨蚀，其岩屑形状以次棱角占优势；冰碛层可能位于具有擦痕的基岩或沉积底床上。

图 8-2-19 冰川底碛

图 8-2-20 冰川内碛

图 8-2-21 冰川终碛

图 8-2-22 冰碛物

（2）冰碛地貌。典型的冰碛地貌主要有冰碛丘陵、终碛垄、侧碛垄、鼓丘等。冰川消融后原来随冰川运行的表碛、中碛和内碛等都会坠落在底碛之上而形成低矮的、波状

起伏的冰碛丘陵，它们分布零乱、大小不等、丘陵间经常出现宽浅的湖沼洼地，冰碛丘陵的形态和分布规律可在一定程度上反映冰体消亡前的冰川下伏地形或冰面起伏形态，冰碛丘陵广泛分布于大陆冰川作用区（高度可达数十米或数百米，比如东欧平原、北美洲北部），大型山岳冰川作用区也能产生冰碛丘陵但规模较小（比如我国西藏波密出现在槽谷底部的冰碛丘陵相对高度数米至数十米）。当冰川末端补给与消融处于平衡状态时冰碛物就会在冰舌前端堆积成弧形长堤，称为终碛垄（堤），山岳冰川终碛垄高度常达百米以上但延伸长度较短，大陆冰川终碛垄高度较低（约数十米）但延伸长度通常可达数百千米。终碛垄形态不对称，横剖面不对称表现为外坡陡、内坡缓；高度不对称表现为内低外高；溢出山口的冰川终碛垄往往向一侧偏转（表现在东西流向的冰川上最为明显）。终碛垄内侧地势较低，常积水成湖。终碛垄极易被后期流水切割成一系列孤立小丘，这些小丘总的排列方向仍是一个弧形，显示出原始终碛垄的形态。终碛垄可成组出现，分别代表了不同的冰期或不同发育阶段的冰川伸展范围。冰川前进时有时也能形成终碛堤，冰川像推土机一样挤压着谷地中的冰碛沙砾，产生揉褶、逆掩断层等变形构造，当冰川处于相对稳定或后退时终碛堤就能得到保存，其表面还能接受冰体消融而撒落的松散冰碛物，这种终碛叫挤压终碛（在我国天山、西藏等地都有踪迹）。在山岳冰川地区，侧碛是比终碛更易保存的堆积形态（因其伸长很远且不易被冰水河流破坏），在冰川谷坡上往往可以发现高度不同的多列侧碛（一般高度为数十米左右），侧碛垄（堤）上游源头开始于雪线附近、下游末端常与终碛垄相连。鼓丘是主要由冰碛物组成的一种流线型丘陵，其平面呈蛋形（长轴与冰流方向一致），鼓丘两坡不对称（迎冰坡陡，背冰坡缓），一般高度数米至数十米、长度多为数百米左右，鼓丘内有时含有基岩核心（形如羊背石，其通常局部出露于迎冰坡或完全被冰碛物所埋藏）。鼓丘在山岳冰川作用区少见，在大陆冰川区则往往成群地分布于终碛堤内不远的地方，反映了鼓丘的成因是在冰川边缘地带，冰川搬运能力减弱，当冰川负载量超过搬运能力或冰流受阻时冰川将携带的部分底碛停积，或越过障碍物把泥砾堆积于背冰面所致。组成鼓丘的冰碛物中含泥量较高、坚韧致密，鼓丘一旦形成就很难破坏。

3. 冰水堆积地貌

冰水堆积是指冰川消融时冰下径流和冰川前缘水流的堆积物，大多数为原有冰碛物经过冰融水的再搬运、再堆积而成，因此，冰水堆积物一方面具有河流堆积物的特点（比如有一定的分选性、磨圆度和层理构造），同时又保存着条痕石等部分冰川作用痕迹，故又称为层状冰碛。冰水堆积按其形态、位置及成因等的不同可分为蛇形丘、冰水扇和冰水平原等地貌类型。

（1）蛇形丘。如图8-2-23～图8-2-31所示，蛇形丘是一种狭长、弯曲如蛇行的高地，其两坡对称、丘脊狭窄，一般高度15～30 m（高者可达70 m），长度由几十米到几十千米不等（北美有长达400 km的）。蛇形丘的组成物质主要是略具分选的沙砾堆积（夹有冰碛透镜体），具有交错层理和水平层理结构。蛇形丘分布于冰川作用区内具有多种成因，常见的是冰下隧道堆积。在冰川消融期间冰融水很多且会沿冰裂隙渗入冰下，在冰川底部流动形成冰下隧道，在隧道中的冰融水流受到上游强大的静水压力，挟带着许多冰碛物不断搬运、堆积并可逆坡运行直至冰水堆积物堵塞隧道，当冰体全部融化后这种隧道堆积出露地表成为蛇形丘。因此，蛇形丘可有分支，也能爬上高坡匍匐于丘陵、高地之上或贯穿鼓丘群之间。

图 8-2-23　蛇形丘

图 8-2-24　冰洞

图 8-2-25　冰下河

图 8-2-26　冰面河

图 8-2-27　冰面湖

图 8-2-28　冰钟乳

图 8-2-29　冰芽

图 8-2-30　冰墙

（2）冰砾阜、冰砾阜阶地和锅穴。冰砾阜是一种圆形的或不规则的小丘，由一些初经分选、略具层理的粉沙、沙和细砾组成，其上常覆有薄层冰碛物，是由冰面或冰川边缘湖泊、河流中的冰水沉积物在冰川消融后沉落到底床上堆积而成的，在山岳冰川和大陆冰川中都发育有冰砾阜。冰砾阜阶地只发育在山岳冰川谷中，由冰水沙砾层组成，其形如河流阶地（呈长条状分布于冰川谷地的两侧），是冰缘河流沉积在其与原冰川接触一侧因冰体融化失去支撑坍塌形成的阶梯状陡坎（沿槽谷两壁伸展）。如图 8-2-32 所示，锅穴是指分布于冰水平原上的一种圆形洼地（深数米，直径十余米至数十米），锅穴是埋藏在沙砾中的死冰块融化引起塌陷而成。

（3）冰水扇及冰水平原。如图 8-2-33 所示，冰川融水从冰川两侧（冰上河）和冰川底部流出冰川前端或切过终碛堤后因地势展宽、变缓会形成冰前的辫状水流，冰水携带的大量碎屑物质就沉积下来形成了顶端厚、向外变薄的扇形冰水堆积体，称为冰水扇。几个冰水扇相互连接就成为冰水平原，又名外冲平原。冰水扇堆积物由分选中等的沙砾组成（含少量漂砾），向下游粒径明显变小，磨圆度显著变好，常有层理出现（但极不规则）。

图 8-2-31　冰塔

图 8-2-32　锅穴

图 8-2-33　前进中的冰川

8.2.2　冻土地貌

1. 冻土特点及分布

冻土是指处于 0℃以下并含有冰的土（岩）层，按其冻结时间长短的不同可分为季节冻土（冬季冻结、夏季融化）和多年冻土（常年不化或冻结持续三年以上）两类。多年冻土以地下最高地温0℃为界，分为上层夏融冬冻的活动层和下层终年冻结的永冻层，每年冬季上、下两层冻结连接在一起（但由于活动层地温随气温变化，故各年冻结深度会有所差别），有时在活动层与永冻层之间会出现薄层隔年融土或隔年冻结层。冻土的演化主要受温度控制，地表现存的多年冻土大部分形成于第四纪冰期时，随着冰后期气温的上升，全世界多年冻土具有退化的总趋势，冻土的退化引起了各地冻土地貌类型、规模的显著变化。

2. 冻融作用

冻土地区气温低、土层冻结、降水少，流水、风力和溶蚀等外力作用都不显著，冻融作用则成为冻土地貌发育的最活跃因素。如图8-2-34和图8-2-35所示，随着冻土区温度周期性地发生正负变化，冻土层中水分相应地出现相变与迁移，导致岩石破坏、沉积物受到分选和干扰，冻土层发生变形并产生冻胀、融陷和流变等一系列的复杂过程称为冻融作用。冻土地区岩层或土层中存在大小不等的裂隙和孔隙，它们常被水分充填，随着冬季和夜晚气温的下降水分逐渐冻结、膨胀，对围岩产生很大破坏，使裂隙不断扩大，夏季或白昼因温度上升冰体融化，会使地表水再度乘隙注入，这种因温度周期性变化而引起的冻结与融化交替出现过程造成的地面土（岩）层的破碎松解作用称为冻融风化。冻融风化不仅造成地面物质的松动崩解，形成冻土地区大量的碎屑物质，而且在沉积物或岩体中还能产生冰楔、土楔等冰缘现象。地表水周期性地注入到裂隙中再冻结会使裂隙不断扩大并为冰体填充，从而形成上宽下窄的楔形脉冰（称为冰楔）。冰楔内的脉冰融化后裂隙周围的沙土会充填于楔内形成沙楔（沙楔也可能是地面冻裂后未形成脉冰，砂土直接填充在裂隙中形成的）。

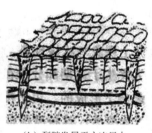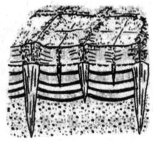

（a）裂隙发展于活动层中未达到永冻层 　（b）裂隙发展于永冻层中开始穿透永冻层 　（c）裂隙发展于低温冻结地中

图8-2-34　冻结裂隙的发展

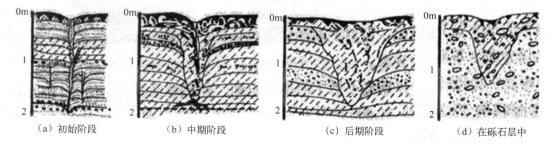

（a）初始阶段 　　　（b）中期阶段 　　　（c）后期阶段 　　　（d）在砾石层中

图8-2-35　活动层的冻结裂隙变化

152

融冻扰动一般发生在多年冻土的活动层内，活动层于每年冬季自地表向下冻结时由于底部永冻层起阻挡作用会使其中间尚未冻结的融土层（含水土层）在上下方冻结层的挤压作用下发生塑性变形，形成各种融冻褶皱（大小不一、形状各异），称为冰卷泥。融冻泥流是冻土地区最重要的物质运移和地貌作用过程之一，一般发生在数度至十余度的斜坡上，当冻土层上部解冻时融水会使主要由细粒土组成的表层物质达到饱和或过饱和状态，并使上层土层具有一定的可塑性，然后在重力作用下沿着融冻界面向下缓慢移动形成融冻泥流，其平均流速一般不足 1 m/年。

3. 冻土地貌

常见的典型冻土地貌主要有石海、石河、多边形土和石环、冻胀丘与冰丘、泥流阶地、热溶地貌等。

（1）石海与石河。如图 8-2-36 所示，在平坦的基岩山顶或和缓的山坡上铺满了冻融风化作用而崩解的巨大砾石，形成了由砾石组成的地面称为石海。

图 8-2-36　石河（青藏高原风火山垭口）

组成石海的砾石多原地直接覆盖于基岩面之上，其下很少碎屑，这是因为巨砾层透水性好、水分不易保存，减慢了冻融作用对巨砾进一步分解的速度，即使有少量细粒物质也多被融水带走，因此，砾石层下很少碎屑物。石河发育在多年冻土区具有一定坡度的凹地或谷地里，是由充填谷地的冻融风化碎屑物（石块）在重力作用下沿着湿润的碎屑下垫面或多年冻结层顶面徐徐向下运动而成。大型石河又称石冰川。

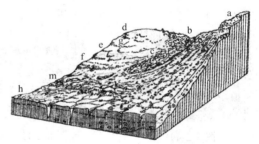

图 8-2-37　松散堆积物形成的中小型冻土地形

a—山上阶地；b—石流；c—石河；d—石瓣；e—泥流阶地；f—泥流坝；g—蠕动流；h—多角土

（2）多边形土和石环。见图 8-2-37，饱含水分、由细粒土组成的冻土地区，当冻土活动层冻结后若温度继续下降或土层干缩就会因冻裂作用而产生裂隙并形成被裂隙围绕的、中间略有突起的多边形土（见图 8-2-38）。见图 8-2-39～图 8-2-41，石环是指以细粒土或碎石为中心、边缘为粗粒所围绕的石质多边形土，石质多边形土的形成主要是松散堆积物在冻融作用的反复进行下发生竖向分选所致。

图 8-2-38　多边形土

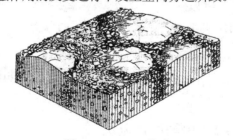

图 8-2-39　石环构造

（3）冻胀丘与冰丘。见图 8-2-42 和图 8-2-43，冻土地区由于冻结膨胀作用会使土层局部隆起而产生丘状地形，即为冻胀丘或冰核丘。冬季活动层由上而下冻结时随着活动层冻结的逐渐加深地下水承压性不断增强，含水层会从压力大的地方向压力小的地方迁移、集中并挤压上升，同时地下水会逐渐冻结成冰透镜体并产生很大的膨胀力，当它们超过上覆土层的强度时地表将鼓起呈丘状形成冻胀丘。冰丘是在寒冷季溢出封冻地表的地下水和流出冰面的河湖水经冻结后形成的丘状冰体，又称冰锥（见图8-2-44和图8-2-45）。冰丘的成因与冻胀丘相似，主要由冻结产生的承压水在土层强度较小的地方或从裂隙冒出地表和冰面再冻结而形成。

图 8-2-40　石环 1（青藏高原唐古拉山南麓）

图 8-2-41　石环 2（青藏高原唐古拉山南麓）

图 8-2-42　冻胀丘

图 8-2-43　冻胀丘遗迹

（4）泥流阶地。见图 8-2-46，泥流阶地是融冻泥流在向下蠕动途中遇到障碍或坡度变缓时而产生的台阶状堆积地貌，其阶地面平缓、略向下倾（有时凸出呈舌状，前缘有一坡坎），其高度一般为 0.3～6 m。

图 8-2-44　冰锥

图 8-2-45　融化中的冰锥

图 8-2-46　泥流阶地

（5）热溶地貌。见图 8-2-47～见图 8-2-50，热溶地貌是指永冻层上部的地下冰因融化而产生的各种负地貌。

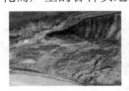

图 8-2-47　热融滑塌

图 8-2-48　边岸热融滑塌

图 8-2-49　冻融泥流

图 8-2-50　热融湖塘

8.3　我国的冰川分布

8.3.1　中国冰川概况

中国冰川主要集中分布于中国西部和北部（共计 46298 条），冰川面积 59406 km³、冰储量 5590 km³（其中西藏为中国冰川分布集中地区，有冰川面积 27676 km³），中国冰川年均融水量约 563 亿 m³，约占内河水资源总量的 20%。中国冰川包括境内冰川和雪山，主要分布于中国西部，包括西藏、新疆、四川、云南、甘肃、青海等省区且以青藏高原分布集中，主要位于喜马拉雅山、横断山、昆仑山、祁连山等诸多山脉，是很多河流的源头。由于冰川冰雪累计和融化相对稳定，因而确保了江源河源地区水源的稳定，长江源和黄河源均发源于雪山冰川。青藏高原冰川主要集中于以下3处，即藏东南的念青唐古拉山东南段纳木错湖周围，著名的有南迦巴瓦雪峰和加拉白垒雪峰，有西藏境内最长的恰青冰川；喜马拉雅山脉东段的羊卓雍错附近区域、横断山脉的贡嘎山周围并以海洋性冰川为主；珠穆朗玛峰周围地区，有名的为绒布冰川，这一带以冰塔林壮观而著称。青藏高原地区的冰川特点是雪线高，东绒布冰川最高雪线达到海拔 6200 m。中国著名冰川有阿扎冰川（西藏）、贡嘎山海螺沟冰川（四川）、卡钦冰川（西藏）、科可萨依冰川（新疆）、来古冰川（西藏）、米堆冰川（西藏）、祁连山七一冰川（甘肃）、喜马拉雅山绒布冰川（西藏）、特拉本坎力冰川（新疆）、天山乌鲁木齐河源 1 号冰川（新疆）、祁连山老虎沟 12 号冰川（又名透明梦柯冰川）（甘肃）、土盖别里齐冰川（新疆）、天山托木尔冰川（新疆）、达索普冰川（旧称野博康加勒冰川）（西藏）、音苏盖提冰川（新疆）、玉龙雪山冰川（云南）、梅里雪山明永冰川（云南）等。

2014 年 12 月 13 日中国科学院寒区旱区环境与工程研究所在京发布的《中国第二次冰川编目》认为中国西部冰川总体呈现萎缩态势，面积缩小了 18% 左右。冰川是气候变化最敏感、最直接的信息载体，中国 1978 年至 2002 年开展的第一次冰川编目工作以上个世纪 50—80 年代的航摄地形图和航空相片为主要数据源，编制了 46377 条冰川目录，总面积 59425 km², 估计冰储量约 5600 km³。近几十年来的全球气候变暖导致世界各地冰川纷纷呈现出退缩态势，中国西部的冰川也发生了显著变化。中国第二次冰川编目利用的是 2006 年至 2010 年间的遥感影像，统计表明中国西部目前有冰川 48571 条，总面积 51840 km², 估算冰川储量为 4494 km³。两次冰川编目对比可见自上世纪 50 年代中后期以来中国西部冰川总体呈现萎缩态势，面积缩小了 18% 左右，年均面积缩小243.7 km²/年。中国阿尔泰山和冈底斯山的冰川退缩最显著，冰川面积分别缩小了 37.2%和 32.7%。喜马拉雅山、唐古拉山、天山、帕米尔高原、横断山、念青唐古拉山和祁连山的冰川变化幅度居中，冰川面积缩小 21% 到 27.2%。喀喇昆仑山、阿尔金山、羌塘高原和昆仑山则缩小 8.4% 到 11.3%。从冰川面积年均缩小比率来看，青藏高原南部冈底斯山东段及以南喜马拉雅山区、喜马拉雅山西段印度河河源区等是中国西部冰川面积萎缩速度最快的地区，年均萎缩幅度高达每年 2.2%。羌塘高原是冰川面积萎缩幅度最小的区域，年均面积缩小比例为每年 0.2% 左右。

冰川可以形象地描绘为大量冰块堆积形成的如河川般的地理景观，在地理学上被定义为寒冷地区多年降雪积聚密实、经过变质作用后形成的具有一定形状并能自行运动的天然冰体。因此，相当数量的降雪与严寒的低气温是冰川发育的主要因素，地球上的冰川除南北两极外就只有在高海拔的寒冷山地才能存在。中国是世界上中低纬度冰川最发育的国家，平均海拔在 4000～5000 m 的青藏高原以及中国西部其他的高大山系为冰川发育提供了良好的基础，孕育了千万条冰川。

虽然同属我国西部，但西北和西南地区的气候条件却截然不同。西北地区深处世界上最大的大陆（欧亚大陆）内部，大陆性气候非常严酷，气候干燥、降水很少，山脉的雪线高度普遍高于其他中低纬度山地，这样就为中国西北部冰川发育提供了很低的温度条件，冰川温度也比中低纬度其他山地冰川要低得多，冰川物质补给少但消融作用也弱，与极地冰川相似。西南地区特别是藏东南地区，深受印度洋季风影响，富于海洋性气候特征、气候湿润、降水丰富、雪线海拔低、冰川温度高、补给物质丰富、冰川活跃、消融量也大。在这两个区域之间还存在着一个气候条件介于大陆性气候与海洋性气候之间的过渡地带，其发育的冰川也属于上述两者间的过渡类型。因此，按冰川发育的水热条件和物理性质可把我国的冰川划分为极大陆型冰川、亚大陆型冰川和海洋型冰川等三大类，我国冰川主要分布于天山、昆仑山、念青唐古拉山、喜马拉雅山、喀喇昆仑山、冈底斯山、祁连山、横断山、唐古拉山等几个山系。此外，羌塘高原、帕米尔山地、阿尔泰山、准噶尔西部山地等也有冰川分布。海洋型冰川或称温冰川主要分布在西藏东南部和川西、滇西北地区，包括横断山区和西藏东南部的喜马拉雅山东段及念青唐古拉山的中东段，冰川面积约达 13200 km²，占我国冰川总面积的 22%。这里有丰沛的夏季风降水，冰川区平衡线高度上年降水量达 1000～3000 mm，夏季温度为 1～5℃，冰温在 -1～0℃ 之间，平衡线较低，因而对气候变暖极为敏感，小幅度气温升高可导致平衡线大幅度升高和冰川大面积萎缩，对降水变化的敏感性较差。亚大陆型（或称亚极地型）冰川面积是 3 类冰川中最大的，达 27200 km²，占全国冰川总面积的 46%，分布于阿尔泰山、天山、祁连山中东段、昆仑山东段、唐古拉山东段、念青唐古拉山西段、冈底斯山部分、喜马拉雅山中、西段的北坡以及喀喇昆仑山北坡，冰川平衡线高度上年降水量在 500～1000 mm，年均气温 -6～-12℃，夏季气温 0～3℃，20 m 深度以内冰温为 -1～-10℃。极大陆型（或称极地型）冰川分布于中、西昆仑山、羌塘高原、帕米尔东部、唐古拉山西部、祁连山西部、冈底斯山西段，面积约 19000 km²，占我国冰川总面积的 32%，冰川区年降水量为 200～500 mm，平衡线处平均温度低于 -10℃，曾测得古里雅冰帽 10 m 深处冰温为 -19℃，冰面夏季气温低于 -1℃，在极其干燥寒冷环境下冰川热量支出以蒸发为主、消融很弱，冰层多连底冻结、冰流速迟缓，对升温敏感性很差。

8.3.2 中国冻土概况

中国冻土分季节冻土和多年冻土两类，季节冻土占中国领土面积一半以上，其南界西从云南章凤向东经昆明、贵阳绕四川盆地北缘到长沙、安庆、杭州一带。季节冻土冻结深度在黑龙江省南部、内蒙古东北部、吉林省西北部可超过 3 m，往南随纬度降低而减少。多年冻土分布在东北大、小兴安岭，比如大兴安岭南端的黄岗梁山地、长白山；晋陕高山，比如五台山、太白山等；以及西部阿尔泰山、天山、祁连山及青藏高原等地，总面积为全国领土面积的 1/5 强。东北冻土区为欧亚大陆冻土区的南部地带，冻土分布具有明显的纬度地带性规律，自北而南分布面积减少，本区有南北宽 200～400 km 的宽阔岛状冻土区，热状态很不稳定，对外界环境因素改变极为敏感。东北冻土区的自然地理南界变化在北纬 46°36'～49°24'，是以年均温 0℃ 等值线为轴线摆动于 0℃ 和 ±1℃ 等值线之间的一条线。在西部高山高原和东部一些山地的一定海拔高度以上，即多年冻土分布下界方有多年冻土出现，其冻土分布具有竖向分带规律。比如祁连山热水地区海拔 3480 m 出现岛状冻土带，3780 m 以上出现连续冻土带。再比如青藏公路上的昆仑山海拔 4200 m 左右出现岛状冻土带，4350 m 左右出现连续冻土带。

青藏高原冻土区是世界中、低纬度地带海拔最高（平均 4000 m 以上）、面积最大（超过 100 万 km^2）的冻土区。其分布范围北起昆仑山，南至喜马拉雅山，西抵国界，东缘至横断山脉西部、巴颜喀拉山和阿尼马卿山东南部。在上述范围内有大片连续的多年冻土和岛状多年冻土。在青藏高原地势西北高、东南低，年均温和降水分布西、北低，东、南高的总格局影响下，其冻土分布面积由北和西北向南和东南方向减少。高原冻土最发育的地区在昆仑山至唐古拉山南区间，本区除大河湖融区和构造地热融区外多年冻土基本呈连续分布，往南到喜马拉雅山为岛状冻土区，仅藏南谷地出现季节冻土区。

中国高海拔多年冻土分布也表现出一定的纬向和经向变化规律，冻土分布下界值随纬度降低而升高，二者呈直线相关。冻土分布下界值中国境内南北最大相差达 3000 m，除阿尔泰山和天山西部积雪很厚的地区外下界处年均温由北而南逐渐降低，在−3～−2℃以下。西部冻土下界比雪线低 1000～1100 m，其差值随纬度降低而减小。东部山地冻土下界比同纬度的西部高山一般低 1150～1300 m。

冻土分布区气候严寒或干寒且有永冻层，土壤自然肥力很低，不经改造不宜于农用，冰沼土上生长有鹿的主要饲料（地衣），所以发展养鹿业乃是利用冰沼土的重要途径之一。

1962 年以来青藏高原冻土表现出了冻结持续天数缩短、最大冻土深度减小等现象，青藏公路沿线分布的各类冻土层冻胀融沉强烈，在冈底斯山—念青唐古拉山以北、安狮公路南北面积分别为 30 多万 km^2 的区域内其冻土几十年来持续退化。高原冻土的融化会加剧冻土区域的地面不稳定并引发更多的冻土区工程地质问题，不利于大型道路和工程的建设。由于人类活动大多集中在温暖地区或低海拔平原地带，所以对于冻土的认识不是很多，但随着人类活动空间的扩大以及对资源需求的增多，人类逐渐将目光投向了太空、海洋和寒冷的极区，包括多年冻土在内的寒区有着自己独特的环境特性，是一个很脆弱的环境体系，一旦遭到破坏就无法挽回。恩格斯曾经说过"我们不要过分陶醉在我们对自然的胜利。对每一次这样的胜利自然界都报复了我们"，对自然的开发必须以了解、服从自然发展规律为前提，只有这样我们才能给生活在寒区的人们和子孙后代留下一个没有伤疤的地球！

思考题与习题

1. 简述冰川作用的特点。
2. 简述雪线与成冰作用的关系。
3. 冰川的运动规律是什么？
4. 冰川形态分类的特点是什么？
5. 冰川物理分类的特点是什么？
6. 何为冰蚀作用？常见的冰蚀地貌有哪些？各有什么特点？
7. 何为冰川的搬运、堆积作用？常见的冰碛地貌有哪些？各有什么特点？
8. 常见的冰水堆积地貌有哪些？各有什么特点？
9. 简述冻土的特点及分布区域。
10. 冻融作用的特点是什么？
11. 常见的冻土地貌有哪些？各有什么特点？
12. 简述我国冰川分布的基本情况。
13. 简述我国冻土分布的基本情况。

第9章 地壳的风沙地质作用

9.1 风沙地质作用的特点

风成地貌与黄土地貌是干旱和半干旱区发育的独特地貌，它们在时间、空间分布以及成因上都有密切联系。风力对地表物质侵蚀、搬运和堆积过程中所成的地貌称为风成地貌，主要分布在干旱和半干旱地区，特别是其中的沙漠地带，见图9-1-1。沙漠地带日照强、昼夜气温变幅巨大、物理风化盛行、降水少且变率大而又集中、蒸发强烈，年蒸发量常数倍、数十倍于降水量，其地表径流贫乏、流水作用微弱、植被稀疏矮小、疏松的沙质地表裸露、风大而频繁，因此，风就成为塑造地貌的主

图9-1-1 沙漠

要营力，风成地貌也就特别发育。黄土地貌，特别是现代的黄土侵蚀地貌，其流水的侵蚀作用固然十分显著。黄土的堆积地貌、黄土物质的形成中均有流水作用的堆积物（黄土状土）以及风化残积物经成土作用的产物等。该区域风力作用占据主导地位，是风把干旱沙漠和戈壁地区以及大陆冰川区冰水平原上的细颗粒吹送到半干旱草原区堆积成的。风成地貌与黄土地貌都是第四纪地质历史时期广大干旱、半干旱区内的产物，特别是干燥的气候环境。风力作用是其塑造地貌的重要营力。风沙移动和黄土的水土流失都对工农业生产、交通等经济建设有很大危害，因此，防治沙害和水土保持是当前干旱、半干旱区人民与自然抗争的一项非常重要的任务，是环境保护、国土整治的重要课题。

风和风沙流对地表物质所发生的侵蚀、搬运和堆积作用称为风沙作用。含沙的气流称风沙流，从流体力学角度来看是一种气—固两相流。风沙流运动是一种贴近地面的沙子搬运现象，其搬运的沙量绝大部分是在近地面的气流层中通过的。

1. 风蚀作用

风吹经地表时由于风的动压力作用会将地表的松散沉积物或基岩上的风化产物（沙物质）吹走、使地面遭到破坏，这个过程称为吹蚀作用。风速越大其吹蚀作用越强。风挟带沙子贴地面运行时风沙流中的沙粒会对地表物质进行冲击、摩擦，岩石表面有裂隙等凹进之处时风沙甚至可以钻进去进行旋磨，这种作用称为磨蚀作用。磨蚀的强度取决于风速和挟带沙粒的数量，近地表处沙粒大而多但风速小，远离地表处风速大而沙粒数量少且小。因此，只有在中间某一高度处才能产生最大磨蚀。吹蚀作用和磨蚀作用统称风蚀作用。

2. 风沙的搬运作用

见图9-1-2，风挟带各种不同粒径的沙物质使其发生不同形式和不同距离的迁移称为

风沙搬运作用，搬运方式为悬移（悬浮于空气中的流动）、跃移（跳跃式运动）、蠕移（沙子沿地表滑动和滚动）。

3. 风沙的堆积作用

风沙搬运过程中风速变弱或遇到障碍物，以及遇到植物或地表微小的起伏，或遇到地面结构、下垫面性质改变时就会发生沙粒从气流中脱离堆积问题，若地表

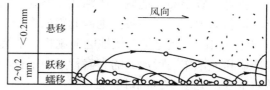

图 9-1-2　风沙搬运的 3 种形式

具有任何形式的障碍物时气流在运行时均会受到阻滞而发生涡旋减速从而削弱气流搬运沙子的能量，同时也就会在障碍物附近产生大量的风沙堆积。

9.2　风沙地貌的基本特征

9.2.1　风蚀地貌

因风沙的风蚀作用形成的地貌称为风蚀地貌。常见的风蚀地貌主要有风棱石、石窝、风蚀蘑菇和风蚀柱、风蚀谷和风蚀残丘、风蚀雅丹、风蚀洼地等。

1. 风棱石

风棱石是干旱荒漠中最常见的一种小型风蚀地貌形态，特别是广大砾石荒漠。广大砾漠中的砾石经过风沙长时间的磨蚀作用后会变成棱角明显的、表面光滑的风棱石。风棱石的成因是部分突露地表的砾石经定向风沙长期打磨而露出地面部分形成一个磨光面（风蚀面），以后由于风向改变或砾石翻转重新取向又形成另一个磨光面，面与面之间则隔着尖棱，这样就形成了风棱石。

2. 石窝

干旱荒漠中另一种经常可以遇到的小型风蚀形态是石窝。石窝多发育在石质荒漠中巨大岩石的迎风峭壁上，是许多圆形或不规则的椭圆形的小洞穴和凹坑（石袋），有的散布、有的群集，其直径约 20 cm、深度 10～15 cm。密集分布的凹坑中间隔以狭窄的石条状如窗格或蜂窝，故称石窝（又称石格窗）。

3. 风蚀蘑菇和风蚀柱

见图 9-2-1，孤立突起的岩石，尤其是水平节理和裂隙很发育而不甚坚实的岩石经受长期风化和风蚀作用后会形成上部大、基部小、外形很像蘑菇（覃状）似的岩石，称为风蚀蘑菇（蘑菇石）。竖向裂隙发育的岩石在风的长期吹蚀后可形成一些高低不等、大小不同的孤立柱称为风蚀柱（见图 9-2-2）。

4. 风蚀谷和风蚀残丘

干旱地区雨量稀少，偶有暴雨产生洪流（暴流）冲刷地面就会形成许多冲沟，冲沟再经长期风蚀作用改造、加深和扩大就成为风蚀谷。风蚀谷无一定形状，既可为狭长的濠沟，也可为宽广的谷地。其沿主要风向延伸，底部崎岖不平、宽窄不均、婉蜒曲折，长者可达数十千米。由基岩组成的地面经风化作用、暂时水流的冲刷以及长期的风蚀作用后，随着风蚀谷扩宽原始地面不断缩小，最后残留下一些孤立的小丘称为风蚀残丘。

5. 风蚀雅丹

雅丹（Yadang）地貌与风蚀残丘不同，它不是发育在基岩上，而是发育在河湖相的土状堆积物中，以罗布泊洼地西北部的古楼兰附近最为典型。"雅丹"的维吾尔语原意为"陡壁的小丘"，现泛指干燥地区河湖相土状沉积物所形成的地面经风化作用、间歇性流水冲刷和风蚀作用后形成的与盛行风向平行、相间排列的风蚀土墩和风蚀凹地（沟槽）地貌组合，见图 9-2-3 和图 9-2-4。

图 9-2-1　风蚀蘑菇

图 9-2-2　风蚀桥

图 9-2-3　雅丹地貌形态之 1

图 9-2-4　雅丹地貌形态之 2

6. 风蚀洼地

见图 9-2-5，松散物质组成的地面经风的长期吹蚀可形成大小不同的浅凹地称为风蚀洼地，其多呈椭圆形并沿主风向伸展。单纯由风蚀作用造成的洼地多为小而浅的碟形洼地（比如准噶尔盆地三个泉子干谷以北平坦薄层沙地上分布有许多碟形洼地，直径都在50 m 以下，深度仅 1 m 左右）。见图 9-2-6，风蚀洼地风蚀过程中风蚀深度低于潜水面时地下水出露可潜水成湖。我国呼伦贝尔沙地中的乌兰湖，浑善达克沙地中的查干诺尔，毛乌素沙地中的纳林诺尔等都是这样形成的。

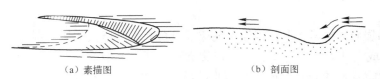
（a）素描图　　　　　　　　（b）剖面图
图 9-2-5　风蚀洼地

图 9-2-6　风蚀洼地潜水成湖

9.2.2　风积地貌

风积地貌是指被风搬运的沙物质在一定条件下堆积所形成的各种地貌，其中最基本的是由风成沙堆积成的形态各异、大小不同的沙丘，比如横向沙丘、纵向沙丘、多方向风作用下的沙丘。横向沙丘形态的走向和起沙风合成风向相垂直或成60°～90°的交角；纵向沙丘形态的走向和起沙风合成风向相平行或成 30°以下的交角；多方向风作用下的沙丘形态本身不与起沙风合成风向或任何一种风向相垂直或平行。

160

1. 横向沙丘

见图 9-2-7 和图 9-2-8，新月形沙丘（Barchan）是一种最简单的横向沙丘形态。顾名思义，新月形沙丘最显著的形态特征是平面图形呈新月形，沙丘的两侧有顺着风向向前伸出的两个兽角（翼）。新月沙丘的剖面形态是有两个不对称的斜坡。其迎风坡凸而平缓，坡度在 5°～20°。其背风坡凹入而较陡，坡度为 28°～34°，相当于沙坡的最大休止角。其两坡之间的交接线为弧形沙脊。沙丘高度都不大，一般为 1～5 m，很少超过 15 m。其宽度一般为长度的 10 倍。单个新月形沙丘大多零星分布在沙漠的边缘地区。

由密集的新月形沙丘相互横向连接可形成一条链索，称为沙丘链，见图 9-2-9。其高度一般在 10～30 m 左右、长度可达数百米甚至 1 km 以上，有的沙丘链弯曲度较大、两坡不对称，多位于单向风地区。有些沙丘链则比较平直且两坡也比较对称多位于相反方向风交互作用地区。因沙丘链的排列方向（走向）与长期的起沙风合成风向近于垂直，故也称之为横向沙丘。

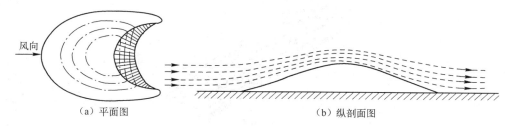

（a）平面图　　　　　　　　　　　　　（b）纵剖面图

图 9-2-7　新月形沙丘

图 9-2-8　新月形沙丘实景　　　　　　　　　图 9-2-9　沙丘链

新月形沙丘和沙丘链在水分条件较好的长草情况下被植物所固定和半固定时会形成梁窝状沙丘，梁窝状沙丘可再度受到吹扬。沙丘顶部因相对高起，水分、植被条件较差，易受风的吹扬使丘体不断向前移动。其两翼高度较低、植物固定程度较好、风的作用受到阻碍，沙子不再移动而仍被留在原地。这种发展结果就形成了反向沙丘形态——抛物线形沙丘，见图 9-2-10。

2. 纵向沙丘

纵向沙丘是顺风向延伸的纵向沙垄，也称线形沙丘，见图 9-2-11。纵向沙垄平直作线状伸展，高度 10～25 m，也有比此低亦或更高的。其长度可从数百米到数千米不等。见图 9-2-12，有人认为纵向沙丘是在两个锐角相交的风交互作用下由灌丛沙丘变为垄状沙链再逐步演变到树枝状沙垄，也有人认为其是在两种风向呈锐角斜交情况下由新月沙丘的一翼向前延伸所形成。还有人认为纵向沙丘的形成主要与大气边界层的纵向螺旋状卷轴涡流作用有关，纵向螺旋状卷轴涡流将地面吹蚀的沙子搬运到双反转的涡流之间地表的收敛空气狭长带堆积，形成了顺风向延伸的纵向沙垄。

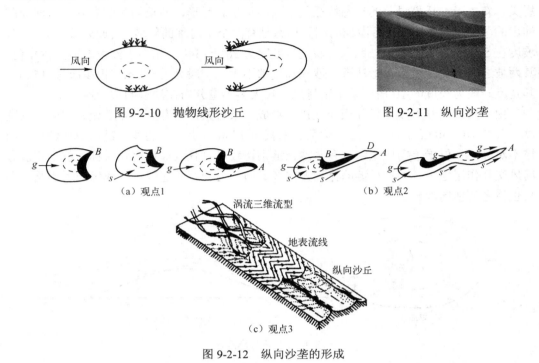

图 9-2-10　抛物线形沙丘　　　　　　图 9-2-11　纵向沙垄

（a）观点1　　　　　　　　　　（b）观点2

涡流三维流型

地表流线

纵向沙丘

（c）观点3

图 9-2-12　纵向沙垄的形成

3. 多方向风作用下的沙丘

金字塔沙丘是在多风向且风力相差不大的情况下发育起来的一种沙丘，因其形态与埃及尼罗河畔的金字塔相似而得名，有时其形态像海星故又被称为星形沙丘。金字塔沙丘有一个尖的顶，从尖顶向不同方向延伸出三个或更多的狭窄沙脊（棱），每个沙脊都有一个发育得很好的滑动面（棱面），坡度一般在 25°～30°，丘体高大。

9.2.3　沙丘移动规律

沙丘移动过程及机理相当复杂，与风、沙丘高度、水文条件、植被状况等很多因素有关。见图 9-2-13，沙丘移动方式主要有前进式、往复前进式、往复式等 3 种。前进式是在单一的风向作用下产生的；往复前进式是在两个方向相反而风力大小不等的情况下产生的；往复式是在风力大小相等、方向相反的情况下产生的。风成砂层的交错层理见图 9-2-14。

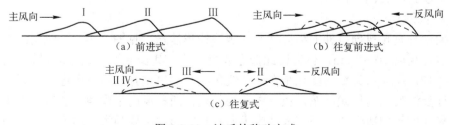

（a）前进式　　　　　　　　　（b）往复前进式

（c）往复式

图 9-2-13　沙丘的移动方式

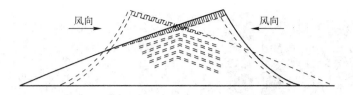

图 9-2-14　风成砂层的交错层理

风沙活动、沙丘前移可侵入农田牧场、埋没房屋、侵袭道路（铁路、公路），给农业生产和工矿、交通建设造成很大危害。防治沙害的关键是控制沙质地表风蚀过程的发展、削弱风沙流的强度和固定沙丘，一般可采取工程防治和植物固沙两种方法。

9.3　荒漠的特点

气候干旱、植被非常稀少、土地十分贫瘠的自然地带称为荒漠（Desert，意为"荒凉"之地）。世界上干旱荒漠的面积约占全球陆地面积 1/4，主要分布在南、北纬 15° ～ 35° 之间的亚热带以及温带内陆地区。南、北纬 15° ～35° 之间的亚热带湿度低、少云而寡雨，成为地球上著名干燥气候区，比如北非的撒哈拉、西南亚的阿拉伯半岛、南美的阿塔卡马等地。温带内陆地区深居内陆、远距海洋、地形闭塞，形成了温带内陆干旱区，比如中亚以及我国的西北和美国西部等地。干旱荒漠按地貌形态与地表组成物质不同可分为岩漠、砾漠、沙漠和泥漠等 4 种类型。

9.3.1　常见荒漠的类型

1. 岩漠（石质荒漠）

见图 9-3-1，岩漠发育在干旱山地中，其特点是地面切割得破碎不堪、山岭陡峭、石骨嶙峋、基岩突露地表。

图 9-3-1　岩漠

2. 砾漠（砾石荒漠）

见图 9-3-2，砾漠为地势起伏平缓、地面布满砾石的地区，多发育于内陆山前冲积——洪积平原上，在强劲风力作用下细粒物质（沙、粉尘等）被吹走，整个地表留下了粗大砾石，便形成一片广大的砾石荒漠。砾漠中的砾石常被风所挟带的沙子磨蚀成带棱角的、表面光滑的风棱石，有些砾石表面可见到油黑色漆皮。世界上砾漠分布较广，比如我国西北的河西走廊、柴达木和塔里木等内陆盆地的山前地带；蒙古大戈壁；北非阿尔及利亚的部分地区。砾石荒漠蒙古语称"戈壁"。

图 9-3-2　戈壁

3. 沙漠（沙质荒漠）

见图 9-3-3，沙漠是指地表覆盖有大面积风成沙的地区。这里风沙活动强烈并形成有各种风成地貌形态。沙漠是荒漠中分布最广的一种类型。此外，在半干旱的干草原地区也常有大面积为风成沙所覆盖的地面，称为"沙地"，一般人的习惯中也常把它叫沙漠。

图 9-3-3　沙漠

4. 泥漠（黏土荒漠）

见图 9-3-4，泥漠是由黏土物质组成的地面，分布在干旱区的低洼地带，比如封闭盆地的中心。它是由洪流从山区搬运来的细土物质淤积干涸而成。泥漠的地面平坦，发育有龟裂纹，植物稀少，地表光裸。有的泥漠地区地下水位较浅且含有大量盐分，蒸发形成盐土、盐壳甚至盐岩层，则称为盐沼荒漠或盐漠。

图 9-3-4　泥漠

9.3.2　荒漠化问题

见图 9-3-5，荒漠化是当今人类面临的全球性的严重环境问题之一。根据联合国最近公布的资料，目前已经荒漠化或正在经历荒漠化过程的地区遍及世界六大洲 100 多个国家和地区，世界上 1/5 人口受到荒漠化的威胁。荒漠化（Desertification）概念于 1949 年由法国科学家 Aubrevill 提出，1994 年 10 月，联合国防治荒漠化公约在巴黎签署，公约中给出了荒漠化的新定义，即"荒漠化系指包括气候变化和人类活动在内的种种因素造成的干旱、半干旱和半湿润干旱区的土地退化"。荒漠化的新定义明确地指出了三个问题，即荒漠化是气候变化和人类活动等多

图 9-3-5　荒漠化

种因素的作用下起因和发展的；荒漠化发生在干旱、半干旱和半湿润干旱区；荒漠化是发生在干旱、半干旱和半湿润干旱区的土地退化，从而给出了荒漠化产生的背景条件和

分布范围。

　　见图9-3-6，我国的沙漠化防治战略总目标是"以西北、华北、东北西部万里风沙带为主线，以保护、扩大林草植被和沙生植被为中心，建立防、治、用有机结合的治沙工程体系"。由于干旱区生态系统具有脆弱而易破坏的特性，因此在开发水、土、植物资源时应注意自然潜力与土地利用系统之间的动态平衡关系、掌握适度利用的原则。在开发干旱区水、土、植物资源时应采取开发利用和资源保护并举的原则，比如对天然植被的利用与保护。在干旱区开发利用水土资源时必须因地制宜确定本区利用方向，做到适应自然条件的利用。在预防沙漠化的同时还应采取相应的治理沙害的措施，做到预防为主、防治结合。综合治理措施是"坚持生物措施为主、生物措施与工程措施相结合，治理一片、巩固一片、开发一片、见效一片"。

（a）生命之花　　　　（b）固沙　　　　（c）绿色　　　　　　（d）绿洲

图 9-3-6　荒漠化防治

9.4　我国的荒漠分布

　　中国是世界上荒漠化严重的国家之一，荒漠化形势十分严峻。全国沙漠、戈壁和沙化土地普查及荒漠化调研结果表明，中国荒漠化土地面积为262.2万km^2，占国土面积的27.4%。近4亿人口受到荒漠化的影响，中国因荒漠化造成的直接经济损失约为541亿元人民币。中国荒漠化土地中以大风造成的风蚀荒漠化面积最大，占160.7万km^2，自20世纪70年代以来仅土地沙化面积扩大速度每年就有2460 km^2。

　　强沙尘暴俗称"黑风"，因进入沙尘暴之中常伸手不见五指。土地的沙化给大风起沙制造了物质条件，中国北方地区沙尘暴发生越来越频繁且强度大、范围广。1993年5月5日新疆、甘肃、宁夏先后发生强沙尘暴，造成116人死亡（或失踪）、264人受伤，损失牲畜几万头，农作物受灾面积33.7万公顷，直接经济损失5.4亿元。1998年4月15—21日自西向东发生的一场席卷中国干旱、半干旱和亚湿润地区的强沙尘暴纵贯新疆、甘肃、宁夏、陕西、内蒙古、河北和山西西部，4月16日飘浮在高空的尘土在京津和长江下游以北地区沉降形成大面积浮尘天气，北京、济南等地因浮尘与降雨云系相遇导致"泥雨"从天而降，宁夏银川因连续下沙子导致飞机停飞、人们连呼吸都觉得困难。中国西北地区从公元前3世纪到1949年间共发生有记载强沙尘暴70次，平均31年发生一次，1949年至今却发生了近90次，虽然历史记载与现今气象观测在标准上差异较大，但沙尘暴现在比过去多得多是一个毋庸置疑的事实。

　　中国17个典型沙区同一地点、不同时期陆地卫星影像资料也证明了中国荒漠化发展的严峻形势。毛乌素沙地地处内蒙古、陕西、宁夏交界，面积约 4 万 km²，40 年间流沙面积增加了 47%、林地面积减少了 76.4%、草地面积减少了 17%。浑善达克沙地南部由于过度放牧和砍柴仅 9 年流沙面积就增加了 98.3%、草地面积减少了 28.6%。另外，还有甘肃民勤绿洲的萎缩、新疆塔里木河下游胡杨林和红柳林的消亡、内蒙阿拉善地区的草场退化和梭梭林消失，等等。土地荒漠化的最终结果大多是沙漠化。

中国有风蚀荒漠化、水蚀荒漠化、冻融荒漠化、土镶盐渍化等 4 种类型的荒漠化土地。中国风蚀荒漠化土地面积 160.7 万 km²，主要分布在干旱、半干旱地区，是各类型荒漠化土地中是面积最大、分布最广的一种。其中，干旱地区约有 87.6 万 km²，大体分布在内蒙古狼山以西，腾格里沙漠和龙首山以北包括河西走廊以北、柴达木盆地及其以北、以西到西藏北部。半干旱地区约有 49.2 万 km²，大体分布在内蒙古狼山以东向南，穿杭锦后旗、橙口县、乌海市，然后向西纵贯河西走廊的中东部直到肃北蒙古族自治县，呈连续大片分布。亚湿润干旱地区约 23.9 万 km²，主要分布在毛乌素沙漠东部至内蒙古东经 106°位置。中国水蚀荒漠化总面积 20.5 万 km²，占荒漠化土地总面积的 7.8%，主要分布在黄土高原北部的无定河、窟野河、秃尾河等流域，在东北地区则主要分布在西辽河的中上游及大凌河的上游。中国冻融荒漠化总面积 36.6 万 km²，占荒漠化土地总面积的 13.8%，主要分布在青藏高原的高海拔地区。中国盐渍化土地总面积 23.3 万 km²，占荒漠化总面积的 8.9%，土壤盐渍化比较集中连片分布的地区有柴达木盆地、塔里木盆地周边绿洲以及天山北麓山前冲积平原地带、河套平原、银川平原、华北平原及黄河三角洲。

西北地区荒漠化形成的原因主要是自然因素。比如干旱、蒸发量大于降水量、深居内陆、距海远、海洋水汽难以到达，四周高山环绕并有青藏高原的阻挡；多大风；接近冬季风源地西伯利亚、地形起伏小、无高山阻挡使大风长驱直入；植被稀少、植被覆盖率低；土质疏松、多沙漠（是形成荒漠化的物质基础）；寒流流经减温减湿。其次是人为因素，比如过度开垦、过度放牧、过度樵采、水资源不合理利用、交通线等工程建设保护不当等。

荒漠化问题的解决措施主要有以下 6 条，即保护现有植被、加强林草建设，在强化治理的同时切实解决好人口、牲口、灶口问题，严格保护沙区林草植被，通过植树造林、乔灌草合理配置建设多林种、多树种、多层次的立体防护体系以扩大林草比重，在搞好人工治理的同时应充分发挥生态系统的自我修复功能、加大封禁保护力度、促进生态自然修复，对地广人稀、交通不便、偏远荒沙、荒山地区采用飞播造林恢复植被，其速度快、用工少、成本低、效果好。在荒漠化地区开展持久的生态革命以加速荒漠化过程的逆转，应合理调配水资源、保障生态用水。不合理的水资源调配制度是造成我国西北河流缩短、湖泊萎缩甚至干涸、地下水位下降、土地荒漠化的直接原因。严格控制人口数量、不断提高人口素质，开展环保意识的宣传教育以提高全民族的思想认识水平，使关心爱护环境、自觉参与环境改造和建设成为一种社会风尚，应有计划地对局部荒漠化非常严重、草地和耕地几乎完全废弃、恶劣自然环境已不适于人类生存的地区实施生态移民。应扭转靠天养畜的传统观念以减轻对草场的破坏，要落实草原承包责任制并设定合理的载畜量红线，应大力推行围栏封育、轮封轮牧，应大力发展人工草地或人工改良草地满足畜牧业需要，应加快优良畜种培育、优化畜种结构。应加快产业结构调整并按生态和市场要求合理配置农、林、牧、副各业比例，应积极发展养殖业、加工业以分流农村剩余劳动力、减轻人口对土地的压力，应利用荒漠化地区蕴藏的多种独特资源，比如光热、自然景观、文化民俗、富余劳动力等优势开发旅游、探险、科考产业。应优化农牧区能源结构、大力倡导和鼓励人民群众利用非常规能源，比如风能、光能、沼气能等，以减轻对林、草地等资源的破坏。应做好国际履约工作，加强防治荒漠化的国际交流与合作、争取资金与外援。防沙治沙事关中华民族的生存与发展，事关全球生态安全，既需要全社会的广泛参与，更需要从制度、政策、机制、法律、科技、监督等方面采取有效措施处理好资源、人口、环境之间的关系，促进荒漠化防治工作的有序发展。

土地荒漠化治理有利于因地制宜地进行产业结构调整，使农、林、牧、副、渔全面发展以增加农民收入、促进当地经济发展、改善农民生活条件、提高生活质量；有利于保护土地资源、改善当地生态环境；有利于促进生态和经济的健康可持续发展。

应采取各种有效措施促进荒漠化逆转，尤其是保持土地湿润、加强土地保湿工作。保湿度大于干燥度是荒漠化逆转的最关键因素，大量的水分来源与保持是荒漠化逆转的关键。土地保湿的最有效方法是有效的水分提供与储水以及耐风寒植物、树木的种植。应做好河水、湖泊维护以及地下水维护、延伸、扩建工作以保持水量，应重视储水耐风寒植物、树木的栽种以保护自然水源区域的土地与湿度，应重视地下水网建设，地底下的水网不易为干燥的空气捕获从而可控制水分散失量，应在地下水源处创建人工河、湖并栽种耐风寒储水植物、树木以保护土壤与土壤湿度或采用国际通行的绿洲逆转法。沙漠化逆转后会产生良好的生态效益、经济效益，可使土地可用性增大，可使土壤获得充分的水分、养分，大面积林地能提供林木的来源并保持林木成长率大于开发率，林木能提供更多的氧气满足生物生存需求并协助降低暖化问题，林木的防风保护作用可使部分沙漠化逆转的地区人口承载力提高并增加土地的容积率与使用率，可以满足相关的工程建设活动要求，也可种更多的树以进一步优化生态环境。

思考题与习题

1. 简述风沙地质作用的特点。
2. 何为风蚀作用？
3. 何为风沙的搬运作用？
4. 何为风沙的堆积作用？
5. 简述风沙地貌的基本特征。
6. 典型的风蚀地貌有哪些？其特点是什么？
7. 典型的风积地貌有哪些？其特点是什么？
8. 简述沙丘的移动规律。
9. 简述荒漠的特点。
10. 常见的荒漠类型有哪些？其特点是什么？
11. 何为荒漠化？荒漠化应如何应对？
12. 简述我国的荒漠分布情况。

第 10 章　黄土地质作用

10.1　黄土地质作用的特点

中国是世界上研究黄土地貌最早的国家，2000 多年前就有"天雨黄土、昼夜昏霾"涉及黄土地貌堆积过程的记载，800 多年前北宋沈括对河南、陕西一带的黄土侵蚀地貌形态作了生动描述，历代在治理黄河下游河患方略的讨论中也均已认识到黄土高原侵蚀产沙是其根源。19 世纪后期至 20 世纪前期许多中外学者发表了研究中国黄土地貌的论著并与欧洲黄土进行对比，比如 F. von 李希霍芬、B. A. 奥勃鲁切夫提出了黄土风成学说；B.威利斯对华北地貌（包括黄土地貌）侵蚀和堆积过程进行了分期；P. 德日进和杨钟健研究了黄河晋陕峡谷段河道发育与黄土堆积的关系。20 世纪 50 年代以后黄土地貌研究进入蓬勃发展阶段，1953 年黄秉维首次编制成 1∶400 万黄河中游土壤侵蚀分区图并发表相应的论文，奠定了黄土地貌研究的基础。1953—1958 年罗来兴等进行了黄土地貌分类和沟道流域侵蚀地貌制图工作，把黄土地貌研究与黄土区土壤侵蚀与水土保持工作紧密相联。50 年代中期到 80 年代中期刘东生等不仅在黄土地层学研究中作出了贡献，为确定黄土地貌发育年龄打下了坚实基础，其在黄土地貌发育的历史过程、黄土性质与现代侵蚀的关系、黄土地貌类型区域分布与黄土下伏原始地面起伏的关系等方面也开展了卓有成效的工作（代表性著作有 1964 年的《黄河中游黄土》和 1985 年的《黄土与环境》）。

黄土在世界上分布相当广泛，占全球陆地面积的 1/10，成东西向带状断续地分布在南北半球中纬度的森林草原、草原和荒漠草原地带。在欧洲和北美，其北界大致与更新世大陆冰川的南界相连，分布在美国、加拿大、德国、法国、比利时、荷兰、中欧和东欧各国、白俄罗斯和乌克兰等地；在亚洲和南美则与沙漠和戈壁相邻，主要分布在中国、伊朗、苏联的中亚地区、阿根廷；在北非和南半球的新西兰、澳大利亚，黄土呈零星分布。中国是世界上黄土分布最广、厚度最大的国家，其范围北起阴山山麓，东北至松辽平原和大、小兴安岭山前，西北至天山、昆仑山山麓，南达长江中、下游流域，面积约 63 万 km²。其中以黄土高原地区最为集中，占中国黄土面积的 72.4%，一般厚 50～200 m（甘肃兰州九洲台黄土堆积厚度达到 336m），蕴育了世界上最典型的黄土地貌。

总之，黄土（包括黄土状土）在世界上分布相当广泛，从全球看，黄土主要位于比较干燥的中纬度地带。比如西欧莱茵河流域；东欧平原南部；北美密西西比河中上游以及我国西北、华北等地，面积约 1300 万 km²，约占全球陆地面积的 1/10。见图 10-1-1，我国北方是世界上黄土最发育的地区，面积有 63.1 万 km²，占全国面积 6.6%。黄河中、下游的陕西北部、甘肃中部和东部、宁夏南部以及山西西部是我国黄土分布最集中的地区，其分布面积广、厚度大、地势较高形成著名的黄土高原，黄土厚度在 50～100 m 之间，六盘山以西的部分地区还有超过 200 m 的。黄土是一种灰黄色或棕黄色特殊的土状堆积物，中国黄土地层由下而上可分为早更新世午城黄土、中更新世离石黄土、晚更新世马兰黄土，见表 10-1-1。

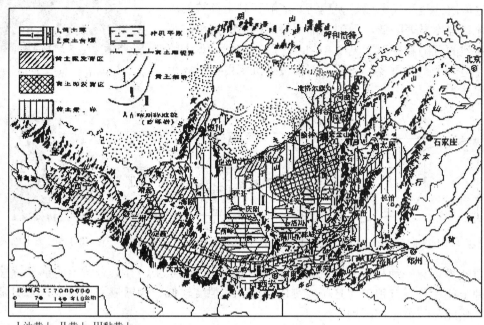

Ⅰ沙黄土　Ⅱ黄土　Ⅲ黏黄土

图 10-1-1　中国北方黄土地貌类型及分布示意

表 10-1-1　中国黄土的工程分类

名　　称	地层名称	地质符号	地质年代	成因亚类
新黄土	马兰黄土 2	Q_4	全新世	风积、冲积与洪积、坡积
	马兰黄土 1	Q_3	晚更新时	
老黄土	离石黄土上部	Q_2^2	中更新世	
	离石黄土下部	Q_2^1		
红色黄土	午城黄土	Q_1	早更新世	

10.1.1　黄土特性

黄土特性可概括为以下 5 点。即质地均一，以粉沙（0.05～0.005 mm）为主、其含量可达 60%以上，大于 0.1 mm 的细沙极少，小于 0.005 mm 的黏粒含量一般在 10%～25%之间，早期黄土比晚期黄土黏土颗粒含量高且其细沙粒级（0.25～0.05 mm）含量较低。因此，午城黄土的黄土质地较黏重，而马兰黄土则质地疏松。其富含碳酸钙，含量一般在 10%～16%之间。黄土中含有钙质，遇水溶解而使土粒分离，黄土成分散状，碳酸钙在淋溶与聚集过程中会逐渐汇集一起成为钙质结核，称为砂姜石。砂姜石在黄土中常成水平带状分布，富集于古土壤层的底部。黄土结构较松散，颗粒之间孔隙较多且有较大的孔洞、肉眼可见，常见孔隙度 40%～55%，多孔性是黄土区别于其他土状堆积物的主要特征之一。黄土无沉积层理、竖向节理很发育、直立性很强。深厚黄土层常形成陡峻的崖壁，土崖可维持百年而不崩坠。竖向节理发育是黄土最普遍而特殊的性质。黄土透水性较强，黄土遇水浸湿后会发生可溶性盐类（主要是碳酸钙）溶解和黏土颗粒的流失并导致强度显著降低，受到上部土层或构造的重压时常发生强烈的沉陷和变形，见图 10-1-2～图 10-1-5。黄土的湿陷性是一个至关重要的问题，因为黄土沉陷可以毁坏土木工程结构。

图 10-1-2　黄土滑坡

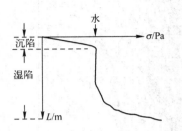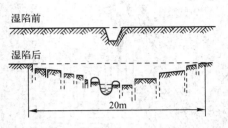

图 10-1-3　黄土浸水后变形（湿陷）　图 10-1-4　黄土湿陷导致灌渠沿岸破坏　图 10-1-5　黄土陷穴

　　自然界还有一种与黄土性质相近的堆积物称为黄土状土，其具有黄土的部分特性，但这种土往往具有沉积层理且粒度变化较大、孔隙度较低、含钙量变化显著、无明显湿陷性，藉此可与黄土相区别。

10.1.2　黄土的成因

　　黄土的成因主要有风成说、水成说和风化残积说三种观点，其中风成说历史长、影响大、拥护者多。

1. 风成说

　　我国黄土的风成过程史书记载曰"大风从西北起，云气亦黄，四塞天下，终日夜下著地者黄土尘也"。我国黄土分布区的北面正是沙漠戈壁，自北而南戈壁、沙漠、黄土三者逐渐过渡，成带状排列。黄土的矿物成分具有高度的一致性，与所在地方下伏基岩的矿物成分没有多大联系。其粒度组成依西北风方向呈有规律性的变化，西北部靠近沙漠地区的黄土颗粒成分较粗，黄土剖面中夹有风成沙层，陕北地区可见，越往东南、远距沙漠其粒度成分逐渐变细。黄土披盖在多种成因的、形态起伏显著的各种地貌类型上并保持相似的厚度。黄土中含有陆生草原动、植物化石，有随下伏地形起伏的多层埋藏古土壤。上述这些特征比较充分地证明我国黄土是风成的且与沙漠戈壁关系密切。

2. 水成说

　　黄土的水成说认为在一定的地质、地理环境下黄土物质可各种形式的流水作用所搬运堆积，包括坡积、洪积、冲积等，从而形成各种水成黄土。

3. 残积说

　　黄土的残积说认为黄土是在干燥气候条件下通过风化和成土作用过程使当地的多种岩石改造成黄土，而不是从外地搬运来的。

10.2　黄土地貌的特点

典型的黄土地貌特征明显，即沟谷众多、地面破碎；侵蚀方式独特、过程迅速；沟道流域内有多级地形面。中国黄土高原素有"千沟万壑"之称，多数地区的沟谷密度在 3～5 km/km² 以上，最大达 10 km/km²，比中国其他山区和丘陵地区大 1～5 倍。沟谷下切深度为 50～100 m。沟谷面积一般占流域面积的 30%～50%，有的地区达到 60% 以上，将地面切割为支离破碎景观。地面坡度普遍很大，大于 15°的约占黄土分布面积的 60%～70%，小于 10°的不超过 10%。黄土地貌的侵蚀外营力主要有水力、风力、重力和人为作用，它们作用于黄土地面的方式有面状侵蚀、沟蚀、潜蚀（或称地下侵蚀）、泥流、块体运动和挖掘、运移土体等。其中潜蚀作用造成的陷穴、盲沟、天然桥、土柱、碟形洼地等称为"假喀斯特"。强烈的沟谷侵蚀或地下水浸泡软化土体会使上方土体随水向下坡蠕移形成的泥流，只有在黄土区才易见到。黄土的抗蚀力极低，因而黄土地貌的侵蚀过程十分迅速。黄土丘陵坡面的侵蚀速率为 1～5 cm/年，高原区北部沟头前进速率一般为 1～5 cm/年，个别沟头达到 30～40 cm/年，甚至一次暴雨冲刷成一条数百米长度的侵蚀沟。黄河每年输送到下游的大量泥沙中有 90% 以上来自黄土高原，黄土高原河流输沙量大于 5000 t/（km²·年）的区域约占黄土高原面积的 65.6%，其中陕北窟野河的神木水文站至温家川水文站区间输沙量达到 35000 t/（km²·年）。黄土沟道流域内有多级地形面，一般有三级。各流域的最高分水岭为第一级，其顶面高程彼此相近，为黄土的最高堆积面。降低 60～80 m 为第二级、再降低 40～60 m 为第三级。各级地形面的地层结构互不相同，构成第一级地形面的黄土地层层序完整，第二级地形面离石黄土上部地层（中更新世晚期）较第一级地形面区薄（甚至消失），第三级地形面多数地面只有马兰黄土（晚更新世）堆积，第二级和第三级地形面可以分别构成完整的谷形，第三级地形面之下是现代沟谷。此外，在较大的河沟沟谷内还有两级发育不良的沟阶地，其中第二级阶地比较明显，第一级阶地仅见于局部地点。沟道流域黄土地貌层状结构是黄土地貌发育历史过程的记录。总之，黄土地貌的特点是千沟万壑、丘岗起伏、崀梁逶迤。即使部分地区顶部相当平坦，但其两侧却十分陡峻。沟谷和沟间地是黄土高原的主要地貌形态。其中沟谷地貌（见图 10-2-1 和图 10-2-2）主要由现代流水侵蚀作用形成，沟间地貌形成则明显受到古地形影响，即在古地形基础上由黄土风成堆积叠加而成。常见的黄土地貌主要有黄土沟间地、黄土沟谷和独特的黄土潜蚀地貌。

图 10-2-1　黄土高原沟谷地貌

图 10-2-2　黄土沟谷地貌

1. 黄土沟谷地貌

黄土沟谷按其发生部位、发育阶段和形态特征的不同可有细沟、浅沟、切沟、悬沟、冲沟、坳沟（干沟）和河沟等 7 类。前 4 类是现代侵蚀沟，后两类为古代侵蚀沟。冲沟有的属于现代侵蚀沟，有的属于古代侵蚀沟，时间的分界线大致是距今 3000～7000 年的中全新世。所以，黄土沟谷的发展过程与一般正常流水沟谷发展相似，因黄土质地疏松、竖向节理发育、有湿陷性并常会伴随以重力、潜蚀作用，故黄土沟谷系统发展较快。

细沟深几厘米至 10～20 cm、宽十几厘米至几十厘米，纵比降与所在地面坡降一致，大暴雨后细沟在农耕坡地上密如蛛网。浅沟深 0.5～1.0 m、宽 2～3 m，纵比降略大于所在斜坡的坡降，横剖面呈倒人字形，耕垦历史越久以及坡度与坡长越大其坡面上的浅沟数目越多，是由梁、峁坡地水流从分水岭向下坡汇集、侵蚀的结果。切沟深一二米至十多米，宽二三米至数十米，纵比降略小于所在斜坡坡降，横剖面尖 V 字形，沟坡和沟床不分，沟头通常有高 1～3 m 陡崖，是坡面径流集中侵蚀的产物或由潜蚀发展而成，多出现在梁、峁坡下部或谷缘线附近，其沟头常与浅沟相连。若浅沟汇水面积较小而未能发育为切沟则汇集于浅沟中的水流汇入沟谷地时常在谷缘线下方陡崖上侵蚀成半圆筒形直立状沟称为悬沟。冲沟通常深 10 多米至 40～50 m、宽 20～30 m 至百米，长度可达百米以上，其纵剖面微向上凹，横剖面 V 字形，其谷缘线附近常有切沟或悬沟发育，老冲沟的谷坡上有坡积黄土，沟谷平面形态呈瓶状，沟头接近分水岭。新冲沟无坡积黄土，平面形态为楔形，沟头前进速度较快，大多数冲沟由切沟发展而成。坳沟又称干沟，其与河沟均是古代侵蚀沟在现代条件下的侵蚀发展，它们的纵剖面都呈上凹形、横剖面为箱形，谷底有近代流水下切生成的 V 字形沟槽。坳沟和河沟的区别在于前者仅在暴雨期有洪水水流、一般没有沟阶地。后者多数已切入地下水面，沟床有季节性或常年性流水，有沟阶地断续分布。

2. 黄土沟间地貌

黄土沟间地是指沟谷之间的地面，沟间地的地貌形态主要有塬、梁、峁，从分布面积看是黄土高原的地貌主体，这些地貌类型主要因黄土堆积作用形成。

（1）黄土塬。见图 10-2-3 和图 10-2-4，塬是指面积广阔且顶面平坦的黄土高地，塬面中央部分斜度通常不超过 1°、边缘部分大约 3°～5°，比如陇东的董志塬、陕北的洛川塬、甘肃会宁的白草塬等。塬受沟谷长期切割面积会逐渐缩小，同时也会变得比较破碎，从而形成"破碎塬"。塬的成因多种多样，可由山前倾斜平原上黄土堆积而成，比如秦岭中段北麓和六盘山东麓的缓倾斜塬，也称靠山塬。其可由河流高阶地被沟谷分割而成，比如晋西乡宁、大宁一带的塬。其也可由平缓分水岭上黄土堆积形成，比如延河支流杏子河中游的杨台塬。其还可由古缓倾斜平地上黄土堆积形成，比如董志塬、洛川塬。也有黄土堆积面被新构造断块运动抬升成塬的，也称台塬，比如汾河和渭河下游谷地两侧的塬。

图 10-2-3　黄土塬　　　　　　　　　　　图 10-2-4　董志塬

（2）黄土梁。见图 10-2-5 和图 10-2-6，梁是指长条形黄土高地，主要由黄土覆盖在古代山岭上形成，有些梁则因塬受现代流水切割而产生。黄土梁也指长条状黄土丘陵，梁顶倾斜 3°～5° 至 8°～10° 者为斜梁，梁顶平坦者为平梁，丘与鞍状交替分布的称峁梁。平梁多分布在塬的外围，是黄土塬为沟谷分割生成，又称破碎塬。六盘山以西黄土梁的走向反映了黄土下伏甘肃系地层构成的古地形面走向，其梁体宽厚，长度可达数千米至数十千米。六盘山以东黄土梁的走向和基岩面起伏的关系不大，是黄土堆积过程中沟谷侵蚀发育的结果。

（3）黄土峁。见图 10-2-7～图 10-2-9，峁是指一种孤立的黄土丘（呈圆穹形），峁顶坡度通常 3°～10°，四周峁坡均为凸形斜坡，坡度 10°～35° 不等。若干连接在一起的峁称为峁梁（连续峁），单个的叫孤立峁。有时峁也成为黄土梁顶的局部组成体，称为梁峁。峁大多数是由梁进一步被切割而成的，黄土峁和梁经常同时并存组成所谓的"黄土丘陵"。连续峁大多是河沟流域的分水岭，由黄土梁侵蚀演变而成。孤立峁则或由黄土堆积过程中侵蚀形成或因受黄土下伏基岩面形态控制生成。凹地是指老沟谷，距今 10 万年左右形成，其为由黄土堆积而成、未经现代沟谷分割的平坦谷地，即黄土凹。凹地被现代沟谷分割称为破凹，其中面积较大的地块称为坪地，即黄土坪。沿沟呈条状分布的破凹地称为凹地，即黄土凹，有的地方称为壕凹地。从成因上讲，坪地、凹地和壕凹地都是沟阶地，只是尚未完成阶地发育的全过程。

图 10-2-5　黄土梁

图 10-2-6　黄土平梁

图 10-2-7　黄土峁

图 10-2-8　黄土峁梁

图 10-2-9　黄土丘陵沟壑区

3. 黄土潜蚀地貌

黄土地区流水由地面径流沿着黄土中的裂隙和孔隙下渗进行潜蚀，其可破坏黄土的原有结构或使土粒流失、产生洞穴，最后引起地面崩塌形成潜蚀地貌。典型的潜蚀地貌主要有黄土碟、黄土陷穴、黄土桥、黄土柱等。黄土碟为湿陷性黄土区碟形洼地，由流水下渗浸蚀黄土并在重力影响下土层逐渐压实、引起地面沉陷形成，其形状通常为圆形或椭圆形。其深 1 m 至数米，直径 10～20 m，常形成在平缓的地面上。黄土陷穴为黄土区漏陷溶洞，由流水沿黄土层节理裂隙进行潜蚀作用而成，多分布在地表水容易汇集的沟间地边缘和谷坡，根据形态不同可分为漏斗状陷穴、竖井状陷穴、串珠状陷穴等 3 种，漏斗状陷穴口大底小、深度不超过 10 m，竖井状陷穴呈井状、深度可超过 20～30 m，串珠状陷穴的特点是几个陷穴连续分布成串珠状。各陷穴的底部常有孔道相通，其与黄

173

土碟的不同之处在于各种陷穴都有地下排水道和出水口。两个或几个陷穴由地下通道不断扩大使通道上方的土体不断塌落，未崩塌的残留土体形如桥梁称为黄土桥。黄土柱为黄土沟边的柱状残留土体，通常由流水不断地沿黄土竖向节理侵蚀和潜蚀以及黄土崩塌作用形成，有圆柱状、尖塔形等形态，高度一般几米到十几米。

10.3 我国的黄土分布

我国黄土总面积约 63.5 万 km²，主要集中在黄河中下游的陕西北部、甘肃中（东）部、宁夏南部和山西西部。由于这个地区的地势较高，故被称为黄土高原。黄土疏松、土层深厚、矿物质丰富，对农业生产很有利。但是黄土分布区多在半干旱地区，雨水少、植被稀疏，这里又是历史上开发最早的地区，自然植被遭到破坏、土壤侵蚀严重、暴雨集中、地面切割破碎，滑坡、塌陷等给工程建设带来很多不利影响。因此，研究黄土地貌在经济建设上具有重要意义。

黄土高原是世界最大的黄土沉积区，其位于中国中部偏北，北纬 34°～40°，东经103°～114°。东西千余千米、南北 700 km。其包括太行山以西、青海省日月山以东，秦岭以北、长城以南广大地区。其地跨山西省、陕西省、甘肃省、青海省、宁夏回族自治区及河南省等省区，面积约 40 万 km²。黄土高原平均海拔 1000～1500 m，除少数石质山地外，高原上覆盖着深厚的黄土层，黄土厚度在 50～80 m 之间，最厚达 150～180 m。年均气温 6～14℃，年均降水量 200～700 mm。从东南向西北气候依次为暖温带半湿润气候、半干旱气候和干旱气候，植被依次出现森林草原、草原和风沙草原，土壤依次为褐土、垆土、黄绵土和灰钙土，山地土壤和植被地带性分布也十分明显，气候较干旱、降水集中、植被稀疏、水土流失严重。黄土高原矿产丰富，煤、石油、铝土储量大。黄土颗粒细、土质松软、富含可溶性矿物质养分，利于耕作，盆地和河谷农垦历史悠久。

黄土高原的黄土是在早更新世堆积的，即所谓午城黄土。其在某些塬区有所出现，比如隰县的午城、陕北的洛川等地。分布在广大的黄土塬、梁、峁地区的是中更新世的离石黄土（见于离石县）和晚更新世的马兰黄土。离石黄土含有若干红色条带，即褐色型古土壤层，称红色黄土。其厚度很大、分布很广，覆盖在岩石山地之间的各种地形上，构成塬、梁、峁的物质主体。马兰黄土颜色灰黄，质地松软，厚度不大，却罩盖在所有塬、梁、峁上面，并散布在一些石质山地的坡麓甚至山顶上。

黄土高原的黄土覆盖层分布高度变化趋势取决于下伏古地形面的总倾斜方向，海拔可从 1800～2000 m 下降到 400～500 m，沿途随分水岭与河谷的高低忽起忽落，并非一平整的倾斜面。黄土在石质山地坡麓上的覆盖高度，断续相连，隐约有一条所谓"黄土线"，但黄土线的高度西端的高于东端、西坡的高于东坡、北坡的高于南坡，黄土线并非黄土分布的上限，在它以上的山坡，甚至接近海拔 3000 m 的吕梁山山顶仍存在片状黄土。黄土堆积厚度的地域变化趋势是从西北向东南先由薄变厚再由厚变薄，呈条带状分布。六盘山与吕梁山之间的渭河北山以北的董志塬与洛川塬一带黄土最大厚度达 180～200 m。黄土颗粒成分相当均一，粒径小于 0.1 mm 的粉砂与黏土平均占 98.7%且自西北向东南粗粉砂（粒径 0.1～0.05 mm）逐渐减少、黏土（粒径小于 0.005 mm）逐渐增多。黄土的矿物成分中轻矿物（比重小于 2.90）含量一般占矿物总量的 90%～96%，其中以石英和长石含量占绝对优势，表明各地黄土在矿物种类上及其含量分配上具有高度的相似性。厚度最大的中更新世离石黄土普遍夹有七八层至十多层古土壤层，古土壤层产状多向现代的干支河谷和较大沟谷作相向的弯曲或倾斜，古土壤层是黄土堆积间歇时期的古地面其起伏与今天地面形态大体相似。黄土高原的岩石山岭之间，在六盘山以西堆积了甘肃群，以东堆积三趾马红土，它们都经过上新世晚期与早更新世初期的强烈的流水割切，其所形成的古地面起伏很大程度上控制了黄土堆积期间及其以后的谷间地的塬、梁、峁与干支河谷、较大河谷的形态，黄土多次的堆积只能缓和岭谷之间的地势高差、填满一些较小的沟谷，较大的水系没有遭到严重的损坏，流水作用只有时强时弱的变化但始终并未中断。

黄土的沟谷发育过程反映流水侵蚀作用在时间上的变化，现代的干沟沟谷绝大多数孕育于中更新世黄土沟谷中，两者的谷形差不多是叠套的，为数众多的冲沟沟谷几乎全是马兰黄土堆积以后形成的，人类历史时期，特别在农业兴起以来，由于不合理的利用土地破坏了原先的植被与土壤并导致现代侵蚀加剧，即导致了快速的大量的水土流失。

在沟道流域内，梁峁丘陵与沟谷类型的关系十分密切。头道梁多是河沟流域的分水岭；坳沟流域的分水岭大多是二道梁；三道梁或者夹于两冲沟之间或者沿河沟或坳沟的谷缘线分布并为现代沟谷割切。这种关系反映了黄土梁峁与各类沟谷发育过程中的时间顺序和相互关系以及和黄土地貌发育的侵蚀、堆积轮回。

黄土地貌是黄土堆积过程中遭受强烈侵蚀的产物。风是黄土堆积的主要动力，侵蚀以流水作用为主。黄土塬、梁、峁等地貌类型主要由堆积作用形成；各种沟谷则是强烈侵蚀的结果。黄土区的侵蚀有古代和现代之分。现代侵蚀是指人类历史近期发生的地貌侵蚀过程，它和古代侵蚀的主要区别是有人为因素的参与，表现为侵蚀速度的加快。古代侵蚀纯为自然侵蚀，其速率通常是缓慢的。现代侵蚀和古代侵蚀在多数地区以大规模农耕兴起时期为界。现代侵蚀都以沟道流域为基本单元。沟道流域内，谷缘线以上的谷间地和以下的沟谷地侵蚀特点是不相同的。

谷间侵蚀以暴雨径流冲刷为主，基本上没有重力侵蚀。梁峁顶部风蚀较强，下部和塬边多发生切沟和潜蚀。谷间地水力侵蚀方式和强度受自然因子和人为因子的综合影响，自然因子包括降雨径流、地面物质组成、地貌形态和植被等。一般是降雨量和降雨强度越大侵蚀越强。当降雨量和降雨强度达到一定值时其侵蚀强度一般是随坡长增加而增强，但在长度较大的坡地上沿程有强弱交替变化特点。另外，坡度越大坡面水流的动能越大、坡面物质的稳定性越差、侵蚀也越强。但坡地上径流冲刷强度与坡度大小的关系很复杂，黄土高原区常出现坡度超过 15° 后侵蚀量剧增而超过 25°～28° 后侵蚀量又减少的现象。植被具有削弱降雨径流侵蚀力和提高地面抗蚀力的功能，黄土高原的自然植被遭受人为长期破坏致使其侵蚀程度越演越烈。黄土结构疏松、质地均匀、抗蚀力低是造成黄土区强烈侵蚀的重要原因。黄土高原北部黄土含大于 0.05 mm 粒径的颗粒较高，其抗蚀力较低；中部黄土含 0.05～0.005 mm 颗粒较多，其抗蚀力比北部稍大；南部黄土含小于 0.005 mm 粒径的颗粒较高，抗蚀力相对地较强。因而黄土高原降雨量南部大于北部，而侵蚀强度南部反而小于北部。人为因素影响复杂，谷间地侵蚀的方式和强度是由分水岭向下逐渐变化和加强的，梁峁顶部和斜坡上部以溅蚀、片蚀（包括风力吹蚀）和细沟侵蚀为主、侵蚀强度较小，斜坡中部发生浅沟和细沟侵蚀强度比其上方坡面大 5～10 倍，斜坡下部发生切沟以后侵蚀强度更大。

沟谷侵蚀是水流由谷间地汇入沟床的通道，因这里水力侵蚀、重力侵蚀和潜蚀都很活跃，故常产生泥流。沟谷地的侵蚀过程包括沟床下切，谷坡扩展和沟头前进。沟床下切和侧蚀是导致谷坡扩展的重要原因。扩展方式在谷缘陡崖处以块体运动和悬沟、切沟侵蚀为主，在谷坡中下部多数是水流冲刷、潜蚀和泻溜。黄土区沟头前进的方式以崩塌和滑塌为主，尤以小型滑塌众多。沟头上方坡面的汇水面积越大，坡度越大，沟头前进的速度越快。沟谷地是黄土沟道流域现代侵蚀最活跃的场所，其侵蚀强度在黄土丘陵区约较谷间地大50%～70%，在黄土塬区则比谷间地大10～20倍。侵蚀方式和强度从分水岭至谷底的沿程变化形成了沟道流域侵蚀作用的竖向分带特点。侵蚀作用竖向分带系统中各亚带占的空间大小和侵蚀强度受降雨径流、原始地貌特征、岩性、植被及人类活动等多种因素综合影响。侵蚀作用在各地变化较大，在同一沟道流域的上、中、下游也有差异。

黄土是适于植物生长的土质。黄土富于直立性，其中的天然洞穴曾是原始人类的住处，也为现代人建筑住宅提供了有利条件。但是，强烈的现代侵蚀破坏了当地的土地资源，给工农业生产迅速发展造成障碍，大量泥沙入河淤塞河道、妨碍水力资源顺利开发并使下游河道经常泛滥成灾，因此，必须对黄土地貌进行改造。改造黄土地貌是一项十分复杂和艰巨的任务，首要目标是控制水土流失，方法是增加地面植被、削减地面坡度、抬高局部侵蚀基准面，比如坡耕地修筑水平梯田、谷底修筑土坝和非耕地造林种草等。改造利用要因地制宜，黄土塬区执行"固沟、护坡、保塬"的方针；黄土丘陵区采用"坡修梯田沟筑坝，峁顶谷坡搞绿化"的办法。中华人民共和国成立以来黄土地貌的改造工作取得了很大成绩，目前已有20%面积的侵蚀被基本控制，无定河的输沙量已较20世纪50年代减少了50%，出现了许多控制侵蚀、发展生产的典型区域，但控制大面积水土的流失还需进行长期、大量、艰苦的工作。

思考题与习题

1. 简述黄土地质作用的特点。
2. 黄土有哪些特性？
3. 简述黄土的成因。
4. 黄土地貌的宏观特点是什么？
5. 典型的黄土沟谷地貌有哪些？各有什么特点？
6. 典型的黄土沟间地貌有哪些？各有什么特点？
7. 典型的黄土潜蚀地貌有哪些？各有什么特点？
8. 简述我国的黄土分布情况。
9. 改造黄土地貌的方法有哪些？

第 11 章　海水的动力地质作用

11.1　海水动力地质作用的特点

海洋总面积占整个地球面积的 70.8%，海洋是海和洋的统称，洋是指地球表面连续的广阔水体。海洋是一个巨大宝库，拥有人类所必需的大量食物以及丰富的矿产资源。海水具有强大的动力并不断雕塑着不同的海岸、对沿岸进行破坏，见图 11-1-1。海洋是沉积作用的最主要场所，大量来自陆地的碎屑物质都被搬运到海洋沉积，见图 11-1-2。这些沉积物中保存着人类用来认识地球演变历史的丰富资料。

图 11-1-1　海水雕塑海岸

图 11-1-2　海洋沉积

11.1.1　海洋环境的基本特征

1. 海水的化学性质

海水中的最主要元素是氯、钠、镁、钙、硫、钾等，最主要的盐类是氯化钠、碳酸钙、硫酸镁等。1 kg 海水中溶解的全部盐类物质称为海水的盐度，海洋的平均盐度为 35‰。海水的 pH 值在 7.6～8.4 之间。海水中的气体主要有氧、二氧化碳和硫化氢。

2. 海水的物理性质

海水的温度是海洋热能的一种表现形式，海水的热能主要来自太阳辐射，因此，海洋表层的温度较高且随纬度的增加而降低，海水温度差是大洋环流的主要驱动力。单位体积中海水的质量称为海水的密度，海水的密度与盐度有关，盐度大则密度也大。海水密度随纬度和深度的增加而增加，海水密度差也是大洋环流的主要驱动力。海洋生物按其生活方式的不同分为浮游生物、游泳生物和底栖生物等 3 大类，这些生物的生命过程中需不断地进行光合作用、新陈代谢作用和呼吸作用，由于氧和阳光主要集中分布在浅海区和深海区的表层水域，因此，在水深小于 200 m 的海区生物十分繁盛。

3. 海水的运动

海水总在永无休止地运动着，造成海水运动的主要动力是风、海水的密度差与温度差、月引力和地震等，海水的运动按其运动形式的不同可分为海浪、潮汐、洋流和浊流。见图 11-1-3 和图 11-1-4，海水的波状运动称为海浪。海啸是指由地震、火山等引发的巨大海浪，见图 11-1-5。

图 11-1-3 海浪

图 11-1-4 破浪

图 11-1-5 海啸

潮汐是指全球性的海水作周期性的涨落现象，潮汐是由日月引力和地-月系统旋转的离心力造成的（见图 11-1-6）。洋流是指大洋中沿相对固定的方向运动水体，见图 11-1-7。浊流是指在海水中流动的一种被泥沙搅和的高密度水团，主要发育在大陆坡，见图 11-1-8、图 11-1-9。海洋分带见图 11-1-10，主要包括滨海带、浅海带、半深海带、深海带。

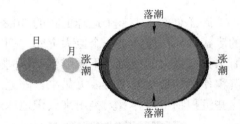
图 11-1-6 潮汐动力源

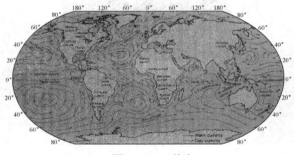
图 11-1-7 洋流

图 11-1-8 浊流形态

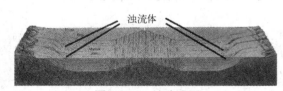
图 11-1-9 浊流成因

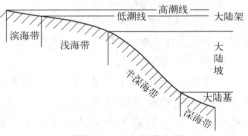
图 11-1-10 海洋分带

11.1.2 海水的剥蚀作用

海水的剥蚀作用是指海水通过自身的动力和所携带的碎屑对海岸和海底的破坏，海蚀作用主要发生在滨岸带，按其性质不同可分为机械剥蚀、化学溶蚀和生物剥蚀作用。它们共同对海岸地带进行改造，但以机械剥蚀作用为主。海蚀作用的主要动力是海浪和潮汐。在海蚀作用下海岸线不断向陆地方向后退并形成海蚀凹槽、海蚀崖、波切台等，海岸线逐渐变得平直、海湾和海岬逐渐消失，见图 11-1-11。

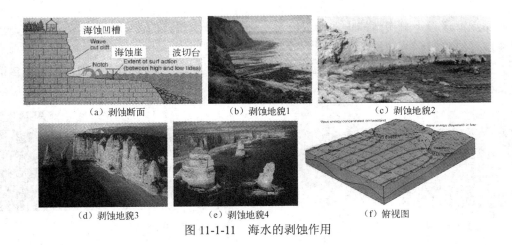

(a) 剥蚀断面　　　　　　　　(b) 剥蚀地貌1　　　　　　　　(c) 剥蚀地貌2

(d) 剥蚀地貌3　　　　　(e) 剥蚀地貌4　　　　　(f) 俯视图

图 11-1-11　海水的剥蚀作用

11.1.3　海水的搬运作用

海水的搬运作用是指海水运动过程中将携带的物质移至它处的作用，海水搬运作用的类型主要有机械搬运和化学搬运（溶运）两种。机械搬运物质的形式主要是推运、跃运和悬运，它们受水动力条件的支配而不断地转换。海水中的化学搬运受多种因素支配，比如浓度、温度、导电性、pH 值。其间存在着复杂的化学过程且与海水的化学动力关系密切。海水的搬运作用以机械搬运为主，搬运动力主要是海浪、潮汐、洋流和浊流。海浪的搬运作用主要发生在滨海带和浅海带，这两带中的海浪动力巨大并具有强大的搬运力。被海浪剥蚀下来的海岸物质和河流带到海洋中的物质在海浪的作用下大部分向海水深处搬运，当海浪垂直于海岸作用时搬运物被海浪推向海滩或移向海里称为横向搬运；当海浪斜着冲向海滩后产生沿岸流带着碎屑沿岸移动时称为纵向搬运，见图 11-1-12。

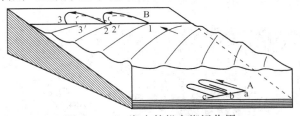

图 11-1-12　海水的纵向搬运作用

潮汐的搬运作用仅在近岸和海湾区表现突出，见图 11-1-13。大潮时海峡中潮流流速可达 6～7 m/s，动力几乎与山区河流相当，具有巨大的搬运力。对某一个地区而言其潮流通常是比较固定的，其周期性水平流动的海水具有较大动能，因而有很大的搬运力。潮流引起的紊流可使大量的碎屑物处于悬浮状态，然后会随着退潮时的急流被搬向海中。

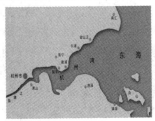

图 11-1-13　钱江潮的搬运作用

洋流流速较小、搬运能力弱，仅能搬运细小的悬浮状态的碎屑。但洋流流程远，可使被搬运的碎屑到达深海区，甚至实现越洋搬运，见图 11-1-14。

见图 11-1-15，浊流密度大、流动过程中紊流强烈，具有极强的搬运力，可将大量的砾石和沙级碎屑搬到半深海、深海区产生沉积。

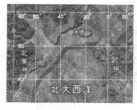 

图 11-1-14　洋流的搬运　　　　　　　　　　图 11-1-15　浊流的搬运

11.1.4　海水的沉积作用

海洋是一个巨大的储水盆地。陆地上的河流、地下水所携带的剥蚀产物源源不断地汇集到大海。海洋本身除在滨海带具有强烈的动力条件外，在绝大部分海域其动力条件均较弱，因此海洋是产生沉积作用的主要场所，且机械沉积作用、化学沉积作用和生物沉积作用均有发育。海洋环境差异很大，不同的海洋环境其沉积类型也有差异，人们根据这种差异将海洋沉积作用分为滨海带的沉积作用、浅海带的沉积作用和半深海及深海带的沉积作用。

1. 滨海带沉积作用

见图 11-1-16，滨海带处于海浪和潮汐的作用地带，具有十分强烈的水动力条件。除个别特殊环境下因动力较弱而由化学作用引起化学沉积而外，滨海带几乎均为机械沉积作用。

图 11-1-16　滨海带沉积作用

2. 浅海带的沉积作用

浅海是最重要的沉积区，绝大多数沉积岩都属于浅海沉积。浅海带水深小于 200 m，海底平坦，水动力适中，海水中氧气丰富，盐度较稳定，加之阳光充足，从大陆或上升洋流带来的营养物质丰富，因而浅海带成为生物繁殖的理想地带，来自大陆和海水剥蚀海岸的物质绝大部分带到浅海带，所以浅海带具有机械沉积作用、化学沉积作用及生物沉积作用。

（1）机械沉积作用。见图 11-1-17，被带到浅海的碎屑物质由于海水深度增大、动能减小，碎屑颗粒会按大小、重轻先后依次沉积下来，浅海的机械沉积物主要由沙、粉沙和泥组成。其沉积物显示出良好的分选性，其碎屑颗粒磨圆好并具有明显的层理。

（2）化学沉积作用。见图 11-1-18，浅海带的化学沉积作用极为发育，化学沉积物主要为碳酸钙沉积、硅质沉积以及铝、铁、锰沉积。引起化学沉积作用的因素主要是化学组分的含量、溶解度以及水中氧和二氧化碳所引起海水的 pH 值、Eh 值变化和海水的电解质作用等。

图 11-1-17　机械沉积作用　　　　图 11-1-18　化学沉积作用

（3）生物沉积作用。见图 11-1-19，浅海是生物最繁盛的区域，生物沉积作用十分明显。浅海中大量生物死亡后其尸体的硬质部分可直接堆积在海底形成生物堆积，最常见的有珊瑚礁、生物碎屑灰岩等。

图 11-1-19　生物沉积作用

3. 半深海及深海带的沉积作用

见图 11-1-20，这两带为水深大于 200 m 的广阔水域，其距离大陆较远、受陆地因素影响小、水深压力大、海底黑暗、底栖生物极少、海水动力微弱，陆源物质一般只有粒径小于 0.005 mm 的悬浮物在此带沉积。仅在局部地带有浊流的机械作用，浊流可将浅海堆积的粗粒沉积物带往深海沟沉积。除此之外，海底火山喷出物、宇宙物质和冰山携带的粗粒物质可在半深海、深海中沉积。因此半深海、深海带的沉积物多为泥质和生物残骸为主的软泥沉积、浊流沉积和锰结核。

（1）软泥沉积。常见的软泥沉积物有含硫化铁的蓝泥和灰泥以及含氧化铁的红泥和含海绿石的绿泥。深海带则主要为各种生物软泥，比如抱球虫软泥、硅藻软泥、放射虫较泥等。

（2）浊流沉积。浊流作用可将浅海和河口沉积物带到大陆坡下或深海盆地中沉积，典型的浊流沉积物主要由黏土、粉沙、沙组成，在空间上多为扇体，见图 11-1-21。

（3）锰结核。锰结核是深海沉积的一种多金属元素的聚合体，主要由锰、铁和与其伴生的铜、镍、等组成。锰结核生长在深海底沉积物的表面，见图 11-1-22。

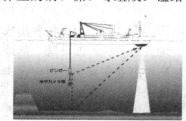 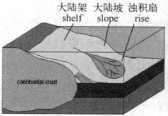 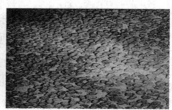

图 11-1-20　半深海及深海带沉积　　图 11-1-21　浊流沉积　　　图 11-1-22　锰结核

11.2 海岸地貌的基本特征

狭义的海岸地貌是指由海水剥蚀作用而形成的地貌（图 11-2-1～图 11-2-7），主要有海蚀崖、海蚀平台、沙嘴、珊瑚礁堤、泻湖、沙坝、滨岸沙滩等。广义的海岸地貌（Coastal Landform）是指海岸在构造运动、海水动力、生物作用和气候因素等共同作用下所形成的各种地貌的总称。第四纪冰期和间冰期的更迭引起海平面大幅度的升降和海进、海退，导致海岸处于不断的变化之中。直至距今 6000～7000 年前，海平面上升到相当于现代海平面的高度，构成了现代海岸的基本轮廓，形成了当今人们所见的各种海岸地貌。人们根据海岸地貌的基本特征将其分为海岸侵蚀地貌和海岸堆积地貌两大类。

图 11-2-1 海蚀崖

图 11-2-2 海蚀平台

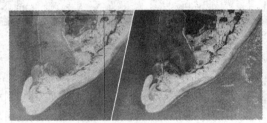

图 11-2-3 沙嘴

图 11-2-4 珊瑚礁堤

图 11-2-5 泻湖

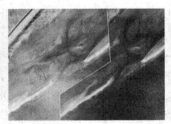

图 11-2-6 沙坝

图 11-2-7 滨岸沙滩

11.2.1 海岸侵蚀地貌

海洋与陆地的交界地带称为海岸带。由波浪、潮汐、海流等海洋水动力作用所形成的地貌称海岸地貌。在海岸地貌发育过程中受到地质构造、地壳运动、海面升降、陆地地貌、生物、岩石性质等一系列因素的影响，因此，海岸地貌形态非常复杂。海岸带由海岸、潮间带、水下岸坡三部分组成，海岸线是指多年大潮的高潮位所形成的岸边线。海岸是现代海岸线（高潮线）以上狭窄的陆上地带，是波浪作用的上限，这里常保留陆地上升或海面下降的古海岸地貌。潮间带是平均高潮线之间的地带，这个地带的宽度与该地潮差、地面坡度等因素有关。在地形图图式中把潮间带称为潮浸地带或干出滩，高潮时此带淹没于水下，低潮时则出露于水面上。潮间带的物质组成各种各样，有淤泥质、沙质、沙砾质和基岩等几种。通常所说的海滩就是指地面和缓地向倾斜的潮间带，根据其物质组成相应地称为淤泥滩或泥滩、沙滩（沙或沙泥混合）、沙砾滩（沙和砾石混合）、岩滩等。水下岸坡是指平均低潮线以外的浅海地带，它的界限相当于该海区波浪等长 1/2 的水深处。海岸地貌就是分布在海岸、潮间带、水下岸坡等范围内以波浪作用为主所形成的侵蚀和堆积地貌的总称。海岸地貌的成因是波浪、潮汐、海流，河流、冰川以及地壳构造运动、海面变化、生物作用等。海岸堆积地貌包括三角洲、海滩、潮滩、沙坝、沙嘴、泻湖和各种海岸沙丘等，海岸侵蚀地貌包括海蚀洞、海蚀崖、海蚀柱、海蚀平台以及海蚀阶地等。构造运动奠定了海岸地貌的基础，在此基础上波浪作用、潮汐作用、生物作用及气候因素等塑造出了缤纷复杂的海岸形态。

波浪作用是塑造海岸地貌最积极、最活跃的动力因素。近岸波浪具有巨大能量，据理论计算，1 m 波高、8s 周期的波浪每秒传递在绵延 1 km 海岸上的能量为 $8×10^6$J。在苏格兰东海岸曾记录到拍岸浪冲击在岩壁上的作用力为 300 kPa 以上。海浪冲击海岸压缩岩石裂隙中的水和空气，海浪离开岩壁的瞬间裂隙中水和空气又急剧涌胀导致岩石粉碎、岩壁剥落。蚀落的岩屑在波浪卷带下又撞击岩壁、磨蚀岸坡。海岸在海浪作用下不断地被侵蚀，发育着各种海蚀地貌。尤其具有较大波高和波陡的暴风浪对海岸的破坏作用更为显著。被海浪侵蚀的碎屑物质由沿岸流携带输入波能较弱的岸段堆积又塑造出了多种堆积地貌。传入近岸的波浪因水深变浅而变形，水质点向岸运动的速度大于离岸运动的速度形成近岸流。近岸流作用产生水体向岸输移和底部泥沙向岸净输移。在波浪斜向逼近海岸时破波带内产生平行于海岸的沿岸流动，这样，由向岸的水体输移和由此产生的离岸流、沿岸波浪流、潮流构成了近岸流系。此流系海水的流动所产生的泥沙强烈交换，其可形成一系列海岸堆积地貌。

潮差的大小直接影响着海浪和近岸流作用的范围，由细颗粒组成的泥质海岸带潮流是泥沙运移的主要营力，当潮流的实际含沙量低于其挟沙能力时可对海底继续侵蚀，当实际含沙量超过挟沙能力时部分泥沙便发生堆积。

在热带和亚热带海域大量发育的珊瑚和珊瑚礁构成珊瑚礁海岸，在红树林和盐沼植物广泛分布的海湾、河口的潮滩上可形成红树林海岸。后者是平静、隐蔽的海岸环境，细颗粒物质易于堆积。有些海岸上生物的繁殖和新陈代谢对海岸岩石有一定的分解和破坏作用。

不同气候带其温度、降水、蒸发、风速等条件不同，海岸风化作用的形式和强度各异，便形成了不同的海岸形态并使海岸地貌具有一定的地带性。

海岸侵蚀地貌因海岸物质组成的不同其被侵蚀的速度及地貌的发育程度也有所差异。

11.2.2　海岸堆积地貌

海岸堆积地貌是指近岸物质在波浪、潮流和风的搬运下沉积形成的各种形态。按堆积体形态与海岸的关系及其成因的不同可分为毗连地貌、自由地貌、封闭地貌、环绕地貌和隔岸地貌。按海岸物质的组成及其形态的不同可分为沙砾质海岸、淤泥质海岸、三角洲海岸、生物海岸等地貌。

沙砾质海岸地貌是指发育于岬角、港湾相间的海岸，其由被侵蚀的物质经沿岸流输送堆积而成。波浪正交海岸传入时水质点作向岸和离岸运动。但两者的距离不等，并会导致泥沙向岸和离岸运动。这种横向的泥沙运动形成近岸的泥沙堆积体，它们由松散的泥沙或砾石组成，构成了沙滩以及与岸线平行的沿岸沙堤、水下沙坝等一系列堆积地貌。波浪斜向到达海岸时沿岸流所产生的沿岸泥沙纵向输移，使海岸物质在波能较弱的岸段堆积，形成一端与岸相连、一端沿漂沙方向向海伸延的狭长堆积体称为海岸沙嘴；若沙砾堆积体形成于岛屿与岛屿、岛屿与陆地之间的波影区内使岛屿与陆地或岛屿与岛屿相连则称为连岛沙洲；在一些隐蔽的沙质海岸上有与岸平行或有一定交角的沙脊和凹槽相间的地形构成脊槽型海滩。

　　淤泥质海岸地貌通常是在潮汐作用较强的河口附近和隐蔽的海湾内堆积而成，这类堆积体由 0.002～0.06 mm 的细颗粒物质组成，地貌形态较为单一而成为平缓宽浅的泥质潮间带海滩。与更新世冰水沉积作用有关而发育成的泥质海岸，岸外海滨有一列断续连接的岸外沙堤（以北欧瓦登海最为典型）。

　　三角洲海岸地貌是指在河口由河流携带的泥沙堆积而成的向海伸突的泥沙堆积体，有的呈鸟足状，比如密西西比河口三角洲；有的呈尖嘴状，比如意大利台伯河口；有的呈扇状，比如尼罗河三角洲和黄河三角洲等。

　　生物海岸地貌为热带和亚热带地区特有的海岸地貌类型。造礁珊瑚、有孔虫、石灰藻等生物残骸的堆积构成了珊瑚礁海岸地貌，主要分为岸礁、堡礁和环礁三种基本类型。岸礁与陆地边缘相连并从陆地向海方向生长，比如红海和东非桑给巴尔的珊瑚礁。堡礁与岸线几乎平行，礁体与海岸之间由潟湖分隔，比如澳大利亚的昆士兰大堡礁。环礁则环绕着一个礁湖呈椭圆形，中国南海西沙群岛的岛礁大多为环礁。在茂盛生长有耐盐的红树林植物群落的海岸，构成红树林海岸地貌。红树植物有特殊的根系、葱郁的树冠，能减弱水流的流速，削弱波浪的能量，构成了护岸的防护林，并形成了利于细颗粒泥沙沉积的堆积环境，形成特殊的红树林海岸堆积地貌。

11.2.3　第四纪海平面的变化

　　水圈里 97.2%的水分以液态储存在海盆里，海盆中的液态水依靠地球的引力覆盖在海盆岩石圈的凹凸面上，水体上表面与大气圈交界形成海平面，覆盖着地球表面积的70.8%，与大陆、岛屿交界形成海岸线。海平面全称叫平均海平面，确定它的高程依赖于沿海的潮汐观测记录。每年的平均海平面是近 9000 个潮位读数的算术平均值，平均海平面高程确定后即可作为大地测量的高程基准面。我国目前大地测量基准面是根据青岛验潮站 1956 年至 1980 年观测值所确定的 1985 国家高程基准（即黄海平均海平面）。地质学家遵循"将今论古"原则在现代海平面附近的地貌、沉积物、生物种群和其他特征中确定海平面指示物，从地质证据中相应的海平面指示物位置追溯古海平面，然后根据地形图等高线进行不同地区（甚至不同时代）古海平面变化的对比。高潮位时海岸线向大陆推进、发生海进，低潮位时海岸线向海洋后退、发生海退，在岸坡上形成一条有一定宽度的海岸带。海岸带的宽度因地而异，通常陡峭的岩岸处较窄、平缓的砂岸处较宽。现在，全世界海岸线总长为 44 万 km，其中大约 80%为基岩海岸，20%为砂泥质海岸。

　　人类居住在陆地上，海平面是人类活动的起始高程，海平面附近的海岸地区集中了世界上最富饶的土地、最发达的经济区和最繁华的都市群。随着人类向海洋进军步伐的加快，海平面问题对人类的影响日益深刻。它的变化（尤其是上升）威胁着人类的命运。

1. 海平面随时间的变化

海平面随时间的变化既有径向（铅直方向）的升降过程，也有切向（水平方向）的起伏位移，以前者为主。现代海平面变化的主要影响因素是风波浪、海底地震、海底火山爆发、海岸大规模岩石崩塌以及海上原子弹爆炸等引起的长周期波浪。在温带气旋、飓风、台风等大型低气压经过海面时由于低气压的吸引作用和强风的吹扬作用会造成海平面的抬升，称为风暴潮，见图11-2-8。

见图11-2-9，潮汐作用是月球、太阳和其他天体的引潮力使地球上的海平面分布发生变形的现象，潮汐作用造成的海平面竖向变化幅度称为潮差，大洋中潮差很小、沿海地区增大。我国温州附近实测潮差可达8 m。最大潮差出现在加拿大大西洋沿岸的芬地湾，达13.6 m，甚至有时达18 m。另外，还有季节性海平面变化，其变化值反映了气象和水文因素的综合效应。季节性的海面气压场转换、海流强度变化、海水质量和密度的变动是海平面季节性变化的主要因素。冰后期海平面变化指最后一次冰川最盛期（大约15000年前）以来地质时期内海平面的变化。我国人民在1600多年前就认识到"沧海桑田"的变化过程并留有大禹治水的传说，西方广泛流行的《圣经》中也记载有古代"诺亚时代"洪水泛滥给人类造成巨大灾害的传说。

图11-2-8　不平的海平面　　　　　　　　图11-2-9　潮汐作用与太阳

第四纪的海平面变化指距今300万年以来的情况，由于这个时期存在冰期与间冰期交替变化及新构造运动剧烈升降过程，因此势必影响全球海平面升降变化。因时间尺度的扩大，加上高海面时期淹没堆积和低海面时期裸露侵蚀过程的反复交替，作为海平面升降过程证据的沉积物、地貌、古生物等通常被大大破坏并减少，许多沉积物发生了变形和次生作用，因而增加了研究的困难。探讨第四纪海平面变化的传统方法是地貌学的侵蚀面对比和侵蚀年代学方法。现今对第四纪海平面变化历史的认识依据深海岩心的氧同位素分析结果，深海有孔虫的氧同位素含量可反映当时的海水深度和水温，对深海沉积岩心中有孔虫贝壳的氧同位素分析可了解海平面变化过程。对过去30000～40000年的海平面变动可根据古海平面指示物放射性碳测年资料确定，这些指示物包括盐沼和淡水泥炭沉积、浅水软体动物化石、珊瑚和海滩岩等。

2. 第四纪海平面变化的原因

影响海平面变化的原因错综复杂。不同时间尺度里其海平面变化的主导因素也不同。从物质平衡观点看，海平面是海水体积和洋盆容积的统一，海水与地幔保持着水分交流，海水通过蒸发、降水与大气层保持交换，陆地的冰雪和江河湖沼是水分的贮藏所，气流和河流是海陆水分大循环的媒介。因此，海水体积的变化直接影响海平面变化，大则升、小则降，海盆容积的变化也影响海平面变化。

3. 似乎非平的海平面

人们通过海洋调查和卫星测地技术发现，即使"风平浪静"之时世界大洋表面也有100 m 以上的凸起或凹陷区域。因为这种凹凸现象是在 1000 km 以上的广阔水平范围内逐渐变化的，凹凸的深度和高度以及逐渐变形的水域之比在万分之一左右，一般航海者根本感觉不到，视野更难发现。凸起区域分别是澳大利亚东北部凸起区域（中心高 76 m）、北大西洋凸起区域（中心高 68 m）、非洲南部凸起区域（中心高 48 m），凹陷区域分别是印度洋（印度半岛以南）凹陷区域（中心深为 112 m）、中美洲加勒比海凹陷区域（中心深为 64 m）、美国加利福尼亚西南的凹陷区域（中心深为 56 m）。海平面不平的原因主要有 4 个，即地球自转离心力大的地方海平面凸起、向心力大的地方海平面凹陷；海底地貌高起的地方海平面微微上凸、海底地貌低凹陷的地方海平面下陷；气旋型漩流中心部位的海平面向上凸起、反气旋型涡流中心部位的海平面凹陷；海流转折的地方外围部分海平面凸起、中心部分海平面凹陷。当然，地貌、蒸发量、降水量、陆地径流量等因素影响也决定了海平面变化会因时间和地点不同而不同，但感觉上海平面基本上似乎是平的，但又不完全平。

11.3　我国海岸地貌的特点

世界海岸线长约 44 万 km，中国海岸线长达 18000 余千米、岛屿岸线为 14000 余千米。在漫长的海岸带蕴藏有极为丰富的矿产、生物、能源、土地等自然资源。自古以来，海岸带是人类活动的地区，这里遍布工业城市和海港，不仅是国防前哨而且是海陆交通枢纽、经济发展的重要基地。因此，从事海岸地貌的研究，掌握海岸的演变过程，预测海岸的变化趋势，对港口建设、围垦、养殖、旅游和海岸能源等自然资源的合理开发利用，都有着十分重要的意义。根据海洋所接触的陆地形态不同，中国海岸类型可概括为平原海岸、山地丘陵海岸和生物海岸等 3 类。

杭州湾以北的平原海岸从第四纪以来都是沉降的，山东、辽东半岛及杭州湾以南的山地丘陵海岸都是上升的。平原海岸下降的幅度是根据海岸带的第四系厚度推测的，一般变化于 300～400 m 到 500～600 m。山地丘陵海岸上升的数字比较难以确定，估计最大上升幅度总在 200 m 以上。即第四纪以来由陆地构造变动而产生的海岸升降最大幅度至少有 800 m。由冰期与间冰期交替所引起的海面变动，就世界范围而论也不过一百数十米。所以整个第四纪的海岸带的水平移动范围仍然取决于构造升降运动。然而就全新世的海岸带变化而论，冰后期海面的回升幅度具有重大作用，因若以最近一次冰期的最盛时间起算冰后期也只有 2 万年左右。即使外在构造变动很活跃的海岸带升降幅度也很有限，现代海岸轮廓大体上处在距今前 6000 年左右以来较稳定的高海面与陆地的接触界上。正因如此，山地丘陵海岸由于海面上升大于陆地上升，海水侵入造成岬湾相间的海岸线；平原海岸由于陆地下降敌不过河流输出大量泥沙的填充使海岸线仍然向海伸展。

中国岛屿按其成因不同可分为基岩岛、冲积岛、珊瑚礁岛 3 类。与大陆或大陆架的地质构造直接有关系的是基岩岛。这些基岩岛除台湾岛和海南岛以外，还有若干面积较小的群岛，比如渤海海峡中的庙岛群岛由 30 多座岛屿组成；浙江东南海岸外的舟山群岛由 1339 座岛屿组成；珠江口外的大万山群岛由 150 多座岛屿组成；台湾海峡的澎湖列岛由 64 座岛屿组成；台湾岛东北海岸外的钓鱼岛列岛由钓鱼岛、黄尾屿、赤尾屿和南小岛、北小岛等组成。河流河口的冲积岛也称沙岛，比如长江口的崇明岛、长兴岛和横沙岛等；珠江口的一些沙岛；台湾岛西海岸外的几列沙岛等。珊瑚礁岛主要分布于南海中，分岛、沙、礁、滩 4 种。其中成陆已久、海拔较高的称为岛；成陆不久、海拔较低、一般高潮不被淹没的称为沙；高潮淹没、低潮出露的称为礁；低潮不露出海面的称为暗沙；水深较大、距海面 20～30 m 的称暗滩。

常见海岸地貌主要有连岛沙洲、红树林海岸、泥质海岸、海岸沙丘、海岸阶地、沙质海岸、基岩海岸、沙咀等。

连岛沙洲又称连岛沙坝，是连接岛屿间或岛屿与大陆间的沙堤，与大陆相连的岛屿称为陆连岛。连岛沙洲组成物质为砾石、沙或贝壳等。连岛沙洲是由岛屿前方受波浪的冲蚀，物质被带至岛屿后侧波影区堆积，或河流夹带入海的泥沙及沿岸海蚀冲刷下来的物质，在沿岸流作用下，沿岸运动至岛屿内侧波影区逐渐堆积而成。

红树林是热带、亚热带特有的盐生木本植物群丛，生长在风浪较小的潮间的泥滩上，高潮时树冠漂荡在水面上，低潮时露出下部复杂的根部，红树林有降低潮流流速、积累淤泥的作用，对于防止海岸岸坡的崩坍、促进泥滩的淤长起积极作用。

泥质海岸又称淤泥质海岸（简称泥岸），我国大规模的淤泥质海岸主要分布在辽东湾、渤海湾、莱州湾以及长江三角洲以北的苏北平原，杭州湾以南各省沿海局部地段也分布有小面积淤泥质海岸。淤泥质海岸由小于 0.05 mm 粒级的粉砂淤泥组成，高潮线以下的滩地以微小的斜度向水下延展，海岸线以下的滩地以微小的斜度向水下延展，其海岸带水上和水下部分地势十分平坦，潮间带有树枝状的潮沟，含沙量少的泥岸低潮时在靠近遍潮线附近常出现龟裂现象。

在三角洲海岸和沙质、沙砾质平原海岸地带其沿岸常有沙丘平行海岸成带状分布，即海岸沙丘。在有大量松散沉积物补给的开阔海岸地带，强劲的向岸海风把大量未被植物固定的沙，吹到离岸不远的地方堆积下来，同时又不断拦截从海滩刮来的物质，如此不断加宽、加长和加高，形成海岸沙丘。我国滦河三角洲和台湾西海岸沿岸就存在高达 10～20 m 的新月形沙丘和沙丘链，其平行海岸分布有高约 30 m 的沙垄，垄的内侧是波状起伏的新月形沙丘和丘链。从沙丘的形态分析可知该地常年主要风向为北偏东。

因海面下降或陆地上升，海蚀台或海滩出露海面，在海岸形成阶梯状地貌，称为海岸阶地或海滨阶地。由海蚀台构成的阶地称海蚀阶地。由松散物质组成的海滩所构成的阶地称海积阶地。同一地区的海岸或海面经历多次升降后便形成多级阶地。每一级阶地由一个平台和一陡崖组成，平台是原来波浪侵蚀平台或堆积的海滩，陡崖是波浪冲蚀而形成的海蚀崖。

沙质海岸简称沙岸，包括河口三角洲及平原海岸。在一些背靠山地或丘陵的狭窄平原海岸也发育沙质和沙砾质海岸，沙质海岸一般分布在大河河口及平原地带，比如我国黄河、滦河、长江、珠江、汉江等都发育了三角洲海岸。沙质海岸陆上和水下地势都较平坦、岸线平直、海积地貌发育，比如沙咀、岸外沙坝、海岸沙丘等。

基岩海岸简称岩岸，是基岩裸露的山地丘陵海岸。其没有或仅有非常狭窄的潮间带，沿海海水深度大，水下岸坡范围很小。波浪不断冲蚀海岸斜坡并在近海面的坡脚上形成向陆地方向凹入的凹坑称为海蚀穴或浪龛，深度较大者称海蚀洞，在较松软岩石构成的海岸发育较好。在岩石节理密集、抗蚀较弱的部位海蚀穴（洞）特别发育，海蚀穴扩大使上部岩体发生崩坍形成海蚀崖，基岩海岸不断向陆地后退主要通过这种方式实现。基岩海岸包括两种类型，一类是岸线平直的断层海岸，比如台湾东海岸；另一类是岸线曲折的岬湾海岸，比如浙江、福建、广东、山东半岛和辽东半岛的海岸。我国台湾东侧的断层海岸非常典型，其中苏澳至新城岸段有的岸壁高达 1800 m，是世界上最高的海岸断崖。岬湾式海岸是我国山地丘陵海岸中主要的形式。岸线走向与陆地山地丘陵走向大致垂直或成较大角度相交，又称横海岸或里亚斯海岸。

沙咀是基部与大陆或岛屿相连，前端向海突出，低平而狭长的海岸堆积地貌，它是泥沙经沿岸流搬运堆积而成的，常见于海湾岬角和河口附近。沙咀形态多样，有的直线延伸呈箭状，有的头部弯曲呈钩状。

思考题与习题

1. 简述海洋环境的基本特征。
2. 何为海水的剥蚀作用？其特点是什么？
3. 何为海水的搬运作用？其特点是什么？
4. 何为海水的沉积作用？其特点是什么？
5. 海岸侵蚀地貌都有哪些类型？各有什么特点？
6. 海岸堆积地貌都有哪些类型？各有什么特点？
7. 第四纪海平面变化的特点是什么？
8. 简述我国海岸地貌的特点。
9. 中国岛屿有哪些类型？各有什么特点？
10. 中国常见海岸地貌有哪些？各有什么特点？

第 12 章　山地的成因与地貌特征

12.1　山 地 概 况

山地是指海拔在 500 m 以上的高地，其起伏很大、坡度陡峻、沟谷幽深，一般多呈脉状分布。山地是一个众多山所在的地域，有别于单一的山或山脉，山地与丘陵的差别是山地的高度差异比丘陵要大，高原的总高度有时比山地大、有时比山地小，但高原上的高度差异较小，这是山地和高原的区分，但一般高原上也可能会有山地，比如青藏高原。中国是多山之国。据统计，山地、丘陵和高原的面积占全国土地总面积的 69%。

12.2　山地的形态特征

山地属地质学范畴，地表形态按高程和起伏特征定义为海拔 500 m 以上、相对高差 200 m 以上。山地的规模大小各不相同，按山的高度不同可分为高山、中山和低山。海拔在 3500 m 以上的称为高山，海拔在 1000～3500 m 的称为中山，海拔低于 1000 m 的称为低山。按山的成因又可分为褶皱山、断层山（断块山）、褶皱—断层山、火山、侵蚀山等。褶皱山是地壳中的岩层受到水平方向的力的挤压向上弯曲拱起而形成的。断层山是岩层在受到垂直方向上的力使岩层发生断裂，然后再被抬升而形成的。喜马拉雅山是典型的褶皱山，江西的庐山是断层山，天山山脉属于褶皱—断层山。

12.3　山地的成因

山地的形成归因于大规模的造山运动，比如加里东运动、华力西运动、印支运动、燕山运动和喜马拉雅运动等。加里东运动是发生在早古生代的造山运动，华力西运动是古生代（石炭纪至二叠纪）的造山运动，印支运动是中生代（三叠纪至侏罗纪）的造山运动，燕山运动是中生代（白垩纪）的造山运动，喜马拉雅运动是发生在新生代的最年轻的造山运动。目前山地的形态和构造主要与新构造运动和第四纪环境有关。

12.3.1　新构造运动的特点

晚新生代以来的地壳构造运动称新构造运动，有人认为发生于第三纪末期直到现在，也有人认为是从新第三纪至更新世，还有人认为凡是形成现代地貌基本特征的构造运动均应称为新构造运动。大多数地学工作者认为新构造运动是从新第三纪到现在所出现的地壳构造运动，运动最剧烈的时期是在新第三纪末期到第四纪初期。在时间上和空间上，新构造运动是喜马拉雅造山运动的继续与发展。现代构造运动是指发生在有人类历史记载时期以来的构造运动，可通过考古法、历史法及仪器进行研究。新构造运动与人类活动关系极为密切，大型水库和港口建设、核电站建设、铁路工程建设、大工厂厂址选择等都必须了解一个工区新构造运动性质、量值及发展趋势等。新构造运动的发展趋势、性质及强度等各地区不完全一样，有的地区表现得相对宁静，有的地区在不断下降中发生断续上升。新构造运动发生的褶皱变形规模比老构造运动小得多并局限在一定地带，断裂变动的继承性、活跃性及其分布的普遍性是新构造运动的特点，其同老构造运动既有共性也有差别。人们将新构造运动可分叠加（或叠置）的新构造运动、继承的新构造运动、新生的新构造运动等 3 种类型，叠加（或叠置）的新构造运动与老构造运动在波及范围、类型、方向等方面基本一致；继承的新构造运动既有老构造运动的特点又有新构造运动的特点；新生的新构造运动则不受老构造运动的控制和影响。

12.3.2　新构造运动的形式

新构造运动的形式主要表现为大面积升降类型、断块构造类型、挤压褶皱构造类型、断褶构造类型、地震活动等。

1. 大面积升降类型

大面积升降类型主要由径向运动（升降运动）造成。一般表现为区域性隆起或沉降，构造内部差异性很小，地壳运动所涉及面积可达数百平方千米甚至更大一些。通常是隆起的核部运动幅度最大，各部分运动往往不均匀，表现为年青的地层或地貌夷平面有规律地逐渐倾斜变形。大面积升降运动表现为高原式的简单拱形隆起或平缓的波状褶皱构造。下降区中心部分下降幅度比较大，表现为坳陷盆地或地堑构造。其隆起区和下降区的幅度差异可以很大，从几百米到上千米。我国云贵高原海拔在 2500 m 以上，高原面上有厚层风化壳。

图 12-3-1　鄂尔多斯盆地

晚新生代新构造运动时期高原不断隆起鄂尔多斯高原就是一个典型的大范围拱形隆起构造区，见图 12-3-1。大面积隆起区与大面积坳陷区交接边缘部位常伴生区域性的大断裂，汾渭断裂带即为一例。我国东部平原下沉区属于新华夏构造体系中的第三沉降带，而其西部之隆起区则属新华夏构造体系中的第三隆起带，地质构造格架控制了地貌发育并形成不同的大地貌单元与形态特征。

2. 断块构造类型

见图 12-3-2，断块错动绝大部分继承了古老的深大断裂，在新的地质时期重新活动。断块错动的两盘一盘上升、另一盘则下降，两者起着相互补偿的作用。这类新构造运动在我国主要有两种表现形式，一种是大幅度具有强烈分异运动的差异性断块构造，其相邻两个断块间距离很大，地貌上表现为高耸断块山与深坳断陷盆地相间分布，我国西部大部分地区属于这种构造类型；另一种是分异很小的"破裂构造"其断块面差异性运动不大，运动幅度较小但仍具有强烈活动性，沿这些断带有强烈地震、火山

图 12-3-2　地震断层

及温泉活动等。

3. 挤压褶皱构造类型

新构造运动中的褶皱构造是断裂错动派生的次生构造，常与大幅度基底差异性断块升降构造伴生。由于断块升降运动使新的沉积物遭受挤压形成平缓的表层褶皱构造，其受深部断裂构造严格控制，我国西北一些大型山间和山前盆地边缘常有这种褶皱发育。

4. 断褶构造类型

断褶构造类型多出现在区域性大地构造单元边缘结合部位并会形成不同的构造带，其中有新生代褶皱带形成的强烈的断块隆起；有边缘强烈褶皱所形成的叠瓦状冲断层或逆掩断层；有近期强烈坳陷伴生的轻微平缓褶皱。这些类型主要分布于我国喜玛拉雅山区及台湾地区。

5. 新构造运动与地震活动

地震是现代构造活动最明显的表现形式，和活动断裂体系的切向位移（水平位移）或径向位移（铅直位移）关系密切。见图12-3-3～图12-3-5，1976年7月唐山大地震就是由北北东向活动断裂水平位移活动产生。地震往往发生在地壳差异运动明显不同的地块分界地区，比如太行山东部与华北平原交界地带、秦岭与渭河盆地的交界地带都是现代的地震活动带。此外，地震也常发生在地堑带及相对稳定地块的边缘与其他地质构造交接地区。

我国是世界上多地震国家之一。东部属环太平洋地震带，西部及西南部地区受地中海～喜玛拉雅地震带影响，地震活动极强烈。我国处在世界上两个最活动的地震带之间，有些地区本身就是这两个地震带的组成部分。我国西部地震活动性较东部强烈，西部地震主要沿着强烈隆起的青藏高原四周、横断山脉、天山南北两麓及祁连山一带。我国东部地震主要发生在强烈凹陷下沉的平原或断陷盆地以及近期活动的大断裂带附近，比如汾渭地堑、河北平原、郯庐大断裂带等地区。我国境内地震绝大部分属浅源地震，震源深度10～40 km，最浅的只有2～5 km，东部大多在30 km范围内、西部较深为40～50km。我国地震分布不均匀，东部比西部弱，不同深度的地震分布区域不同，受地质构造控制。中震、深震多分布在环太平洋地震带和地中海—喜马拉雅地震带上，地质构造运动极强烈，影响深达地幔。浅源地震分布最广，次数亦最多，其深度大都在50 km以内。基本上为构造地震，呈带状分布，多与构造线方向一致。

图12-3-3 地震破坏之一　　图12-3-4 唐山大地震　　图12-3-5 地震破坏之二

12.3.3 我国新构造运动的表现形式

根据实际资料分析，新构造运动开始出现的时期大致为中新世及上新世而且一直贯穿新第三纪、第四纪直到现在。所以，认为新构造运动从新第三纪开始到现在发生的构造运动是比较适宜的。

我国新构造运动的表现形式主要体现在以下 5 个方面。即我国地貌基本轮廓的形成主要取决于新构造运动，东部大小兴安岭、燕山及太行山等地区分布着新生代时期形成的准平原面，准平原面在平原地区经常被新第三纪、第四纪堆积物所掩埋，说明中国东部广大地区经过一个相对稳定时期以后在新第三纪和第四纪由于地壳升降而形成现代山地和平原地貌。强烈的构造运动在一度稳定的地区重新出现，比如天山、祁连山地区所出现的一些新构造运动现象即属此类。运动方向上发生了改变，若干下降地区在新第三纪以后转变为隆起地区，比如黄土高原、鄂尔多斯高原、渭河平原等。新的断陷盆地的形成，比如汾渭地堑形成的一系列断陷盆地。我国东部中、上新世及第四纪有大规模基性熔岩及火山碎屑喷发，比如东北五大连池火山群、山西大同火山群、东北的长白山、海兴县的小山、山东无棣县的大山、河北井陉县的雪花山、海南岛北部等地。

新构造运动与以前各阶段构造运动的关系有两种表现，一种是继承性构造运动，表现为构造体系、构造形迹、运动方向、运动性质等方面的继承；另一种是新生构造运动，即新的构造特点代替了旧的构造特点。我国各新构造单元中都可以看到在构造运动发展阶段中这两种性质同时存在。

我国新构造运动大致分为以下 5 个阶段，即中新世到上新世是新构造运动开始发生的时期；上新世末或更新世初是新构造运动普遍表现强烈的时期；更新世及全新世时期为有节奏的间歇性运动；现代构造运动时期没有明显界限，主要因研究方法与实践意义不同而划分。第四纪时期岩浆活动以喷出活动为主，火山堆积物和熔岩以酸性和基性最常见且中性熔岩较少，我国东北、西北、西南、东南诸省及台湾省均有大面积第四纪火山岩分布。

12.3.4　新构造运动研究的基本方法

新构造运动研究方法有定量的仪器法和定性的地质—地貌法。

1. 仪器法（定量法）

仪器法是主要针对现代构造运动进行研究的方法，其能得出准确数据并显示结果，其包括天文法、大地测量法、地球物理法、水文法等。天文法主要通过重复测量经度及纬度的坐标变化提供确切的各点经度及纬度和在地表上的水平位移量。大地测量法通过重复进行的精确卫星大地测量、三角测量和水准测量计算出构造运动的速度，卫星大地测量、三角测量用来研究水平运动的位移量与方向变化，水准测量则是研究地壳升降运动幅度大小变化的。这些都是通过测量数据研究现代构造运动最有效的方法并能计算出构造运动的速度。地球物理法是研究现代构造运动最主要的仪器方法，其通过地震测量、重力测量、地倾斜测量、地应力测量、地热流测量、地磁测量等获得现代构造运动的资料。其中地震测量最宝贵，是直接获得构造运动资料的方法。水文法根据海岸不同地点多年对海上水准基面反复测量的数据归纳统计研究海平面升降变化，进而研究现代地壳构造运动变化趋势。根据水文法研究，我国渤海湾西岸的兴城高于海平面 15 m，台湾岛的高海岸线上升隆起幅度更大，琉球灰岩出露在海面上 365 m 处，说明这些地区地壳仍然在抬升。

2. 地质—地貌法（定性法）

地貌法通过地貌特点及其分布进行组合分析，是研究新构造运动的可靠方法。近 20 多年来，运用地貌学方法研究新构造运动已取得较好成果并在不断完善，特别是借助测地遥感技术。通过研究各种"标志面"或"标志层"的变形与错位判断它们所反映的地壳变形与错位，进而分析地表起伏、外动力侵蚀、堆积强度等。地质法通过研究第四纪地层剖面确定沉积环境、成因类型以及当时的地壳运动性质，比如若沉积物从粗粒向细粒或与海相有机物更替则说明海侵逐步扩大、陆地不断下降，若见到相反顺序则说明为海退。当然，剖面中岩性变化不仅受新构造运动影响，也受到季节和气候变化以及其他条件的影响。

3. 历史考古法

历史考古法根据考古及历史资料研究新构造运动，比如居民点的变迁、建筑物的变化、古代地貌变迁的记载等。此法对全新世以来地质地貌现象的观察尤为重要。

12.3.5 第四纪气候

1. 第四纪古气候变化的标志

现在人们所了解的地质时期气候变迁情况大都是通过研究地层沉积环境、冰川遗迹、植物孢粉、动植物化石、微量元素、放射性同位素、动植物化石等获得，人们通过推断第四纪古气候特征发现第四纪时期的主要特点之一是气候有过多次的冷暖交替变化，见图 12-3-6 和图 12-3-7。图 12-3-7 中，深色为现有冰川冰，浅色为更新世极盛期冰川冰。

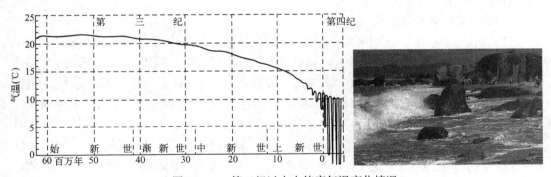

图 12-3-6　第三纪以来中纬度气温变化情况

（1）动、植物化石标志。应用动、植物化石标志来推断古气候的变迁规律是遵循"将今论古"原则的。生物的生存和发展对气候条件有比较严格的要求，气候条件发生变化，它的生存和发展不仅会受到影响与限制而且还会引起生物的变种甚至被淘汰。各类生物对气候的变化均有一定的适应能力。发现的第四纪生物有喜热性生物群、喜温性生物群和喜寒性生物群三大类。1964 年我国登山队在喜马拉雅山希夏邦马峰北坡约 6000 m 的海拔高程发现第三纪末期至第四纪初期高山栎和黄背栎植物化石，这些皆属亚热带常绿树种，性喜温湿润，表明喜马拉雅山地区在第四纪初期曾有过类似今日亚热带的温和湿润气候。

（2）气候寒冷的标志——冰碛。第四纪气候变化的标志除地层中保存寒冷孢粉组合外还有气候寒冷时形成的冰川与冰碛，见图 12-3-8。

193

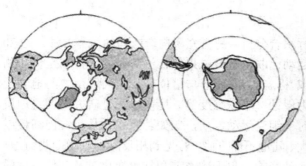
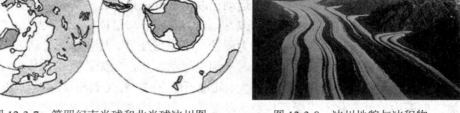

图 12-3-7　第四纪南半球和北半球冰川图　　　　　图 12-3-8　冰川地貌与冰积物

（3）气候温暖、湿润的标志——红色风化壳。红色风化壳是代表高温多雨湿热气候的产物。化学风化作用强烈、矿物质易遭受分解作用，其中氧化铁（Fe_2O_3）呈胶体状态侵染了岩土表层，因此叫做红色风化壳。华南经风化与溶淋作用形成网纹状红土，也称为红色风化壳，厚 30 多米，有的发育成硅红壤，这是研究第四纪气候冷、暖变化的重要标志之一。

（4）热带—亚热带沿海地区的特有产物——海滩岩（Benchrock）。海滩岩由珊瑚体和贝壳经过高能波浪冲蚀破碎成细砂粒，或残留的珊瑚体和贝壳等被搬运到海滩，或陆地风化碎屑物搬运到海滩（即潮间带）沉积后经文石或方解石的碳酸盐泥砂充填碎屑物的颗粒孔隙中胶结成岩石，所以称为海滩岩，是反映第四纪时期与现代气候温暖的标志。

（5）其他方面的标志。铝土矿是在温暖湿润气候条件下形成，盐类矿物则在干燥、半干燥的气候条件下形成。可各种矿物的沉积先后层序推断古气候变迁规律。

应用考古学的分析方法、地方志资料、气候学以及树木年轮分析等方法均可研究第四纪时期气候变化规律。

2. 第四纪气候及其变化

（1）冰期、间冰期。人们研究发现第四纪时期地球表面曾发生过一系列重大变化，其中以第四纪冰川的发展、变化最为突出，第四纪发生过几次冰期与几次间冰期，第四纪冰期的划分也是第四纪分期的主要依据。气候变冷，发育冰川的时期称为冰期；两次冰期之间气候变暖、冰川消退的时期称为间冰期。在间冰期，前次冰碛物受到湿热风化作用形成土壤层，新的冰碛物又覆盖在土壤层上面，这是冰期划分与气候变化的根据。第四纪冰期影响范围宽广，欧洲、美洲与亚洲都有发现，第四纪冰期的研究、划分比较早的是阿尔卑斯山外围地区。

（2）阿尔卑斯山区气候变迁。1909 年 A. 彭克和布留克纳根据阿尔卑斯山区冰川地貌、冰碛物、冰碛物风化程度以及冰水沉积阶地等划分为 4 个冰期与 3 个间冰期，自老到新依次是群智、民德、里斯与玉木冰期。后来又发现老于群智冰期的冰碛物称多脑冰期。玉木冰期组成低阶地的冰碛物称"低阶地砾石层"；第三间冰期（里斯—玉木间冰期）产生泥炭、褐煤与湖相沉积物；里斯冰期（Riss）的冰碛物和冰水堆积物保存在河谷的高阶地上（又称"高阶地砾石层"）；第二间冰期（民德—里斯间冰期）河水侵蚀作用较强、河流堆积物发育并有泥碳层分布；民德冰期（Minded）表现为分布在低一级的剥蚀面上的砾石层（称为"新砾石层"）；第一间冰期（群智—明德间冰期）是冰水沉积和河流堆积物；群智冰期（Gunz）为堆积在高处的剥蚀面（称为"高砾石层"）；多脑—群智间冰期、多瑙冰期也各有标志物。

3. 中国第四纪气候变化特征

（1）中国更新世气候变化特征。李四光教授于 20 世纪 30 年代建立的中国冰期系列，即鄱阳、大姑、庐山和大理 4 次冰期，中国冰期被长期沿用并将这 4 次冰期与阿尔卑斯山区的群智、民德、里斯和玉木冰期相对比，见表 12-3-1。欧洲发现时代较老的多瑙冰期和中国云南元谋发现距今 3.5 百万年的龙川冰期可以对比。

表 12-3-1　中国—欧洲冰期对照表

第四纪			中国	欧洲
第四纪	更新世	全新世 Q₄	冰后期（河间期、海兴期、吴桥期）	冰后期（亚大西洋期、亚北方期、大西洋期、北方期、前北方期）
		晚更新世 Q₃	大理冰期	玉木冰期[玉木Ⅱ（晚期、早期）、玉木Ⅰ]
			庐山—大理间冰期	里斯—威尔姆间冰期
			庐山冰期	里斯冰期
		中更新世 Q₂	大姑—庐山间冰期	明德—里斯间冰期
			大姑冰期	明德冰期
		早更新世 Q₁	鄱阳—大姑间冰期	贡兹—明德间冰期
			鄱阳冰期	贡兹冰期
			龙川—鄱阳间冰期	多瑙—贡兹间冰期
			龙川冰期	多瑙冰期

（2）中国冰后期气候的变化。第四纪的最后一次冰期结束以来地球气候进入冰后期（距今 12000 年），中国冰后期气候波动可划分为三段，即晚全新世（现今至约 2500 年）、中全新世（距今 2500～7500 年）、早全新世（距今 7500～12000 年）。我国气候学家竺可桢教授根据我国历史文献、考古和气象观测资料对中国过去 5000 年来的气候变迁作了研究，划分出 4 次温暖时期与 4 次寒冷时期，即第一温暖期大约开始于公元前 3600 年、结束于距今 3000 年前，当时年平均气温比现在高 2℃左右。第一寒冷期从公元前 1000 年到公元前 850 年之间，属西周时代。第二温暖期发生在公元前 770 多年东周和春秋时代至公元初期西汉时代，温暖时间长达 700 余年。第二寒冷期从公元初年起持续到公元 600 年左右，属于东汉、三国到南北朝后期，年平均气温比现在低 1～2℃。第三温暖期发生在公元 600—1000 年，属于隋唐至宋朝初期，据记载在公元 650—669 年和 678 年的冬季都城长安无雪无冰。第三寒冷期在公元 1000—1200 年宋朝时代，公元 1111 年太湖冰封、冰上可行车。福建省历史记载有两次因寒冷而使荔枝受损，一次是 1110 年，一次是 1178 年。南宋淳佑五年十二月（公元 1245 年）记载广州市、东莞、南海、佛山等地"腊月初，大雪三日，积盈尺余……"。第四温暖期发生在公元 1200—1300 年，我国南、北区普遍温暖，杭州地区无雪无冰，陕西、河南等地竹林茂盛，专门设立了"竹监司"官府，元朝大德八年（公元 1304 年）广东南海县志记载了有关大象生活的情况。第四寒冷期为明末清初以来近 600 年，我国气候虽是寒冷期但仍有冷暖波动，据记载公元 1470—1520 年广东省番禺、南海、潮阳等县"有雪，梅花枯死"，海南岛琼台县志记载明朝正德元年（公元 1506 年）万宁县"冬万州大雪"等。

2015 年 7 月 10 日英国《每日邮报》网站报道，科学家警告称太阳将在 2030 年"休眠"，这将导致地球气温大幅度下降、使得地球步入"小冰河期"。这一发现是在英国皇家天文学会于威尔士兰迪德诺召开的国家天文会议上公布的。瓦伦蒂娜·扎尔科夫教授及其研究团队在会上介绍了他们研发的太阳活动周期新模型，该模型关注太阳两个层面的发电机效应，其中一个靠近太阳表面，另一个深入太阳的对流区，经预测到太阳活动将在 2030 年左右减少 60%，届时地球将很有可能进入"小冰河期"。扎尔科夫的研究发现，在太阳活动的第 25 周期，被列为观测对象的太阳两个层面的电磁波开始相互抵消，该周期的太阳活动在 2022 年达到峰值。进入第 26 周期（2030 年至 2040 年）后这两个层面的电磁波变得完全不同步，导致太阳活动剧烈减少。扎尔科夫说"我们预测这将引发与'蒙德极小期'相同的效应"。公元 1645 年至 1715 年是蒙德极小期，在此期间太阳活动非常衰微，持续时间长达不可思议的 70 年，此时也恰好是地球的"小冰河期"，但两者是否有关联，仍然没有定论。当时在寒冷的冬季，英国大部分河流都冻结了，人们甚至能够穿着旱冰鞋横穿泰晤士河。中国气象史上有个"小冰河时期"指的是明朝末年以后、鸦片战争以前，当时整个中国的年平均气温都比现在要低（夏天大旱与大涝相继出现，冬天则奇寒无比，不光河北，连上海、江苏、福建、广东等地都狂降暴雪。明末清初人叶梦珠撰写的《阅世编》、清朝中后期人陈其元撰写的《庸闲斋笔记》，以及《明史·五行志》、《清史稿·灾异志》等文献中都提到了这种奇特气象）。

12.4　我国山地地貌的特点

我国位于欧亚大陆的东南部，东南濒临太平洋，西北深入亚洲腹地，西南与南亚次大陆接壤，疆域辽阔，地貌类型丰富。据粗略估计，山地与高原占全国总面积的一半以上，丘陵与盆地超过 20%，平原约占 10%。地势自西向东呈明显的巨大递级下降。

山地是中国地貌的格架。中国大地貌单元（比如大高原、大盆地）的四周都被山脉环绕。青藏高原是中国最高、最大的高原，平均海拔 4500～5000 m，环绕高原的山脉有喜马拉雅山、喀喇昆仑山、昆仑山、祁连山、横断山等。西南部的云贵高原海拔降至 2000～1000 m，周围的山脉有哀牢山、苗岭、乌蒙山、大娄山、武陵山等。西北部黄土高原和内蒙古高原边缘的山脉有秦岭山脉、太行山脉、贺兰山、阴山山脉、大兴安岭等。新疆塔里木盆地是中国最大的内陆盆地，盆地最低处罗布泊洼地的海拔 780 m。而周围的天山、昆仑山、阿尔金山等山脉，一般海拔在 4000～5000 m。新疆准噶尔盆地、青海柴达木盆地和四川盆地的四周都为高大山脉所封闭。就是在中国东部和东北部的大平原和岛屿上也可见到大片的中、低山和丘陵，如松辽平原东部的张广才岭和长白山脉，黄淮海平原东部的山东丘陵和长江中下游的低山丘陵。台湾岛的玉山海拔 3997 m，海南岛的五指山海拔 1867 m。

中国造山运动划分为 5 个时期，即加里东运动、华力西运动、印支运动、燕山运动和喜马拉雅运动。加里东运动是发生在早古生代的造山运动，在这次造山运动中主要褶皱隆起的有俄罗斯西伯利亚南部的山脉。华力西运动指古生代石炭纪至二叠纪的造山运动，这一运动使中国北部阿尔泰山、天山、大兴安岭、阴山、昆仑山、阿尔金山、祁连山、秦岭等山脉隆起并伴有大量的花岗岩侵入。印支运动指中生代三叠纪至侏罗纪的造山运动，这一运动使川西、滇西北一带隆起成为山地，比如岷山、邛崃山、大雪山、云岭等。燕山运动指中生代白垩纪的造山运动，这一运动不仅产生燕山山脉、太行山脉、贺兰山、雪峰山、横断山脉、唐古拉山、喀喇昆仑山等山脉而且形成许多山间断陷盆地并在盆地内堆积了巨厚的砂页岩层。喜马拉雅运动是发生在新生代的最年轻的造山运动，分为两幕，第一幕是在渐新世至中新世，其使喜马拉雅山主体、冈底斯山、念青唐古拉山、长白山、武夷山脉等大幅度隆起。第二幕发生于上新世至更新世，这时，喜马拉雅山南面的西瓦里克丘陵隆起，西藏高原大幅度上升，台湾山地露出海面。喜马拉雅运动对那些古老的山脉都有不同程度的影响，但对大兴安岭—阴山一线以北的地区比较微弱。所以中国的山脉虽然形成的地质时代有先有后，但并非都是前几次造山运动所形成的面貌。根据板块构造的理论，中国是由若干个古板块拼接镶嵌而成的，可以肯定，每一次造山运动就是由于古大陆板块在移动时古板块边界发生碰撞所造成的。

海拔 3500 m 大致相当于中国山地森林上限。雪线高度各山脉不一，一般约在海拔5000 m。这一指标实际上反映了中国山地的竖向自然带的界线。中国东西部地势差别悬殊，仅用海拔还不足以反映这种差别，比如四川峨眉山金顶海拔 3099 m 而西藏拉萨平原海拔为 3650 m，所以划分山地还必须辅以相对高度指标。中国幅员广大，主要山系山地系统是指山脉、山块、山链及其大小分支的总称，它具有复杂的地质发展史和包括不同年代、不同类型的山地。中国的主要山系有天山—阿尔泰山系、帕米尔—昆仑—祁连山系、大兴安岭—阴山山系、燕山—太行山系、长白山系、喀喇昆仑—唐古拉山系、冈底斯—念青唐古拉山系、喜马拉雅山系、横断山系、巴颜喀拉山系、秦岭—大巴山系、乌蒙—武陵山系、东南沿海山系、台湾山系、海南山系。

中国东西走向的山脉主要有三列，最北的一列是天山—阴山，中间一列是昆仑山—秦岭，最南的一列是南岭。东北—西南走向的山脉由西向东大致分为三列，最西边的一列是大兴安岭、太行山、巫山、武陵山、雪峰山等；中间的一列包括长白山经辽东的千山、山东丘陵到东南的武夷山；最东边的一列是台湾山脉。西北—东南走向的山脉主要分布在中国的西部，比如阿尔泰山、祁连山等。南北走向的山脉自北而南有贺兰山、六盘山、横断山脉等。中国的高原主要有青藏高原、内蒙古高原和云贵高原。

中国山地区的县级行政区数要占全国的 2/3，人口和耕地分别占 1/3 与 2/5，粮食占1/3。中国 90% 以上的木材产量也取之于山地区。中国的矿产资源和水力资源大部分也集中于山地区。中国的自然风景旅游资源也以山地区最多和最壮观。同时，中国山地是人类文明的摇篮之一，中国目前发现的古人类化石绝大部分都分布于山地区。此外，中国山地是中国各少数民族聚居最集中的地方。因此，合理地开发与利用中国山地并积极地进行保护具有重要的意义。

思考题与习题

1. 何为山地？
2. 山地有哪些形态特征？
3. 山地的成因是什么？
4. 简述新构造运动的特点。
5. 新构造运动的形式有哪些？
6. 我国新构造运动有哪些表现形式？
7. 新构造运动研究的基本方法有哪些？各有什么特点？
8. 第四纪气候的基本特征是什么？
9. 简述我国山地的分布情况及山地地貌的特点。

第 13 章 岩土工程测试

13.1 岩土工程测试的基本要求

原位测试前应根据选定的实验方法编制实验方案，实验方案应包括工程概况及实验目的和要求、实验场地工程地质和水文地质条件、实验方法和工作量布置、采用的仪器设备和所需的材料、数据处理方法等内容。原位测试方法应根据工程需要和设计对参数的要求以及测试方法的适用性和地区经验等因素选择（见表 13-1-1）。原位测试孔位和点位布置对场地岩土层应具有控制性和代表性，并应避开地下隐蔽工程及其他不利环境。

原位测试成果的整理应符合规定。应对全部资料逐项逐类检查，核对并分析实验结果的代表性、规律性和合理性，应考虑仪器设备、实验条件、实验方法等对实验的影响。实验成果应按已划分的工程地质单元进行归类，进行统计分析时应注意实验参数的变异性并剔除异常数据。应按地质单元对实验成果进行综合整理并提出各项实验成果的代表值。

根据原位测试成果判定岩土工程特性参数和对岩土工程问题做出评价时应结合室内实验和地区工程经验进行综合分析。原位测试报告应包括实验要求、实验场地工程地质和水文地质条件、实验方法、测试成果和分析、结论和建议以及相应的图表等内容，实验报告的文字、术语、代号、符号、数字、计量单位等均应符合国家现行有关标准的规定。用于标定传感器和测力计的计量设备必须按国家计量管理规定定期送授权的法定计量单位进行检定，原位测试的仪器设备应定期检验和标定。现场实验期间除应执行相关技术规范规定外，还应遵守国家和地方有关安全生产的规定。

表 13-1-1 原位测试方法的选择

实验项目	测定参数	主要实验目的
载荷实验	比例界限压力 p_0、极限压力 p_u，压力与变形关系	评定岩土承载力、估算土的变形模量；判断黄土的湿陷性和岩土的膨胀性；评价岩体变形；计算土的基床系数等
桩基静载实验	单桩竖向抗压、抗拔极限承载力，单桩水平极限承载力和水平临界荷载	为桩基提供设计参数
静力触探实验	单桥比贯入阻力 p_s、双桥锥尖阻力 q_c、侧壁摩阻力 f_s、摩阻比 R_f，孔压静力触探的孔隙水压力 u	判别土层均匀性和划分土层、估算地基土承载力和压缩模量；选择桩基持力层、估算单桩承载力、判断沉桩可能性；判别地基土液化可能性及等级
标准贯入实验	标准贯入击数 N	判别土层均匀性和划分土层、估算地基承载力和压缩模量；判别地基土液化可能性及等级；判定砂土密实度及内摩擦角；选择桩基持力层、估算单桩承载力、判断沉桩的可能性

实验项目	测定参数	主要实验目的
动力触探实验	动力触探击数 N_{10}、$N_{63.5}$、N_{120}	判别土层均匀性和划分地层、估算地基土承载力和压缩模量；选择桩基持力层、估算单桩承载力、判断沉桩的可能性
十字板剪切实验	原状土抗剪强度 C_u 和重塑土抗剪强度 C_u'	测求饱和黏性土的不排水抗剪强度及灵敏度、判断软黏性土的应力历史；估算地基土承载力和单桩承载力；计算边坡稳定性
旁压实验	初始压力 p_0、临塑压力 p_f、极限压力 p_L 和旁压模量 E_m	测求地基土的临塑荷载和极限荷载强度，从而估算地基土的承载力，测求地基土的变形模量；估算桩基承载力，计算土的侧向基床系数
扁铲侧胀实验	扁胀模量 E_D、土类指数 I_D、侧胀水平应力指数 K_D 和侧胀孔压指数 U_D	划分土层和区分土类；计算土的侧向基床系数
波速测试	压缩波速度 V_p、剪切波速度 V_s、面波速度 V_R	划分场地类别，提供地震反应分析所需的场地土动力参数、估算场地卓越周期；判别土层均匀性和划分土层、估算地基土承载力和压缩模量；判别地基土液化可能性及等级；评价岩体完整性
现场直剪实验	竖向（径向）应力 σ、剪应力 τ	计算地基土剪切面的摩擦系数 f、内摩擦角 φ、粘聚力 c；为地下建筑物、岩质边坡的稳定分析提供抗剪强度参数
压水实验	单位吸水量 ω	评价岩土层的裂隙发育程度和渗透性
注水实验	渗透系数 k	预测基坑排水、降低或疏排地下水的可能性，评价贮水工程地基或水利工程、边坡、水库等的渗漏性，为选择地基处理方法提供依据
抽水实验	影响半径 R、渗透系数 k	评价岩土勘察场地含水层渗透性，为岩土施工降水方案提供参数
动力机器基础地基动力特性测试	抗压、抗弯、抗剪、抗扭刚度 K_z、K_φ、K_x、K_ψ；抗竖向阻尼比 ζ_z、水平口转向第一振型阻尼比 $\zeta_{x\varphi 1}$、扭转向阻尼比 ζ_ψ、竖向振动参振总质量 m_z、水平回转耦合振动参振总质量 $m_{x\varphi}$ 等	为动力机器基础设计，提供天然地基和人工地基的动力参数及隔振参数
原位密度实验	湿密度 ρ、干密度 ρ_d	为土工密度实验提供对比数据，对填方工程进行质量评价
原位冻胀量实验	平均冻胀率 η	测定地基土在天然条件下冻结过程中沿深度的冻胀量，计算表征土冻胀性的冻胀率。为设计提供参数
原位冻土融化压缩实验	融化压缩系数 a、融沉系数 a_0	为冻土层的融化和压缩沉降计算提供参数
岩体应力测试	空间应力分量及主应力 σ_x、σ_y、σ_z、σ_{xy}、σ_{yz}、σ_{zx}、τ_{xy}、τ_{yz}、τ_{zx}、σ_1、σ_2、σ_3	计算岩体空间应力，为隧道工程设计、施工提供参数

实验项目	测定参数	主要实验目的
振动衰减测试	地基能量吸收系数 α	为机器基础的振动和隔振设计提供参数
地脉动测试	卓越周期 T	为设计提供抗震设计参数
地电参数原位测试	电阻率 ρ、大地导电率 σ	为发电厂、输电线路、管线工程的设计提供地电参数
基坑回弹原位测试	基坑回弹量 R_d	为建（构）筑物地基变形分析和基坑稳定性分析提供参数

13.2　原位密度测试

原位密度测试适用于现场测试土体的密度，为土工密度实验提供对比数据，为填方工程进行质量控制提供参数。原位密度测试常用方法是核子射线法、灌砂法和灌水法等。实验点选择应具有代表性，数量应根据任务要求确定。

核子射线法仪器设备应符合要求，主机通常由放射源、探测器、微处理器、测深定位装置等组成。放射源铯 137-γ 源辐射活性 $3.7 \times 10^8 P_q$；镅 241/铍中子源辐射活性 $1.85 \times 10^9 P_q$。探测器盖革—密勒计数管接收 γ 射线；氦 3-探测管接收中子射线。微处理器将探测器接收到的射线信号转换成数据并经运算后显示检测结果。测深定位装置将放射源定位到预定的测试深度。附件应包括标准块、导板、钻杆、充电器、等。测量范围为水分密度 $0 \sim 0.64 g/cm^3$、密度 $1.12 \sim 2.73 g/cm^3$，准确度为水分密度 $\pm 0.004 g/cm^3$、密度 $\pm 0.004 g/cm^3$。计量检定应遵守我国现行《核子湿度密度测试仪检定规程》，检定周期两年。

灌砂法实验设备应符合要求，灌砂法密度测试仪通常由漏斗、漏斗架、防风筒、套环、3 个固定器组成。漏斗上口直径 200 mm、下口直径 15 mm、高 110 mm；防风筒直径 300 mm、高 220 mm；套环直径 270 mm、高 30 mm。台秤称量 10 ~ 15 kg、感量 5 g；称量 50 kg、感量 10 g。量器直径 150 mm、高 200 mm（用套环时高 230 mm），或直径 200 mm、高 250 mm（用套环时高 280 mm），或直径 250 mm、高 300 mm（用套环时高 330 mm），或直径 270 mm、高 300 mm。量砂粒径 0.25 ~ 0.5 mm、清洁干燥的均匀砂约 20 ~ 40 kg，应先烘干并放置足够时间使其与空气的湿度达到平衡。还应配备量砂容器、天平、烘箱、试样盒、玻璃板（边长约 500mm 方形）、钢直尺、铲土工具等。

灌水法实验设备应符合要求。座板为中部开有圆孔、外沿呈方形或圆形的铁板，圆孔处设有环套，套孔直径为土中所含最大石块粒径的 3 倍，环套高度为其粒径的 5%。薄膜为聚乙烯塑料薄膜。储水筒直径应均匀并附有刻度。台称称量 50 kg、感量 5g。还应配备铁镐、铁铲、钢直尺、水准仪等。

13.2.1　核子射线法

标准计数或统计实验应符合规定。将标准块放在坚硬的材质表面后再按规定将仪器放置在标准块上，仪器手柄设置在安全位置。其周围 10 m 以内应无其他放射源，3 m 以内地面上不应堆放其他材料。按下启动键开始进行标准计数或统计实验，此时操作人员应退到离仪器 2 m 以外区域。当仪器发出结束信号后应检查含水量、密度的标准计数或统计分析结果，若其数值在规定范围内即可开始检测。

输入设定参数包括测量计数时间（不宜小于 30 s）、计量单位（可选择 g/cm^3 或 kg/cm^3）、密度及含水量偏移量（无偏移量时输入"0"）、测点记录号。应平整被测材料表面。必要时可用少量细粉颗粒铺平，然后用导板和钻杆造孔。孔深必须大于测试深度，孔应铅直、孔壁光滑、不得坍塌。按规定将仪器就位并将放射源定位到预定的测试深度，按下启动键开始测试，操作人员退到离仪器 2 m 以外的区域。当仪器发出测试结束信号后将放射源退回到安全位置并存储或参照规定格式记录检测结果。实验允许差应符合规定。实验在同一测点，仪器在初始位置进行第一次读数，然后将仪器绕测孔旋转 180° 进行第二次读数，当密度的平行差值不大于 0.03 g/cm^3 时取两次读数的平均值作为最终实验结果。若两次测定的平行差值超过允许差值则应将仪器再绕测孔旋转到 90° 和 270° 的位置进行两次读数，取其四次读数的算术平均值。当被测材料中含有硼、氡等吸收中子的元素而成非自由水氢元素时其检测结果应用烘干法求出偏移量进行校正。在基坑边缘或沟中测试时仪器的侧面与坑壁的距离不宜小于 0.6 m（采用特殊补偿功能对测试结果进行校正的不受距离的限制）。

13.2.2 灌砂法

灌砂法实验适用于现场测定细粒土、砂类土和砾类土的密度。试样最大粒径不宜超过 15 mm，测定密度层厚度 150～200 mm。最大粒径超过 15 mm 时应相应增大量砂容器和量器的尺寸。确定量砂密度 ρ_s（g/cm^3）时应按相关规定进行。分别称量器质量 m_L 和量器加玻璃板质量 m_{LB}，将量器内充满净水并用玻璃板沿量器边缘轻轻擦净盖好，量器内应无气泡，擦干量器外壁及玻璃板表面，称量器加玻璃板质量及水质量并测定水温（准确到 0.5℃），每种量器进行 3 次平行测定取其算术平均值 m_{LW}。将量器内外擦干、置漏斗于量器上使漏斗下口距量器上口 100 mm 并对正量器中心，量砂经漏斗灌入量器内，量砂下落速度应大致相等，直到灌满量筒后取走漏斗，用直尺沿量器上缘刮平砂面，使砂面与量器边缘齐平，灌砂过程中应不使量器受振动，称量器加量砂质量。每种量器进行 3 次平行测定，取其算术平均值 m_{LS}。按式 $\rho_n=\rho_w(m_{LS}-m_L)/(m_{LW}-m_{LB})$ 计算量砂密度，其中，ρ_n 为量砂密度（g/cm^3）；ρ_w 为净水密度（g/cm^3），按表 13-2-1 取值；m_{LS} 为量器加量砂质量（g）；m_L 为量器质量（g）；m_{LW} 为量器加玻璃板质量及水质量（g）；m_{LB} 为量器加玻璃板质量（g）。

表 13-2-1　水 的 密 度

温度 /℃	水的密度 /（g/cm^3）	温度 /℃	水的密度 /（g/cm^3）	温度 /℃	水的密度 /（g/cm^3）	温度 /℃	水的密度 /（g/cm^3）
4.0	1.0000	13.0	0.9994	22.0	0.9978	31.0	0.9953
5.0	1.0000	14.0	0.9992	23.0	0.9975	32.0	0.9950
6.0	0.9999	15.0	0.9991	24.0	0.9973	33.0	0.9947
7.0	0.9999	16.0	0.9989	25.0	0.9970	34.0	0.9944
8.0	0.9999	17.0	0.9988	26.0	0.9968	35.0	0.9940
9.0	0.9998	18.0	0.9986	27.0	0.9965	36.0	0.9937
10.0	0.9997	19.0	0.9984	28.0	0.9962		
11.0	0.9996	20.0	0.9982	29.0	0.9959		
12.0	0.9995	21.0	0.9980	30.0	0.9957		

采用套环法时应遵守相关规定，在实验地点选一块约 40 cm×40 cm 的平坦表面将其清扫干净，将被测土层铲去一部分，将测试仪放在整平的地面上用固定器将套环固定，称量砂容器加量砂质量 m_1。用量砂容器将量砂经漏斗灌入套环内，待套环灌满后拿走漏斗、漏斗架、防风筒，用直尺刮平套环上砂面，使其与套环边缘齐平，将刮下的量砂细心回收到量砂容器内，称量砂容器加第 1 次剩余量砂质量 m_2。将套环内的量砂取出称其质量 m_3，用直尺刮平套环上砂面使之与套环边缘齐平，在套环内挖试坑，其尺寸可参考表 13-2-2。挖坑时应将已松动的试样全部取出放到盛试样的容器内，将盖盖好称试样容器加试样质量（包括少量遗留的量砂）m_4 和试样容器质量 m_6，取代表试样测定其含水率。在套环上重新装上防风筒、漏斗架及漏斗，使漏斗下口距试坑口 100 mm 并对正试

表 13-2-2　试坑尺寸

试样最大粒径/mm		5～20	40	60	200
试坑尺寸/mm	直径	150	200	250	800
	深度	200	250	300	1000

坑中心，量砂经漏斗灌入试坑内，量砂下落速度应大致相等，直至灌满套环，然后取走漏斗、漏斗架、防风筒并用直尺刮平套环上砂面，使与套环边缘齐平，将刮下的量砂全部回收到量砂容器内、不得丢失，用直尺刮平套环上砂面，使其与套环边缘齐平，称量砂容器加第 2 次剩余量砂质量 m_5。若试洞中有较大孔隙、量砂可能进入孔隙时则应按试洞外形松弛地放入一层柔软的纱布，然后再进行灌砂工作。

采用无套环法时也应按套环法的规定准备实验地点及在整平的地面挖试坑，称量砂容器加量砂质量 m_1。然后在试坑上放置防风筒、漏斗架及漏斗，将量砂经漏斗灌入式坑内，量砂下落速度应大致相等，直至灌满试坑。试坑灌满量砂后取走漏斗、漏斗架、防风筒，用直尺刮平量砂表面，使其与实验地平面齐平，将多余的量砂全部回收到量砂容器内称量砂容器加剩余量砂质量 m_7。

灌砂法密度实验应进行两次平行测定，两次测定差值不得大于 0.03 g/cm^3，满足要求时取两次测值的平均值。实验记录格式应遵守相关规定。

13.2.3　灌水法

灌水法实验适用于现场测定粗粒土和巨粒土的密度，应根据试样最大粒径按表 13-2-2 确定试坑尺寸。首先按确定的试坑直径划出坑口轮廓线，将测点处的地表整平，地表的浮土、石块、杂物等应予清除，坑凹不平处用砂铺整，并用水准仪检查地表是否水平。然后在整平后的地表将座板固定，将聚乙烯塑料膜沿环套内壁及地表紧贴铺好，记录储水筒初始水位高度，拧开储水筒的注水开关，从环套上方将水缓缓注入（至刚满不外溢为止），记录储水筒水位高度、计算座板部分的体积，在保持座板原固定状态下将薄膜盛装的水排至对该实验不产生影响的场所，然后将薄膜揭离底板。用挖掘工具沿座板上的孔挖至要求深度，将试坑内土样装入盛土容器内。为使坑壁与塑料薄膜易于紧贴应对坑壁整修，整修过程中应将落于坑内的试样回收到盛土容器内。取代表试样测定含水率，分别称试样容器、称试样容器加试样质量。将塑料薄膜沿坑底、坑壁紧密相贴地铺好，再往薄膜形成的袋内注水。应牵扯住薄膜的某一部位一边拉、松，一边注水以使薄膜与坑壁间的空气得以排出，从而提高薄膜与坑壁的密贴程度。记录储水筒内初始水位高度，拧开储水筒的注水开关，将水缓缓注入塑料薄膜中，当水面接近环套的上边缘

时将水流调小，直至水面与环套上边缘齐平时关闭注水管，持续 3～5 min 记录储水筒内水位高度。灌水法密度实验应进行两次平行测定，两次测定的差值应不大于 0.03 g/cm³，满足要求时取两次测值的平均值。灌水法密度实验记录格式应符合相关要求。

13.2.4 资料整理

1. 核子射线法

核子射线法实验结果应按式 $w=\rho_{sw}/(\rho-\rho_{sw})=(\rho_{sw}/\rho_d)\times100\%$ 计算，其中，w 为含水率（%）、计算至 0.1%；ρ_{sw} 为含水量，即单位体积土中水的质量（g/cm³）；ρ 为湿密度（g/cm³）；ρ_d 为干密度（g/cm³）。应利用微处理器直接读取并打印含水率、湿密度、干密度。

2. 灌砂法

采用套环法时应按式 $\rho=\{(m_4-m_6)-[(m_1-m_2)-m_3]\}/[(m_2+m_3-m_5)/\rho_n-(m_1-m_2)/\rho_n']$ 计算湿密度；不用套环法时应按式 $\rho=\rho_n(m_4-m_6)/(m_1-m_7)$ 计算湿密度，其中，ρ 为湿密度（g/cm³）、m_1 为量砂容器加原有量砂质量（g）、m_2 为量砂容器加第 1 次剩余量砂质量（g）、m_3 为套环内取出的量砂质量（g）、m_4 为试样容器加试样质量（包括少量遗留的量砂，g）、m_5 为量砂容器加第 2 次剩余量砂质量（g）、m_6 为试样容器质量（g）、m_7 为量砂容器加剩余量砂质量（g）、ρ_n 为试坑内量砂密度（g/cm³）、ρ_n'为套环内量砂密度（g/cm³）。土的干密度 ρ_d（单位为 g/cm³）按式 $\rho_d=\rho/(1+0.01w)$ 计算。

3. 灌水法

灌水法按式 $V_0=(h_1-h_2)A_w$ 计算座板部分的容积，其中，V_0 为座板部分的容积（cm³）、h_1 为储水筒内初始水位高度（cm）、h_2 为储水筒内注水终了时水位高度（cm）、A_w 为储水筒断面积（cm²）。应按式 $V=(H_2-H_1)A_w-V_0$ 计算试坑容积，其中，V 为试坑容积（cm³）、H_2 为储水筒内注水终了时水位高度（cm）、H_1 为储水筒内初始水位高度（cm）、A_w、V_0 含义同前。应按式 $\rho=m_p/V$ 和 $\rho_d=\rho/(1+0.01w)$ 计算试样湿密度和干密度，其中 m_p 为取自试坑内的试样质量（g），其余符号含义同前。

13.3　基坑回弹原位测试

基坑回弹原位测试可为建（构）筑物地基沉降、基坑稳定性分析提供参数。基坑回弹监测点数量应结合基坑形状、大小和岩土工程条件设置，但同一基坑监测点数不应少于 3 个。回弹变形监测的仪器设备应定期检定或校准。

基坑回弹原位测试设备及机件主要包括回弹标和埋设回弹标的辅助设备机具及相关的变形观测测量设备。以回弹标顶端为观测点时其顶端应做成 $\phi15\sim25$ mm 的半球形、高度为 25 mm，当采用挂钩法观测时回弹标顶端应加工成相应的弯钩状。回弹标的设计制作应符合其埋设后不易扰动和可与周围岩土体实现协同变形的技术要求。采用钻孔埋设的回弹标根据埋设方式不同分为Ⅰ型和Ⅱ型，分别适用于套管，辅助杆埋置法和钻杆直接置入法，见图 13-3-1。

回弹变形监测设备机具应符合观测精度或控制等级要求并应满足相应的测量标准。

监测点应以基坑开挖平面的形心对称布置，同时宜按相互垂直的纵横布置方式设置监测线；当基坑形状结构复杂或地质条件复杂时应适当增加监测线和监测点数。监测点应在基坑形心点位置并宜按坑底 1/4 宽度的间距布置，同时应控制监测点间距不宜大于 20 m，其他具有代表性位置和方向线上应同时布置监测点。监测点应布置在基坑开挖底面以下，回弹标顶部的监测点部位应埋置于基坑开挖底面标高下 200～300 mm 未扰动的岩土层中。基坑开挖范围外布置监测点时应在坑内布置观测点方向线延长线上、距基坑 1.5～2.0 倍基坑开挖深度的距离内布置，相应回弹标的埋设深度应结合监测要求设置。

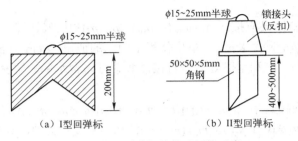

图 13-3-1　回弹标结构及规格示意

回弹标的埋设应符合规定，应根据埋置方式选择回弹标的规格并根据采取的观测方法加工回弹标顶端形状。Ⅰ型回弹标适用于辅助杆观测法，Ⅱ型回弹标适用于悬垂尺观测法。探井人工埋设回弹标的规格应结合规范要求、根据工程实际条件设计制作。采用钻孔埋设回弹标的作业步骤及要求是钻孔直径应不小于 130 mm 且大于回弹标的最大外径及满足相应埋设方法的要求；钻孔铅直度偏差应不大于 2%，应钻深至基坑开挖底面标高以下可保证满足回弹标压入深度要求的位置，同时清除孔底沉淀物；钻孔应采取严格的护壁措施或套管保护以防止埋设过程地面或孔壁杂物坠掉埋没标头；Ⅰ型回弹标应直接用钢管焊制的辅助杆施压，脱离套管底端后继续施压进入预计的监测点位的岩土层中；Ⅱ型回弹标用钻杆打、压入预计的埋设深度后应确信回弹标卸扣脱离留在土中后再利用钻杆压入 30～40 mm；初次观测完毕、提出观测机具后的钻孔回填工作应谨慎从事，应防止撞动回弹标。应先用白灰或其他易于识别的土料回填 500 mm，然后用素土回填至孔口。探井埋设回弹标适用于基坑开挖深度小于 10 m 的基坑，其作业步骤及要求是探井直径宜采用 700～800 mm 的小直径开挖且应不大于 1.0 m；探井挖深应达基坑开挖底面标高下 100 mm、埋置的回弹标可采用适宜规格的圆钢或螺纹钢加工制作；回弹标应采用打入方式埋入井底土中；初次观测完毕、提出观测机具后应先采用白灰或其他容易识别的土料回填，然后用素土回填探井。

工作基点布置应符合规定，应在基坑外便于连接观测点的稳固位置设置；工作基点距观测点距离不宜大于 75 m。工作基点布置应同时考虑将观测路线组成具有核验条件的图形，除特殊情况外应避免布设支线形式。基坑开挖后可在基坑边角处设置一临时工作点，观测时将高程传递到临时点上。

基准点设置应符合规定，应在基坑外相对稳定、不受施工影响和便于长期保存的稳定位置设置，同一基坑回弹监测基准点数量不宜少于两个。应在远离震动机械设备厂房和铁道不少于 60 m 处设置。基准点的实际观测使用应在埋点 15 天后开始并应在使用前进行稳定性检查。宜采用国家或测区原有的高程系统及相应的控制点设置。

观测方法应符合规定，测量精度应满足各回弹点的观测误差均不超过最大回弹变形值的 1/20 且最弱监测点相对邻近工作基点的高差中误差应小于 1.0 mm 的规定。各观测点的回弹观测次数至少应为三次（即除初次观测外还须在基坑开挖完后和基础底板混凝土浇筑前分别观测一次）。每一测站的观测应按先后视基准点，再前视观测点（尺、杆）的顺序进行，每测三次读数为一组，以反复进行两组为一测回，每站至少应测两个测回。套管、辅助杆观测法的初次观测应按相关规定进行，即在确信回弹标压入后提起保护套管约 100 mm，辅助杆下至孔底、放立在回弹标上，辅助杆出露套管高度宜为 300～400 mm；调整辅助杆固定螺丝确保辅助杆的铅直度；观测前后各精确测定一次辅助杆的长度，施测时间应选择在温度变化不大的时段进行；应测定辅助杆的线膨胀系数，必要时应考虑温度变化的影响。悬垂尺观测法的初次观测应遵守相关规定，即垂尺在孔内一端应设置在观测读数时与回弹标准确接触的装置，孔外一端应用三角架、滑轮和重锤牵拉；钢尺须经长度检定后方可使用，尤其使用段应精确测定，同时应考虑温度和拉力影响；观测时应保持悬挂钢尺的铅直度，必要时应对观测悬挂尺的铅直度进行观测并对观测结果予以修正；在基坑开挖深度 d 超过 20 m 的监测点孔内测试时需分析钢尺自重引发的变形影响。初次观测以后的观测可采用常规水准测量方法并应符合相关技术标准规定。

资料整理应符合要求。应根据观测点位置绘制基坑回弹监测点平面图，应整理绘制各观测点变形趋势图，应根据测定的回弹变形成果绘制基坑底面回弹变形 Rd 剖面图，应编制各观测点的基坑回弹监测成果表，应根据回弹变形剖面图判定基坑回弹变形特征、分析推算基坑最终回弹量值。

思考题与习题

1. 岩土工程测试的基本要求是什么？
2. 原位测试方法如何选择？
3. 如何进行原位密度测试？
4. 简述核子射线法的工作过程。
5. 简述灌砂法的工作过程。
6. 简述灌水法的工作过程。
7. 原位密度测试资料整理有何要求？
8. 如何进行基坑回弹原位测试？

第 14 章 岩土承载力探查

14.1 岩土载荷实验

岩土载荷实验适用于原位测定建（构）筑物岩土地基的承载力和变形指标、大直径桩桩端持力层的承载力、岩土地基的基床系数、湿陷性土的湿陷起始压力和湿陷性、地基抗压刚度系数等，可根据实验目的要求选择浅层平板载荷实验、深井载荷实验、螺旋板载荷实验、湿陷性土载荷实验、膨胀岩土浸水载荷实验、岩基载荷实验、循环荷载板实验等方法进行实验。岩土载荷实验应采用静力施加荷载，实验应采用相对稳定法。实验点的选择应根据建筑特点、基础埋深、技术要求、地基土条件及勘察阶段等综合确定，应布置在基础埋置标高处，地层有变化时宜进行分层、分区域实验，实验点附近应有取土试样的勘探点或有原位测试点，同类型地层实验点数不应少于 3 处且应有代表性。平板载荷实验基坑宽度不应小于承压板宽度或直径的 3 倍，实验期间实验面应避免阳光照射、冰冻和雨水侵入并应保持实验土层天然结构和天然湿度，承压板尺寸和形状应满足地层条件和影响深度要求。

载荷实验承压板应采用圆形刚性承压板，浅层平板载荷实验承压面积应不小于 2500 cm^2、软土应不小于 5000 cm^2，深层平板载荷实验宜采用直径 800 mm 的钢性压板，岩基载荷实验宜采用直径 300 mm 的钢性压板，螺旋板载荷实验应采用标准型螺旋形承压板，承压板采用厚度 5 mm、投影面积 200 cm^2、螺距为 45 mm，或厚度 5 mm、投影面积 500 cm^2、螺距 60 mm 的螺旋形钢板。荷载测量可用放置在千斤顶上的荷重传感器直接测定，或采用并联于千斤顶油路的压力表或压力传感器测定油压并根据千斤顶率定曲线换算荷载，传感器测量误差应不大于 1%、压力表精度应优于或等于 0.4 级，实验用压力表、油泵、油管最大加载时压力应不超过规定工作压力的 80%。加载反力装置可根据现场条件选择压重平台反力装置、地锚反力装置、斜撑装置及洞室顶板等装置，加载反力装置能提供的反力不得小于预估最大加载量的 1.2～1.5 倍。量测载荷实验的压板沉降值必须保证量测的精度和足够量程，应选用精度不低于 0.01 mm 的百分表或电测位移传感器。采用自动加荷量测记录系统时除应满足上述规定外还应满足实验方法的技术要求。

14.1.1 浅层平板载荷实验

浅层平板载荷实验适用于确定浅层各类土和软岩、极软岩承压板下应力主要影响范围内的承载力。试坑开挖应符合规定，含碎石的黏性土承压板边缘和板底不应接触大块碎石；开挖至离实验标高 200～300 mm 处应停挖并应待安装实验设备时再挖至实验标高且应确保实验岩土结构不扰动，实验标高低于地下水位时应先将地下水位降低到实验标高以下再进行开挖，实验设备安装完成后应使地下水位恢复到原水位然后再开始实验。实验设备安装应按规定步骤进行，即实验面整平后应先铺设 10～20 mm 厚的中、粗砂并用水平尺找平后再平稳放置承压板，千斤顶应垂直放置在承压板中心轴线上以保持传力中心垂直、承压板受荷不偏心，埋设量测实验面沉降用的固定点应合理，该点应设在离承压板边缘 1.0～1.5 倍承压板直径或边长的地方，应在承压板中心两侧对称安装不少于 2 个量测沉降的仪表。实验加荷观测应遵守相关规定，应按预估承载力的 1/5 或极限承载力的 1/10 作为加荷等级且应不小于 8 级（最大加载量不宜小于荷载设计值的 2 倍。第一级施加的荷载应包括设备自重在内，以后每级荷载增量应等量增加），每级加载后第一个小时内应按 5 min、10 min、15 min、15 min、15 min 间隔记录量测的沉降值，以后应每 30 min 记录一次，沉降稳定标准为连续 2 h 内每小时沉降量不超过 0.1 mm，此时可加下一级荷载。需观测弹性回弹值时每级卸荷量应为加荷增量的 2 倍，应每隔 30 min 观测一次、每级荷载观测 1 h。荷载全部卸除后继续观测 3 h，观测时间间隔为 30 min。实验过程中出现以下 5 种现象之一时可终止加荷，即承压板周围土明显侧向挤出、隆起或产生裂缝；沉降量急骤增大、荷载—沉降（p-s'）曲线出现陡降段；在某一级荷载下 24 h 内沉降速率不能达到稳定标准；$s/b \geqslant 0.06$，b 为承压板宽度或直径；总加荷量已达到设计要求值的 2 倍以上。

14.1.2 深层平板载荷实验

深层平板载荷实验适用于确定埋深等于或大于 3.0 m 各类土和软岩、极软岩以及大直径桩桩端土层在承压板下应力主要影响范围内的承载力。实验井（坑）开挖应遵守相关规定，实验井（坑）挖至预定深度其下岩土应保持结构不受扰动，实验井直径应根据井壁土层的稳定情况确定，不宜小于 1 m。实验标高低于地下水位时宜将地下水位降低于实验面后进行开挖，待实验设备安装后使地下水恢复到原水位再开始实验，采用深层平板载荷实验确定大直径桩桩端持力层的承载力时实验面 1 m 以上井径不应大于 800 mm、护壁应采用钢筋混凝土井圈或钢护筒。实验设备安装应遵守相关规定，实验井（坑）底整平后应铺设 10～20 mm 厚的中、粗砂并用水平尺找平，传力系统可采用大于 $\phi90$ mm、小于井径的无缝钢管。应用法兰盘联结至地面，压板、传力及加压系统中心保持重合。基准桩应设在井（坑）下或地面上，到压板边缘水平距离为压板直径 1.0～1.5 倍。承压板上应安装 4 个量测沉降的仪表直接在井（坑）下进行观测，也可安装在与压板焊接成一体的沉降架上引到地面进行观测。实验加荷等级可按预估极限承载力的 1/10～1/15 分级施加，观测应遵守前述规定。实验过程中出现下列 4 种现象之一时可终止加荷，即 p-s 曲线上有可判定极限荷载陡降段且沉降量超过 0.04d，d 为承压板直径；本级沉降量大于前一级沉降量的 5 倍；某级荷载下经 24 h 沉降量尚未稳定；实验土层坚硬、压板沉降量很小时最大加荷量大于设计荷载的 2 倍。

14.1.3 螺旋板载荷实验

螺旋板载荷实验适用于深层或地下水位以下难以采取原状土试样的砂土、粉土和灵敏度高的软黏性土。进行螺旋板载荷实验应在钻孔中进行，钻孔钻进时应在离实验深度 200～300 mm 处停钻并清除孔底受压或受扰动土层。实验设备安装应遵守相关规定，应采用直径不小于 $\phi73$ mm、壁厚 10 mm 的传力杆连接螺旋板头，要求螺旋形承压板完全进入天然土层中并紧密接触，依次下反力地锚和百分表地锚，安装横梁、千斤顶、百分表（4 个），要求传力系统铅直。实验加荷观测应遵守相关规定。应力法用油压千斤顶分级加荷，每级荷载对砂类土、中、低压缩性的黏性土、粉土宜采用 50 kPa，对高压缩性土宜采用 25 kPa，每加一级荷载后第 1 小时内按 5 min、10 min、15 min、15 min、15 min 间隔观测沉降，以后按 30 min 的时间间隔观测沉降，达到相对稳定后施加下一级荷载。相对稳定标准为 2 h 内每小时沉降量不超过 0.1 mm。应变法对砂类土和中、低压缩性土宜采用 1～2 mm/min 加荷速率，每下沉 1～2 mm 测读压力一次。对高压缩性土宜采用 0.25～0.50 mm/min 加荷速率，每下沉 0.25～0.50 mm 测读压力一次。加荷终止条件同前。

14.1.4　湿陷性土载荷实验

湿陷性土静载荷实验适用于干旱和半干旱地区除黄土以外的湿陷性碎石土、湿陷性砂土和其他湿陷性土。湿陷性黄土载荷实验应按我国现行《湿陷性黄土地区建筑规范》（GB50025）的有关规定执行。湿陷性土载荷实验主要用于判定湿陷性土的湿陷性和测定湿陷起始压力。湿陷性土静载荷实验承压板宜采用圆形，承压板面积 0.50 m^2 或 0.25 m^2。试坑开挖、实验设备安装应符合前述规定。实验时同一场地相同地层和相同标高分别做 2 处静载荷实验。其中一处是在原状结构的土层上分级加荷至 200kPa，下沉稳定后向试坑内浸水并保持水头高度为 200～250 mm，测得的浸水稳定沉降量即为附加湿陷量。另一处是在浸水饱和状态的土层上分级加荷至 200 kPa，附加下沉稳定后实验终止。浸水饱和静载荷实验前应连续向坑内注水 6～24 h 并保持水头高度为 200～250 mm，还应确保 3.0 倍承压板直径深度范围内的土层达到饱和。湿陷性土静载荷实验每级压力增量宜取 25 kPa，实验终止压力不应小于 200 kPa。每级加载后第一个小时内按 5 min、10 min、15 min、15 min、15 min 间隔记录量测的沉降值，以后每 30 min 记录一次。当连续 2h 内每 1h 的下沉量小于 0.1 mm 时可视下沉已趋稳定、施加下一级荷载。

14.1.5　膨胀岩土浸水载荷实验

本实验主要用于确定膨胀土地基的承载力和浸水时的膨胀变形量。实验时应选择有代表性的地段，试坑和实验设备的布置应符合图 14-1-1 的要求，还应在承压板附近设置一组深度为 0、1b、2b、3b 和等于当地大气影响深度的分层测标或采用一孔多层测标方法，以便用于观测确定各层土浸水时的膨胀变形量。承压板宜采用圆形或方形，承压板面积应不小于 5000 cm^2。实验时压板下宜用 10～20 mm 厚细砂找平。采用钻孔或砂沟双面浸水时砂沟或钻孔内应填满中、粗砂，钻孔或砂沟的深度应不小于当地的大气影响深度或 4b。实验时应先分级加荷至设计荷载，当土的天然含水率大于或等于塑限含水率时每级荷载可按 25 kPa 增加，当土的天然含水率小于塑限含水率时每级荷载可按 50 kPa 增加。每级加载后第一小时内按每隔 15 min、15 min、15 min、15 min 间隔观测并记录下沉量，以后每隔 30 min 观测 1 次，当连续 2 h 内每 1 h 的下沉量小于 0.1 mm 时可视下沉已趋稳定、施加下一级荷载。沉降观测应采用 1 mm/km 级以上的高精度水准仪及因瓦水准尺进行。当施加至设计荷载并达到稳定标准后应立即在砂沟或钻孔内浸水。浸水水面不应高于承压板底面，浸水时间不应小于 2 周，每 3 天观测一次膨胀变形。膨胀变形相对稳定的标准为连续两个观测周期内其变形量不应大于 0.1 mm/3d。浸水膨胀变形达到相对稳定后应停止浸水并按前述要求继续加荷直至达到破坏。

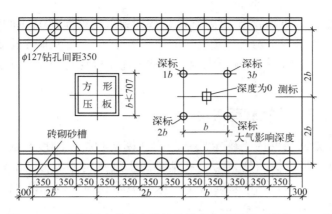

图 14-1-1 现场浸水载荷实验坑及设备布置示意（单位：mm）

14.1.6 岩基载荷实验

岩基载荷实验适用于确定完整、较完整、较破碎岩体作为天然地基或桩基础持力层时的承载力。实验地段开挖时应减少对岩体的扰动和破坏。应在岩体的预定部位加工试点，实验点面积应大于承压板、反力部位应能承受足够的反力；实验点表面范围内受扰动的岩体宜清除干净并修凿平整，岩面起伏差不宜大于承压板直径的 1%，在承压板以外实验影响范围以内的岩体表面应平整无松动岩块和石碴，实验点表面应垂直于预定的受力方向。实验点的边界条件应符合要求，承压板的边缘距侧壁应大于承压板直径的 1.5 倍、距掌子面应大于承压板直径的 2.0 倍、距临空面应大于承压板直径的 6.0 倍，相邻实验点承压板边缘间距离应大于承压板直径的 3.0 倍，实验点表面以下 3.0 倍承压板直径深度范围内岩体的岩性宜相同。实验点实验既可在天然含水状态下进行也可在人工浸水条件下进行。加荷与传力系统安装应符合规定，应清洗试点岩体表面后铺一层水泥浆，放上刚性承压板，轻击承压板挤出多余水泥浆并使承压板平行试点表面，水泥浆厚度不宜大于1 cm 并应防止水泥浆内有气泡；在承压板上放置千斤顶，千斤顶的加荷中心应与承压板中心重合；在千斤顶上依次安装圆形垫板和传力柱，在传力柱上安装的垫板与反力后座岩体之间宜浇筑混凝土或安装反力装置；安装完毕后可起动千斤顶稍加压力以使整个系统结合紧密，也可在传力柱与垫板之间加一楔形垫块；应使整个系统所有部件的中心保持在同一轴线上并与加压方向一致；应保证系统具有足够的刚度和强度。量测系统安装应符合规定，应在承压板两侧各安置测表支架 1 根。支承形式以简支为宜；支架的支点必须设在试点的影响范围以外，可采用浇筑在岩面上的混凝土墩作支点，防止支架在实验过程中产生沉陷。在支架上通过磁性表座安装测表，应在承压板上对称布置 4 个测表；根据需要可在承压板外的影响范围内通过承压板中心且相互垂直的两条轴线上布置测表。实验及稳定标准应符合规定，加压前应每隔 10 min 读数一次，连续三次读数不变可开始实验并将此读数作为各测表的初始读数值，应采用单循环加载，第一级加载值宜为预估设计荷载的 1/5，以后每级加载值为 1/10。每一循环压力应退至零。荷载逐级递增直到破坏，然后分级卸载。每级加载后应立即读数，以后每隔 10 min 读数 1 次，连续三次读数之差不大于 0.01 mm 可认为变形稳定。每级卸载为加载时的 2 倍，应隔 10 min

测读一次,测读三次后可卸载下一级荷载。全部卸载后当测读到0.5 h回弹量小于0.01 mm时即认为稳定。当出现以下两种现象之一时即可终止实验,即沉降量读数不变化或在24 h内沉降速率有增大趋势;压力加不上或勉强加上而不能保持稳定。实验结束后应及时拆卸实验设备。

14.1.7 循环荷载板载荷实验

循环荷载板测试主要用于确定地基的弹性模量和抗压刚度系数。承压板应设置在设计基础邻近处,其土层结构宜与设计基础的土层结构相类似。试坑开挖、实验设备安装应符合前述规定。循环荷载的大小和次数应根据设计要求和地基性质确定。荷载应分级施加,第一级荷载应取试坑底面以上土的自重,变形稳定后再施加循环荷载,其增量可按表 14-1-1 取值。测试方法可采用单荷级循环法或多荷级循环法,每一荷级反复循环次数应根据土的类别确定,对黏性土宜为 6～8 次,对砂性土宜为 4～6次。每级荷载的循环时间加荷时宜为 5 min,卸荷时宜为 5 min,并应同时观测变形量。加荷时地基变形量稳定的标准是静力荷载作用下连续 2 h 观测中每小时变形量不超过 0.1 mm;或循环荷载作用下最后一次循环测得的弹性变形量与前一次循环测得的弹性变形量的差值小于 0.05 mm。每一级荷载作用下的弹性变形宜取最后一次循环卸载的弹性变形量。

表 14-1-1　各类土的循环荷载增量

地基土名称	循环荷载增量/kPa
淤泥、流塑黏性土、松散砂土	≤15
软塑黏性土、新近堆积黄土,稍密的粉、细砂	15～25
可塑～硬塑黏性土、黄土,中密的粉、细砂	25～50
坚硬黏性土,密实的中、粗砂	50～100
密实的碎石土、风化岩石	100～150

14.1.8 浅层平板载荷实验数据处理

浅层平板载荷实验资料整理工作应按以下步骤进行。即原始数据检查、核对和计算;绘制 p-s、s-t 曲线草图;用比例关系方程式 $s'=s_0+cp$ 对荷载与沉降量误差进行总修正,用最小二乘公式 $c=[N\sum(p_is_i)-\sum p_i\sum s_i]/[N\sum p_i^2-(\sum p_i)^2]$ 和 $s_0=[\sum s_i\sum p_i^2-\sum p_i\sum(p_is_i)]/[N\sum p_i^2-(\sum p_i)^2]$ 确定 s_0、c。其中,s' 为各级荷载下的实测沉降值(mm)、s_0 为直线方程在沉降 s 轴上的截距(mm)、c 为直线方程的斜率、p_i 为荷载级的单位压力(kPa)、N 为荷载级数;根据计算的 c、s_0 按式 $s=cp$(用于比例界限前)及 $s=s'-s$(用于比例界限后)计算各级荷载下的修正沉降值 s;绘制修正后 p-s、s-t 曲线;确定和计算界限压力 p_0、p_u 以及地基承载力特征值 f_{ak} 和变形模量值 E_0。

界限压力值宜按以下方法确定。当实验的 p-s 曲线上直线段和转折点较明显时可取其转折点所对应的压力为比例界限压力。当 p-s 曲线转折点不明显时可在 s-lg$t$ 曲线、lg$p$-lg$s$ 曲线上取曲线急剧转折点所对应的压力为比例界限压力。当实验达到前述相关规定时可取破坏前的最后一级荷载为其极限荷载。

实验点地基承载力特征值宜按以下 3 条原则确定,即当修正后的 p-s 曲线转折点明显时取该比例界限点对应的荷载值；当极限荷载小于比例界限压力 2 倍时可取极限荷载值的 1/2；当转折点不明显时对不同压缩性的天然地基可在修正后 p-s 曲线上分别按表 14-1-2 中的 s/b 值对应的荷载值确定。当不少于 3 个的实验点的承载力特征值的极差不超过平均值的 30%时可取其平均值为该地基土层的承载力特征值。

表 14-1-2　各类地基 s/b 的取值

地基名称	s/d	地基名称	s/d
低压缩性黏性土和砂类土	0.010～0.015	碎石类土、岩石强风化地层	0.006～0.010
高压缩性黏性土	0.020	软质岩石	0.006
新近堆积黄土	0.015～0.020		

地基变形模量 E_0 应根据 p-s 曲线的初始值线段按均质各向同性半无限弹性介质理论计算，即 $E_0=I_0(1-\mu^2)pd/s$，其中，E_0 为变形模量（无侧限）（kPa）；I_0 为刚性压板的形状系数，圆形承压板取 0.785，方形承压板取 0.886；μ 为土的泊松比，卵、碎石为 0.27，砂类土为 0.30，粉土为 0.35，粉质黏土为 0.38，黏土为 0.42，不排水饱和黏性土为 0.50；p 为 p-s 曲线线性段承压板下单位面积的压力（kPa）；d 为承压板直径或等代直径（m）；s 为与荷载 p 相对应的沉降量（mm）。

确定地基土基床系数 K_s（单位为 kN/m^3）应遵守相关规定。基准基床系数 K_v 可根据直径为 300 mm 的圆形承压板载荷实验 p-s 曲线按式 $K_v=p/s$ 计算，其中，p 为实测 p-s 关系曲线比例界限压力，若 p-s 关系曲线无明显直线段则 p 可取极限压力之半（kPa）；s 为相应于该 p 值的沉降量（m）。根据实际基础尺寸修正后的地基土基床系数 K_{v1}（kN/m^3）可根据不同土性计算，对黏性土 $K_{v1}=0.30K_v/b$；对砂土 $K_{v1}=(b+0.3)^2K_v/(2b)$，其中，b 为基础底面宽度（m）。根据实际基础形状修正后的地基基床系数 K_s 可根据不同土性计算，对黏性土 $K_s=K_{v1}(b+2l)/(3l)$；对砂土 $K_s=K_{v1}$，其中，l 为基础底面的长度（m）。

14.1.9　深层平板载荷实验数据处理

深层平板载荷实验的资料整理应按浅层平板载荷实验步骤进行。比例界限压力可参考浅层平板载荷实验确定。当实验出现类似浅层平板载荷实验破坏时可取其前一级荷载为极限荷载。地基承载力特征值可按以下方法确定，即当 p-s 曲线有明显的比例界限时取比例界线点所对应的荷载值；当极限荷载小于比例界限压力 2 倍时可取极限荷载的 1/2；当 p-s 曲线上无明显拐点时可取 $s/d=0.01\sim0.02$ 对应的 p 值。p 值对黏性土取较大值，砂类土取中值，卵石、强风化岩取较小值。按上述各款确定的地基承载力特征值使用时不应进行深度修正。桩端持力层极限承载力和特征值可按下述方法确定，即当 p-s 曲线陡降段明显时取对应陡降段起点荷载值为极限承载力；当出现类似浅层平板载荷实验破坏时取前一级荷载值为极限承载力；当 p-s 曲线上无明显拐点时可取 $s/d=0.01\sim0.02$ 对应的 p 值为承载力特征值。p 值对黏性土取较大值，砂类土取中值，卵石、强风化岩取较小值。桩端持力层承载力特征值可取极限承载力的 1/2。地基变形模量 E_0 可按式 $E_0=\omega pd/s$ 计算，其中，ω 为与实验深度和土类有关的系数，可按表 14-1-3 取值，表中 d/z 为承压板直径和承压板底面深度之比。

表 14-1-3 深层载荷实验计算系数 ω

d/z	碎石土	砂土	粉土	粉质黏土	黏土
0.30	0.477	0.489	0.491	0.515	0.524
0.25	0.469	0.480	0.482	0.506	0.514
0.20	0.460	0.471	0.474	0.497	0.505
0.15	0.444	0.454	0.457	0.479	0.487
0.10	0.435	0.446	0.448	0.470	0.478
0.05	0.427	0.437	0.439	0.461	0.468
0.01	0.418	0.429	0.431	0.452	0.459

14.1.10 螺旋板载荷实验数据处理

采用应力法对相对稳定观测的实验资料可按浅层平板载荷实验绘制 p-s、s-$\lg t$ 曲线。螺旋板载荷实验确定地基土承载力特征值的方法应采用浅层平板载荷实验的规定。根据螺旋载荷实验资料可按深层平板载荷实验的式 $E_0 = \omega pd/s$ 计算地基的变形模量。

14.1.11 湿陷性土载荷实验数据处理

在 200 kPa 压力下测得的浸水稳定沉降量（附加湿陷量）与承压板宽度或直径之比等于或大于 0.023 的土应判定为湿陷性土。绘制各级荷载下单位厚度附加湿陷量 p-s_s 曲线图，当 p-s_s 曲线有明显比例界限点（拐点）时取该点对应的压力为湿陷起始压力；若 p-s_s 曲线没有明显比例界限点时取 p-s_s 曲线上与 0.023 所对应的压力为湿陷起始压力。

14.1.12 膨胀岩土浸水载荷实验数据处理

绘制各级荷载下的变形和压力曲线（图 14-1-2）以及分层测标变形与时间关系曲线以确定地基土的承载力和膨胀变形量。取破坏荷载的 1/2 作为地基承载力的特征值，在特殊情况下可按地基设计要求的变形值在 p-s 曲线上选取所对应的荷载作为地基承载力的特征值。

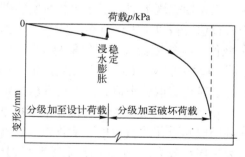

图 14-1-2 现场浸水载荷实验 p-s 关系曲线示意图

14.1.13 岩基载荷实验数据处理

实验资料整理应按浅层平板载荷实验步骤进行并绘制各级荷载下变形曲线，再根据 p-s 曲线确定界限压力。界限压力值宜按以下方法确定，即 p-s 曲线起始直线段的终点所对应的压力为比例界限压力；当实验达到类似浅层平板载荷实验破坏规定时可取符合终止加载条件的前一级荷载为其极限荷载。岩石地基承载力宜按以下 3 条原则确定，即比较极限荷载除以安全系数 3 与比例界限压力值二者的大小，取小者为岩基承载力；每个场地载荷实验数量不应少于 3 个，取最小值为岩石地基承载力特征值；岩石地基承载力不进行深宽修正。

14.1.14　循环荷载板载荷实验数据处理

应根据测试数据绘制应力—时间曲线图、变形—时间曲线图、变形—应力曲线图、弹性变形—应力曲线图。各级荷载作用下地基弹性变形量应按式 $S_{ei}=S_i-S_{pi}$ 计算，其中，S_i 为各级加荷时地基变形量（mm）、S_{pi} 为各级卸荷时地基塑性变形量（mm）。各级荷载测试的地基弹性变形量可按式 $S_e'=S_0-CP_L$ 进行修正，其中，$S_0=[\sum S_{ei}\sum P_{Li}^2-\sum P_{Li}\sum(P_{Li}S_{ei})]/[N\sum P_{Li}^2-(\sum P_{Li})^2]$，$C=[\sum S_{ei}\sum P_{Li}-N\sum(P_{Li}S_{ei})]/[(\sum P_{Li})^2-N\sum P_{Li}^2]$，$S_e'$ 为经修正后的地基弹性变形量（mm）；S_0 为校正值（mm）；C 为弹性变形应力曲线的斜率（mm/kPa）；P_L 为地基弹性变形的最后一级荷载作用下的承压板底面总静应力（kPa）；N 为荷级次数；S_{ei} 为第 i 级荷载作用下的弹性变形量（mm）；P_{Li} 为第 i 级荷载作用下的承压板底面静应力（kPa）。地基弹性模量可按式 $E=(1-\mu^2)Q/(DS_e')$ 计算，其中，E 为地基弹性模量（MPa）；μ 为地基土动泊松比；Q 为承压板上总荷载（N）；D 为承压板直径（mm）。地基抗压刚度系数可按式 $C_z=P_L/S_e'$ 计算。按照以上规定测试的地基抗压刚度系数用于设计基础时应乘以换算系数，换算系数应按式 $\eta_l=[(A_l P_d)/(A_d P_l)]^{1/3}$ 计算，其中，η_l 为与承压板底面积及底面静应力有关的系数；A_l 为承压板底面积（m²）；P_d 为设计基础底面的静应力（kPa），当 $P_d>50$ kPa 时应取 $P_d=50$ kPa；A_d 为设计基础的底面积（m²），当 $A_d>20$ m 时应取 $A_d=20$ m；P_l 为承压板静应力（kPa）。

14.2　单桩静载实验

单桩静载实验包括竖向抗压静载荷实验、竖向抗拔静载荷实验和水平静载荷实验。单桩静载实验采用接近于竖向抗压、抗拔和水平受力桩的实际工作条件的实验方法确定单桩竖向抗压、抗拔和水平极限承载力。对地基基础设计等级为甲级的建筑物和缺乏经验的地区勘察期间应进行桩基静载实验，实验桩的组数、数量和方法应根据场地地质条件和设计要求确定，一般同一场地不宜少于 1 组、每组应不少于 3 根。实验桩应加载至破坏，当桩的承载力以桩身强度控制时可按设计要求的加载量进行实验。试桩的成桩工艺和质量控制标准应满足设计要求，试桩顶部宜高出试坑底面，试坑底面应与桩承台底标高一致，竖向抗压实验桩距桩顶 1.0～1.5 倍桩径范围内混凝土应加固以确保实验过程中具有足够的强度。

竖向抗压和抗拔实验加载宜采用油压千斤顶，当采用两台及两台以上千斤顶加载时应并联同步工作且应遵守相关规定，即采用的千斤顶型号、规格应相同；千斤顶的合力中心应与桩轴线重合。水平推力加载装置宜采用油压水平千斤顶，加载能力不得小于最大实验荷载的 1.2 倍。竖向抗压实验的加载反力装置可根据现场条件选择锚桩横梁反力装置、压重平台反力装置、锚桩压重联合反力装置、地锚反力装置并应遵守相关规定，加载反力装置能提供的反力不得小于预估最大加载量的 1.2～1.5 倍；应对加载反力装置的全部构件进行强度和变形验算；应对锚桩抗拔力以及地基土、抗拔钢筋、桩的接头进行验算；压重宜在检测前一次加足并均匀稳固地放置于平台上；压重施加于地基的压应力不宜大于地基承载力特征值的 1.5 倍。抗拔实验反力装置宜采用反力桩提供支座反力，也可根据现场情况采用天然地基提供支座反力，反力架系统应具有 1.2 倍的安全系数并符合要求，采用反力桩提供支座反力时反力桩顶面应平整并具有一定的强度，采用天然地基提供反力时施加于地基的压应力不宜超过地基承载力特征值的 1.5 倍，反力梁的支点重心应与支座中心重合。水平推力的反力可由相邻桩提供，当专门设置反力结构时其承载能力和刚度应大于实验桩的 1.2 倍，水平力作用点宜与实际工程的桩基承台底面标高一致，千斤顶和实验桩接触处应安置球形支座，千斤顶作用力应水平通过桩身轴线，千斤顶与试桩的接触处宜适当补强。荷载测量可用放置在千斤顶上的荷重传感器直接测定，也可采用并联于千斤顶油路的压力表或压力传感器测定油压，并根据千斤顶率定曲线换算荷载，传感器测量误差应不大于 1%、压力表精度应优于或等于 0.4 级，实验使用的油压千斤顶、压力表、油泵、油管在最大加载时的压力不应超过规定工作压力的 80%。桩的沉降测量、上拔量测量、水平位移量测量宜采用位移传感器或大量程百分表并应遵守相关规定，测量误差不大于 0.1%FS、精度优于或等于 0.01 mm，直径或边宽大于 500 mm 的桩应在其两个方向对称安置 4 个位移测试仪表，直径或边宽小于等于 500 mm 的桩可对称安置 2 个位移测试仪表，沉降测定平面宜在桩顶 200 mm 以下位置且测点应牢固地固定于桩身上，基准梁应具有一定的刚度，梁的一端应固定在基准桩上，另一端应简支于基准桩上，固定和支撑位移计（百分表）的夹具及基准梁应避免气温、振动及其他外界因素的影响，水平静载实验桩在水平力作用平面的实验桩两侧应对称安装两个位移计，需要测量桩顶转角时还应在水平力作用平面以上 50 cm 的实验桩两侧对称安装两个位移计。位移测量的基准点设置不应受实验和其他因素的影响，基准点应设置在与作用力方向垂直且与位移方向相反的试桩侧面，基准点与试桩净距不应小于 1.0 倍桩径。试桩、锚桩（压重平台支墩）和基准桩之间的中心距离应符合表 14-2-1 的规定。

表 14-2-1 试桩、锚桩和基准桩之间的中心距离

反力系统	锚桩横梁反力装置；压重平台反力装置
试桩与锚桩或压重平台支墩边	≥4d 且≥2.0m
试桩与基准桩	≥4d 且≥2.0m
基准桩与锚桩或压重平台支墩边	≥4d 且≥2.0m
注：d 为试桩或锚桩的设计直径，取其较大者。如试桩或锚桩为扩底桩时试桩与锚桩的中心距不应小于 2 倍扩大端直径	

14.2.1 实验方法

从成桩到开始实验的间歇时间应为桩身强度达到设计要求的时间，对砂类土应不少于 10 天、粉土和黏性土不少于 15 天、淤泥或淤泥质土不少于 25 天。实验前宜采用低应变法对实验桩、锚桩的桩身完整性进行检测，实验桩和锚桩应达到Ⅰ类桩或Ⅱ类桩的标准。对抗拔实验桩还应进行成孔质量检测，桩身中、下部位有明显扩径的桩不宜作为抗

拔实验桩。单桩抗压、抗拔、水平静载实验均应采用慢速维持荷载法。水平静载实验也可采用单向多循环法，即逐级加载，每级荷载达到相对稳定后加下一级荷载，直到试桩破坏，然后分级卸载到零。

实验加卸载方式应符合规定。慢速荷载实验加载应分级进行，采用逐级等量加载，分级荷载宜为最大加载量或预估极限承载力的 1/10，其中第一级可取分级荷载的 2 倍。卸载应分级进行，每级卸载量取加载时分级荷载的 2 倍，逐级等量卸载。加、卸载时应使荷载传递均匀、连续、无冲击，每级荷载在维持过程中的变化幅度不得超过分级荷载的 ±10%。单向多循环加载法实验加载分级荷载应小于预估水平极限承载力或最大实验荷载的 1/10；每级荷载施加后恒载 4 min 后可测读水平位移，然后卸载至零，停 2 min 再次测读残余水平位移，至此完成一个加卸载循环。如此循环 5 次，完成一级荷载的位移观测，立即施加下一级荷载，实验不得中间停顿。

慢速维持荷载法实验步骤应按规定程序进行。每级荷载施加后应按第 5 min、15 min、30 min、45 min、60 min 测读桩顶位移量，以后每隔 30 min 测读一次。试桩位移相对稳定标准是每一小时内的桩顶位移量不超过 0.1 mm 并连续出现两次。从分级荷载施加后第 30 min 开始，按 1.5h 连续三次每 30 min 的位移观测值计算。当桩顶位移速率达到相对稳定标准时再施加下一级荷载。卸载时每级荷载维持 1 h，按第 15 min、30 min、60 min 测读桩顶位移量后即可卸下一级荷载，卸载至零后应测读桩顶残余位移量、维持时间为 3 h。测读时间为第 15 min、30 min，以后每隔 30 min 测读一次。

当单桩竖向抗压实验出现以下 4 种情况之一时可终止加载，即某级荷载作用下桩顶沉降量大于前一级荷载作用下沉降量的 5 倍，当桩顶沉降能相对稳定且总沉降量小于 40 mm 时宜加载至桩顶总沉降量超过 40 mm；某级荷载作用下桩顶沉降量大于前一级荷载作用下沉降量的 2 倍且经 24 h 尚未达到相对稳定标准；已达到设计要求的最大加载量。荷载—沉降曲线呈缓变型时可加载至桩顶总沉降量 60～80 mm，特殊情况下可根据具体要求加载至桩顶累计沉降量超过 80 mm。

单桩抗拔实验出现以下 4 种情况之一时可终止加载，即在某级荷载作用下桩顶上拔量大于前一级上拔荷载作用下上拔量的 5 倍；按桩顶上拔量控制累计桩顶上拔量超过 100 mm 时；按钢筋抗拉强度控制桩顶上拔荷载达到钢筋强度标准值的 0.9 倍；实验桩达到设计要求的最大上拔荷载值。

水平静载荷实验出现以下 3 种情况之一时可终止加载，即桩身折断；水平位移超过 30～40 mm（软土取 40 mm）；水平位移达到设计要求的水平位移允许值。

14.2.2 实验数据处理

单桩竖向抗压静载实验资料整理应遵守相关规定，应绘制竖向荷载—沉降（Q-s）、沉降—时间对数（s-lg$t$）曲线，需要时也可绘制其他辅助分析所需曲线。单桩竖向抗压极限承载力 Q_u 可按以下 4 种方法综合分析确定，即根据沉降随荷载变化的特征确定，陡降型 Q-s 曲线取其发生明显陡降的起始点对应的荷载值；根据沉降随时间变化的特征确定，取 s-lg$t$ 曲线尾部出现明显向下弯曲的前一级荷载值；发生破坏时取前一级荷载值；缓变型 Q-s 曲线根据沉降量确定，宜取 s=40 mm 对应的荷载值；桩长大于 40 m 时宜考虑桩身弹性压缩量；直径大于或等于 800 mm 的桩可取 s=0.05D 对应的荷载值，D 为桩端直径。

单桩竖向抗拔实验资料整理应遵守相关规定，应绘制上拔荷载—桩顶上拔量（U-δ）关系曲线和桩顶上拔量—时间对数（δ-$\lg t$）关系曲线。单桩竖向抗拔极限承载力可按以下 3 种方法综合判定，即根据上拔量随荷载变化的特征确定，陡变型 U-δ 曲线取陡升起始点对应的荷载值；根据上拔量随时间变化的特征确定，取 δ-$\lg t$ 曲线斜率明显变陡或曲线尾部明显弯曲的前一级荷载值；当在某级荷载下抗拔钢筋断裂时取其前一级荷载值。

单桩水平静载实验资料整理应遵守相关规定，采用单向多循环加载法时应绘制水平力—时间—作用点位移（H-t-Y_0）关系曲线和水平力—位移梯度（H-$\Delta Y_0/\Delta H$）关系曲线。采用慢速维持荷载法时应绘制水平力—力作用点位移（H-Y_0）关系曲线、水平力—位移梯度（H-$\Delta Y_0/\Delta H$）关系曲线、力作用点位移—时间对数（Y_0-$\lg t$）关系曲线和水平力—力作用点位移双对数（$\lg H$-$\lg Y_0$）关系曲线。还应绘制水平力、水平力作用点水平位移—地基土水平抗力系数的比例系数的关系曲线（H-m、Y_0-m）。当桩顶自由且水平力作用位置位于地面处时其 m 值可按式 $m=(v_y H)^{5/3}/[b_0 Y_0^{5/3}(EI)^{2/3}]$ 确定，桩的水平变形系数 α 可按式 $\alpha=[mb_0/(EI)]^{1/5}$ 确定，其中，m 为地基土水平抗力系数的比例系数（kN/m^4）；α 为桩的水平变形系数（m^{-1}）；v_y 为桩顶水平位移系数，通过试算 α 确定，当 $\alpha h \geqslant 4.0$ 时 $v_y=2.441$，h 为桩的入土深度；H 为作用于地面的水平力（kN）；Y_0 为水平力作用点的水平位移（m）；EI 为桩身抗弯刚度（$kN \cdot m^2$），其中，E 为桩身材料弹性模量、I 为桩身换算截面惯性矩；b_0 为桩身计算宽度，单位为 m，圆形桩桩径 $D \leqslant 1 m$ 时 $b_0=0.9$（$1.5D+0.5$）、桩径 $D>1.0m$ 时 $b_0=0.9$（$D+1$）；矩形桩边宽 $B \leqslant 1.0 m$ 时 $b_0=1.5B+0.5$、边宽 $B>1.0 m$ 时 $b_0=B+1$。单桩水平临界荷载可按以下 3 种方法综合确定，即取单向多循环加载法时的 H-t-Y_0 曲线或慢速维持荷载法时的 H-Y_0 曲线出现拐点的前一级水平荷载值；取慢速维持荷载法时 H-Y_0/H 曲线或 $\lg H$-$\lg Y_0$ 曲线上第一拐点对应的水平荷载值；取 H-σ_s 曲线第一拐点对应的水平荷载值。单桩的水平极限承载力可按以下 4 种方法综合确定，即取单向多循环加载法时的 H-t-Y_0 曲线产生明显陡降的前一级或慢速维持荷载法时 H-Y_0 曲线发生明显陡降的起始点对应的水平荷载值；取慢速维持荷载法时的曲线尾部出现明显弯曲的 Y_0-$\lg t$ 前一级水平荷载值；取 H-$\Delta Y_0/\Delta H$ 曲线或 $\lg H$-$\lg Y_0$ 曲线上第二拐点对应的水平荷载值；取桩身折断或受拉钢筋屈服时的前一级水平荷载值。

单桩竖向抗压、抗拔、水平极限承载力统计值确定应遵守相关规定，参加统计的试桩结果满足其极差不超过平均值的 30%时取其平均值为单桩竖向抗压极限承载力；极差超过平均值 30%时应分析极差过大的原因后结合工程具体情况综合确定，必要时可增加试桩数量。

同一场地相同地质条件下的单桩竖向抗压、抗拔、水平承载力特征值的确定应遵守相关规定，即单桩竖向抗压承载力特征值 R_a 应按单桩竖向抗压极限承载力统计值的 1/2 取值；单桩竖向抗拔承载力特征值应按单桩竖向抗拔极限承载力统计值的 1/2 取值；当水平承载力按桩身强度控制时应取水平临界荷载统计值为单桩水平承载力特征值；当桩受长期水平荷载作用且桩不允许开裂时应取水平临界荷载统计值的 0.8 倍作为单桩水平承载力特征值；可取设计要求的水平允许位移对应的水平荷载作为水平承载力特征值，但应满足有关规范对抗裂设计的要求。

216

14.3 标准贯入实验

标准贯入实验主要适用于砂土、粉土和一般黏性土，也可用于残积土和全、强风化岩石，实验应与钻探配合进行。标准贯入实验成果可用于评价砂土、粉土、黏性土、强风化岩或残积土的密实度、状态、强度、变形参数、地基承载力，砂土和粉土的液化势等，应用时应考虑所采用经验关系的适用条件和使用条件。对标贯器中采得的土样要进行详细的描述、鉴别，必要时可留取扰动土样进行颗粒分析和一般物理性实验。

标准贯入实验设备应由贯入器、落锤系统、钻杆等部件构成，其规格和精度应符合规定。贯入器由具有刃口的贯入器靴、对开式贯入器身（取样管）和带有排水的贯入器帽组成。落锤系统由穿心锤、锤垫、导向杆、自动落锤装置组成。钻杆直径应为 42 mm。所使用的工程钻机应配备相应的专用器具。

14.3.1 实验方法

实验钻孔应遵守相关规定。钻孔宜采用回转钻进，钻孔铅直度应符合钻探规程规定，孔径宜为 76～150 mm。钻具钻进至实验深度以上 10 cm 时应停止钻进，清除孔底残土，残土厚度不得超过 5 cm，清孔时应避免孔底以下土层被扰动。在地下水位以下的土层中实验时应保持孔内水位高于地下水位以确保孔壁稳定，孔壁不稳定时应采用泥浆或套管护壁，采用套管时套管不应进入到实验段内。实验前准备工作应符合要求，贯入器、钻杆、锤垫、导向杆各部件的连接必须牢固并应确保连接后的铅直度符合要求，孔口宜配置导向措施，落锤装置应灵活可靠以确保在实验过程中自由下落，机件磨损及变形超过实验技术要求时应及时予以更换或修复。

实验应按规定步骤进行。实验必须采用自动落锤装置并保持钻杆铅直且避免摇晃。实验时先预打 15 cm，包括贯入器在其自重下的初始贯入量，然后开始实验记录。将锤提升至规定高度使锤自动脱钩、自由下落、反复击打，锤击速率不应超过 30 击/min，记录每贯入 10 cm 的锤击数。累计记录贯入 30 cm 的锤击数为标准贯入实验锤击数，简称标贯击数 N。当锤击数达到 50 击而贯入深度未达到 30 cm 时若无特殊要求可终止实验并记录实际贯入深度和相应的锤击数，当需换算贯入 30 cm 的锤击数时可按 $N=30n/\Delta s$ 进行换算，其中，n 为贯入 Δs 深度的锤击数（击）；Δs 为实际的贯入深度（cm）。当在一次实验的 30 cm 贯入深度内有不同地层时可根据各层击数和贯入量按 $N=30n/\Delta s$ 分别计算其 N 值。每次实验锤击过程不应有中间停顿，若因故发生中间停止应在记录中注明原因和停止间歇时间。标准贯入实验的竖向间距应根据工程需要、地基土的均匀性和代表性确定，一般可每隔 1～2 m 进行一次。实验记录的内容应包括钻杆长度、贯入起止深度、每贯入 10 cm 的击数和 30 cm 的累计击数、土的描述和样品编号等。现场记录应清晰完整，实验单位可根据实验工作要求设计记录表格式和记录内容以便于计算机处理所需的基本实验记录数据和相关信息。

14.3.2 数据处理

标准贯入实验成果应绘制标准击数 N 与实验深度 h 的关系曲线，或按规定图例标示在工程地质剖面图和柱状图上，当实验在全孔中进行且实验点间距为 1～3 m 时宜绘制

N-h 曲线。对标贯击数应分层进行统计分析。应用标贯锤击数评价实验土层的工程性能时不宜采用单孔实验值。需要进行钻杆长度修正且钻杆长度不大于 21 m 时可采用式 $N'=\alpha N$ 计算，其中，N' 为经杆长修正的标贯击数；α 为杆长修正系数，按表 14-3-1 取值。

表 14-3-1　杆长修正系数 α

钻杆长度	≤3	6	9	12	15	18	21
α	1.00	0.92	0.86	0.81	0.77	0.73	0.70

14.4　圆锥动力触探

圆锥动力触探实验根据锤击能量通常分为轻型、重型和超重型三种类型，圆锥动力触探实验应与钻探配合进行。轻型动力触探适用于评价一般的黏性土和素填土的地基承载力，重型和超重型动力触探适用于评价砂类土、碎石类土、极软岩的地基承载力及测定砾石土、卵（碎）石土的变形模量。动力触探实验孔数应结合场地大小、岩土工程等级和场地地基的均匀程度综合确定，但同一场地主要岩土层的有效测试数据数应不少于 3 个孔。动力触探实验可用于测定砂类土或碎石类土的密实程度，查明岩土层在竖向（径向）和水平方向（切向）的均匀程度，查明土洞、软硬岩土层界面、滑动面，判定桩端持力层和确定单桩承载力。实验成果的应用应结合所依据经验关系的适用条件和使用条件，用于岩土力学分层时应结合其他勘探和测试手段综合确定。

动力触探实验设备包括落锤、座垫及导杆、触探杆和探头等机件，各类型动力触探实验机件的规格和加工要求应符合规定。探头应采用 45#碳素钢或优于 45#碳素钢的高强度钢材制作，表面淬火后硬度应满足 HRC=45～50。落锤应采用圆柱形，其中心通孔直径应比导杆外径大 3～4 mm。重型和超重型动力触探的座垫直径应大于 100 mm 但不宜大于落锤底面直径的 1/2，导杆长度应满足实验锤击标准落距的要求，座垫和导杆的总质量应不超过 25 kg。探杆接头与探杆应有相同的外径，接头连接最大容许偏心度为 0.5%。重型和超重型动力触探实验设备需配备自动落锤装置。

14.4.1　实验方法

实验前准备工作应符合要求，落锤质量 Q 的检定应采用量测精度满足其加工容许误差的量具测量，实验锤击落距应采用分度值为 1.0 mm 的钢尺测量，探头尺寸应采用分度值为 0.01 mm 的卡尺检定，直径磨损不得大于 2 mm、锥尖高度磨损不得大于 5 mm，落锤装置应灵活可靠并能确保落锤可在实验中自由下落，实验过程中应保证所有机件连接处丝扣完好、连接牢固，机件磨损及变形超过实验技术要求时应及时予以更换或修复，现场测试前必须对设备机件进行检查，确认正常后方可使用。实验前需设定贯入观测基准参照点并在探杆上按实验要求标示贯入量的实验记录段，记录段的标示测量应采用分度值为 1.0 mm 的钢尺进行。实验过程须防止落锤偏心和探杆的侧向晃动，应保持探头铅直贯入。实验中探杆的铅直度偏差应不超过 2%。

1. 轻型动力触探

先用轻便钻具钻至实验土层的顶面以上 0.3 m 处，然后进行连续贯入实验。实验标准贯入量为 30 cm，落锤按轻型动力触探实验标准落距自由下落，记录各段标准贯入量的实验锤击数 N_{10}。锤击贯入应连续进行，所有因故超过 5 min 的间歇均应在记录中予以注明。当贯入 30 cm 的击数超过 90 击或贯入 15 cm 的击数超过 45 击时可停止作业，若需对下卧层进行测试可采用适宜口径的钻探机具穿透该层后继续触探。轻型动力触探最大实验深度不宜大于 4.0 m，实验要求深度较大时可在实验 4.0 m 后用适宜口径钻具掏清孔至 3.5 m 再在已完成实验深度以下继续贯入实验 2.0 m。

2. 重型动力触探

实验标准贯入量为 10 cm，落锤按重型动力触探实验标准落距自由下落，记录各段标准贯入量的实验锤击数 $N_{63.5}$。遇地层松软无法按标准贯入量记录实验锤击数时可记录每阵击数 N 的贯入量 Δs，一般为 1～5 击，然后再换算为每标准贯入深度的锤击数 $N_{63.5}$。当重型动力触探实测锤击数连续 3 次大于 50 击时即可停止实验，若需继续实验时需改用超重型动力触探。实验过程应控制锤垫距孔口距离，不宜超过 1.5 m，并应始终保持落锤沿导杆铅直自由起落，应防止实验过程中探杆产生倾斜和较大的摆动。实验中每贯入 1.0 m 宜将探杆按旋紧方向转动一圈半，实验深度超过 10 m 后宜按每贯入 0.2 m 转动一次探杆。锤击频率控制在 15～30 击/min，实验应保持连续贯入，所有因故超过 5 min 的间歇均应在实验记录中予以注明。在钻孔中分段进行重型动力触探时应先钻探至实验土层的顶面以上 1.0 m 处再开始贯入实验。在孔径大于 90 mm 的预钻孔内进行重型动力触探作业时，若孔深大于 3 m 且实测击数大于 8 击时应采取用松土回填钻孔等措施以减小探杆的径向晃动。一般砂、砾和卵石层触探实验深度超过 15 m 时应注意触探杆的侧摩擦力对实验结果产生的影响。

3. 超重型动力触探

实验标准贯入量为 10 cm，落锤按超重型动力触探实验标准落距自由下落，记录各段标准贯入量的实验锤击数 N_{120}。实验应根据地层强度变化及时互换使用重型动力触探，当实测击数小于 2 击时不得采用超重型动力触探。实验深度超过 20 m 时应注意触探杆的侧摩擦力对实验结果产生的影响。其他实验操作及要求参照重型动力触探的相关规定执行。现场记录应清晰完整，实验单位可根据实验工作要求设计实验记录表格和确定记录内容以便于计算机处理所需的基本实验记录数据和相关信息。

14.4.2 实验数据处理

动力触探记录应在现场进行初步整理并应对记录的实测击数和实验贯入深度进行校核。轻型动力触探应以每层实测有效实验数据的算术平均值作为该层的触探实验击数值 N_{10}'。重型动力触探实验实测击数 $N_{63.5}$ 需要进行触探杆长度修正时应按式 $N_{63.5}'=\alpha N_{63.5}$ 进行动力触探实验锤击数的杆长修正计算，其中，$N_{63.5}'$ 为杆长修正后的重型动力触探锤击数；α 为重型动力实验关于触探杆长度 L 的修正系数，按表 14-4-1 取值；$N_{63.5}$ 为重型动力触探实验实测锤击数。超重型动力触探的实测击数应先按式 $N_{63.5}=3N_{120}-0.5$ 换算成相当于重型动力触探实测击数后再按式 $N_{63.5}'=\alpha N_{63.5}$ 进行杆长修正。应根据修正后的动力触探击数绘制动力触探实验锤击数与实验深度关系曲线图。应根据单孔动力触探击数与实验深度关系曲线图按规定图例标示在工程地质剖面图和柱状图上。应结合场地地质资料进行地基土力学分层，分层时应结合经验进行分析，兼顾相应的超前和滞后影响，合理地划分岩土层的分层界线。

表 14-4-1　重型动力触探实验探杆长度 $N_{63.5}$ 修正系数 α

L	5	10	15	20	25	30	35	40	$\geqslant 50$
$\leqslant 2$	1.00	1.00	1.00	1.00	1.00	1.00	1.00	1.00	–
4	0.96	0.95	0.93	0.92	0.90	0.89	0.87	0.86	0.84
6	0.93	0.90	0.88	0.85	0.83	0.81	0.79	0.78	0.75
8	0.90	0.86	0.83	0.80	0.77	0.75	0.73	0.71	0.67
10	0.88	0.83	0.79	0.75	0.72	0.69	0.67	0.64	0.61
12	0.85	0.79	0.75	0.70	0.67	0.64	0.61	0.59	0.55
14	0.82	0.76	0.71	0.66	0.62	0.58	0.56	0.53	0.50
16	0.79	0.73	0.67	0.62	0.57	0.54	0.51	0.48	0.45
18	0.77	0.70	0.63	0.57	0.53	0.49	0.46	0.43	0.40
20	0.75	0.67	0.59	0.53	0.48	0.44	0.41	0.39	0.36

动力触探实验结果的统计分析应遵守相关规定。应划除超前和滞后影响范围及临界深度内的相应实验厚度，确定各实验岩土层的有效厚度。在各实验岩土层有效厚度范围内剔除少数因实验土层不匀凸显的实验高值和其他异常实验数据以确定参与统计分析的有效实验数据，剔除数量不宜超过有效厚度内实验数据的 10%。统计分析各层有效厚度以内的有效实验数据应以算术平均值 $N_{63.5}''$ 作为单孔实验分层的动力触探实验代表值，同时应依据统计分析结果判别实验数据的离散变异性。当实验数据离散性较大时应同时采用多孔实验资料及其他勘探资料综合分析确定分层实验代表值。当实验岩土层的有效厚度小于 0.3 m 时动力触探实验代表值可按以下两条原则确定，即当上、下均为击数较小的土层时可取该层土动力触探击数的最大值；当上、下均为击数较大的土层时应取小于或等于该层土动力触探击数的最小值。用各实验孔取得的有效实验数据按相应的置信水平分层并统计计算动力触探实验结果用以分析确定实验岩土层的工程特性。可根据动力触探有效实验数据的空间分布情况、结合实验代表值和岩土层分布条件等综合判定场地主要岩土单元的均匀性。

14.5　电测十字板剪切实验

电测十字板剪切实验可用于测定均质饱和软黏性土的不排水抗剪强度和灵敏度等参数，对夹粉砂或粉土薄层的软黏性土不宜采用。十字板使用前应将十字板头、屏蔽电缆线、量测仪器进行系统联机并在专用标定架上进行标定、计算标定系数，标定方法和步骤应遵守相关规定。十字板剪切实验点位置及实验深度应通过钻探或静力触探实验资料对比分析后确定。十字板剪切实验用的仪器设备应完好无损，探杆应平直、机械部分应转动灵活、仪器灵敏度应满足精度要求。十字板剪切实验主机的探杆夹具应能牢固夹持探杆，不得产生相对转动，探杆的拧紧和接长必须在未达实验深度之前进行。

电测十字板的仪器设备主要由十字板头和轴杆、加压部分、施加扭力部分、量测仪器、附件等几部分组成。十字板头应由两片高强度金属材料制成，硬度应大于 HRC40，

表面粗糙度 R_a 应小于 6.3 μm，板头和轴杆主要规格应符合表 14-5-1 规定。加压部分通常利用静力触探加压系统或其他加压设备。施加扭力部分通常由蜗轮、蜗杆、变速齿轮、探杆、夹具和手柄等组成。量测仪器宜采用原位测试微机系统、自动记录仪或静态电阻应变仪。附件包括秒表、水平尺等。传感器的扭矩测量范围 0～80N·m、扭矩测量的相对误差应小于 2%并应满足相应技术要求，即非线性误差≤1.0%FS、重复性误差≤0.8%FS、迟滞误差≤1.0%FS、归零误差≤1.0%FS、温度影响＜0.5%FS/10℃（在-10～45℃范围内）、额定过载能力＞120%。传感器应具有良好的密封和绝缘性能，对地绝缘电阻应不小于 200 MΩ，传感器的绝缘电阻在 500 kPa 的水中应大于 100 MΩ。扭力传感器应能在以下环境条件下正常工作并保证准确度，即温度-10～+45℃、相对湿度≤95%（+45℃时）。十字板剪切实验用探杆应符合要求，一般应采用直径 25 mm、壁厚 4 mm 的无缝钢管制作且每根长宜定制为 1.0 m，用于前 5 m 的探杆其弯曲度应小于0.05%、后续探杆的弯曲度应小于 0.1%，探杆连接之后不得有晃动现象，拧紧后的丝扣根部和肩部应密合。

表 14-5-1　十字板头和轴杆主要规格尺寸

型号	板宽 D/mm	板高 H/mm	板厚 e/mm	刃角 α/（°）	轴杆		面积比 A_r/%
					直径 d/mm	长度 s/mm	
I	50	100	2	60	13	50	14
II	75	150	3	60	16	50	13

14.5.1　实验方法

十字板剪切实验应遵守相关规定。实验前应正确连接电测式十字板板头、屏蔽电缆及量测仪器，使用电缆的型号和长度应与板头传感器标定时的长度一致。在选定的孔位上将十字板均匀贯入至实验深度，加压设备应安置水平，应保证压入时探杆的铅直度并应确保地锚受力时不松动。十字板插入至实验深度后至少应静置 2～3 min 方可开始实验。实验开始时开动秒表，扭转剪切速率宜采用 1°/10 s、每 1°测记一次，一般应在 3～5 min 内出现峰值读数。当读数出现峰值或稳定值后再继续剪切 1 min，其峰值或稳定值读数即为原状土剪切破坏时的最大读数。在峰值强度或稳定值测试完后用管钳顺扭转方向快速转动探杆 6 圈后重复前述动作可测定重塑土的不排水抗剪强度。实验段间距可根据地层均匀情况确定，一般均质土中可每间隔 1.0 m 测定一次，每层土的实验数量应不少于 6 次。整孔实验完成后上拔探杆、取出十字板、清理干净后保存备用。十字板剪切实验抗剪强度的量测精度应优于 1～2 kPa。

用原位测试微机做十字板实验应遵守相关规定。实验前的微机操作应规范，即开机、选择调零状态下的通道设置初值，使初值在 40～80 左右；用手逆时针转动十字板头观察数值是否由小变大若由大变小应调换有关接线使其符合要求。实验应按微机操作说明进行，应选择实验项目相应的量测状态输入电测十字板参数及与工程相关的各项参数。操作微机进入原状土十字板剪切实验状态记录初值。实验开始后按等时间间隔采样，每隔10 s 采样一次，当确认曲线开始下降或稳定不变时可结束实验、储存资料。重塑土剪切实验应在原状土剪切实验结束后进行，方法是将电测十字板快速旋转几周使周围土体充分破坏，重复前述实验步骤按屏显提示输入有关参数，直至实验结束。

用自动记录仪做十字板实验应遵守相关规定。实验前自动记录仪的操作应规范，即开机后使仪器预先通电预热10～15 min；用手逆时针转动十字板头观察记录仪仪器显示，若反向显示则应调换有关接线使其符合要求；使用桥压可调自动记录仪时必须按十字板板头标定的要求调准桥压值、然后调零；用手均匀转动自动记录仪走纸机构的齿轮检查走纸是否正常。实验开始后应每隔10s观测并记录仪器读数并应随时注意记录仪的桥压及记录仪走纸，有异常应停止实验、检查处理，当曲线出现峰值或稳定值后均可视其为抗剪强度并可停止此次实验。重塑土剪切实验应重复前述操作过程。

用静态电阻应变仪做十字板实验应遵守相关规定。即开机后记录初值并调零；原状土剪切实验开始后十字板每转动1°时观测并记录此时的应变读数；当读数出现最大值或相对稳定值后均可视其为抗剪强度并可停止此次实验。重塑土剪切实验可重复前述操作过程。

14.5.2 实验数据处理

十字板剪切实验资料整理应遵守相关规定，应对实测原始数据进行检查、校核并判别有无异常，应计算各实验点原状土、重塑土的不排水抗剪强度和灵敏度并提供分层统计值，应绘制单孔十字板剪切实验不排水抗剪峰值强度、残余强度和灵敏度随深度的变化曲线，必要时还应绘制抗剪强度与扭转角的关系曲线，应根据土层条件和地区经验对实测的十字板不排水抗剪强度进行修正，应按地区经验确定地基承载力、桩的极限端阻力和极限侧阻力、计算边坡稳定性、判定饱和软黏性土的固结历史。

用原位测试微机量测的资料整理应规范。用原位测试微机可打印现场数据记录表、十字板剪切实验报告和十字板剪切实验曲线图等资料。某一深度的 c_u 值、c_u' 值及灵敏度 S_t 值应根据微机输出资料确定。

用自动记录仪量测的资料整理应规范。饱和软黏性土不排水抗剪强度可按式 $c_u=10K'\eta R_y$ 计算，其中，c_u 为原状土的抗剪强度（kPa）；K' 为十字板板头常数（50×100 mm 板头为 0.00218 cm^{-3}；75×150 mm 板头为 0.00065cm^{-3}）；η 为传感器标定系数（N·cm/mV）；R_y 为原状土剪切破坏时的读数（mV）；10 为单位换算系数。重塑土的抗剪强度可按式 $c_u'=10K'\eta R_y'$ 计算，其中，c_u' 为重塑土的抗剪强度（kPa）；R_y' 为重塑土剪切破坏时的读数（mV）。土的灵敏度 S_t 可按式 $s_t=c_u/c_u'$ 计算。

用静态电阻应变仪量测的资料整理应规范。饱和软黏性土不排水抗剪强度可按式 $c_u=10K'\zeta R_y$ 计算，其中，c_u 为原状土的抗剪强度（kPa）；K' 为十字板板头常数；ζ 为传感器标定系数（N·cm/$\mu\varepsilon$）；R_y 为原状土剪切破坏时的读数（$\mu\varepsilon$）。

重塑土的抗剪强度可按式 $c_u'=10K'\zeta R_y'$ 计算，其中，c_u' 为重塑土的抗剪强度（kPa）；R_y' 为重塑土剪切破坏时的读数（$\mu\varepsilon$）。土的灵敏度 S_t 可按式 $s_t=c_u/c_u'$ 计算。

根据土的灵敏度可按表 14-5-2 对土的结构性进行分类。

表 14-5-2　软土的结构性分类表

灵敏度 S_t	$S_t<2$	$2{\leq}S_t<4$	$4{\leq}S_t<8$	$8{\leq}S_t<16$	$S_t{\geq}16$
结构性分类	低灵敏性	中灵敏性	高灵敏性	极灵敏性	流性

14.6 静 力 触 探

静力触探适用于软土、一般黏性土、粉土、砂土及含少量碎石的土层，可用于划分土层界面、土类定名、确定地基土承载力和桩基侧摩阻力和桩端阻力、判定地基土液化可能性、测定地基土的物理力学参数等。静力触探单桥探头可测定土的比贯入阻力 p_s，双桥探头可测定土的端阻 q_c 和侧阻 f_s，三功能孔压探头除测定土的 q_c、f_s 外还可测定贯入孔隙压力 u_0 及其消散过程值 u_t。静力触探实验既可单独进行也可与钻探配合交替进行。水上触探应有保证孔位不致发生移动的稳定措施，水底以上部位应设置防止探杆挠曲的装置。触探孔位附近已有其他勘探孔时应将触探孔布置在距原勘探孔 30 倍探头直径以外，进行对比实验时孔距不宜大于 2 m 并应先进行触探再进行其他勘探、实验。探头使用一定时间后发现锥头、锥面有明显磨损现象时应更换。电缆应采用屏蔽电缆，屏蔽网应合理接地，表皮破损的电缆不得使用。探头与探杆间的连接必须加装密封装置，安装探头时应将橡胶圈压紧。

静力触探的仪器设备通常由贯入系统和探测系统两部分组成，贯入系统主要包括主机、探杆及反力设施，探测系统主要包括探头、量测仪器及探头标定设备。主机主要技术性能应符合要求。贯入速率应根据所从事静力触探项目不同而有所区别，单、双桥测试时贯入速率为 1.2±0.3 m/min；孔压探测试时标准贯入速率为 20 mm/s。贯入和起拔时的施力作用线应垂直机座基准面，铅直度偏差优于 30′，额定起拔力不小于额定贯入力的 120%。

触探用探杆应采用高强度无缝钢管，屈服强度优于 600 MPa，工作截面尺寸应与触探主机额定贯入力匹配并满足其他技术要求，用于同一台触探主机的探杆长度（含接头）应相同、长度允许偏差 0.2%；用于前 5 m 的探杆弯曲度不超过 0.05%，后续探杆弯曲度在触探孔深 5～10 m 时不超过 0.2%、10 m 以上不超过 0.1%；探杆两端螺纹轴线同轴度偏差优于 1 mm；直径 25～50 mm；探杆与接头连接应有良好互换性；锥形螺纹连接的探杆连接后不得有晃动现象，圆柱形螺纹连接的探杆拧紧后丝扣之根、肩应能密贴；探杆不得有裂纹和损伤。

反力设施应根据设备和现场条件及探测深度决定，宜采用触探车自重、地锚或堆载，必要时可多种方法联合使用。电阻应变式单桥、双桥探头应符合要求，其规格及更新应符合规定，传感器非线性误差、重复性误差、滞后误差和归零的允许误差均为±1.0%，传感器的空载输出应在仪器平衡调节范围以内，双桥探头的侧摩阻力传感器应与锥头传感器匹配且两传感器应互不干扰，探头系统各部件应松紧适度、密封性能良好，绝缘电阻必须能保证仪器正常工作，锥头锥面应平整无凹陷，侧摩阻筒应无明显刻痕。孔隙水压力静力触探探头必须符合要求，线性及滞后误差小于 0.8%、重复性误差小于 0.5%、归零误差小于 0.5%，使用温度范围-10～40℃，使用温度范围内温度零漂值小于 0.05%/℃/F·S，额定过载能力 120%（R，L），探头工作时几个内部传感器间干扰率小于 0.3%（FS），透水过滤器设锥尖、锥肩、锥后三个位置（按实验条件和要求可任选一个位置）。孔压探头透水元件（过滤片）的设置位置应符合规定，过滤片置于探头锥面上时过滤片中心或中心线到锥顶距离应为 0.5～0.8 倍圆锥母线长度；过滤片置于锥底全断面以上的圆柱面处时过滤片的上表面到锥底面高度应小于 10 mm。过滤片的渗透系数宜控制在（1～5）

×10^{-5}cm/s 范围内，组装好的孔压探头中过滤片与相邻部件的接触界面应具有（110±5）kPa 的抗渗压能力，过滤片应有足够的刚度和耐磨性，满负荷水压条件下孔压传感器应变腔的体（容）积变化量应优于 4 mm^3、体变率小于 0.2%，密封绝缘性能在 2000 kPa 水压下保压 6 h 的桥路绝缘电阻应大于 300 MΩ。

量测仪器可采用静探微机、静探自动记录仪和直显式静探记录仪并应满足相关要求，即仪器显示的有效最小分度值小于 0.06%FS；仪器按要求预热后时漂小于 0.1%FS/h、温漂小于 0.01%FS/℃；工作环境温度-100～450℃；记录仪和电缆用于多功能探头时应确保各传输信号互不干扰。由标尺和位移指针组成的计深装置应符合要求，标尺刻度 10 cm、刻度误差小于 5 mm、积累误差不得超过标尺全长的 0.2%；标尺应铅直固定于触探孔旁的地面不动点处，位移指针应置于向下贯入的工作杆上并随探杆同步下移；探杆处于贯入状态时不得移动标尺；使用自动记录仪器记录深度时的误差不得超过 1%。标定设备应满足要求，探头标定用测力（压）计或力传感器的公称量程不宜大于探头额定荷载的两倍、检测精度不得低于Ⅲ等标准测力计精度；探头标定达满量程时标定架各部杆件应稳定，标定孔压计的压力罐及压力检测装置应密封性能良好，标定装置对力的传递误差应小于 0.5%；工作状态下标定架的压力作用线应与被标定的探头同轴，其同轴度偏差不超过 0.5 mm。探头储存应配备防潮、防震的专用探头箱（盒）并应存放在干燥、阴凉处所，带透水元件的探头锥尖应储存于盛有脱气液体（水或硅油）的专用密封容器内并使透水元件始终处于饱和状态。

14.6.1 实验方法

静力触探实验前必须将探头、屏蔽电缆线及量测仪器进行系统联机并按规定完成标定工作以确定标定系数，标定完毕后应将各部件单独放置以便利装运。

应做好实验前贯入系统和探测系统的准备工作。探杆的准备工作应符合要求，探头以上探杆在 8 倍探头直径长度范围内时直径必须小于探头直径且不得设置扩孔器，应逐根检查试接、按顺序放置后再将探头电缆穿过全部备用探杆，已变形或不圆不直、丝扣太紧或太松的探杆不得使用，用于深孔的探杆应检查每 3～5 根连接后的总体直线度，备用探杆总长度应大于测试孔深度 2 m。静力触探实验前应检查使用的探头是否符合规定并应核对探头标定记录、调零试压，孔压探头贯入前应用特制抽气泵对孔压传感器的应变腔抽气并注入脱气液体（水、硅油或甘油）至应变腔无气泡出现为止。探头电缆长度应满足 $L \geq n(l+0.1)+7$ 的要求，其中，L 为探头电缆长度（m）；N 为备用探杆根数；l 为单根探杆长度（m）。反力设施应满足要求，各部件要有足够的强度和刚度并能与主机坚固连接；提供的反力应大于最大贯入总阻力；采用地锚提供反力时所下地锚必须对称、垂直并使主机能与地锚固定连续；采用重物堆压提供反力时重物形状应规整且堆压应均匀、稳固。主机安装应按规定程序进行，即清除测试孔口及表层障碍物、整理垫平场地、对孔安装主机；将机座与反力装置相连接，用水平尺调平后紧固锁定；正确连接各种电路、管路使主机处于工作状态，启动动力源检查升降操纵装置是否灵活、可靠。孔压探头贯入前应在室内确保探头应变腔为已排除气泡的液体所饱和并应在现场采取措施保持探头的饱和状态，直至探头进入地下水位以下的土层为止。

开孔贯入时应清除影响铅直贯入的块状物并仔细观察探头与土层接触时的情况，应防止锥头侧移、孔位偏斜，若贯入 1～2 m 后探杆有明显偏斜应重新移位开孔。贯入速率应遵守前述规定、严禁高速贯入。每次加接探杆时丝扣必须上满，卸探杆时不得转动下面的探杆，应防止探头电缆压断、拉脱或扭曲。

贯入过程中单桥或双桥静力触探应要求对探头进行归零（零漂）检查。第一次检查应在贯入 0.5～1.0 m 深度处进行，将探头提升约 10 cm 使之不受力记取读数，静待 10～15 min，等记录仪器显示值基本稳定后，重新调零、继续贯入，以后各次检查不须静待。在地面下 6 m 深度范围每贯入 2～3 m 应提升探头 1 次，将零漂值作为初读数填入记录表的相应深度旁边，然后使探头复位、继续贯入；孔深超过 6 m 后应视零漂值大小放宽归零检查的深度间隔或不作归零检查；终孔起拔时和探头拔出地面时应记录零漂值。

孔压消散实验应遵守相关规定，在地下水埋藏较深的地区进行孔压触探时应使用外径不小于孔压探头的单桥或双桥探头，开孔至地下水位以下之后向孔内注满水再换用孔压探头触探并应注明滤水器位置。贯入过程中不得提升探头，终孔起拔时应记录锥尖和侧壁的零漂值，探头拔出地面时应立即卸下锥尖并记录孔压计的零漂值。在预定深度进行孔压消散实验时应从探头停止贯入时起用秒表计时，记录不同时刻的孔压值和端阻值等参数，计时间隔应由密而疏、合理控制，实验过程中不得松动、碰撞探杆，也不得施加可使探杆上、下位移的力。孔压消散实验孔所在场区地下水位未知或不明确时至少应有一个孔做到孔压消散达稳定值为止，以连续 2 h 内孔压值不变为稳定标准，其他各孔实验点的孔压消散程度可视地层情况和设计要求确定，固结度达 60%～70% 时可终止实验。当遇以下 5 种情况之一时应终止贯入，即孔深已达任务书要求；反力失效或主机已超负荷；探杆明显弯曲而有断杆危险；探头负荷达额定荷载；记录仪显示异常。

单孔实验完成后应及时做好相关工作，即拔起探杆，卸杆时应防止孔中探杆滑落孔底。起拔过程中应装刮泥器刮掉探杆表面粘附的泥砂，同时应注意观察并量测和记录探杆表面干、湿的分界线距地深度以便核查地下水位。拔起的探杆应理顺其中的电缆并依次妥放探杆箱内；探头拔起后应立即拆洗、上油、装复后妥放原处；起拔地锚、拆除反力设施；拆卸电源、收拾仪器设备和工具。记录人员应按规定逐项填记清楚。进行下一孔触探时孔压探头的过滤片和应变腔应重新进行脱气处理。

14.6.2 实验数据处理

整理单孔静力触探成果曲线图应包括各触探参数随深度的分布曲线，简称触探曲线。应包括各层土的触探参数值和地基参数值，孔压消散实验还应附孔压随时间变化的过程曲线，必要时应附端阻随时间变化的过程曲线。

读数方式取得的原始数据应按规定步骤和要求修正。记录深度与实际深度有出入时应根据记录表所标注的数值和深度误差出现的深度范围按等距修正法调整，多余的读数记录应根据实际贯入情况删除。具一定热敏性的探头（传感器）零漂值在该深度段测试值的 10% 以内时可依归零检查的深度间隔按线性内插法对测试值予以平差，零漂值大于该深度段测试值的 10% 时宜在相邻两次归零检查的时间间隔内按贯入行程所占时间段落按比例线性平差。各深度的测试值可按式 $x_d'=x_d+\Delta x_d$ 修正，其中，x_d' 为某深度 d 处读数的修正值；x_d 为深度 d 处的实测值（p_s、q_c、f_s、u_d、u_r）代号；Δx_d 为相应于深度 d 处的零漂修正量（平差值，分正、负）。读数方式取得修正的原始数据后各深度的触探参数应

按式 $x_d=\zeta x_d'$、$q_t=q_c+(1-\alpha)$ $u_t=q_c+\beta(1-\alpha)$ u_d、$B_q=\Delta u/(q_t-\sigma_{V0})$、$\Delta u=u_0-u_w$ 计算，其中，ζ 为触探参数的标定系数（kPa/mV）；q_t 为总锥尖阻力（kPa）；α 为探头有效面积比；u_t 为孔压探头贯入时于锥底以上圆柱面处测得的孔隙水压力（kPa）；u_d 为孔压探头贯入时于锥面处测得的孔隙水压力（kPa）；β 为孔压换算系数（即 u_t 与 u_d 之比值，可查表 14-6-1）；B_q 为超孔压比；Δu 为探头贯入时土的超孔隙水压力（kPa）；σ_{V0} 为土的总自重压力（kPa）；u_0 为探头贯入时的孔隙压力（kPa），过滤片置于探头锥面上时 $u_0=u_d$，过滤片置于锥底圆柱面处时 $u_0=u_t$；u_w 为静止孔隙水压力（kPa）。

表 14-6-1　与土质状态有关的 β 值

土质状态	中粗砂	粉、细砂		粉土	粉质黏土	黏土	重超固结黏土
		松散~中密	密实	正常固结及轻度超固结			
β	1	0.7~0.3	<0.3	0.6~0.3	0.7~0.5	0.8~0.4	0.4~-0.1

　　自动记录仪取得的原始记录曲线应按规定进行修正。贯入深度修正可按式 $d=nl+h-\Delta l$ 计算实际贯入深度 d。其中，n 为贯入土中的探杆根数；l 为每根探杆长度；h 为从锥底全断面处起算的探头长度；Δl 为未入土的探杆余长。应以孔口地面为深度零点、以停止贯入加接探杆时锥尖应力松弛所形成的似归零线为依据用记录纸上所标注的深度误差按式 $d=nl+h-\Delta l$ 校正曲线深度，双笔或三笔式记录曲线应标明深度零点。曲线幅值修正应以归零检查的标注为依据直线连接两相邻归零点，根据此连线与记录纸上零线的偏差值反号调整记录曲线的幅值；因加接探杆造成记录曲线脱节或出现喇叭口曲线形态时应以平顺曲线予以补齐；应根据探头的标定系数绘制修正后的触探曲线纵横坐标比例尺并应注明单位、标出各触探曲线所代表的参数符号。

　　孔压消散值应按规定程序修正。应以修正的贯入孔压值（u_d 或 u_t）作为消散实验的孔压初始值并以零漂修正量等量修正实验点各个时刻测定的孔压消散值（u_t）；应以孔压消散值（u_t）为纵轴、时间对数值（$\lg t$）为横轴绘制孔压消散曲线（u_t-$\lg t$ 曲线）；孔压消散曲线初始段出现陡降或先升后降时可用云形板拟合以使其后段曲线通过陡降段终点与纵轴相交；孔压消散曲线初始段出现上升现象时宜略去其上升段并以曲线峰值点作为消散曲线的计量起点，在同一张 u_t-$\lg t$ 坐标图中重新绘制孔压消散曲线。

　　静力触探曲线图应按规定绘制。应以深度为纵轴、触探参数为横轴绘制触探曲线，其中 f_s、u_d（或 u_t）及 q_c 之间的数值比例宜取 1/10/100。q_c（或 p_s）、f_s、u_d（或 u_t）、u_w 与深度 d 的关系曲线应以不同的表达形式同绘于一个坐标图中，也可将 u_d（或 u_t）和 u_w 绘制于该坐标图的对称侧。B_q、R_f 与 d 的关系曲线宜绘于另一坐标图中，二者在横轴上数值比例宜取 1/10。上述各触探曲线均应用参数符号在图中标示清楚或示出图例，然后进行分层并计算各分层触探参数值和地基参数值、填入成果图件内的表格中。当静力触探孔与钻探孔配合时其静探深度比例尺应与钻孔深度比例尺一致。

　　归一化超孔压消散曲线应按规定绘制。均衡孔隙水压力 u_w' 取孔压消散达稳定值时的孔压值，取值标准应符合前述规定。地基中实验点处的剩余超孔压 Δu_r 按式 $\Delta u_r=u_w'-u_w$ 计算。各时刻的归一化超孔压比 V' 应按式 $V'=(u_t-u_w)/(u_0-u_w)$ 计算，其中，u_t 为贯入孔隙压力 u_0（即 u_d 或 u_t）消散至某时刻 t 的孔压值，可在修正的孔压消散曲线上查取。以 V' 为纵轴、时间 t 的对数 $\lg t$ 为横轴绘制归一化超孔压比曲线（V'-$\lg t$ 曲线）。

土层界面位置的确定应符合规定。孔压触探时应将 u_d（或 u_t）和 B_q 的突变点位置定为土层界面。单桥或双桥触探时应根据超前深度和滞后深度确定，一般情况下可将超前、滞后总深度段中点偏向低端阻值（p_s、q_c）层（软层）10 cm 处定为土层界面；上、下土层的端阻值相差 1 倍以上且其中软层的平均端阻 q_c'（或 p_s'）<2 MPa 时可将软层的最后 1 个或第一个 q_c（或 p_s）小值偏向硬层 10 cm 处定为土层界面；上、下土层端阻值差别不明显时则应结合 R_f、f_s 值确定土层界面。

各土层的触探参数值应按规定取值。土层厚度 h 大于等于 1 m 且土质比较均匀时应扣除其上部滞后深度和下部超前深度范围内的触探参数值并按式 $X'=\sum x_i/n$、$q_t'=q_c'+\beta$ $(1-\alpha)u_d'=q_c'+(1-\alpha)u_t'$、$R_f'=f_s'/q_c'$ 计算土层的触探参数值，其中，x、X 为各触探参数代号，角标 $i=1$、2、……、n 为触探参数数据序号。土层厚度 h 小于 1m 的均质土层软层应取最小值、硬层应取较大值。经过修正成图的记录曲线可根据各分层土层曲线幅值变化情况划分成若干小层，对每一小层按等积原理绘成直方图并按式 $X'=\sum(x_ih_i)/\sum h_i$ 计算分层土层的触探参数值，其中，h_i 为第 i 小层土厚度；X' 为各小层的触探参数平均值。分层曲线中的特殊大值不应参与计算。由单层厚度在 30 cm 以内的粉砂或粉土与黏性土交互沉积的土层应分别计算各触探参数的大值平均值和小值平均值。

单桥、双桥及孔压探头的贯入阻力与端阻可按式 $p_s=1.1q_c$、$q_t=p_s$ 换算。

分层确定土的名称时应参照钻孔资料，必要时应钻孔验证。原位测试微机系统可按微机程序自动进行资料整理。利用静力触探资料评价、确定岩土力学指标时应结合地区使用经验并综合考虑场地的工程性质和建筑特点。

14.7 旁压实验

旁压实验（PMT）分预钻式旁压实验（PB-PMT）、自钻式旁压实验（SB-PMT）、压入式旁压实验（PI-PMT），不同方式旁压实验的区别在于旁压器设置土中的方法不同。旁压实验适用于确定黏性土、粉土、砂土、软岩石及风化岩石等地基的承载力与变形参数。旁压实验应在收集和分析已有岩土工程资料的基础上根据任务要求确定实验方案和实验方法，通常应在有代表性的位置和深度进行实验，每一建筑场地不宜少于 3 个实验孔，每一个主要地层不宜少于 6 个实验段。旁压实验应与钻探配合交替进行。每钻进一段进行一次实验，严禁一次成孔、多次实验。每个实验段成孔后应立即进行实验，时间间隔不宜超过 15 min。进行旁压实验时必须保证旁压器的三腔在同一地层上且不得在取过土或进行过标准贯入实验的部位进行。同一个实验孔中的相邻实验段间距应不小于 1 m，实验孔与相邻钻孔或原位测试孔的水平距离应不小于 1 m，旁压实验最小深度不得小于 1 m。实验结束及旁压器取出钻孔前实验孔内宜保持注满水或泥浆。

预钻式旁压实验仪器通常由旁压器、加压稳定装置、变形量测系统、导管和水箱等组成，分低压型和高压型两类。旁压器结构形式为三腔式圆筒形，常见有梅纳（Menard）型高压旁压仪和 PY 型低压旁压仪。加压稳定装置包括压力源、压力表、调压阀等，压力源宜采用高压氮气或手动气泵并应带测压表（压力表最小分度值应不大于满量程的 1%）。变形量测系统包括测管和辅管，测管水位刻度最小分度值应不大于 1 mm、量测体积变化刻度的最小分度值应不大于 0.5 cm^3。导管有同轴软管和单管两种，导管两端接头应密封且应拆卸方便。成孔设备和方法应尽量减少对孔壁的扰动，可采用勺钻、提土钻、冲击钻、回转钻机以及与之配套的钻杆、泥浆泵等。

14.7.1　实验方法

旁压实验前应按照规定对旁压器的弹性膜约束力和仪器综合变形进行率定。预钻孔应符合要求，应根据岩土类型和状态选择适宜的钻机、钻具及成孔工艺，对容易发生孔壁坍塌的实验段应采用泥浆护壁钻进，应保持孔周岩土体的天然结构状态。实验孔径应比旁压器外径大 2～8 mm，实验段孔壁应铅直、平顺、呈圆筒形。成孔深度应大于实验深度 0.5～1.0 m。

旁压仪安装和注水应按规定步骤进行，即摆平支撑三角架，将量测装置置于其上，校正水平，拧紧支撑三角架与控制组件的连接螺杆。检查管路，将旁压器的注水管和导压管的接头对号插入。向水箱注满蒸馏水或纯净冷开水，在气温低于 0℃ 的条件下进行实验时应采用浓度为 50% 的乙二醇溶液。将旁压器竖立地面，打开各路阀门，向水箱施加 0.1～0.2 MPa 的压力，向注水管和旁压器充水，待旁压器中的注水量达到 300 cm³ 时取下注水管接头并用手拍打旁压器，直到手捏旁压器无气泡冒出为止。当测管水位上升到测管刻度的零位或稍高于零位时应终止注水、关闭注水阀。

水位调零应按规定步骤进行，即将旁压器铅直举起使测试腔中点与测管刻度的零位齐平；打开调零阀待水位下降到零位时立即关闭测管阀、辅测管阀和调零阀；静待 1～2 min 后检查水位是否归到零位，满足要求时调零即告结束。

压力源采用高压氮气且最高实验压力不超过 2.5 MPa 时高压氮气瓶内的压力应比最高实验压力大 0.1～0.2 MPa；最高实验压力大于 2.5 MPa 时高压氮气瓶内的压力应比最高实验压力大 0.5～1.0 MPa。采用高压型旁压仪进行实验时应根据实验深度和预计实验最高压力调好旁压器测试腔与保护腔的仪表压差。旁压器放入孔内之前严禁阳光直接照射，气温低于-5℃时应采取防冻措施。应准确量测测管水位至孔口的高度及地下水位深度，将旁压器置于预定深度后应再进行一次实验深度的量测和校正。旁压器测量腔中点的静水压力可按式 $p_w=(h+z)\gamma_w$、$p_w=(h+h_w)\gamma_w$ 确定，其中，p_w 为静水压力（kPa）；h 为测管水平面至孔口的高度（m）；z 为旁压实验深度（m）；γ_w 为测试用水（或防冻液）的重力密度（kN/m³）；h_w 为地下水位埋深（m）。

旁压仪加压应符合规定。不超过 2.5 MPa 的低压实验可用高压氮气或手动气泵加压，加压前应关闭有关阀门及旋扭，加压时应缓慢有规律地按顺时针方向旋转调压阀至所需压力。大于 2.5 MPa 的高压实验应用高压氮气加压。同轴导管宜使用耐高压尼龙软管，把备有插入式快速接头的压力表插入仪器面板压力表上方的辅助压力表插座内，更换压力调节器弹簧和差压阀弹簧，然后加压调至所需压力。

实验加压分级及稳定时间应符合规定。实验压力增量等级应按旁压临塑压力 p_f 的 1/7～1/5 或旁压极限压力 p_1 的 1/14～1/10 确定。以旁压器测量腔的静水压力 p_w 作为第一级压力开始实验，达到稳定时间后应按确定的压力增量用调压阀加压且应在 15 s 内调至所需压力。每级压力应保持相对稳定的观测时间，对黏性土、砂类土为 2 min，对软质岩石和风化岩石为 1 min。应遵守规定的测记 V_m 或 s_m 的时间顺序，当观测时间为 1 min 时可按 15 s、30 s、60 s；当观测时间为 2 min 时可按 30 s、60 s、120 s。当量测腔的扩张体积相当于其固有体积时或压力达到仪器的容许最大压力时应终止实验。

实验结束后应对旁压器进行消压、回水或排净工作，其操作方法应符合规定。高压型旁压仪依次为用调压阀将压力降至零但不应改变气路压力；降低辅腔气压但不得小于实验水压力 0.2 MPa 并应同时关闭气压控制开关；利用实验控制开关使旁压器中的水回流到储水箱，达到初始实验水位时关闭实验控制开关；排放管路内所有气压，使气压表恢复到零位后同时关闭所有开关及阀门。低压型旁压仪若实验深度小于 2 m 且需继续进行实验时应将压力减至零，迫使旁压器里的水回流到测管和辅管内。若实验深度大于 2 m 且需继续进行实验时应先打开水箱安全盖，可利用实验终止时管路内处于高压的条件迫使旁压器里水回流到水箱内，然后拧松调压阀，使整个管路消压。若需排净旁压器内全部水时可打开中腔注水阀和排水阀利用实验终止时管路内处于高压的条件排净旁压器里的水，然后拧松调压阀使整个管路消压。旁压器消压后必须过 3 min 以上方可从实验孔中取出，若一个场地的实验工作结束或近期内不使用旁压仪时应将旁压仪中的水排净、装箱后放置于干燥通风处。

14.7.2 实验数据处理

实验压力和体积膨胀量的原始数据修正和计算应符合要求。应按规定计算 p、s、V、$\Delta V_{(120-30)}$ 或 $\Delta V_{(60-30)}$，其中 p_i 应在弹性膜约束力率定曲线上确定。修正后压力 p 应按式 $p=p_m-p_i+p_w$ 计算，其中，p_m 为压力表读数（kPa）；p_i 为弹性膜约束力（kPa）。修正后的测管水位的下降值 s 可按式 $s=s_{120}-\Delta_s$、$\Delta_s=\alpha_s(p_m-p_w)$ 计算，其中，s_{120} 为 2 min 测管水位下降值（cm）；δ_s 为仪器综合变形修正值（cm）；α_s 为仪器综合变形修正系数（cm/kPa）。对应于 s 的体积膨胀量 V 应按式 $V=sA$ 计算，其中，A 为测管内截面面积（cm）。当以测管水位下降值表示旁压器体积膨胀量时修正后的体积膨胀量 V 应按式 $V=V_{120}-\delta_v$、$\delta_v=\alpha_v(p_m+p_w)$ 计算，其中，V_{120} 为 2 min 体积膨胀量（cm³）；δ_v 为仪器综合变形修正值（cm³）；α_v 为仪器综合变形修正系数（cm³/kPa）。体积蠕变值 $\Delta V_{(120-30)}$ 和 $\Delta V_{(60-30)}$ 可分别按式 $\Delta V_{(120-30)}=A[s_{(120-30)}-s_{30}]$、$\Delta V_{(60-30)}=A[s_{(60-30)}-s_{60}]$ 计算，其中，s_{60}、s_{30} 分别为 60 s 和 30 s 时测管水位下降值（cm）。

应绘制修正后的压力和体积变形量 P-V 关系曲线，也可同时绘制 P 与蠕变量 $\Delta V_{(120-30)}$ 或 $\Delta V_{(60-30)}$ 的关系曲线。纵坐标表示 V（以 2 cm 代表 100 cm³ 的体积变形量）、横坐标表示 P，以 1 cm 代表 100 kPa 的压力或自行选定。绘制曲线的笔尖要细、点位要准，应先连直线段再向两端延长，曲线段部分应使用曲线板连接并应注意与直线段的切点位置。

旁压实验特征值（p_0、p_f、p_L）应在 P-V 曲线或 P-$\Delta V_{(120-30)}$ 曲线（见图 14-7-1）上按以下方法确定。

首先确定初始压力 p_0 值，方法有两个，一个是延长 P-V 曲线直线段与纵坐标相交（交点为 V_0），过 V_0 作横坐标 P 的平行线，相交于曲线上的一点，其对应的压力为 P_0；另一个是作 P-$\Delta V_{(60-30)}$ 或 P-$\Delta V_{(120-30)}$ 曲线，曲线下降值的最低点所对应的压力为 P_0。然后确定临塑压力 p_f 值，方法有 2 个，一个是取 P-V 曲线直线变形段终点，即曲线与直线段的切点所对应的压力为 p_f；另一个是作 P-$\Delta V_{(60-30)}$ 或 P-$\Delta V_{(120-30)}$ 曲线取直线变形段终点，即曲线与直线段的拐点所对应的压力为 p_f。最后计算极限压力 p_L 值，方法也有 4 个，一个是过 P 点对应的曲线点在曲线上光滑自然地作延长线，在纵坐标上取 $2V_0+V_c$ 值，

V_0 为测试腔固有体积，过此值点作横坐标 P 的平行线，两线交点所对应的压力为 p_L；另一个是在 P-V 曲线上取最后两级压力的对应值 P-$1/V$ 曲线（见图 14-7-2），在纵坐标上取 $1/(2V_0+V_c)$ 值，过此值点作横坐标 P 的平行线，两线交点所对应的压力为 p_L；第 3 个方法是在求 p_L 标准坐标计算纸上按 P、V 值展点绘制曲线，在纵坐标上取 $2V_0+V_c$ 值，过此值点作横坐标 P 的平行线，两线交点所对应的压力为 p_L；第 4 个方法是在 P-$\ln[V/(V_c+V_0)]$ 坐标图上作曲线（见图 14-7-3），在纵坐标上取 $\ln[V/(V_c+V_0)]$=1.0，过此值点作横坐标 P 的平行线，两线交点对应的压力为 p_L。

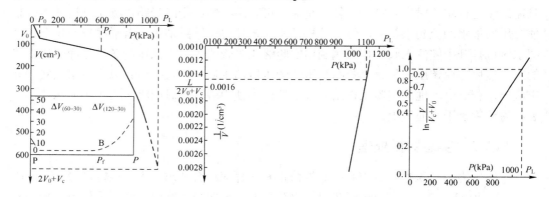

图 14-7-1　P-V 或 $\Delta V_{(60-30)}$ 或 $V_{(120-30)}$ 曲线　图 14-7-2　P-$1/V$ 曲线　图 14-7-3　P-$\ln[V/(V_c+V_0)]$ 曲线

应根据旁压实验特征值按式 $E=2(1+\mu)(V_c+V_0)\Delta P/\Delta V$、$E_m=2(1+\mu)(V_c+V_m)\Delta P/\Delta V$、$G_m=(V_c+V_m)\Delta P/\Delta V$ 计算似弹性模量 E（MPa）、旁压模量 E_m（MPa）和旁压剪切模量 G_m（MPa），其中，μ 为泊松比（通常取 0.33）；V_c 为测试腔固有体积（cm^3）；V_0 为静止水平总压力 P_0 所对应的体积变形量（cm^3）；ΔP 为 P-V 曲线上直线变形段压力增量（MPa）；ΔV 为与 ΔP 相对应的体积变形增量（cm^3）；V_m 为平均体积变形量，单位为 cm^3，取 P-V 曲线直线段两端所对应的体积变形量之和的 $1/2$。

应根据初始压力、临塑压力、极限压力和旁压模量结合地区经验评价地基承载力和变形参数。资料整理应提交旁压实验综合成果图，必要时也应提出初始压力 p_0、旁压临塑压力 p_f、旁压极限压力 p_L、似弹性模量 E、旁压模量 E_m、旁压剪切模量 G_m 随深度 h 的变化图。

14.8　扁铲侧胀实验

扁铲侧胀实验适用于软土、一般黏性土、粉土、黄土、松散—中密砂类土等，可用于判别土类以及确定黏性土的状态、静止土压力系数、水平基床系数等。扁铲侧胀实验孔对水平地面的铅直度偏差应不大于 2%。

扁铲侧胀实验设备通常包括测量系统、贯入设备和压力源，测量系统包括扁铲探头、气—电管路和控制装置，贯入设备包括主机、探杆（或钻杆）和附属工具，压力源可采用普通或特制氮气瓶。扁铲探头的技术性能应符合要求，即探头应用高强度不锈钢锻制，长 230～240 mm、厚 14～16 mm、宽 94～96 mm、探头前缘刃角 12°～16°；探头在平行于轴线长度内弯曲度应小于 0.5 mm、贯入前缘偏离轴线应不超过 1 mm。探头侧面圆形不锈钢模片直径 60 mm，平装于板头一侧板面上，模片内侧设置的感应盘机构应能准确控制三种特殊位置的状态。气～电管路的技术性能应符合要求，即气—电管路应由厚壁、小直径、耐高压、内部贯穿铜质导线的尼龙管组成，两端应装有连通探头的接头，绝缘性能良好，直径最大不超过 12 mm，能输送气压和准确地传递特定信号。用于率定的管路长度宜为 1 m。控制装置应满足相应技术条件，即压力表显示有效最小分度值不宜大于 1 kPa；传送模片达到特定位移量时的信号应采用蜂鸣器和检流计显示。蜂鸣器和检流计应在模片膨胀量＜0.05 mm 或≥1.10 mm 时接通，在≥0.05 mm 和＜1.10 mm 时断开。气—电管路、气压计、校正器及率定附件等组成的率定装置应能准确测定模片膨胀位置是否符合标准并可对模片进行标定和老化处理。

贯入设备应满足相关技术条件，扁铲探头可用静力触探机具、液压钻机压入，也可用标准贯入锤击机具击入，水下实验可用装有设备的驳船以电缆测井法压入或打入。贯入设备的额定起拔力不小于额定贯入力的 120%，贯入和起拔时的施力作用线应垂直于基座基准面。探杆应采用高强度无缝钢管，屈服强度不宜小于 600 MPa，工作截面尺寸必须与贯入主机的额定贯入力相匹配，探杆弯曲度不得大于 0.2%，探杆两端螺纹轴线的同轴度允许偏差 0.1 mm，探杆不得有裂纹和损伤。压力源应安装压力调节器，高压气体应为干燥氮气。

14.8.1 实验方法

每次实验前均应进行模片率定，模片率定应符合规定，即用率定气压计对探头抽真空使模片从自然位置移向基座，蜂鸣器鸣响后缓慢解除真空，蜂鸣器响声停止瞬间读取 ΔA 值；用率定气压计对探头施加正气压，待蜂鸣器鸣响瞬间读取 ΔB 值；重复 3～4 次上述操作记录 ΔA 及 ΔB 平均值（取实验前后的平均值为修正值）；模片的合格标准为率定时膨胀至 0.05 mm 的气压实测值 ΔA=5～15 kPa、率定时膨胀至 1.10 mm 的气压实测值 ΔB=10～110 kPa。

膜片在以下 3 种情况下必须更换，即表面严重划伤、皱折及破裂；率定值反常而达不到规定要求；过度膨胀曲面加力和放松时会发出"劈啪"响声。

率定值不在适用范围内的新模片应进行老化处理，直到 ΔB 值达适用范围为止，模片的老化处理应遵守相关规定，即用率定器具对新模片慢慢加压至蜂鸣器响、记录 ΔB 值，若 ΔB 达适用范围则停止老化。若 ΔB 不在适用范围内则加压至 300 kPa，蜂鸣器尚未鸣响时应先检查电路是否正确。电路正确时用 300 kPa 气压循环老化数次，每次应从零开始，若 ΔB 达适用范围则停止老化；若用 300 kPa 压力老化后 ΔB 仍很高可将压力增至 350 kPa 循环老化，若仍无效则应再加大压力且每次升幅宜取 50 kPa；在空气中老化膜片最大压力不应超过 600 kPa。

贯入设备的能力必须满足实验深度需要，实验时应使基座保持水平状态并始终用水平尺校验记录每次实验中实验孔的铅直度偏差。实验前应备足探杆，采用静力触探贯入设备时以最大实验深度再加 2～3 m 为宜，先将气—电管路贯穿于探杆中，贯穿时要拉直管路使管路滑行穿过探杆，防止管路被绞扭和弯伤。采用钻机开孔锤击贯入扁铲探头时，气—电管路可不贯穿在钻杆中而直接用胶带绑在钻杆上。气—电管路贯穿探杆后将管路一端与扁铲探头连接，通过变径接头和所用探杆连接。

实验前应检查控制装置、压力源并将管路的另一端与控制装置对应的插座接上，将地线接到地线插座上，另一端夹到探杆或主机的基座上。用手轻按模片中心检查电路（蜂鸣器发出响声则电路正常），应估算压力源气体是否满足实验需要。实验时应以匀速将探头贯入土中、贯入速率宜为 2±0.5 cm/s。实验深度应以模片中心为参照点，探头达到预定深度后应以匀速加压和减压测定模片膨胀至 0.05 mm、1.10 mm 和回到 0.05 mm 的压力 A、B、C 值。

测读压力值应遵守相关规定。扁铲探头贯入至预定深度、蜂鸣器鸣响（电流计动作）、关闭排气阀，慢慢打开微调阀缓缓增加压力，在蜂鸣器和电流计停止响动瞬间读取压力 A 值。压力从零到 A 加压时间应控制在 15 s 左右，若实验土层均匀则 A 值可根据已测上一个点值预估，低于预估值阶段快速加压，然后缓慢加压到 A。记录 A 值后继续缓慢加压，待蜂鸣器鸣响（电流计动作）瞬间读取压力 B 值。记录 B 值后必须快速减压至蜂鸣器停响为止，再缓慢卸掉剩余压力，蜂鸣器再响时读取压力 C 值。实验点间距可取 20～50 cm，C 压力值应每隔 1～2 m 测读一次。

测试过程中，不得松动或碰撞探杆，也不得施加可使探杆产生上、下位移的力。遇以下 6 种情况之一时应停止贯入并在记录表上注明，即贯入主机的负荷达到其额定荷载的 120%；贯入时探杆出现明显弯曲；反力装置失效；无信号或测不到压力 B 值或 B 值时有时无；气电管路破裂或被堵塞；实验中校核（B-A）值时出现（B-A）＜（ΔA+ΔB）的情况。对较长的气—电管路应检查所加气压沿线路是否均衡。加压时应关闭微调阀，观察压力表值是否下降，若下降说明加压速率太快而应减慢。实验暂停时应打开排气阀并应避免损坏膜片。每孔实验结束时应立即提升探杆、取出扁铲探头并对膜片进行再标定，将 ΔA、ΔB 记录于表中，扁铲探头内未进水和泥浆、膜片表面完好、标定值在适用范围内时可清除板头上粘附的泥土继续使用，否则必须拆卸、保养和清洁后重新标定使用。实验完毕后应及时检查气—电管路并做好标记，还应给管路两端接头戴上盖帽以防止污物进入。应及时量测实验孔内地下水埋藏深度。

14.8.2　实验数据处理

扁铲侧胀实验数据应按 $p_0=1.05(A-Z_m+\Delta A)-0.05(B-Z_m-\Delta B)$、$p_1=B-Z_m-\Delta B$、$p_2=C-Z_m+\Delta A$ 修正，其中，p_0 为膜片向土中膨胀之前的接触压力（kPa）；p_1 为膜片膨胀至 1.10 mm 时的压力（kPa）；p_2 为膜片回到 0.05 mm 时的终止压力（kPa）；A 为膜片膨胀至 0.05 mm 时气压的实测值（kPa）；B 为膜片膨胀至 1.10 mm 时气压的实测值（kPa）；C 为膜片回到 0.05 mm 时气压的实测值（kPa）；ΔA、ΔB 为空气中标定膜片分别膨胀至 0.05 mm、1.10 mm 时的气压实测值（kPa）；Z_m 为未调零时的压力表初读数（kPa）。

根据 p_0、p_1 和 p_2 按式 $E_D=34.7(p_1-p_0)$、$K_D=(p_0-u_0)/\sigma_{v0}$、$I_D=(p_1-p_0)/(p_0-u_0)$、$U_D=(p_2-u_0)/(p_0-u_0)$ 可计算侧胀模量 E_D、水平应力指数 K_D、土类指数 I_D、侧胀孔压指数 U_D，其中，σ_{v0} 为实验深度处土的有效自重压力（kPa）；u_0 为实验深度处的静水压力（kPa）。

扁铲侧胀实验成果图件应包括 p_0、p_1、p_2、Δp 随深度的分布曲线，其中 $\Delta p=p_1-p_0$；E_D、K_D、I_D、U_D 随深度的分布曲线。结合地区经验可根据扁铲侧胀实验指标判别土的类别、确定黏性土的状态、静止侧压力系数、水平基床系数等岩土参数。

14.9 现场直剪实验

现场直剪实验适用于原位测定地基土、有软弱结构面岩体和软质岩试体抵抗剪切破坏的能力，为建（构）筑物、岩质边坡的稳定分析提供抗剪强度指标。直剪实验点应根据工程地质条件和建（构）筑物的受力特点选择在具有代表性的地段，地基土直剪实验组数不得少于 3 组，每一组实验不宜少于 3 处，岩体实验每组不宜少于 5 处，同一组实验体的岩性和地质条件应基本相同。实验的剪切方向应与岩土体的受剪方向或可能引起滑动的方向相一致。试洞或探槽的几何尺寸应满足实验要求，各实验点边与边之间距应不小于 30 cm，试洞顶部岩土层厚度必须足以承受最大竖向荷重，探槽两壁应满足斜撑最大推力要求。探槽开挖前应制定技术措施确保开挖过程中槽壁不倒塌以及安装切盒时试样不受扰动并保持实验岩土层的天然湿度。试洞中进行实验时试体上部的洞顶应先开凿成大致平整的岩面，然后浇筑混凝土（或砂浆）反力垫层，在施加剪力的后坐部位应按液压千斤顶（或液压钢枕）的形状和尺寸开挖并浇筑反力垫层。采用油压剪切实验装置进行实验时试样制备前应在拟施加横向推力的一侧开槽安装横向千斤顶，对岩石还应在横向加荷反力面上浇注混凝土后座。竖向荷载的确定应符合规定，最小竖向荷载应不小于剪切面以上地层的自重压力；最大竖向荷载应大于拟建（构）筑物设计荷载；实验荷载应根据岩土性质或技术要求确定。

野外大面积直剪实验宜采用油压剪力实验装置或蜗轮传压剪力仪装置，实验装置通常应包括竖向加荷部分、横向加荷部分、位移变形观测部分、附件等 4 个部分，竖向加荷部分包括卧式斜支撑反力装置、斜撑板、横撑杆、斜撑杆、船形码、拉力丝杆、工字钢、滑块、传力柱、油压千斤顶、上钢板、滚排、下钢板、剪切盒等。横向加荷部分包括顶压钢板、油压千斤顶、滑块、后座钢板、后支座等。位移变形观测部分包括竖向变形、水平位移测量仪表、固定支架和支座等。附件包括水平尺、袖珍经纬仪等。岩体直剪实验设备包括试体制备、加载、传力、量测及其他配套设备。直剪实验记录系统应采用电测式和自动化记录仪器。

14.9.1 地基土直剪实验

地基土直剪实验试样的制作应遵守相关规定，试样规格应根据土体均匀程度及最大颗粒粒径确定。剪切面积不宜小于 0.3 m²、高度不宜小于 20 cm 或为最大粒径的 4～8 倍，试样边长不应小于碎石最大粒径的 5 倍。混凝土试样的制备应遵守相关规定，宜采用宽长比为 1/2 的长方形，底面积为 0.6～1.0 m²；对黏性土地基应就地浇注试块、对砂土地基可选用预制试样，为便于地基充分浸水浇注时宜预留竖向小孔若干；混凝土标号应符合设计要求，浇注后试样应养护 7 天方可使用。黏性土及大块碎石类土试样的制备应遵守相关规定，首先初步切削试样，使其稍大于剪切盒，将剪切盒套在土体上端用削土刀精削土体，边削边压、直至剪切盒刃口部达到预定位置为止。剪切盒与预剪面间宜根据最大粒径大小和粗粒含量留置 0.5～3.0 cm 的间隙或剪切面开缝，垫以木条做起缝板。试样与剪切盒间的空隙及试样表面宜用细石砂浆填实、找平。试样制成后应详细记录试样尺寸、缺角、缺面等情况。需要测试饱和状态下的强度时应将试样浸水并达到饱和，浸水时间视岩土性质而定但不宜少于 48 h。

实验仪器设备安装应按按规定程序进行，安装仪器设备前应按有关规定测定滚排摩擦力 f，然后安装竖向加荷反力装置、卧式斜支撑装置。施加竖向荷载装置的安装应遵守相关规定，依次为在试样表面铺砂、击实并抹平整至剪切盒表面；安装下钢板、滚排、上钢板；安装油压千斤顶并将施力中心对准试样中心；安装滑块、传力柱并对准工字形钢梁中心。施加横向荷载装置的安装应遵守相关规定，依次为安装顶压钢板并在底部垫约 1 cm 厚木块 2 块、两端放置紧贴剪切盒；安装油压千斤顶使其施力中心对准剪切面且位于试样中线上；安放滑块位于油压千斤顶后座中心；安放后座钢板并将该钢板与试槽壁之间填实。安装油压剪切实验装置（竖向施力装置）应遵守相关规定。测量竖向变形的百分表应安装在剪切盒对角线上，测量水平位移的百分表应安装在受剪方向的两侧，各测量仪表支架固定端应牢固可靠。安装好量测仪表后应取出剪切盒下面的木条及顶压钢板下的木块并用袖珍经纬仪测定剪切方向及试槽走向。

直剪法地基土抗剪实验应根据岩土性质和工程特点选用固结快剪法和快剪法。固结快剪法宜一次加完竖向荷载，荷载施加后应立即记录竖向变形百分表读数，此后每 15 min 观测竖向变形一次，当每小时竖向变形不超过 0.05 mm 时即认为竖向变形已经稳定可施加横向推力。在软土中做固结快剪法实验时施加竖向荷载可分四至五级分级施加，每施加一级荷载应立即观测竖向变形百分表此后每 5 min 观测一次，直至 5 min 内竖向变形不超过 0.01 mm 时即可施加下一级荷载，施加最后一级荷载后应按前述进行观测并开始施加横向推力。采用快剪法进行实验时可在一次加完竖向荷载后立即施加横向推力。

剪切实验加荷和破坏标准应遵守相关规定。横向推力施加前宜参照同种土体 C、φ 值估算最大推力并将最大推力按 1/8～1/10 分级施加。施加的各级横向推力应连续、均匀，要求每分钟记录压力表和百分表读数，当变形相对趋于平稳时方可施加下一级荷载直至剪切破坏。当剪切变形急剧增长、压力表压力值下降或横向位移与试样宽度之比达到 1/10 时即为剪切破坏。实验全过程中竖向荷载应保持稳定，出现压力降低时应及时补荷，出现超压时应及时减荷。试样剪断后若需测记剪切回弹位移则应在解除横向推力后测记。实验过程中应随时观察试样以及试样周围土体的异常现象。

实验结束后应将试样翻起并立即测量剪切面剪损状态、绘制剪切面的缺损情况和起伏情况，还应对试样进行描述以及计算实验后的试样面积。完成各级竖向荷载下的抗剪实验后应在现场根据实验结果初步绘制 $\sigma\sim\tau$ 曲线图，发现某组数据偏离回归直线较大时应立即补做该组实验。

残余抗剪强度实验应在峰值实验后进行，将抗剪实验剪断后的试样退回原处重新检查调整仪器设备使其符合前述相关规定，然后再次剪切，残余抗剪强度实验可采用单点法和多点法，残余抗剪强度实验各种竖向荷载的确定应与峰值实验相一致，横向推力的施加应与峰值实验相一致，完成各级竖向荷载下的残余抗剪强度实验后应在现场根据实验结果初步绘制 $\sigma\sim\tau$ 曲线图，发现某组数据偏离回归直线较大时应立即补做该组实验。

14.9.2 岩体直剪实验

见图 14-9-1 和图 14-9-2，当剪切面水平或近于水平时岩体直剪实验可采用平推法或斜推法，剪切面较陡时可采用楔形体法。试体底面积宜采用 70 cm×70 cm，不得小于 50 cm×50 cm，试体高度不宜小于边长的 1/2、试体间距应大于边长的 1.5 倍。

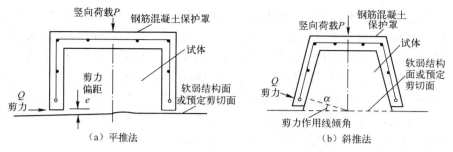

（a）平推法　　　　　　　　　　　　（b）斜推法

图 14-9-1　岩体直剪实验体加固和受力示意图

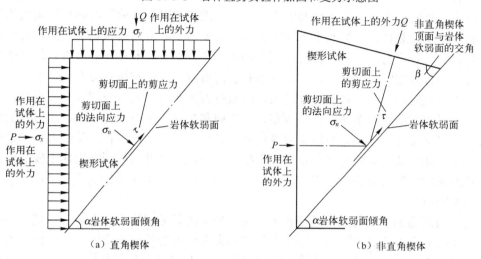

（a）直角楔体　　　　　　　　　　　（b）非直角楔体

图 14-9-2　倾斜岩体软弱面直剪实验试及积受力示意图

　　混凝土与岩体胶结面直剪实验的试体制备应遵守相关规定。在试点部位应用人工挖除表层松动岩石形成平整岩面，浇灌混凝土试体部位岩面的起伏差应不大于沿剪切方向试体边长的 2%，混凝土试体以外部位为试体边长的 10%。浇灌混凝土试体前应清除岩面上的岩屑并用清水洗净、排除岩面上的积水。在试点按剪切方向立模并浇注混凝土试体，同时应浇注一定数量的试块，与试体在相同条件下养护以测定其不同龄期的强度，混凝土强度应满足设计要求方可使用。

　　水平岩体软弱面、软质岩体直剪实验的试体制备应遵守相关规定。在试体部位挖除表层松动岩石形成平整岩面，确定剪切面积后再沿所确定的剪切面周边将试体与周围岩石切开。具有软弱面的岩体应使软弱面处在预定的剪切部位。膨胀性岩体试体制备应采取以下措施，即切断地下水源，用水泥砂浆抹平顶面并在其上施加一定的竖向荷载，在试体内埋设钢筋并对其施加锚固力，实验时采用施加竖向荷载后拆除。按图 14-9-1 在试体上浇注钢筋混凝土保护罩，其底部应处在预定剪切面之上。应根据设计要求保持试体天然含水量或对试体浸水饱和。应按竖向剪切和侧向位移测量要求在试体上设置测量标点。

　　倾斜岩体软弱面试体制作矩形或梯形有困难时可按图 14-9-2 制备楔形试体，在探明倾斜岩体软弱面部位和产状后应按有关要求制备试体，制备过程中应采取措施防止试体下滑。

　　实验前对试体及所在实验地段应进行描述和记录，比如岩石名称及岩性、风化破裂程度、岩体软弱面的成因、产状、分布状况、连续性及其所夹充填物的性状，比如厚度、颗粒组成、泥化程度和含水状态等。在岩洞内应记录岩洞编号、位置、洞线走向、洞底高程、岩洞和试点的纵、横地质剖面。在露天或基坑内应记录试点位置和高程及其周围的地形、地质情况。还应记录实验地段开挖情况和试体制备方法；试体编号、位置、剪切面尺寸和剪切方向；实验地段和试点部位地下水的类型、化学成分、活动规律等。

实验后应描述剪切面尺寸、剪切破坏形式、剪切面起伏差、擦痕的方向和长度、碎块分布状况、剪切面上充填物性质并对剪切面拍照记录。

实验设备安装应符合要求。整个竖向加荷系统应与剪切面垂直，可用水准尺或铅球吊线校核。竖向合力应通过剪切面中心，露天场地实验时竖向荷载的施加可采用锚杆或地脚螺丝作反力装置。安装水平千斤顶时其水平推力中心应通过预定剪切面，难以满足要求时其着力点距剪切面的距离应控制在沿推力方向试件边长的 5% 以内。斜推法剪切荷载方向应按预定的角度安装，剪切荷载和法向荷载合力的作用点应在预定剪切面的中心，每次实验时应对这一距离进行记录。测量仪表的布置与安装应遵守相关规定。在试体两侧靠近剪切面的四个角点处至少布置水平向和竖向向量表各 4 只以测量试体的绝对变形，量表支架应牢固地安放在变形影响范围之外的支点上，应在测量绝对变形的同一标点上用万能表架安装相对变形量表。根据需要可在试体及其周围基岩面上安装测量绝对位移或相对位移的量表。量表应注意防水、防潮，所有量表及标点应严格定向、初始读数应调整适当。

对剪切面施加竖向荷载应遵守相关规定。竖向荷载应位于剪切面中心或使竖向荷载和剪切荷载的合力通过剪切面中心。岩体软弱面和软质岩体的最大竖向荷载应以不挤出软弱面上的充填物或破坏试体为度。竖向荷载应分 4~5 次（级）并按等差或等比（公比取 2）数列施加。每次（级）荷载施加时应测读、记录竖向位移，测读的时间间隔为 10 min 或 15 min，以连续两次测读差小于等于 0.05 mm 为稳定标准。

试体剪切前应按规定预估最大推力 Q_{max} 值并使推力作用线通过剪切面中心，对矩形试体 $Q_{max}=(\sigma_n f+c)F$、对梯形试体 $Q_{max}=(\sigma_n f+c)F/\cos\alpha$、对直角楔体 $Q_{max}=(\sigma_n+\sigma_n f\tan\alpha+c\times\tan\alpha)F_y$、对非直角楔体 $Q_{max}=[(\sigma_n f+c)\sin\alpha+\sigma_n\cos\alpha]F/\cos(\alpha-\beta)$。其中，$f$ 为预估的摩擦系数（$f=\tan\varphi$）；c 为预估的黏聚力（kPa）；F 为剪切面面积（m^2）；F_y 为试体垂直面面积（m^2）；其余符号含义见图 14-9-1 和图 14-9-2。

应按 Q_{max} 的 8%~10% 分级施加推力并应每隔 10 min 或 5 min 施加一级，施加前、后应测记各量表值。当该级推力引起的剪切位移为前一级的 1.5 倍以上时下一级推力应减半施加。剪切位移达剪力峰值并出现剪力残余值或剪切位移达剪切面边长的 1/10 时可终止实验。

使用斜推法的试体剪切过程中应同步扣减施加推力时在剪切面上所增加的竖向荷载，竖向荷载 p 应视具体情况按相关公式计算，对梯形试体 $p=\sigma_n-q\sin\alpha$、$Q=qF$、$P=pF$；对直角楔体 $p=(\sigma_n-\sigma_y\cos^2\alpha)/\sin^2\alpha$、$Q=\sigma_yF_y$、$P=\sigma_xF_x$；对非直角楔体 $p=(\sigma_n-q\cos\beta)/\sin\alpha$、$Q=qF$、$P=pF$，其中，$q$、$p$ 为作用在剪切面上的斜向单位推力和压力（kPa）；σ_y、σ_x 为作用在试体水平面 F_y 和铅直面 F_x 上的单位推力和压力（kPa）；Q、P 为作用于试体上的斜向推力和竖向荷载（kN）。

实验前应按预估作用在剪切面上的最小法向应力 σ_{min}，对梯形试体 $\sigma_{min}=c/(\cot\alpha-f)$；

对直角楔体 $\sigma_{min}=c/(\tan\alpha-f)$；对非直角楔体 $\sigma_{min}=c/(\tan\beta-f)$。

实验结束后应依次将剪力和竖向荷载退为零，拆除测量仪表、支架、剪切和竖向加载设备，然后前述规定对试体和剪切面进行描述。

14.9.3 地基土直剪实验数据处理

进行资料整理前应对各项原始实验数据进行检查和初步估算，确认实验成果可靠后方可进行。竖向（径向）应力 σ 和剪切应力 τ 可参照图 14-9-3 试样受力图按式 $\sigma=[P_V'+P_H\sin(\alpha-\theta)+(P_0+P_L)\cos\theta]/A$、$\tau=[P_H\cos(\alpha-\theta)+(P_0+P_L)\sin\theta-F]/A$ 计算，其中，σ 为竖向（径向）应力（kPa）；τ 为剪应力（kPa）；P_L 为设备自重（kN）；P_V' 为油压千斤顶施加的竖向荷载（kN）；P_0 为试样自重（kN）；F 为滑滚的摩擦力（kN）；θ 为剪切面与水平面的夹角（°）；P_H 为横向推力（kN，取最大值）；α 为横向推力与水平面的夹角（°）；A 为试样的剪切面积（m^2）。

应根据计算的竖向（径向）应力 σ 和剪应力 τ 绘制剪应力与竖向荷载关系图、剪变系数 τ/σ 和竖向荷载关系图、剪应力和水平位移关系图等。岩土的内摩擦角 φ 和黏聚力 c 宜采用最小二乘法按式 $c=[\sum\sigma^2\sum\tau-\sum\sigma\sum(\sigma\tau)]/[n\sum\sigma^2-(\sum\sigma)^2]$ 和 $\tan\varphi=[n\sum(\sigma\tau)-\sum\sigma\sum\tau]/[n\sum\sigma^2-(\sum\sigma)^2]$ 计算。残余抗剪强度实验也应遵守前述规定并进行资料整理及计算 c、φ 值。

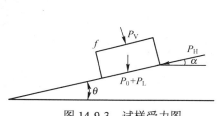

图 14-9-3 试样受力图

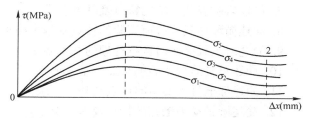

图 14-9-4 直剪实验剪应力与剪切位移关系曲线

14.9.4 岩体直剪实验数据处理

试体剪切面应力应根据实际情况计算。平推法剪切面法向应力 $\sigma_n=P/F$、剪应力 $\tau=Q/F$。斜推法的剪切面应力对梯形试体 $\sigma_n=(P+Q\sin\alpha)/F$、$\tau=Q\cos\alpha/F$；对直角楔体 $\sigma_n=\sigma_y\cos^2\alpha+\sigma_x\sin^2\alpha$、$\tau=[(\sigma_y-\sigma_x)\sin2\alpha]/2$；对非直角楔体 $\sigma_n=q\cos\beta+p\sin\alpha$、$\tau=q\sin\beta+p\cos\alpha$、$q=\sigma_n\cos\alpha/\cos(\alpha-\beta)$、$p=\sigma_n\sin\beta/\cos(\alpha-\beta)$。

剪应力与剪切位移关系曲线应根据同一组实验结果以剪应力为纵轴、剪切位移为横轴绘制每一实验点的剪应力与剪切位移关系曲线，见图 14-9-4，其中，τ 为剪应力；Δx 为剪切位移；σ_1、σ_2、…、σ_5 为岩体软弱面或软弱岩体剪切面上的法向应力；1、2 为岩体软弱面或软弱岩体剪切面上的 τ 剪应力峰值和残余值的剪切位移，从曲线上选取剪应力的峰值和残余值。剪应力峰值也可根据剪应力与剪切位移关系曲线的线性比例极限、屈服点、屈服强度或剪切过程中竖向和侧向位移定出的剪胀点和剪胀强度选定。

应根据实验数据绘制剪应力峰值、残余值与相应的法向应力关系曲线，见图 14-9-5，其中，σ_n 为法向应力；τ 为剪应力；曲线 1、2 为岩体软弱面或软弱岩石的剪应力峰值、残余值与法向应力关系曲线；φ_p、φ_r、c 分别为内摩擦角、残余摩擦角、黏聚力。抗剪强度参数可按图解法或最小二乘法确定。

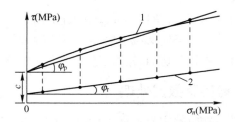

图 14-9-5　直剪实验剪应力与法向应力关系曲线示意图

思考题与习题

1. 岩土载荷实验的基本特点是什么？
2. 简述浅层平板载荷实验的特点及基本要求。
3. 简述深层平板载荷实验的特点及基本要求。
4. 简述螺旋板载荷实验的特点及基本要求。
5. 简述湿陷性土载荷实验的特点及基本要求。
6. 简述膨胀岩土浸水载荷实验的特点及基本要求。
7. 简述岩基载荷实验的特点及基本要求。
8. 简述循环荷载板载荷实验的特点及基本要求。
9. 简述岩土载荷实验数据处理的基本要求。
10. 简述单桩静载实验的特点及基本要求。
11. 简述标准贯入实验的特点及基本要求。
12. 简述圆锥动力触探的特点及基本要求。
13. 简述电测十字板剪切实验的特点及基本要求。
14. 简述静力触探的特点及基本要求。
15. 简述旁压实验的特点及基本要求。
16. 简述扁铲侧胀实验的特点及基本要求。
17. 简述地基土直剪实验的特点及基本要求。
18. 简述岩体直剪实验的特点及基本要求。

第 15 章　岩土水环境探测

15.1　压 水 实 验

压水实验是在设定压力条件下实测钻孔内实验段渗漏水量的原位渗透实验，实验的目的是评价岩体的裂隙发育程度和渗透性，为岩体稳定性治理、防渗漏处理提供依据。钻孔压水实验一般随钻孔的加深自上而下地用单栓塞分段隔离进行，对岩体完整、孔壁稳定的孔段可在连续钻进一定深度后用双栓塞分段进行压水实验，不宜超过 40 m。实验段长度一般为 5 m，对渗透性较强的岩层和某些特殊孔段也可根据实际情况确定实验段长度，同一实验段不宜跨越渗透性相差悬殊的几种岩层。相邻实验段之间应互相衔接，不应漏段。当栓塞止水无效时可将栓塞向上移动，但不宜超过上一实验段栓塞的位置。压水实验孔在钻进中若冲洗液突然消失或耗水量急剧增大则应停钻进行压水实验。压水实验宜按三级压力、5 个阶段，即 $P_1 \rightarrow P_2 \rightarrow P_3 \rightarrow P_4 (=P_2) \rightarrow P_5 (=P_1)$ 进行。其中 $P_1 < P_2 < P_3$，P_1、P_2、P_3 三级压力宜分别为 0.3 MPa、0.6 MPa 和 1.0 MPa。当试段位于基岩面以下较浅或岩体软弱时应适当降低压水实验压力，逐级升压至最大压力值后若该试段的透水率小于 1Lu 可不再进行降压阶段的压水实验。

实验压力的确定应遵守相关规定。用安设在与试段连通的测压管上的压力表测压时实验压力按式 $P=P_p+P_z$ 计算，其中，P 为实验压力（MPa）；P_p 为压力表指示压力（MPa）；P_z 为压力表中心至压力计算零线的水柱压力（MPa）。当用安设在进水管上的压力表测压时实验压力按式 $P=P_p+P_z-P_s$ 计算，其中，P_s 为管路压力损失（MPa）。

压力计算零线按以下 3 种情况确定，即地下水位在试段以下时以通过试段 1/2 处的水平线作为压力计算零线；地下水位在试段之内时以通过地下水位以上试段 1/2 处的水平线作为压力计算零线；地下水位在试段以上且属于试段所在的含水层时以地下水位线作为压力计算零线。倾斜钻孔的水柱压力可采用式 $P_z=P_z'\sin\alpha$ 计算，其中，P_z' 为压力表中心至压力计算零线与钻孔中心线交点的倾斜水柱压力（MPa）；α 为钻孔倾角。

使用单管栓塞压水时应扣除工作管路的压力损失。当工作管内径一致且内壁粗糙度变化不大时，其管路压力损失可按式 $P_s=\lambda(L/d)[V^2/(2g)]$ 计算，其中，λ 为粗糙系数，水在铁管中流动时 $\lambda=2\times10^{-4} \sim 10^{-4}$（MPa/m）；$L$ 为管长（m）；d 为管径（m）；V 为水在管中的流速（m/s）；g 为重力加速度（g=9.8 m/s^2）。当工作管内径不一致时其管路压力损失应根据实测资料确定且实测工作应遵守相关规定，测试管路应为两套。两套管路的管径和钻杆总长度应相同但接头数应相差 3 副以上，每套管路的总长度不得小于 40 m。实测流量范围 10 L/min～100 L/min，测点不少于 15 个且应分布均匀，同时应用流量表和水箱测定流量，实测工作要重复 1～2 次，以其平均值为计算值；应在同一坐标纸上绘制两套管路的压力损失与流量关系曲线，从图上量取各流量值相应的压力损失差 ΔP_s；各种流量下每副接头的压力损失按式 $P_\mathrm{sj}=\Delta P_\mathrm{s}/n$ 计算。其中，P_sj 为某流量下每副接头的压力损失（MPa）；ΔP_s 为该流量下两套管路的压力损失之差（MPa）；n 为两套管路接头数之差。从各种流量下的管路总压力损失中减去接头的压力损失计算出各种流量下每米钻杆的压力损失值；编制各种流量下每米钻杆及每副接头的压力损失图表。

实验设备应符合要求。止水栓塞与孔壁应有良好的适应性且应操作方便、止水可靠，栓塞长度应大于 8 倍孔径。供水设备应满足要求，地形条件许可时宜采用自流供水方法进行压水实验。采用水泵供水时其供水水泵应符合要求，即 1.5 MPa 压力下流量能达到 100 L/min；应出水均匀、压力稳定并能保持压力表指针的摆动幅度不大于正负两个最小刻度；在吸水龙头上要包 1～2 层孔径小于 2 mm 的过滤网；吸水龙头离水池底部一般不小于 0.3m；在出水口上要装有调节灵活可靠的配水阀门。

量测压力用的压力传感器和压力表应符合要求，压力传感器的压力范围应大于实验压力，压力表应反应灵敏，卸压后指针回零，压力表工作压力应保持在极限压力值的 1/3～3/4 范围内。流量计应能在 1.5 MPa 压力下正常工作，量测范围应与供水设备的排水量相匹配并能测定正向和反向流量。水位计应灵敏可靠且不受孔壁附着水或孔内滴水影响，水位计导线应经常检测。宜采用能自动测量压力和流量的记录仪进行压水实验。实验用的仪表应专门保管并定期进行校正，不得与钻进共用。

应做好实验的准备工作。实验钻孔的质量应合格，在压水实验钻孔近旁（10 m 以内）布置有其他地质目的的钻孔时应先钻压水实验钻孔，钻至完整基岩后应下套管隔离覆盖层。套管接头不得漏水，管脚处应设置妥善止水措施。钻孔必须采用清水钻进，严禁用泥浆或浑水钻进。预定安置栓塞部位的孔壁应保证平直完整。洗孔应遵守相关规定，洗孔的目的是最大限度地清除附在孔壁上或裂隙中的岩粉和孔底残留物，常用洗孔方法是压水法和抽水法。采用压水法洗孔时应遵守相关规定，即应用清水并以水泵的最大流量冲洗钻孔；用喷射器洗孔时导水管应经常上下移动；取粉管顶端到钻具底部的全长不应大于 2 m。采用抽水法洗孔时应根据试段的渗透性选用适当的抽水设备，使用提筒抽水时提筒应放到孔底并连续抽水。洗孔总时间应不小于 1 h，达到以下 3 条要求即可结束，即钻孔底部无沉淀的岩粉；回水或抽出的水清洁且经肉眼鉴定无沉淀物；取粉管内岩粉不满。水位观测应遵守相关规定，为确定压力计算零线应在每段压水实验前观测孔内的水位并记录，应每 10 min 观测一次水位，当连续三次水位观测读数的变化速率均小于 0.01 m/min 时观测工作即可结束并以最后一次测得的水位作为压力计算零线。栓塞安装应符合要求，在安装栓塞前应验证孔深并根据试段位置确定工作管总长度，栓塞必须进行加压检查，合格后方可下入孔内。工作管不得有破裂、弯曲和堵塞且接头不应漏水，栓塞应先放在预定位置后再加压或充水使栓塞膨胀以检查止水效果，采用气压式或水压式栓塞时充气（水）压力应大于最大实验压力（P_3）0.2～0.3 MPa 且在实验过程中充气（水）压力应保持不变，栓塞安装后应准确测量工作管的孔上余尺以求出塞底深度和试段长度并绘制栓塞安装草图。仪表安装应遵守相关规定，使用双管循环式栓塞时管路充水后要放出留存在压力表下部的气体；使用单管栓塞时压力表应安装在水表和调水阀的后面。安装水表时水流方向应与水表箭头所示方向一致、字盘应保持水平；水表内过滤网要保持清洁完好。实验性压水应遵守相关规定，实验准备工作完成后应进行不少于 20 min 的实验性压水，其压力值应为正式压水时的压力值。实验性压水过程中应对压水实验的各种设备、仪表进行性能和工作状态综合性检查，发现问题应立即处理。

15.1.1　实验过程

向实验段送水前应打开排气阀，待排气阀连续出水后再将其关闭。压水实验时实验压力应达到预定压力并保持稳定，应每隔 1 min 或 2 min 观测一次压入流量。当压入流量无持续增大趋势且五次流量读数中最大与最小值之差小于最终值的 10%，或最大与最小值之差小于 1L/min 时本阶段实验即可结束，最终流量读数为计算流量。将实验压力调整到新的预定值重复上述实验过程直到完成该试段的实验。降压阶段出现水由岩体向孔内回流的现象时应记录回流情况，待回流停止流量达到前述规定的要求后方可结束本阶段实验。压水实验过程中必须同时观测管外水位以判断栓塞的止水效果，发现管外水位异常应立即检查相关设施、分析原因，若系栓塞止水失效则应立即采取适当处理措施。压水实验过程中应注意观察实验孔周边地表有无水流渗出并对实验孔附近可能受影响的坑、孔、井、泉等进行有无异常现象的观测和检查，检查结果应记录。压水实验结束前要认真检查记录是否齐全、正确、清晰，有错误要及时纠正。压水实验观测记录应按规定填写。

15.1.2　实验数据处理

实验资料整理应包括校核原始记录，绘制 P-Q 曲线，确定 P-Q 曲线类型和计算试段透水率等。绘制 P-Q 曲线时应采用统一的比例尺，纵坐标（P 轴）1 mm 代表 0.01 MPa、横坐标（Q）1 mm 代表 1 L/$_{min}$，曲线图各点应标明序号并依次用直线相连，升压阶段用实线、降压阶段用虚线。试段的 P-Q 曲线类型应根据升压阶段 P-Q 曲线的形状以及其与降压阶段 P-Q 曲线之间的关系确定。P-Q 曲线类型及曲线特点见图 15-1-1，其中，（a）升压曲线为通过原点的直线、降压曲线与升压曲线基本重合；（b）升压曲线凸向 Q 轴、降压曲线与升压曲线基本重合；（c）升压曲线凸向 P 轴、降压曲线与升压曲线基本重合；（d）升压曲线凸向 P 轴、降压曲线与升压曲线不重合呈顺时针环状；（e）升压曲线凸向 Q 轴、降压曲线与升压曲线不重合呈逆时针环状。

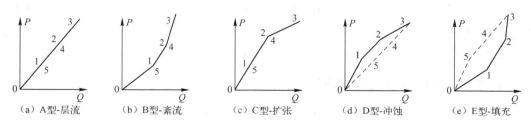

（a）A型-层流　　（b）B型-紊流　　（c）C型-扩张　　（d）D型-冲蚀　　（e）E型-填充

图 15-1-1　P-Q 曲线类型及曲线特点

试段透水率 q 应按式 $q=Q_3/(lP_3)$ 计算并记录于规定表格中，其中，q 为试段的透水率（Lu）；Q_3 为第三阶段的压入流量（L/min）；l 为实验段长度（m）；P_3 为第三阶段的实验压力（MPa）。每个实验段实验成果应采用实验段透水率和 P-Q 曲线类型代号（加括号）表示，比如 0.26（A）、16（C）、8.6（D）等。工程中压水实验成果出现较多的试段 P-Q 曲线为 C 型或 D 型时应结合该工程的地质资料和钻孔岩芯情况进行分析并在岩土勘察报告中加以说明。当实验段位于地下水以下、透水水性较小（$q<10Lu$），P-Q 曲线为 A（层流）型时可按式 $K=Qln(L/r_0)/(2\pi HL)$ 计算岩体渗透系数，其中，K 为岩体渗透系数（m/d）；Q 为压入流量（m³/d）；r_0 为钻孔半径（m）；H 为实验水头（m）；L 为实验段长度（m）。

透水率 q 应按规定标记在相应的地质柱状图和剖面图中，钻孔中每一实验段的透水率 q 应表示在有钻孔结构、试段深度、相应标高等内容的地质柱状图中；透水率 q 值需表示于地质剖面图中相应钻孔的相应深度处。利用透水率 q 确定岩体渗透性分界线应结合地区经验并综合考虑场地的工程性质和建（构）筑物的特点。

15.2　注水实验

注水实验的目的是测定包气带非饱和岩土层的渗透性，或当地下水位埋藏较深便进行抽水实验时采用注水实验测定其渗透性。注水实验方法分试坑法、钻孔降水头法、钻孔常水头法。试坑法是在地面挖掘试坑、放置铁环、向环内注水，根据水的渗入量计算包气带土层渗透系数。钻孔降水头法是向钻孔内注水将孔内水位提高到某一高度后停止注水，根据水位下降速率计算渗透系数。钻孔常水头法是向钻孔内注水将孔内水位维持在某一高度，观测为维持该水位高度所需注水量的变化情况，据此计算渗透系数。

试坑注水实验适宜于在包气带松散土层、渗透性较小、地下水位埋深较大（试坑底距水位大于 5m）的条件下应用，试坑法分为单环法和双环法。任务要求精度较高时宜采用双环法，精度要求不高时可采用单环法。钻孔注水实验适宜于场地地下水位埋深较大不便进行抽水实验时，或地下水位以上的不含水透层而需要测渗透系数时。

注水实验的实验点（试坑或钻孔）应布置在有代表性的地段，实验点数量应根据地层变化程度确定。布设注水实验钻孔时应按实验目的进行钻孔数量、孔深、孔径、实验段位置（过滤器安置位置）设计并安排相应设备进行成孔钻探，利用已有钻孔实验时应掌握钻孔结构。

试坑注水注实验的主要设备包括铁环以及水箱、流量水桶、量杯、计时钟表等。单环法时一个铁环，高 20 cm、直径 30～50 cm；双环法时高 20 cm 铁环两个，直径分别为 20 cm 和 50 cm。双环法时为容量 5 升的有刻度流量瓶两个。钻孔注水实验时应备有适当流量的供水水泵，钻孔常水头注水实验时还应配置流量箱或水表等流量计量设施。

15.2.1　试坑单环注水法实验过程

在拟定的实验位置上挖一个方形或圆形试坑至预定深度，在坑的底部一侧再挖一注水试坑。试坑深度 15～20 cm，坑底应修平并确保土层的原状结构。放入铁环使其与试坑底紧密接触，在其外部用黏土填实以确保四周不漏水。在坑底铺厚度为 2～3 cm 的小砾石作为缓冲层。将流量桶水平放置在注水试坑边接上胶管，将钳夹夹于胶管下部，然后向流量桶注满清水。松开钳夹向试坑环内注水，待水头高度达到环顶（10 cm）

时实验即正式开始，记录开始时间和流入桶内的水量）。实验时必须保持 10 cm 水头，其波动幅度允许偏差为±0.5 cm。实验开始后按 5 min、10 min、15 min、20 min、30 min 的时间间隔量测、记录渗水量，以后则每隔 30 min 测记一次，直至实验终止，记录格式遵守规定。每次观测流量 Q 的精度应达到 0.1L。实验过程中应随时绘制流量 Q 与时间 t 的关系曲线，见图 15-2-1，当每隔 30 min 观测一次的流量与最后 2 h 内平均流量之差不大于 10%即可视为稳定、结束实验。

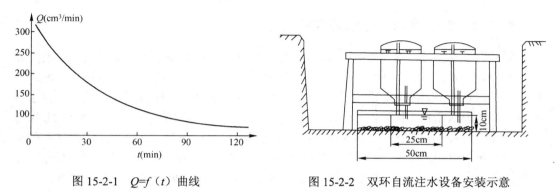

图 15-2-1　$Q=f(t)$ 曲线　　　　　图 15-2-2　双环自流注水设备安装示意

15.2.2　试坑双环注水法实验过程

试坑双环注水法适用于非饱和黏性土和粉土层。在拟定的实验位置上挖一试坑至预定深度，将两个铁环按同心圆压入坑底（深约 5～8 cm）并应确保实验土层的原状结构。在内环及内、外环之间铺上 2～3 cm 的小砾石，在内、外环之上放置两个倒置的水瓶（马里奥特瓶）以自动补充水量（见图 15-2-2）。在距试坑约 3～4 m 处钻孔并每隔 20 cm 取样测定其天然含水量，钻孔深度应大于注水实验时水的渗入深度并按实验地层估计。向内环及内、外环之间同时注水，当内环及内、外环之间的水位达到 10 cm 高度时注水实验正式开始，用流量瓶分别向内环及内、外环之间自动补充水量以使水位保持 10 cm 高度。在整个实验过程中内环和内、外环之间的水头高度应保持一致。实验正式开始以后可按前述规定观测渗水量并做好记录。实验过程中应随时绘制流量 Q 与时间 t 的关系曲线，注水实验稳定延续 4 h 后实验即可结束。实验结束后应立即淘出环内积水，在试坑中心钻孔并每隔 20 cm 取样测定其含水量与实验前试坑旁钻孔进行比较，确定注水实验水的渗入深度。

15.2.3　钻孔降水头注水法实验过程

钻孔降水头注水实验适用于粉土、砂土及渗透性不大的碎石土。钻探时应采用清水钻进，终孔后按设计位置下管（实管、过滤器）并洗孔，孔底残渣厚度应不大于 5 cm。实验开始前应观测地下水位。实验时向孔中注入清水使管中水位升至一定高度（可至管顶），注水实验正式开始、记录起算时间和水位高度 H_0（由实验开始前的孔内地下水位起算）并停止向孔内注水。停止注水后应先按 30 s 间隔观测孔内水位（H）至 5 min、再按 1 min 间隔观测 10 min，之后按水位下降速度决定观测间隔时间，一般可按 5～10 min 间隔进行观测。实验过程中应及时在半对数纸上绘制水位比 H/H_0 与时间 t 的关系图，见图 15-2-3，观测点在图上呈明显的直线规律时说明实验正确，若观测数据在图上散乱无规律则说明实验有误而应重新注水并进行观测。当实验土层为弱透水层、观测点有 10 个以上皆在拟合直线上时可采用将该直线外延至 $H/H_0=0.37$ 横线相交的办法来确定实验滞后时间，能获得拟合直线时实验即可停止，也可待注水水位完全消失再终止实验。实验滞后时间随实验段土层不同而异，但总观测时间应不少于 1h，记录格式应遵守相关规定。

15.2.4 钻孔常水头注水法实验过程

钻孔常水头注水实验的实验段既可在地下水位以上也可在地下水位以下。实验开始前应观测地下水位。钻孔常水头注水实验时应连续向孔内注入清水，当水位高于地下水位一定高度但不应超过过滤器上端位置时调整流量使水位高度保持固定（H_c）并记录时间和水表（或流量箱）读数，然后即可正式开始实验。实验时应维持孔内注水水位 H_c 保持不变（其波动幅度应不大于 1.0 cm）。实验开始后应每分钟观测一次流量（注入钻孔的水量），5 min 后再按 5 min 间隔观测到 30 min，以后每隔 30 min 观测一次，直到最后 2 h 平均流量之差不大于 10%时视为流量稳定、终止实验。应做好相关数据记录工作。

15.2.5 注水实验数据处理

试坑单环注水法资料整理应按规定步骤进行，即检查原始记录并绘制 $Q=f(t)$ 曲线图；根据实验结果按式 $K=Q/F$ 计算渗透系数，其中，K 为渗透系数（cm/min）；Q 为稳定流量（cm³/min）；F 为渗透面积即试坑的底面积（cm²）。

试坑双环自流注水法资料整理应按规定步骤进行，即检查原始记录并绘制 $Q=f(t)$ 曲线图；根据实验结果按式 $K=QS/[F_0(Z+S+H_s)]$ 计算渗透系数。其中，F_0 为内环面积（cm²）；Z 为水头高度、$Z=10$ cm；S 为从试坑底算起的渗入深度（cm），根据实验前后钻孔中不同深度土样的含水量变化情况对比确定；H_s 为实验土中的毛细压力值（m），大约等于毛细上升高度的 1/2，可按表 15-2-1 取值。

表 15-2-1　毛细压力值（m）

土层名称	黏土	粉质黏土	粉土	粉砂	细砂	中砂	粗砂
毛细压力值	1.00	0.80	0.40～0.60	0.30	0.20	0.10	0.05

钻孔降水头注水法资料整理应按规定步骤进行，即绘制水位比 H/H_0 与时间 t 的关系图（见图 15-2-3），水位比用对数坐标表示，当水位比与时间关系呈直线时实验结果正确。应确定滞后时间，滞后时间 T 是指注水停止后，孔中注水水位 H_0 回落到零（地下水位）时所需的时间。滞后时间 T 可用实测法、图解法、计算法确定，实测法是指实测注水实验开始、结束时间；图解法是在 $\ln(H/H_0) \sim t$ 关系图上取最佳拟合直线与 $H/H_0=0.37$ 横线相交点所对应的时间作为滞后时间 T，见图 15-2-3；计算法按式 $T=(t_2-t_1)/\ln(H_1/H_2)$ 计算滞后时间 T，其中，H_1、H_2 分别为观测时间 t_1、t_2 时的水头高度（cm）。均质、孔底透水时按式 $K=\pi D/(11T)$ 计算渗透系数；均质、孔壁透水且 $L/D>4$ 时按式 $K=D^2\ln(2L/D)/(8LT)$ 计算渗透系数，其中，K 为渗透系数（cm/min）；D 为注水孔过滤器内径（cm）；L 为实验段长度（cm）；T 为滞后时间（min）。

钻孔常水头注水法资料整理应按规定步骤进行，即绘制向孔内注水的流量 Q 与时间 t 的关系曲线。注水流量稳定后按相关公式计算渗透系数，见图 15-2-4。图 15-2-4（a）适用于均质弱透水层，试段大大高于地下水位且 $50<(h/r)<200$，注水水位不高于过滤器顶端，采用 B.M.纳斯别尔格计算公式，即 $K=0.423Q\lg(2h/r)/h^2$，h 为注水水柱高度。图 15-2-4（b）适用于均质弱透水层，渗水试段低于地下水位，当 $L/r\leqslant4$ 时 $K=0.08Q/\{rs[L/(2r)+1/4]^{1/2}\}$；当 $L/r>4$ 时 $K=0.366Q\lg(2L/r)/(LS)$，其中，L 为注水实验段长度（m）、S 为注水水头高度（m）、Q 为稳定注水量（m³/d）、r 为注水孔半径（m）。

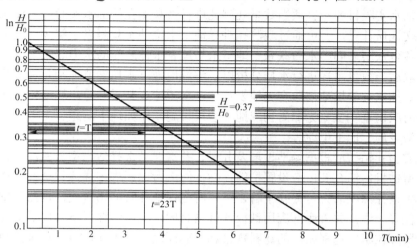

图 15-2-3　滞后时间 T 的图解

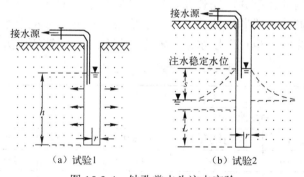

（a）试验1　　　　　　　　（b）试验2

图 15-2-4　钻孔常水头注水实验

15.3　抽　水　实　验

抽水实验的目的是确定建设场地岩土含水层的渗透性能并通过抽水实验数据计算确定含水层水文地质参数，为工程排水、降水、加固和防渗等提供设计、施工依据。抽水实验按抽水实验孔进水部分是否揭穿含水层分为完整井抽水和非完整井抽水；按抽水实验时出水量和水位下降值是否达到稳定延续时间分为稳定流抽水实验和非稳定流抽水实验。抽水实验孔深度宜按场地工程建设目的确定并以满足设计要求为原则，抽水实验孔宜选择较大孔径以满足抽水设备（水泵）、出水量、水位下降要求，并可避免孔径过小而影响抽水实验精度问题。抽水实验下降段次应根据场地水文地质条件和抽水实验目的要求选择（既可选择三次降深也可选择一次或二次降深）。应按工程建设目的确定抽水实验最大降深，只进行一次降深抽水实验时应按最大降深进行。选择二次或三次降深的抽水实验时不同降深的先后次序应遵守以下原则，即在细颗粒孔隙含水层中抽水应按从小降深到大降深的原则进行；在粗颗粒孔隙含水层或基岩裂隙含水层中抽水应按从大降深到小降深的原则进行。场地存在两个或两个以上含水层需分别进行水文地质评价时宜进行分层抽水实验，无特殊要求时可进行混合抽水实验、综合评价。抽水实验时宜根据场地条件和抽水实验目的布置适当数量观测孔进行带观测孔的抽水实验，以便采用多种公式进行水文地质计算，并可通过观测孔进行地下水位动态观测以了解场地地下水动态变化情况、各含水层之间的水力联系、地下水与地表水体之间的水力联系等。抽水实验结束前宜采取适当数量水样进行水质分析以了解场地地下水化学特征和是否遭受污染等状况。应调查抽水实验场地周边有无地表水体、水源地或开采井等。场地位于城区或工业区时钻探前应调查孔位有无障碍物或地下管线设施，比如地下洞室、上下水管道、煤气管道、通信设施、地下电缆等。

　　抽水实验孔钻探应根据场地地层及井径、井深要求选择适当型号的冲击、回转钻机或其他类型钻机，钻孔孔口应设置护筒，钻探时应对地层进行描述记录并取样。实测钻孔孔底达到设计深度后方可终孔下管，下管时应保证井管的铅直度，过滤器安置位置应与含水层位置一致，井管底部应用铁板或砂网封闭，泥浆钻探时下管前需清孔换水。应根据含水层颗粒组成选择相应的滤料规格和填砾厚度，见表15-3-1。填砾滤料应清洁且不得混有土和杂物，填砾时应缓慢均匀地填至超过过滤器上端 3～5 m 或填至设计高度后再改用黏土回填封非完整井，完整井是指未钻穿含水层的井。下管前宜先在井底回填厚度 0.5 m 左右的滤料形成井底滤层。成井后应及时洗井，应洗至水清砂净。洗井方法以采用空压机洗井为宜，也可采用水泵、液态二氧化碳、活塞等洗井方法。

表 15-3-1　滤料规格和填砾厚度

含水层			滤料直径/mm			填料厚度/mm
名称	筛分结果		规格滤料	混合滤料	形象比拟	
	粒径/mm	重量百分比/%				
粉砂流砂	0.05～0.1	50～70	0.75～1.5	1～2	小米粒	100 左右
细砂	0.1～0.25	>75	1～2.5	1～3	绿豆粒	100 左右
中砂	0.25～0.5	>50	2～5	1～5	玉米粒	100 左右
粗砂	0.5～2.0	>50	4～7	1～7	杏核	75～100
砾石	2.0～10.0	>50	7.5～2.0	7.5～2.0		50～75
卵石			回填	回填		50～75

　　抽水实验孔过滤器常用类型有钢管穿孔（圆孔、条形孔）缠丝过滤器、钢筋骨架缠丝包网过滤器以及填砾过滤器、水泥砾石过滤器等，可根据场地含水层特性、实验要求、当地经验等因素按表15-3-2选择，过滤器孔隙率应不小于20%。过滤器内径对松散含水层应不小于 200 mm、基岩含水层不小于 100 mm。

表 15-3-2　过滤器类型选择

含水层性质		过滤器类型
基岩	岩层稳定	裸孔（不安装过滤器）
	岩层稳定	钢管穿孔过滤器或钢筋骨架（缠丝）过滤器
	裂隙、溶洞有充填	穿孔（或骨架）缠丝过滤器、填砾过滤器
	裂隙、溶洞无充填	穿孔（或骨架）过滤器、不安装过滤器
碎石土类	$d_{20}<2$ mm	填砾过滤器、缠丝过滤器
	$d_{20}\geqslant2$ mm	钢筋骨架（缠丝）过滤器
砂土类	粗砂、中砂	填砾过滤器、缠丝过滤器
	粗砂、粉砂	双层填砾过滤器、填砾过滤器

抽水设备应合理选择。抽水实验孔出水量较大、井径较大时宜采用水泵抽水，井径较小、水位下降值较大时可采用空压机抽水，出水量很小时可采用抽筒进行掏水实验。抽水实验用水泵多采用潜水泵或深井潜水泵，水泵型号（扬程、流量）可根据洗井时出水量、水位下降值选择。空压机抽水时出水管管径应与抽水实验孔出水量、设计降深大小相适应，风管、水管安装形式有同心式和并列式，同心式适合于小口径抽水孔，并列式适合于大口径抽水孔。风管、水管安装前应进行风管沉没系数、混合器沉没比计算以确定风管、混合器安置深度。采用抽筒进行掏水实验时应记录抽筒内径尺寸、充水部分长度以及提升频率（提升次数及所用时间）、相应的水位下降值等实验数据。

出水量量测设备可根据出水量大小、场地条件采用量筒、水箱（容积法）、三角堰、矩形堰、水表等适当方法。采用容积法时量筒（或水箱）充水时间应大于 15s（读数至 0.1s）；采用堰测法时堰箱制作尺寸要符合标准且安装要水平、读数至 mm；采用水表时应根据出水量选择量程适当的水表，水表前 3～5 m 的管线应平直以使管内水流平稳无紊流，水表读数至 0.1 m³。

排水管线管径应与出水量相匹配，排水管线应完好无破损、接头处不漏水，在与道路相交处排水管线应采取保护措施以确保排水管线安全、排水通畅。排水口与抽水孔应有足够距离以防止抽出的水在抽水影响范围内回渗到含水层中。

15.3.1　实验方法

抽水实验可根据具体条件选择稳定流或非稳定流实验方法，稳定流抽水实验时抽水孔内动水位稳定后的延续时间不少于 8 h。抽水实验时动水位、出水量的允许波动范围应符合要求，即水泵抽水水位波动 2～3 cm、出水量波动率≤3%；空压机抽水水位波动 10～15 cm、出水量波动率≤5%。抽水实验开始前应统一观测场地抽水孔、观测孔静水位，有条件时抽水孔水位应每小时观测一次，连续三次水位观测数据基本相同时可视为场地天然水位。抽水实验时应同时观测抽水孔的出水量、动水位及观测孔水位，稳定流抽水宜在开泵后第 5 min、10 min、15 min、20 min、25 min、30 min、60 min 各测一次，以后每 30 或 60 min 测一次。非稳定流抽水宜在开泵后 20min 内尽量观测到较多动水位数据，宜在第 1 min、2 min、3 min、4 min、6 min、8 min、10 min、15 min、20 min、25 min、30 min、40 min、50 min、60 min、80 min、100 min、120 min 各测一次，以后每 30 min 测一次。抽水结束后应进行恢复水位观测，宜在停泵后第 1 min、3 min、5 min、10 min、15 min、30 min、60 min 各测一次，以后每 60 min 测一次，连续三次观测数据相同时可停止恢复水位观测。水位观测在同一实验中应采用同一方法和工具，测绳应进行校核，每米误差应不大于 1%、水位量测读数至 0.5 cm。钻探、抽水实验数据应记录在专门记录本上并随测随记，应慎重选用记录笔以确保记录纸不慎淋水后记录数据不消褪。抽水实验结束后应根据委托方意见对抽水孔做适当处置，比如移交留用、孔口封焊留存、填埋处理等，以防止抽水孔弃置无人管理成为安全隐患。抽水实验结束后因工程需要可保留适当数量观测孔对场地地下水位进行动态观测。

15.3.2 实验数据处理

抽水实验结束后应及时整理抽水实验资料、编制必要的图表，比如平面布置图、坐标高程表、钻孔柱状图、井孔结构图、剖面图、抽水实验综合图等，以及其他专门图表。应根据场地水文地质条件和抽水实验成果选择适当计算方法和计算公式进行影响半径 R、渗透系数 K 等水文地质参数计算。应根据抽水实验条件、地下水类型和实验结果计算影响半径 R，单孔抽水无观测孔时对潜水 $\lg R = [1.366k(2H-S)/Q] + \lg r$、对承压水 $\lg R = 2.73mkS/Q + \lg r$，单孔抽水有一个观测孔时对潜水 $\lg R = [S(2H-S)\lg r_1 - S_1(2H-S_1)\lg r]/[(S-S_1)(2H-S-S_1)]$、对承压水 $\lg R = (S_1\lg r_1 - S\lg r)/(S-S_1)$，单孔抽水有两个观测孔时对潜水 $\lg R = [S_1(2H-S_1)\lg r_2 - S_2(2H-S_2)\lg r_1]/[(S_1-S_2)(2H-S_1-S_2)]$、对承压水 $\lg R = (S_1\lg r_2 - S_2\lg r_1)/(S_1-S_2)$。

也可用作图法确定影响半径 R，若抽水实验孔沿某方向布置两个或两个以上观测孔时，抽水稳定后抽水孔、观测孔水位连成的曲线即为实测漏斗形状，该曲线延长线与抽水前天然水位线交点至抽水孔的距离即为实测影响半径 R。还可采用经验公式计算影响半径 R，比如库萨金公式 $R = 2S(HK)^{1/2}$、集哈尔特公式 $R = 10SK^{1/2}$ 等。

稳定流完整井抽水实验渗透系数计算应遵守相关规定。见图 15-3-1，承压完整井单孔（井）抽水时 $k = 0.366Q(\lg R - \lg r)/(MS)$，有一个观测孔时 $k = 0.366Q(\lg r_1 - \lg r)/[M(S-S_1)]$，有两个观测孔时 $k = 0.366Q(\lg r_2 - \lg r_1)/[M(S_1-S_2)]$。见图 15-3-2，潜水完整井单孔（井）抽水时 $k = 0.733Q(\lg R - \lg r)/[(2H-S)S]$、有一个观测孔时 $k = 0.733Q(\lg r_1 - \lg r)/[(2H-S-S_1)(S-S_1)]$、有两个观测孔时 $k = 0.733Q(\lg r_2 - \lg r_1)/[(2H-S_1-S_2)(S_1-S_2)]$。其中，$Q$ 为出水量（m³/d）；S 为水位下降植（m）；k 为渗透系数（m/d）；R 为影响半径（m）；r 为抽水孔半径（m）；m 为承压含水层厚度（m）；H 为潜水含水层厚度（m）；r_1、r_2 为抽水孔至观测孔距离（m）；S_1、S_2 为观测孔水位下降值（m）。

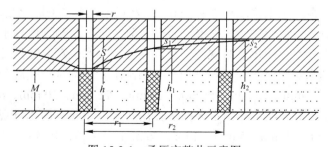

图 15-3-1　承压完整井示意图

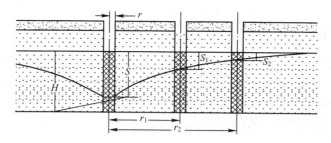

图 15-3-2　潜水完整井示意图

根据掏水实验资料计算渗透系数应遵守相关规定，动水位和出水量大致达到稳定时 $k=Q\lg(t_1/t_2)/[4\pi H(S_2-S_1)]$，利用掏水停止后的恢复水位计算时 $k=0.183Q\lg(t/t')/(SH)$，其中，Q 为出水量（m^3/h）；t_1、t_2 为抽水延续时间（min）；S_1、S_2 为时间 t_1、t_2 时的水位下降值（m）；t' 为停止抽（提）水后的延续时间（min）；S 为恢复水位（m）。

稳定流非完整井渗透系数计算、有边界条件的渗透系数计算、两段次或两段次以上降深等复杂情况下的渗透系数计算以及非稳定流抽水时渗透系数计算应根据场地水文地质条件，依据水文地质规范、标准，查阅水文地质手册选择适当公式进行。抽水实验原始记录应妥为保存，以便有疑问时查阅核对。

15.4　原位冻胀量实验

原位冻胀量实验的目的是采用埋设分层冻胀仪，现场测定天然条件下土体在冻结过程中沿深度的冻胀量。该实验适用于黏质土和砂质土的地基。分层冻胀仪通常由基准盘（梁）、测杆、套管、固定杆（桩）等 4 部分组成，还包括冻深器（具有套管的水位管）、测尺（分度值 1 mm）、地下水位管及测钟、$\phi50$ 土钻及相应工具。

15.4.1　实验方法

实验前应按规定进行实验准备和仪器设备安装，应选择有代表性的场地，地表应整平并应在地表开始冻结前埋设冻胀仪，冻胀仪测杆分层埋设间距 20～30 cm，地表需设一个测点，最深一点应达最大冻深线，各测杆间水平埋设距离应不小于 30 cm，测杆应采用钻孔埋设，孔口应加盖保护，当地下水位处于冻结层内时测杆与套管间的空隙必须用工业凡士林或其他低温下不冻的材料充填。架设基准盘（梁）固定杆时在最大冻深范围内必须加设套管，其打入最大冻深线以下土中的深度应不小于 1 m。基准盘（梁）距冻前地面的架设高度应大于 40 cm，在冻胀仪附近应埋设冻深器和地下水位观测管。

实验应按规定步骤进行。冻胀量测量可采用分度值为 1 mm 的钢尺，在地表开始冻结前应测记各测杆顶端至基准盘（梁）上相应固定点的长度作为起始读数。冻结期间可每隔 1～2 日测记 1 次，融化期可根据需要确定测次。观测期间宜用水准仪每隔半月左右校核一次基准盘（梁）固定杆、冻深器、地下水位管顶端的高程变化以对各项测值进行必要的修正。实验记录应遵守相关规定。

15.4.2 实验数据处理

应按式 $\eta=(\Delta h/H_f)\times100\%$ 计算平均冻胀率，其中，η 为平均冻胀率（%）；Δh 为地表总冻胀量（cm）；H_f 为以冻结前地面算起的最大冻深（cm）。应绘制平均冻胀量、冻深与时间的关系曲线，见图 15-4-1。应以冻深为横坐标，平均冻胀量、冻胀率为纵坐标绘制 H_f-η（Δh）关系曲线，见图 15-4-2。

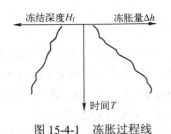 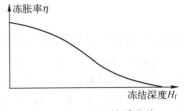

图 15-4-1　冻胀过程线　　　　　图 15-4-2　H_f-η 关系曲线

15.5　原位冻土融化压缩实验

原位冻土融化压缩实验用于计算融沉系数及融化压缩系数，实验适用于除漂石以外的其他各类土形成的地层。实验应在试坑内进行，试坑深度应不小于季节融化深度，对非衔接的多年冻土应等于或超过多年冻土层的上限深度。试坑底面积应不小于 2 m×2 m。

实验装置通常由内热式传压板、加荷系统（包括反力架）、沉降量测系统、温度量测系统等组成。内热式传压板可取圆形或方形，中空式平板应有足够刚度确保承受上部荷载时不发生变形，面积宜不小于 5000 cm²。传压板加热可用电热或水（汽）热，加热应均匀，加热温度不应超过 90℃。传压板周围应形成一定的融化圈，其宽度宜等于或大于传压板直径的 0.3 倍。加荷系统加荷方式可用千斤顶或重物，当冻土总含水率超过液限时其加荷装置的重量应等于或小于传压板底面高程处的上覆压力。沉降量测系统可采用大量程百分表或位移传感器，量测准确度优于 0.1 mm。温度量测系统可由热电偶和数字电压表组成，量测准确度优于 0.1℃。

15.5.1 实验方法

对实验场地应进行冻结土层的岩性和冷生构造描述并取样测试其物理性质。实验前应按规定步骤进行实验准备和仪器设备安装，应仔细开挖试坑、平整试坑底面，必要时应进行坑壁保护。坑底面应铺砂找平，铺砂厚度应不大于 2 cm，并应将传压板放置在坑底中央砂面上。在传压板边侧钻孔，孔径 3～5 cm、孔深宜为 50 cm，然后将 5 支热电偶测温端自下而上每隔 10 cm 逐个放入孔内并用黏质土夯实填孔，安装加荷装置应使加荷点处于传压板中心部位并在传压板周边等距安装 3 个位移计，进行安全和可靠性检查后向传压板施加等于该处上覆压力且不小于 50 kPa 的力直至传压板沉降稳定后再调整位移计至零读数，做好记录。

实验应按规定步骤进行，即接通电（热）源、连接测温系统使传压板下和周围冻土缓慢均匀融化。应每隔 1h 测记 1 次土温和位移。当融化深度达到 25～30 cm 时切断电（热）源停止加热，用钢钎探测一次融化深度并继续测记土温和位移。当融化深度接近 40 cm

或 0.5 倍传压板直径时每 15 min 测记一次融化深度。当 0℃温度时融化深度达到 40 cm 时测记位移量并用钢钎测记一次融化深度。当停止加热后依靠余热不能使传压板下的冻土继续融化达到 0.5 倍传压板直径的深度时应续补加热直至满足这一要求为止。经上述步骤达到融沉稳定后开始逐级加荷进行压缩实验。加荷等级视实际工程需要确定，对黏质土每级荷载宜取 50 kPa，砂质土宜取 75 kPa，含巨粒土宜取 100 kPa，最后一级荷载应比计算压力大 100～200 kPa。施加一级荷载后应每 10 min、20 min、30 min、60 min 测记一次位移计示值，此后每小时测记一次，直到传压板沉降稳定后再加下一级荷载。沉降量可取 3 个位移计读数的平均值，沉降稳定标准对黏质土宜取 0.05 mm/h、砂和含巨粒土 0.1 mm/h。实验结束后拆除加荷装置、清除垫砂和 10 cm 厚表土，然后取 2～3 个融化压实土样用于含水率、密度及其他必要的实验，最后应挖除其余融化压实土量测融化圈。实验记录应遵守相关规定。

15.5.2 实验数据处理

应按式 $\alpha_0=(S_0/h_0)\times100\%$ 计算融沉系数 α_0，其中，S_0 为冻土融沉（$p=0$）阶段的沉降量（cm）；h_0 为融化深度（cm）。应按式 $\alpha=K\Delta\delta/\Delta P$、$\Delta\delta=(S_{i+1}-S_i)/h_0$ 计算融化压缩系数 α，其中，K 为系数，黏土为 1、粉质黏土为 1.2、砂和砂质土为 1.3、巨粒土为 1.35；$\Delta\delta$ 为相应于某一该压力范围（ΔP）的相对沉降量（cm/cm）；ΔP 为压力增量值（kPa）；S_i 为某一荷载作用下的沉降量（cm）。

应绘制相对沉降量与压力关系曲线见图 15-5-1。

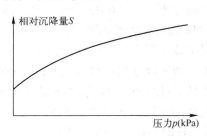

图 15-5-1　相对沉降量与压力关系曲线（S_i-p）

思考题与习题

1. 简述压水实验的特点及基本要求。
2. 简述试坑单环注水法实验的特点及基本要求。
3. 简述试坑双环注水法实验的特点及基本要求。
4. 简述钻孔降水头注水法实验的特点及基本要求。
5. 简述钻孔常水头注水法实验的特点及基本要求。
6. 如何进行注水实验数据处理？
7. 简述抽水实验的特点及基本要求。
8. 简述原位冻胀量实验的特点及基本要求。
9. 简述原位冻土融化压缩实验的特点及基本要求。

第 16 章　岩土动力响应特性测试

16.1　岩土波速原位测试

　　岩土波速原位测试适用于测定各类岩土体的压缩波、剪切波、瑞利波的波速，可根据任务要求采用单孔法、跨孔法、面波法、岩体声波测试等方法。测试孔或点的位置、数量应根据勘察阶段和技术要求、目的、地质条件、建筑特点等综合确定。波速测试工作结束后应选择部分测点进行重复观测，也可采用振源和接收互换的方法进行复测，以评定原位波速测试质量，其数量应不少于测点总数的 10%。

　　用于土层波速测试的仪器设备通常包括振源、检波器、数字波速测试仪、采集与记录处理软件等。单孔法测试时剪切波振源应采用锤和上压重物的木板，压缩波振源宜采用锤和金属板。跨孔法测试时剪切波振源宜采用剪切波锤，或采用标准贯入实验装置，压缩波振源宜采用电火花或爆炸等。面波法测试时可采用锤、电火花、爆炸、稳态激振器等。检波器应符合要求，采用速度型检波器时其固有频率宜小于地震波主频率的 1/2，用于面波法测试宜采用固有频率不大于 4.0 Hz 的低频检波器，同一排列多个检波器之间其固有频率差应不大于 0.1 Hz 且其灵敏度和阻尼系数差应不大于 10%。孔内三分量传感器应由三个相互垂直检波器组成，其中一个竖向、两个水平向，其技术指标除应满足前述要求外还应严格密封防水。数字波速测试仪放大器的通频带应满足所采集波频率范围的要求；仪器动态范围应不低于 120 dB、模/数转换器（A/D）位数不宜小于 16 位。仪器放大器各通道的幅度和相位应一致，各频率点的幅度差在 5%以内，相位差不应大于所用采样间隔的 1/2。仪器采样时间间隔应满足不同周期波的时间分辨要求，应保证在最小周期内有 4~8 个采样点。仪器采样长度应满足距离震源最远的通道采集信号长度的需要。波速测试的采集与记录系统处理软件应功能齐全，具备接收信号转化为离散数字量并具有采集、存储数字信号、测波速参数和对数字信号处理的智能化功能；具备采集参数的检查与改正、采集文件的组合拼接、成批显示及记录中分辨坏道和处理等基本功能；具备识别和剔除干扰波功能；具有对波速处理成图的文件格式和成图功能且应为通用计算机平台所调用并便于编制报告；具备分频滤波和检查各分频段有效波的发育及信噪比的功能以利于测试分析；瞬态面波测试仪还应具有分辨识别与利用基阶面波成分的功能、反演地层剪切波速度和层厚的功能。有条件的情况下面波测试仪应可对多测点频散曲线的剖面成图，其软件宜具有速度映像成图功能以便直观分析地层速度结构。

　　用于测试岩体声波速度的仪器通常应包括发射系统、接收换能器、数字声波测试仪、触发器、测斜仪等。发射系统可为激发锤、爆炸、电火花或与声波测试相匹配的压电发射换能器。接收换能器可为喇叭型换能器、圆管型换能器、一发双收单孔换能器、孔中接收与发射换能器、干孔换能器等。数字声波测试仪应符合要求，即具有波形清晰、显示稳定的示波装置；声时读数精度优于 0.1 μs；放大器频响范围 10 Hz～200 kHz、增益范围 0.01～8000 倍、输入噪音小于 1 mV；具有手动游标测读和自动测读方式，自动测读时在同一测试条件下 1 h 内每隔 5 min 测读一次声时的差异应不超过 2 个采样点；波形显示幅度分辨率应不低于 1/256 并具有可显示、存储和输出打印数字化波形的功能，波形最大存储长度不宜小于 4 KB；自动测读方式下在显示的波形上应有光标指示声时、波幅的测读位置；具有幅度谱分析功能(FFT)。触发器性能应稳定，其灵敏度宜为 0.1 ms。测斜仪应能测 0°～360°的方位角及 0°～30°的顶角，顶角的测试误差不宜大于 0.1°。

16.1.1 单孔法测试

测试前的准备工作应符合要求，即测试孔应铅直。当剪切波振源采用锤击压有重物的木板时其木板的长轴中垂线应对准测试孔中心，孔口与木板的铅直距离宜为 1～3 m，板上所压重物宜大于 400 kg，木板与地面应紧密接触。当压缩波振源采用锤击金属板时其金属板距孔口的距离宜为 1～3 m；振源标高宜与孔口标高一致。

测试工作应符合要求。测试时应根据工程情况及地质分层自孔口起每隔 1～3 m 布置一个测点，并宜自下而上按预定深度进行测试。剪切波测试时三分量传感器应设置在测试孔内预定深度处固定，沿木板长轴方向分别敲击其两端，记录极性相反的两组振动波形。压缩波测试时可锤击金属板，激振能量不足时可采用落锤或爆炸产生压缩波，并应记录振动波形。仪器应设置在全通状态，采样间隔和记录长度的选择应满足所记录信号的需要，应记录测试波形并存盘。

16.1.2 跨孔法测试

测试前的准备工作应符合要求，即测试场地宜平坦，测试孔可设置一个振源孔和两个或两个以上接收孔并布置在一条直线上，可按一次成孔法或分段测试法成孔；实验孔的间距应在保证直达波首先到测试传感器的前提下根据地层厚度、速度参数及测试要求确定，土层宜取 2～5 m、岩层宜取 8～15 m；钻孔应铅直并宜用泥浆或硬聚氯乙烯塑料套管护壁；测试深度大于 15 m 时必须对所有测试孔进行倾斜度及倾斜方位的测试，测点间距应不大于 1 m。

测试工作应符合要求。测试时振源与接收孔内的三分量传感器应设置在同一水平面上；测点间距应根据任务要求和地质条件每隔 1～2 m 布置一个；剪切波测试时振源可采用剪切波锤或标准贯入实验装置；压缩波测试时振源可采用电火花或爆炸；仪器应设置在全通状态。采样间隔和记录长度的选择应满足所记录信号的需要，应记录测试波形并存盘。

16.1.3 面波法测试

测试前的准备工作应符合要求，即应进行仪器设备系统的频响与幅度一致性检查，在测深需要的频率范围内应符合一致性要求。应进行干扰波调查，在测区选择有代表性的地段进行干扰波调查，干扰波调查应通过展开排列采集的方式进行。采集面波在时域和空域传播的特征，根据基阶面波发育的强势段确定偏移距离、排列长度和采集记录长度，一般展开排列长度应与测试深度相当。根据测试深度和现场环境条件进行激振方式实验，依据采集记录进行频谱分析，震源的频带宽度应满足测试深度和分辨薄层的需要，据此确定最佳激振方式。在具有钻孔资料的场地宜在钻孔旁布置面波测试点以取得对比资料。

测试工作应符合要求。面波排列宜结合地形取平坦段布置；在场地存在固定噪声源的环境中工作时应使面波排列线的方向指向噪声源并布置激振点与固定噪声源在面波排列的同侧；面波排列的中心点为面波测试点，面波测试点间距应根据任务要求确定。以测试位置为中心沿测线对称安置垂直检波器并与电缆连接，应防止漏电、短路或接触不良等故障。可结合地质条件和测试深度选择排列道数，瞬态击发一般为 12～24 道，稳态激振一般为 2～4 道，道间距 1.0～2.0 m。振源可采用稳态激振或瞬态击发，稳态激振频率应由高向低变化，频率步长可根据任务要求确定，一般应随测试深度增加而减小。在排列延长线方向距排列首端或末端检波器 2～5 m 处激发。仪器应设置在全通状态，采样间隔和记录长度的选择应满足基阶面波的采集需要，并记录测试波形并存盘。

16.1.4 岩体声波测试

测试前的准备工作应符合要求，即测点可选择在平洞、钻孔、风钻孔或地表露头位置；对各向同性岩体的测线宜按直线布置；对各向异性岩体的测线宜分别按平行和垂直岩体主要结构面布置；地表露头测点表面应修凿平整并对各测点进行编号；钻孔或风钻孔应冲洗干净并将孔内注满水且应对各孔进行编号。进行孔间穿透测试时应量测两孔口中心点的距离，其相对误差应小于 1%；当两孔轴线不平行时应量测钻孔的倾角和方位角以计算不同深度处两侧点间的距离。

测试工作应符合要求。换能器安装应满足相应测试方法的要求。相邻二测点的距离应符合要求，采用换能器激发时距离宜为 1～3 m；采用电火花激发时距离宜为 10～30 m；采用锤击激发时距离应大于 3 m。单孔测试时源距不得小于 0.5 m、换能器每次移动距离不得小于 0.2 m；在钻孔或风钻孔中进行孔间穿透测试时换能器每次移动距离宜为 0.2～1.0 m。应按规定架设仪器并开机预热，采用换能器激发声波时应将仪器置于内同步工作方式；采用锤击或电火花振源激发声波时应将仪器置于外同步工作方式。应合理设定记录通道系统参数和通道参数并记录测试波形、存盘；测试结束前应确定仪器与换能器系统的零延时值。

16.1.5 单孔法数据处理

确定压缩波到达检测点的时间应采用竖向传感器记录的压缩波初至时间。确定剪切波到达检测点的时间应采用水平传感器记录的两组极性相反剪切波交汇点的初至时间。确定压缩波、剪切波的初至时间有困难时也可利用同向轴来确定有效波到达检测点的时间，各检测点同向轴的组合应为同一波前面。压缩波或剪切波从振源到测点的时间应按 $T=KT_L$、$K=(H+H_0)/[S^2+(H+H_0)^2]^{1/2}$ 进行斜距校正，其中，T 为压缩波或剪切波从振源到达测点经斜距校正后的时间（s），相当于波从孔口到达测点的时间；T_L 为压缩波或剪切波从振源到达测点的实测时间（s）；K 为斜距校正系数；H 为测点的深度（m）；H_0 为振源与孔口的高差（m），振源低于孔口时 H_0 为负值；S 为从板中心到测试孔孔口的水平距离（m）。时距曲线图的绘制应以深度 H 为纵坐标、时间 T 为横坐标。波速层的划分应结合

254

地质情况按时距曲线上具有不同斜率的折线段确定。每一波速层的压缩波波速或剪切波波速应按 $V=\Delta H/\Delta T$ 计算，其中，V 为波速层的压缩波波速或剪切波波速（m/s）；ΔH 为波速层的厚度（m）；ΔT 为压缩波或剪切波传到波速层顶面和底面的时间差（s）。应绘制钻孔柱状图及波速测试结果综合图。

16.1.6　跨孔法数据处理

确定压缩波到达检测点的时间应采用竖向传感器记录的压缩波初至时间。确定剪切波到达检测点的时间应采用水平传感器记录的两组极性相反剪切波交汇点的初至时间。确定压缩波、剪切波的初至时间有困难时也可利用同向轴来确定有效波到达检测点的时间，同一深度检测点的同向轴应为同一波前面。由振源到达每个测点的距离应按测斜数据进行计算。每个测试深度的压缩波波速及剪切波波速应按 $V=\Delta S/(T_2-T_1)$ 计算，其中，V 为压缩波波速或剪切波波速（m/s）；T_1 为压缩波或剪切波到达第 1 个接收孔测点的时间（s）；T_2 为压缩波或剪切波到达第 2 个接收孔测点的时间（s）；ΔS 为由振源到两个接收孔测点距离之差（m）。应绘制钻孔柱状图及波速测试结果综合图。

16.1.7　面波法数据处理

面波法数据资料预处理时通过成批调入与显示采集记录检查现场采集参数的输入正确性和采集记录的质量。应采用具有提取面波频散曲线的功能的软件获取测试点的面波频散曲线。频散曲线的分层应根据曲线曲率和频散点疏密变化综合分析，分层完成后再反演计算剪切波层速度和层厚。应根据实测瑞利波速度 V_R、泊松比 μ 值按 $V_S=V_R/\eta_s$、$\eta_s=(0.87-1.12\mu)/(1+\mu)$ 换算成剪切波波速 V_S，其中，V_S 为剪切波速度（m/s）；V_R 为面波速度（m/s）；η_s 为与泊松比有关的系数；μ 为动泊松比。

16.1.8　岩体声波测试数据处理

岩体声波数据处理时通过调入与显示采集记录将荧光屏上的光标关门信号调整到纵、剪切波初至位置测读声波传播时间，或利用自动关门装置测读声波传播时间。应按式 $V_p=L/(t_p-t_0)$、$V_S=L/(t_S-t_0)$、$V_p'=L/(t_2-t_1)$ 计算岩体的纵波速度和剪切波速度（计算值通常取 3 位有效数字），其中，L 为换能器中心间的距离（m）；t_p 为纵波在岩体中行走的时间（s）；t_s 为剪切波在岩体中行走的时间（s）；t_2、t_1 为单发双收单孔平透直达波法测孔时两接收点收到的首波到达时间（s）。应绘制岩体声波速度测试结果综合图（应包括工程名称、测点编号、测点位置、测试方法、测点岩性描述等）。岩土剪切波速度与地基土的力学指标承载力特征值 f_{ak}、变形模量 E_0、压缩模量 E_S、动力触探击数 $N_{63.5}$、标准贯入击数 N 关系密切，可结合地区经验利用这些关系评价岩土勘察中的相关问题。

16.2　动力机器基础地基动力特性测试

动力机器基础地基动力特性测试适用于为动力机器基础的振动和隔振设计提供动力参数，以及对动力机器基础下的天然地基和人工地基进行动力测试。进行地基动力测试前宜取得相关技术资料，比如机器型号、机组容量、功率、质量、工作转速等；基础型式、尺寸及基底高程；拟建基础附近的工程地质资料；拟建场地的地下管道、电缆等资料；拟建场地及其附近的干扰振源；地基处理或桩基的设计参数等。应根据机器基础类型确定地基动力测试方法，属于周期性振动的机器基础宜采用强迫振动测试；属于非周期性振动的机器基础宜采用自由振动测试。对测试基础宜分别进行明置和埋置两种情况的振动测试，对埋置基础其四周的回填土应分层夯实。天然地基和其他人工地基的动力测试应提供相关动力参数，比如地基的抗压、抗剪、抗弯和抗扭刚度系数；地基竖向和水平回转向第一振型及扭转向的阻尼比；地基竖向和水平回转向及扭转向的参振质量等。桩基动力测试也应提供相关动力参数，比如单桩抗压刚度；桩基抗剪和抗扭刚度系数；桩基竖向和水平回转向第一振型及扭转向的阻尼比；桩基竖向、水平回转向及扭转向的参振质量等。动力参数实验值用于机器基础的振动和隔振设计验算时应按实际基础的质量、基底面积或基桩总数及压力、埋深等换算为动力参数设计值。

地基动力测试仪器与设备通常由激振设备、拾振器、放大器、采集与记录装置、数据分析装置构成，其规格或精度应符合要求。强迫振动测试的激振设备应能产生单一的竖向或水平的简谐振动，机械式激振设备的工作频率宜为 3～60 Hz，电磁式激振设备的扰力不宜小于 600 N。自由振动测试的竖向激振可采用铁球，其质量宜为基础质量的 1/100～1/150。水平回转向振动可采用木锤或橡胶锤。拾振器宜采用竖向和水平方向的速度传感器，其通频带应为 2～80 Hz、阻尼系数应为 0.65～0.70、电压灵敏度应不小于 30 V·s/m、最大可测位移应不小于 0.5 mm。放大器应采用带低通滤波功能的多通道放大器，其振幅一致性偏差应小于 3%、相位一致性偏差应小于 0.1 ms、折合输入端的噪声水平应低于 2 μV、电压增益应大于 80 dB。采集与记录装置宜采用多通道数字采集和存储系统，其模/数转换器（A/D）位数不宜小于 16 位、幅度畸变宜小于 1.0 dB、电压增益不宜小于 60 dB。数据分析装置应具有频谱分析及专用分析软件功能并应具有抗混淆滤波、加窗及分段平滑等功能。仪器间的输入、输出阻抗应相匹配，其连接导线应有屏蔽作用且电绝缘良好，应设置地线。测试仪器应有防尘、防潮性能，其工作温度应在-10℃～50℃范围内，现场测试时测试设备、仪器均应配置防雨、防晒和防振动等保护措施。测试仪器应在标准的低频振动台上进行系统灵敏度系数的标定以确定灵敏度系数随频率变化的曲线，标定周期为一年。

测试准备工作应遵守相关规定。测试基础的尺寸和测试数量应符合要求，桩基础应按 2 根桩制作桩台作为测试基础桩台边缘至桩轴距离可取桩间距的 1/2、桩台长宽比 2/1、高度不宜小于 1.6 m，需要进行不同桩数的对比测试时可增加桩数及相应桩台面积。地基测试基础应采用块体基础，天然地基或换填垫层法、强夯法等处理后水平向较为均匀的人工地基其块体基础尺寸为 2.0 m×1.5 m×1.0 m，竖向加固的人工地基其块体基础的底面积宜符合多桩复合面积且不宜小于 3.0 m²，高度为 1 m。测试数量不宜少于两处且地层条件应相同，也可根据设计要求确定测试数量。测试基础的制作应符合规定，测试基础浇注前基底土层表面需用水平尺找平；测试基础的设计混凝土强度等级不宜低于 C15 且制作尺寸应准确，浇注的混凝土应搅拌均匀，浇注时应捣实混凝土并应抹平顶面，浇注后应采用可靠措施养护，待混凝土强度达到设计等级后方能进行测试。采用机械式激振设备在浇注测试基础时应预埋连接激振器底架的地脚螺栓或预留孔，地脚螺栓的埋置深度应大于 0.4 m、下端应为弯钩形。地脚螺栓或预留孔在测试基础平面上的位置应符合要求，即预埋地脚螺栓的间距应与激振器底架的螺栓孔距一致；竖向振动测试时激振设备的竖向扰力应与基础重心在同一铅垂线上；水平振动测试时水平扰力宜在基础沿长轴方向的轴线上。测试点应布置在设计基础的邻近处，测试点附近，一般在 2～5 m 之内，并应配有勘探孔并附有地质剖面图和地层的物理、力学性质指标。测试基础的设置应符合要求，测试基础的底面标高应与设计基础的基底标高一致，其下覆土层结构宜与设计基础的土层结构相同，冬季实验时要防止下覆土的冻结。试坑坑壁至测试基础侧面的距离应大于 0.5 m，坑底面应保持测试土层的原状结构，测试基础底面与坑底面应在同一水平面上。试坑底面位于水位以下时测试基础设置前或浇注前应排水，实验时应使水位保持在测试基础底面处。对预制的块体基础应将其平稳的吊入用水平尺找平的试坑内，预压一定时间后方可进行实验，预压时间对砂类土一般为 5～12 h、黏性土不少于 24 h。

16.2.1 强迫振动测试方法

安装机械式激振设备时应将激振器、电机固定在底架上，底架与测试基础应紧密接触、牢固连接，用皮带连接激振器和电机轮时皮带松紧应适度，测试过程中螺栓不应松动。传感器应用橡皮泥或石膏固定在测试基础上。激振设备的扰力作用点及传感器安装位置应按规定设置，即竖向振动测试时其扰力作用点应与测试基础的重心在同一铅垂线上，应在基础顶面沿长轴方向轴线的两端各布置一台竖向传感器。水平回转振动测试时激振设备的扰力应为水平向，水平扰力的作用点宜在基础水平轴线侧面的顶部，应在基础顶面沿长轴方向轴线的两端各布置一台竖向传感器并应量测、记录其距离，中间应布置一台水平向传感器。扭转振动测试时应将两台同型号激振器水平安装在基础长轴两端、对称位置，两台激振器应产生扰力大小相等、方向相反的水平激振力以使基础产生绕竖轴的扭转振动，传感器应同相位对称布置在基础顶面对角线的两端、其水平振动方向应与对角线垂直。激振设备应按无级变速器、直流电机、激振器的顺序连接，测量仪器应按传感器、放大器采集与记录装置的顺序连接。实验电源电压应接近仪器的额定电压，电压不稳时应设置稳压装置。实验过程中应避开或减少其他振源对实验的干扰。接通电源使激振器试转以检查设备的安装情况，发现异常应及时处理。幅频响应测试时激振设备的扰力频率间隔在共振区外不宜大于 2 Hz、共振区内应小于 1 Hz，共振时振幅不宜大于 150 μm。输出的振动波形应采用显示器监视，待波形为正弦波时方可进行记录，发现异常时应查明原因重新实验。

16.2.2 自由振动测试方法

竖向自由振动测试可采用铁球自由下落冲击测试基础顶面的中心处，每次冲击均应量测铁球下落高度 H_1。水平回转自由振动的测试可用木锤或橡皮锤水平冲击测试基础水平轴线侧面的顶部。测试次数均不应少于 3 次，实测的固有频率或最大振幅的相对误差不宜大于 3%，否则应检查测试系统，并应查明原因重新实验。传感器的布置与强迫振动测试相同。

16.2.3 强迫振动数据处理

竖向振动测试应获得可靠的基础竖向振幅随频率变化的 A_z-f 幅频响应曲线，地基竖向动力参数实验值可按相关公式及规则计算。见图 16-2-1 和图 16-2-2，确定地基竖向阻尼比时应在 A_z-f 幅频响应曲线上选取共振峰峰点和 $0.85f_m$ 以下不少于三点的频率和振幅按 $\zeta_z=\sum\zeta_{zi}/n$、$\zeta_{zi}=\{1/2-[0.25(\beta_i^2-1)/(\alpha_i^4-2\alpha_i^2+\beta_i^2)]^{1/2}\}^{1/2}$、$\beta_i=A_m/A_i$、$\alpha_i=f_m/f_i$（当为变扰力时）、$\alpha_i=f_i/f_m$（当为常扰力时）计算，其中，$\zeta_z$ 为地基竖向阻尼比；ζ_{zi} 为由第 i 点计算的地基竖向阻尼比；f_m 为基础竖向振动的共振频率（Hz）；A_m 为基础竖向振动的共振振幅（m）；f_i 为在幅频响应曲线上选取的第 i 点的频率（Hz）；A_i 为在幅频响应曲线上选取的第 i 点的频率所对应的振幅（m）。基础竖向振动的参振总质量 m_z 应按规定计算，当为变扰力时 $m_z=m_0e_0/[2A_m\zeta_z(1-\zeta_z^2)^{1/2}]$，当为常扰力时 $m_z=P/[2A_m(2\pi f_{nz})^2\zeta_z(1-\zeta_z^2)^{1/2}]$、$f_{nz}=f_m/(1-\zeta_z^2)^{1/2}$，其中，$m_z$ 为基础竖向振动的参振总质量（t），包括基础、激振设备和地基参加振动的当量质量，当 m_z 大于基础质量的 2 倍时应取 m_z 等于基础质量的 2 倍；m_0 为激振设备旋转部分的质量（t）；e_0 为激振设备旋转部分质量的偏心距（m）；P 为电磁式激振设备的扰力（kN）；f_{nz} 为基础竖向无阻尼固有频率（Hz）。地基的抗压刚度和抗压刚度系数、单桩抗压刚度和桩基抗弯刚度应按相关规定计算，当为变扰力时有 $K_z=m_z(2\pi f_{nz})^2$ 和 $f_{nz}=f_m(1-2\zeta_z^2)^{1/2}$，当为常扰力时有 $K_z=P/[2A_m\zeta_z(1-\zeta_z^2)^{1/2}]$，其余参数可按式 $C_z=K_z/A_0$、$K_{pz}=K_z/n_p$、$K_{p\varphi}=K_{pz}\sum r_i^2$ 计算，其中，K_z 为地基抗压刚度（kN/m）；C_z 为地基抗压刚度系数（kN/m³）；K_{pz} 为单桩抗压刚度（kN/m）；$K_{p\varphi}$ 为桩基抗弯刚度（kN·m）；r_i 为第 i 根桩的轴线至基础底面形心回转轴的距离（m）；n_p 为桩数。

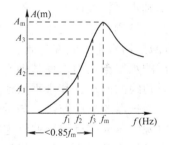

图 16-2-1　变扰力的幅频响应曲线

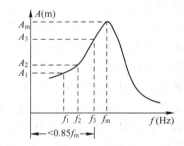

图 16-2-2　常扰力的幅频响应曲线

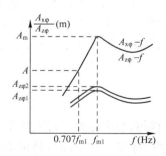

图 16-2-3　变扰力的幅频响应曲线

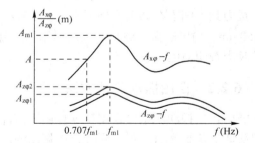

图 16-2-4　常扰力的幅频响应曲线

水平回转耦合振动测试应获得可靠的基础顶面测试点沿 x 轴的水平振幅随频率变化的幅频响应曲线（$A_{x\varphi}$-f 曲线）、基础顶面测试点由回转振动产生的竖向振幅随频率变化的幅频响应曲线（$A_{z\varphi}$-f 曲线），地基水平回转向动力参数实验值可按相关规定计算。见图 16-2-3 和图 16-2-4，地基水平回转向第一振型阻尼比应在 $A_{x\varphi}$-f 曲线上选取第一振型的

共振频率（f_{m1}）和频率为 $0.707f_{m1}$ 所对应的水平振幅按规定计算，当为变扰力时 $\zeta_{x\varphi1}=\{0.5-0.5[1-(A/A_{m1})^2]^{1/2}\}^{1/2}$，当为常扰力时 $\zeta_{x\varphi1}=\{0.5-0.5[1+1/(3-4A_{m1}^2/A^2)]^{1/2}\}^{1/2}$，其中，$\zeta_{x\varphi1}$ 为地基水平回转向第一振型阻尼比；A_{m1} 为基础水平回转耦合振动第一振型共振峰点水平振幅（m）；A 为频率为 $0.707f_{m1}$ 所对应的水平振幅（m）。基础水平回转耦合振动的参振总质量应按规定计算，当为变扰力时 $m_{x\varphi}=m_0e_0(\rho_1+h_3)(\rho_1+h_1)/[2A_{m1}\zeta_{x\varphi1}(1-\zeta_{x\varphi1}^2)^{1/2}(i^2+\rho_1^2)]$，当为常扰力时 $m_{x\varphi}=P(\rho_1+h_3)(\rho_1+h_1)/[2A_{m1}(2\pi f_{n1})^2\zeta_{x\varphi1}(1-\zeta_{x\varphi1}^2)^{1/2}(i^2+\rho_1^2)]$、$f_{n1}=f_{m1}/(1-2\zeta_{x\varphi1}^2)^{1/2}$，其余参数按式 $\rho_1=A_x/\varphi_{m1}$、$\varphi_{m1}=\{|A_{z\varphi1}|+|A_{z\varphi2}|\}/l_1$、$A_x=A_{m1}-h_2\varphi_{m1}$、$i=[(l^2+h^2)/12]^{1/2}$ 计算，其中，$m_{x\varphi}$ 为基础水平回转耦合振动的参振总质量（t），包括基础、激振设备和地基参加振动的当量质量，当 $m_{x\varphi}$ 大于基础质量的 1.4 倍时应取 $m_{x\varphi}$ 等于基础质量的 1.4 倍；ρ_1 为基础第一振型转动中心至基础重心的距离（m）；A_x 为基础重心处的水平振幅（m）；φ_{m1} 为基础第一振型共振峰点的回转角位移（rad）；l_1 为两台竖向传感器的间距（m）；l 为基础长度（m）；h 为基础高度（m）；h_1 为基础重心至基础顶面的距离（m）；h_3 为基础重心至激振器水平扰力的距离（m）；h_2 为基础重心至基础底面的距离（m）；f_{n1} 为基础水平回转耦合振动第一振型无阻尼固有频率（Hz）；$A_{z\varphi1}$ 为第 1 台传感器测试的基础水平回转耦合振动第一振型共振峰点竖向振幅（m）；$A_{z\varphi2}$ 为第 2 台传感器测试的基础水平回转耦合振动第一振型共振峰点竖向振幅（m）；i 为基础回转半径（m）。地基的抗剪刚度和抗剪刚度系数应按式 $K_x=m_{x\varphi}(2\pi f_{nx})^2$、$C_x=K_x/A_0$、$f_{nx}=f_{n1}/(1-h_2/\rho_1)^{1/2}$、$f_{n1}=f_{m1}(1-2\zeta_{x\varphi1}^2)^{1/2}$（当为变扰力时）$f_{n1}=f_{m1}/(1-2\zeta_{x\varphi1}^2)^{1/2}$（当为常扰力时）等计算，其中，$K_x$ 为地基抗剪刚度（kN/m）；C_x 为地基抗剪刚度系数（kN/m³）；f_{nx} 为基础水平向无阻尼固有频率（Hz）。地基的抗弯刚度和抗弯刚度系数应按式 $K_\varphi=J(2\pi f_{n\varphi})^2-K_xh_2^2$、$C_\varphi=K_\varphi/I$、$f_{n\varphi}=(\rho_1h_2f_{nx}^2/i^2+f_{n1}^2)^{1/2}$、$f_{n1}=f_{m1}(1-2\zeta_{x\varphi1}^2)^{1/2}$（当为变扰力时）、$f_{n1}=f_{m1}/(1-2\zeta_{x\varphi1}^2)^{1/2}$（当为常扰力时）等计算，其中，$K_\varphi$ 为地基抗弯刚度（kN·m）；C_φ 为地基抗弯刚度系数（kN/m）；$f_{n\varphi}$ 为基础回转无阻尼固有频率（Hz）；J 为基础对通过其重心轴的转动惯量（t·m²）；I 为基础底面对通过其形心轴的惯性矩（m⁴）。

扭转振动测试应获得可靠的基础顶面测试点在扭转力的作用下水平振幅随频率变化的幅频响应曲线（$A_{x\psi}$-f 曲线），地基扭转向振动的动力参数实验值应按相关规定计算。地基扭转向阻尼比应在 $A_{x\psi}$-f 曲线上选取共振频率 $f_{m\psi}$ 和频率为 $0.707f_{m\psi}$ 所对应的水平振幅按式 $\zeta_\psi=\{0.5-0.5[1-A_{x\psi}/A_{m\psi}]^{1/2}\}^{1/2}$（当为变扰力时）、$\zeta_\psi=\{0.5-0.5[1+1/(3-4A_{m\psi}^2/A_{x\psi}^2)]^{1/2}\}^{1/2}$（当为常扰力时）等计算，其中，$\zeta_\psi$ 为地基扭转向第一振型阻尼比；$f_{m\psi}$ 为基础扭转振动的共振频率（Hz）；$A_{m\psi}$ 为基础扭转振动共振峰点水平振福（m）；$A_{x\psi}$ 为频率为 $0.707f_{m\psi}$ 所对应的水平振幅（m）。基础扭转振动的参振总质量应按式 $m_\psi=12J_t/(l^2+b^2)$、$J_t=M_\psi l_\psi(1-2\zeta_\psi^2)/[2A_{m\psi}\omega_{n\psi}^2\zeta_\psi(1-\zeta_\psi^2)^{1/2}]$、$\omega_{n\psi}=2\pi f_{n\psi}$、$f_{n\psi}=f_{m\psi}(1-2\zeta_\psi^2)^{1/2}$ 等计算，其中，m_ψ 为基础扭转振动的参振总质量（t），包括基础、激振设备和地基参加振动的当量质量（t）；J_t 为基础对通过其重心轴的极转动惯量（t·m²）；$f_{n\psi}$ 为基础扭转振动无阻尼固有频率（Hz）；$\omega_{n\psi}$ 为基础扭转振动无阻尼固有圆频率（rad/s）；M_ψ 为激振设备的扭转力矩（kN·m）；l_ψ 为扭转轴至实测振幅点的距离（m）；b 为基础宽度（m）。地基的抗扭刚度和抗扭刚度系数应按 $K_\psi=J_t\omega_{n\psi}^2$、$C_\psi=K_\psi/I_t$ 等计算，其中，C_ψ 为地基抗扭刚度系数（kN/m³）；K_ψ 为地基抗扭刚度（kN·m）；I_t 为基础底面对通过其形心轴的极惯性矩（m⁴）。

16.2.4　自由振动数据处理

竖向振动测试的地基动力参数实验值应按相关规定计算。见图 16-2-5，地基竖向阻尼比应在竖向自由振动波形 A-t 曲线上选取峰值振幅和第 $n+1$ 周的振幅按 $\zeta_z=\ln(A_1/A_{n+1})/(2\pi n)$ 计算，其中，A_1 为第 1 周的振幅（m）；A_{n+1} 为第 $n+1$ 周的振幅（m）；n 为自由振动周期数。基础竖向振动的参振总质量应按式 $m_z=(1+e_1)m_1 v e^{-\Phi}/(2\pi f_{nz}A_{max})$、$\Phi=\zeta_z\arctan[(1-\zeta_z^2)^{1/2}/\zeta_z]/(1-\zeta_z^2)^{1/2}$、$f_{nz}=f_d/(1-\zeta_z^2)^{1/2}$、$v=(2gH_1)^{1/2}$、$e_1=(H_2/H_1)^{1/2}$、$H_2=g(t_0/2)^2/2$ 等计算，其中，A_{max} 为基础最大振幅（m）；f_d 为基础有阻尼固有频率（Hz）；v 为铁球自由下落时的速度（m/s）；H_1 为铁球下落高度（m）；H_2 为铁球回弹高度（m）；e_1 为回弹系数；m_1 为铁球的质量（t）；t_0 为两次冲击的时间间隔（s）。地基抗压刚度、地基抗压刚度系数或单桩抗压刚度和桩基抗弯刚度应按式 $K_z=m_z(2\pi f_{nz})^2$、$C_z=K_z/A_0$、$K_{pz}=K_z/n_p$、$K_{p\varphi}=K_{pz}\sum r_i^2$ 等计算，各符号含义同前。

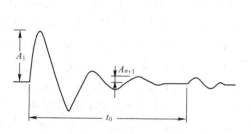

图 16-2-5　竖向自由振动波形

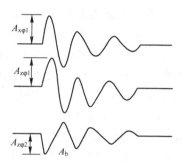

图 16-2-6　水平回转耦合振动波形

水平回转振动测试的地基动力参数实验值应按相关规定计算。见图 16-2-6，地基水平回转向第一振型阻尼比应在水平回转耦合振动波形 $A_{x\varphi1}$-t 曲线上选取第 1 周的水平振幅和第 $n+1$ 周的水平振幅按式 $\zeta_{x\varphi1}=\ln(A_{x\varphi1}/A_{x\varphi n+1})/(2\pi n)$ 计算，其中，$A_{x\varphi1}$ 为第一周的水平振幅（m）；$A_{x\varphi n+1}$ 为第 $n+1$ 周的水平振幅。地基的抗剪刚度和抗弯刚度应按式 $K_x=m_f\omega_{n1}^2[1+(h_2/h)(A_{x\varphi1}/A_b-1)]$、$K_\varphi=J_c\omega_{n1}^2\{1+h_2h/[i_c^2(A_{x\varphi1}/A_b-1)]\}$、$J_c=J+m_fh_2^2$、$i_c=(J_c/m_f)^{1/2}$、$\omega_{n1}=2\pi f_{n1}$、$f_{n1}=f_{d1}/(1-\zeta_{x\varphi1}^2)^{1/2}$、$A_b=A_{x\varphi1}-h(|A_{z\varphi1}|+|A_{z\varphi2}|)/l_1$ 等计算，其中，m_f 为基础的质量（t）；J_c 为基础对通过其底面形心轴的转动惯量（t·m²）；$A_{x\varphi1}$ 为基础顶面的水平振幅（m）；A_b 为基础底面的水平振幅（m）；f_{d1} 为基础水平回转耦合振动第一振型有阻尼固有频率（Hz）。

16.2.5　地基动力参数换算

由明置块体基础测试的地基抗压、抗剪、抗弯、抗扭刚度系数以及由明置桩基础测试的抗剪、抗扭刚度系数用于机器基础的振动和隔振设计时应进行底面积和压力换算，其换算系数 η 应按式 $\eta=[A_0P_d/(A_dP_0)]^{1/3}$ 计算，其中，η 为与基础底面积及底面静应力有关的换算系数；A_0 为测试基础的底面积（m²）；P_d 为设计基础底面的静压力（kPa），当 $P_d>50$ kPa 时应取 $P_d=50$ kPa；A_d 为设计基础底面积（m²），当 $A_d>20$ m² 时应取 $A_d=20$ m²；P_0 为测试基础底面的静压力（kPa）。

基础埋深对设计埋置基础地基的抗压、抗剪、抗弯、抗扭刚度的提高系数应按式 $\alpha_z=\{1+[(K_{z0}'/K_{z0})^{1/2}-1](\delta_d/\delta_0)\}^2$、$\alpha_x=\{1+[(K_{x0}'/K_{x0})^{1/2}-1](\delta_d/\delta_0)\}^2$、$\alpha_\varphi=\{1+[(K_{\varphi0}'/K_{\varphi0})^{1/2}-1](\delta_d/\delta_0)\}^2$、$\alpha_\psi=\{1+[(K_{\psi0}'/K_{\psi0})^{1/2}-1](\delta_d/\delta_0)\}^2$、$\delta_0=h_t/A_0^{1/2}$ 等计算，其中，α_z 为基础埋深对地基抗压刚度的提高系数；α_x 为基础埋深对地基抗剪刚度的提高系数；α_φ 为基础埋深对地基抗弯刚度的提高系数；α_ψ 为基础埋深对地基抗扭刚度的提高系数；K_{z0} 为明置块体基础或桩基础测试的地基抗压刚度（kN/m）；K_{x0} 为明置块体基础或桩基础测试的地基抗剪刚度（kN/m）；$K_{\varphi0}$ 为明置块体基础或桩基础测试的地基抗弯刚度（kN·m）；$K_{\psi0}$ 为明置块体基础或桩基础测试的地基抗扭刚度（kN·m）；K_{z0}' 为明置块体基础或桩基础测试的地基抗压刚度（kN/m）；K_{x0}' 为埋置块体基础或桩基础测试的地基抗剪刚度（kN/m）；$K_{\varphi0}'$ 为埋置块体基础或桩基础测试的地基抗弯刚度（kN·m）；$K_{\psi0}'$ 埋置块体基础或桩基础测试的地基抗扭刚度（kN·m）；δ_0 为测试块体基础或桩基础的埋深比；δ_d 为设计基础或桩基础的埋深比；h_t 为测试块体基础或桩基础的埋置深度（m）。

由明置块体基础或桩基础测试的地基竖向、水平回转向第一振型和扭转向阻尼比用于动力基础设计时应按 $\zeta_z^c=\zeta_{z0}\xi$、$\zeta_{x\varphi1}^c=\zeta_{x\varphi10}\xi$、$\zeta_\psi^c=\zeta_{\psi0}\xi$、$\xi=(m_r/m_d)^{1/2}$、$m_r=m_0/(\rho A_0^{3/2})$ 等换算，其中，ζ_{z0} 为明置块体基础或桩基础测试的地基竖向阻尼比；$\zeta_{x\varphi10}$ 为明置块体或桩基础测试的地基水平回转向第一振型阻尼比；$\zeta_{\psi0}$ 为明置块体基础或桩基础的地基扭转向阻尼比；ζ_z^c 为明置设计基础的地基竖向阻尼比；$\zeta_{x\varphi1}^c$ 为明置设计基础的地基水平回转向第一振型阻尼比；ζ_ψ^c 为明置设计基础的地基扭转向阻尼比；ξ 为与基础的质量比有关的系数；m_0 为测试块体基础或桩基础的质量（t）；m_r 为测试块体基础或桩基础的质量比；m_d 为设计基础的质量比。

设计基础埋深对地基的竖向、水平回转向第一振型和扭转向阻尼比的提高系数应按式 $\beta_z=1+(\zeta_{z0}'/\zeta_{z0}-1)(\delta_d/\delta_0)$、$\beta_{x\varphi1}=1+(\zeta_{x\varphi10}'/\zeta_{x\varphi10}-1)(\delta_d/\delta_0)$、$\beta_\psi=1+(\zeta_{\psi0}'/\zeta_{\psi0}-1)(\delta_d/\delta_0)$ 等计算，其中，β_z 为基础埋深对竖向阻尼比的提高系数；$\beta_{x\varphi1}$ 为基础埋深对水平回转向第一振型阻尼比的提高系数；ζ_{z0}' 为埋置块体基础或桩基础测试的地基竖向阻尼比；$\zeta_{x\varphi10}'$ 为埋置块体基础或桩基础测试的地基水平回转向第一振型阻尼比；ζ_{z0} 为明置块体基础或桩基础测试的地基竖向阻尼比；$\zeta_{x\varphi10}$ 为明置块体基础或桩基础测试的地基水平回转向第一振型阻尼比；其余符号含义同前。

由明置块体基础或桩基础测试的竖向、水平回转向和扭转向的地基参加振动的当量质量用于计算设计基础的固有频率时，设计机器基础的地基参加振动的当量质量（m_d）应按式 $m_{dz}=(m_z-m_f)A_d/A_0$、$m_{dx\varphi1}=(m_{x\varphi1}-m_f)A_d/A_0$、$m_{d\psi}=(m_\psi-m_f)A_d/A_0$ 等计算，其中，A_0 为测试基础或桩基础的底面积（m²）；A_d 为设计基础或桩基础的底面积（m²）；m_f 为测试基础或桩基础的质量（t）。

由 2 根或 4 根桩的桩基础测试的单桩抗压刚度用于桩数超过 10 根桩的桩基础设计时应分别乘以群桩效应系数 0.75 或 0.9。

提供设计应用的地基、桩基动力参数应参照相关规定填写。

16.3　岩体应力测试

岩体应力测试包括表面应力测量法、孔径变形法、孔壁应变法和孔底应变法。岩体应力测试适用于测试完整、较完整岩体的应力大小和方向，可为地下洞室岩土建设工程设计、施工提供参数。测试方法应根据岩体条件、设计对参数的要求、地区经验和测试方法的适用性等因素选用。测区布置应符合规定，测区及附近岩性应均一完整，每一测区应布置 2～3 个测点，各测点尽量靠近并避开断层、裂隙等不良地质构造，测试岩体原始应力时测点深度应超过洞室断面最大尺寸的 2 倍。岩体应力测试地质描述应包括钻孔钻进过程中的情况；岩石名称、结构及主要矿物成分；岩石结构面类型、产状、宽度、充填物性质；测点地应力现象等。测试记录应包括工程名称、岩性、测点编号、测点位置、实验方法、地质描述、测试深度、相应于各解除深度的电阻片的应变值、灵敏系数、系统绝缘值、冲水时间、各电阻片及应变丛布置方向、钻孔轴向方位角、倾角、围压实验资料、测试过程中发生的异常现象、测试人员、测试日期等。恢复法还应记录各级加载时应变计读数。

表面应力测试主要仪器设备应包括掏槽机及配套设备；钢弦应变计及钢弦应变仪或电阻应变片及电阻应变仪；液压枕及压力表；电动或手动油泵；防护器具，用于保护应变计；率定设备。孔壁应变法、孔径应变法和孔底应变法测试使用的主要仪器和设备应包括钻机及附属设备；金刚石钻头；试孔器和清洗、烘烤器具；孔壁应变计、孔底应变计、孔径变形计；静态电阻应变仪及接线箱；安装器具；围压率定器等。金刚石钻头包括大、小孔径钻头；磨平钻头；锥形钻头和扩孔器，规格应与应变计配套。

16.3.1　表面应力测试

表面应力测试可分为解除法和恢复法，适用于完整和较完整岩体。测试准备应符合规定，应根据测试要求选择适当场地和试点；试点周围岩面的修整范围对于解除法应大于解除岩心直径的 2 倍，对于恢复法在粘贴应变计的一边其长和宽各应为 2 倍的槽长且岩面起伏差不得超过 0.5 cm；在已修整的实验点范围内选定粘贴应变计的位置并进行细加工，其范围应大于应变计长度的 2 倍；清洗应变计粘贴部位、进行防潮处理并作好粘贴准备；率定应变计和液压枕。解除法应变计安装应符合规定，在已处理好的测试面上应布置一组应变计且每组不应少于 3 只；粘贴的应变计及测试系统绝缘度应不小于 50 MΩ；安装应变计防护罩、引出测量导线。恢复法应变计安装应符合规定，在已处理好的试点面上安装应变计，其方向应与解除槽方向垂直，应变计的中心点到解除槽中心线的距离为槽长的 1/3。粘贴的应变计及测试系统绝缘度应不小于 50 MΩ；安装应变计防护罩、引出测量导线。应变计安装完毕后应每隔 5 min 读数一次，连续三次相邻读数差对钢弦应变计不大于 3Hz 或电阻应变计不超过 5 με 即为稳定读数并记为初始值。按解除槽预定深度及宽度掏槽，每掏槽 2 cm 深测读应变计读数一次，直至满足埋设压力枕要求。掏槽结束后按前述稳定标准测读应变、清洗解除槽、埋入液压枕、填筑并捣实砂浆后养护 7 天。

解除法测试及稳定标准应符合规定。从钻具中引出应变计电缆并接通仪器，向测试点连续冲水 30 min 检查隔温、防潮效果并在冲水过程中检查应变计读数有无漂移，稳定要求符合前述规定后可开始解除。用钻机分级解除，每级深 2 cm 或按 $h/D=0.1$ 分级，其中，h 为解除槽深度，D 为解除岩心直径。每级解除后测读应变计稳定读数；解除结束后按前述稳定标准测读应变计读数；最终解除深度不应小于解除岩心直径的 0.5 倍。

恢复法测试应符合规定。加压恢复时宜采用大循环法分级加压，级数不得少于 6 级，测试时应记录每级压力下的应变计读数；最大一级压力应大于掏槽解除结束时稳定应变值的相应压力；取出液压枕并描述其埋设情况。

16.3.2 孔壁应力测试

孔壁应力测试可分为浅孔孔壁应变法、浅孔空心包体孔壁应变法和深孔水下孔壁应变法，适用于完整、较完整致密和细粒结构岩体。测试准备应包括根据工程和测试要求选择适当场地并将钻机安装牢固；用大孔径钻头钻至预定测试深度取出岩心进行描述；用磨平钻头磨平孔底并用锥形钻头打喇叭口；用小孔径钻头钻测试孔，要求与大孔同轴、深约 50 cm，应对取出岩心进行描述，孔壁不光滑时应采用金刚石扩孔器扩孔，岩芯破碎时应前述步骤直至取到完整岩心并满足测试要求为止。用试孔器测试孔深，根据所采用的应变计对孔壁进行清洗或干燥处理。

应变计安装应符合规定。对浅孔孔壁应变法使用的电阻丝式孔壁应变计和测试孔孔壁均匀涂上粘结胶；或对浅孔空心包体孔壁应变法使用的应变计内腔的胶管里注满粘结剂；或对深孔水下孔壁应变法使用的应变计前端的胶罐里注满粘结剂。用安装器将应变计送入测试孔就位定向，应保证应变计牢固粘结在孔壁上。待粘结胶充分固化后检查系统绝缘值不应小于 50 MΩ；取出安装器量测测点方位角及深度。

浅孔孔壁应变法或浅孔空心包体孔壁应变法测试及稳定标准应符合规定。从钻具中引出应变计电缆、接通仪器、向钻孔内注水，每隔 5 min 读数 1 次，连续 3 次读数相差不超过 5με 且冲水时间不少于 30 min 时取最后一次读数作为稳定读数并记为初始值。按预定深度分 10 级进行套钻解除，每级深度宜为 2 cm。每解除一级深度停钻读数，连续读取 2 次。套钻解除深度应超过孔底应力集中影响区，应变计读数趋于稳定时可终止解除，但从测点到孔底的最终解除深度不得小于解除孔孔径的 2.0 倍；向钻孔内继续注水，每隔 5 min 读数一次，连续 3 次读数之差不超过 5με 且冲水时间不少于 30 min 时取最后一次读数作为稳定读数；在解除过程中发现异常情况时应及时停机检查并记录备案；检查系统绝缘值、退出钻具、取出岩芯进行描述。

深孔水下孔壁应变法测试及稳定标准应符合规定。接通仪器每隔 5min 读数 1 次，连续 3 次读数相差不超过 5με 时取最后一次读数作为初始稳定读数；提升安装器切断应变计与安装托盘架间的引线将应变计单独留在测孔中，读取定向罗盘所指示的方位；进行连续套钻解除，套心解除深度应满足前述规定；取出带有应变计的岩芯立即将切断的引线再次与安装器托架上的引线连接起来检查系统绝缘值并保持岩芯的环境温度不变；接通仪器读取解除后的应变计读数，每隔 5 min 读数 1 次，连续 3 次读数相差不超过 5με 时取最后一次读数作为稳定读数；对岩芯进行描述。

岩芯围压实验应符合规定。现场测试结束后应立即将解除后的岩芯连同其中的应变计放入围压器中进行围压率定实验，其间隔时间不宜超过 24 h。采用大循环加压时压力宜分为 5～10 级，最大压力应大于预估的岩体最大主应力，循环次数不应少于 3 次；采用逐级 1 次循环法加压时每级压力下每隔 5 min 读数一次，相邻两次读数差不超过 5με 即为稳定读数。

16.3.3 孔底应力测试

孔底应力测试适用于测试完整、较完整的致密和细粒结构岩体，要求钻孔内无水。测试准备应包括根据测试要求选择适当场地并将钻机安装牢固。钻至预定深度后取出岩芯进行描述，不能满足测试要求时应继续钻进，直至到满足实验条件。用粗磨钻头将孔底磨平，再用细磨钻头精磨至平整光滑；测量岩体中某点三向应力时需钻三个孔交会于同一平面内某一点，三个钻孔的布置应将两侧斜孔与中间垂直孔形成 45°±5° 的夹角；清洗孔底并进行干燥处理。

应变计安装应符合规定。在钻孔底面和孔底应变计底面分别均匀涂上粘结胶，用安装器将孔底应变计送入钻孔底部定向就位，使孔底应变计压贴在孔底平面中部 1/3 直径范围，施加一定压力使应变计与孔底岩面紧密粘贴；待胶液充分固结后检查系统绝缘值（应不小于 50 MΩ）；取出安装器量测测点方位角及深度。

测试及稳定标准应符合规定。按前述规定进行初始值读数和预订分级钻进。继续钻进解除至一定深度后应变计读数将趋于稳定，但最小解除深度应大于解除孔孔径的 1.5倍。按前述规定进行读数和记录解除过程情况。

围压实验时若解除的岩芯过短可接装岩性相同的岩芯或材料性质接近的衬筒进行，其他应符合前述规定。

16.3.4 孔径变形法测试

孔径变形法测试采用变形计，适用于测试完整、较完整岩体。测试准备工作应符合前述规定并冲洗测试孔，直至回水不含岩粉为止。

变形计安装应符合规定。将孔径变形计与电阻应变仪连接，然后装上定位器，用安装杆送入测试孔内孔径变形计应变钢环的预压缩量宜为 0.2～0.4 mm，在将孔径变形计送入测试孔的过程中应观测仪器读数变化情况；将孔径变形计送入测试孔预定位置后适当锤击安装杆端部使变形计锥体楔入测试孔内与孔口紧密接触；退出安装杆，从仪器端卸下孔径变形计电缆从钻具中引出，重新接通电阻应变仪进行调试并读数；记录定向器读数，量测测点方位角及深度。测试及稳定标准应符合前述相关规定。岩心围压实验应符合前述相关规定。

16.3.5 资料整理

表面应力测试实验成果分析应符合相关要求。应合理计算各级解除深度时的应变值，采用钢弦应变计时按式 $\varepsilon_i = \zeta\,(f_{ni}^2 - f_0^2)$ 计算，其中，ε_i 为解除应变值（$\mu\varepsilon$）；f_{ni} 为与解除深度对应的应变计读数（Hz）；f_0 为应变计初始读数（Hz）；ζ 为应变计的率定系数（$\mu\varepsilon/Hz^2$）。采用电阻片应变计时按式 $\varepsilon_i = \varepsilon_n - \varepsilon_0$ 计算，其中，ε_i 为解除应变值；ε_n 为与解除深度对应的应变仪读数（$\mu\varepsilon$）；ε_0 为应变仪初始读数（$\mu\varepsilon$）。应绘制应变从各应变计的应变值 ε_i 与相对解除深度 h/D 的关系曲线。应根据 ε_i-h/D 关系曲线结合试点面地质条件和实验情况确定各应变计的解除应变值。最大及最小主应力按式 $\sigma_1 = E(\varepsilon_1 + \mu\varepsilon_2)/(1-\mu^2)$、$\sigma_2 = E(\varepsilon_2 + \mu\varepsilon_1)/(1-\mu^2)$ 计算，其中，E 为岩石弹性模量（MPa）；μ 为岩石泊松比；ε_1、ε_2 为最大、最小主应变（$\mu\varepsilon$），按应变从不同布置形式计算。应绘制恢复压力 P 与恢复应变 s

的关系曲线并确定相应的应力值。

孔壁应力测试实验成果分析应符合要求。根据岩芯解除应变值和解除深度绘制解除过程曲线，选取合理的解除应变值。根据围压实验资料绘制压力 p 与应变 ε 关系曲线，计算岩石弹性模量和泊松比。按规定计算岩体空间应力。孔底应力测试实验成果分析也应符合前述的规定。

孔径变形法测试测试成果整理应符合要求。绘制解除深度 h 与各个钢环应变 ε_i 关系曲线。根据 $h\sim\varepsilon_i$ 关系曲线，参照地质条件和实验情况确定最终稳定读数 ε_{ni}。绘制各元件率定的千分表读数 S_i 与电阻应变仪读数 ε_i 的关系曲线，各元件率定系数按式 $K_i=\varepsilon_i/S_i$ 计算，其中，K_i 为元件 i 的率定系数（1/mm）；ε_i 为各元件的应变值；S_i 为千分表读数（mm）。按式 $\Delta d=(\varepsilon_{ni}-\varepsilon_{0i})/K_i$ 计算钻孔径向，其中，Δd 为钻孔径向（mm）；i 为测试元件的序号；ε_{0i} 为元件 i 的初始应变值；ε_{ni} 为元件 i 的最终稳定应变值。应按规定计算岩体空间应力。

16.4　振动衰减测试

振动衰减测试适用于沿地面测试振动波的衰减，为机器基础的振动和隔振设计提供地基动力参数，为环境评价提供振动参数。以下两种情况应采用振动衰减测试，即设计的车间内同时设置低转速和高转速的机器基础且需计算低转速机器基础振动对高转速机器基础的影响；振动对邻近的精密设备、仪器、仪表或环境等产生有害影响。振动衰减测试的振源可采用测试现场附近的动力机器、公路交通、铁路、施工工地等的振动，现场附近无上述振源时可采用机械式激振设备作为振源（比如强迫式激振器或锤击等）。当对实验基础进行竖向和水平向振动衰减测试时基础应埋置，测试基础的制作、激振设备的安装应符合前述相关规定。

用于地面振动测试的传感器应符合要求，宜采用竖直和水平方向的速度型传感器，其通频带应为 1.0～80 Hz、阻尼系数应为 0.65～0.70、电压灵敏度应不小于 30 V·s/m。同一排列多个传感器之间其固有频率差应不大于 0.1 Hz，灵敏度和阻尼系数差应不大于 10%。

用于地面振动测试的仪器应符合要求，多通道放大器的通频带应满足所采集波频率范围的要求，仪器动态范围应不低于 120 dB 且模/数转换器（A/D）位数不宜小于 16 位，仪器放大器各通道的幅度和相位应一致，各频率点的幅度差在 3% 以内，相位一致性偏差应小于 0.1 ms。仪器采样时间间隔应满足不同周期波的时间分辨要求，应保证在最小周期内有 4～8 个采样点，仪器采样长度应满足距离震源最远的通道采集讯号长度的需要。仪器数据分析系统应具有频谱分析及专用分析软件功能。

16.4.1　测试方法

振动衰减测试测点不应设在浮砂地、草地、松软的地层和冰冻层上。进行周期性振动衰减测试时激振设备的频率除应采用工程对象所受的频率外还应做各种不同激振频率的测试。测点应沿设计基础所需的振动衰减测试的方向进行布置。测点间距在距基础边缘≤5 m 范围内宜为 1 m；距离基础边缘>5 m 且≤15 m 范围内宜为 2 m；距离基础边缘>15 m 且≤30 m 范围内宜为 5 m；距离基础边缘 30 m 以外时宜大于 5 m。测试半径 r_0 应大于基础当量半径的 35 倍，基础当量半径 R_0 应按式 $R_0=(A_0/\pi)^{1/2}$ 计算，其中，A_0 为基础底面积（m²）。在振源处进行振动测试时传感器的布置应符合规定，当振源为动力机器基础时应将传感器置于沿振动波传播方向测试的基础轴线边缘上；当振源为公路交通车辆时可将传感器置于行车道沿外 0.5 m 处；当振源为铁路交通车辆时可将传感器置于距铁路轨外 0.5 m 处；当振源为锤击预制桩时可将传感器置于距桩边 0.3～0.5 m 处；当振源为重锤夯击土时可将传感器置于夯击点边缘外 1.0 m 处。测试时应记录传感器与振源之间的距离和激振频率，记录格式应符合规定。

16.4.2 数据处理

测试结果应包括绘制不同激振频率的地面振幅随距振源距离变化的曲线（A_r-r）；计算并绘制不同激振频率的地基能量吸收系数随到振源距离而变化的曲线（α-r）。地基能量吸收系数可按式 $\alpha=\ln\{A_r/[A(r_0\zeta_0/r+r_0^{1/2}/r^{1/2}-\zeta_0 r_0^{1/2}/r^{1/2})]\}/[f_0(r_0-r)]$ 计算，其中，α 为地基能量吸收系数（s/m）；f_0 为激振频率（Hz）；A 为测试基础的振幅（m）；A_r 为距振源的距离为 r 处的地面振幅（m）；ζ_0 为无量纲参数，可按表 16-4-1 取值。对饱和黏土当地下水 1.0 m 及以下时 ξ_0 取较小值、1.0～2.5 m 时取较大值、大于 2.5 m 时取一般黏性土的 ξ_0 值。岩石覆盖层在 2.5 m 以内时 ξ_0 取较大值、2.5～6.0 m 取较小值、超过 6.0 m 时取一般黏性土的 ξ_0 值。

表 16-4-1　系数 ζ_0 参考值

土的名称	振动基础的半径或当量半径 r_0/m							
	0.5 及以下	1.0	2.0	3.0	4.0	5.0	6.0	7 及以上
一般黏性土、粉土、砂土	0.7～0.95	0.55	0.45	0.40	0.35	0.25～0.30	0.23～0.30	0.15～0.20
饱和软土	0.70～0.95	0.5～0.55	0.40	0.35～0.40	0.23～0.30	0.22～0.30	0.20～0.25	0.10～0.20
岩石	0.80～0.95	0.7～0.80	0.65～0.70	0.60～0.65	0.50～0.60	0.50～0.55	0.45～0.50	0.25～0.35

16.5　地脉动测试

地脉动测试适用于各类场地卓越周期的测定，可为工程抗震设计提供参数。建筑场地的地脉动测点不应少于 3 个，可根据工程需要增加测点数量。测点位置应根据建筑物外型、基础埋深、地质条件确定，传感器宜置于基础底面，一般宜选在波速测试孔附近并按建筑物的外型对称布置。场地地脉动周期在 0.1～1.0 s 为短周期、大于 1.0 s 为长周期，其振幅一般小于 3 μm。地脉动测试系统应符合要求，通频带应选择 1～40 Hz，信噪比应大于 80 dB，低频特性应稳定可靠、系统放大倍数应不小于 106，测试系统应与数据采集分析系统相配接。

传感器宜采用竖向和水平方向的速度型传感器，其通频带应为 1.0～80 Hz、阻尼系数应为 0.65～0.70、电压灵敏度应不小于 30V·s/m，也可采用频率特性和灵敏度等满足测试要求的加速度型传感器，对地下脉动测试用的三分量速度型传感器其通频带应为 1～25 Hz并应严格密封防水。放大器应符合要求，采用速度型传感器时放大器应符合相关要求，采用加速度型传感器时应采用多通道调适放大器。信号采集与分析系统宜采用多通道，模/

数转换器（A/D）位数不宜小于 16 位；曲线与图形显示不宜低于图像清晰度指标（VGA）并应具有采集参数的检查与改正、采集文件的组合拼接、抗混淆滤波等功能；低通滤波宜为 80dB/oct，计算机内存不应小于 4.0 MB 并应具有加窗功能和时域、频域分析软件。测试仪器应每年在标准振动台上进行系统灵敏度系数的标定以确定灵敏度系数随频率变化的曲线。

16.5.1　测试方法

测试点应沿东西、南北、竖向布置三个方向的传感器以分别接收水平和竖向地脉动信号，在距离观测点 100 m 范围内应无人为振动干扰。脉动信号记录时应根据所需频率范围设置低通滤波频率、采样频率宜取 50～100 Hz，每次记录时间应不少于 15 min、记录次数不得少于 2 次。

16.5.2　数据处理

数据处理宜作傅氏谱或功率谱分析，每个样本数据宜采用 1024 个点，采样间隔宜取 0.01～0.02 s 并加窗函数处理，频域平均次数不宜少于 32 次。场地卓越周期应根据卓越频率确定并应按式 $T=1/f$ 计算，其中，T 为场地卓越周期（s）；f 为卓越频率（Hz）。

卓越频率通常可按谱图中最大峰值所对应的频率确定，当谱图中出现多峰且各峰的峰值相差不大时可在谱分析的同时进行相关或互谱分析以便对场地脉动卓越频率进行综合评价。脉动幅值应取实测脉动信号的最大幅值，确定脉动信号的幅值时应排除人为干扰信号的影响。测试结果应包括测试资料的数据处理方法及分析结果；典型脉动时程曲线；富氏谱或功率谱图；测试成果表等。

16.6　地电参数原位测试

地电参数原位测试适用于测定各类岩土的电阻率和大地导电率。土壤电阻率、大地导电率是建（构）筑物、地下构筑物、发电厂、输电线路等设计时计算接地装置和感性耦合的重要参数。外业工作结束后应选择部分测点作重复观测，其数量不应少于测点总数的 5%。

地电参数原位测试宜采用数字型直流电法仪器，其技术指标应满足要求，即输入阻抗应大于 3 MΩ；AB、MN 插头和外壳三者之间的绝缘电阻应大于 100 MΩ/500V；电位差测量分辨率应达到 0.01 mV；电流测量分辨率应达到 0.1 mA；对 50 Hz 干扰压制应大于 80 dB。当两台或两台以上仪器在同一工点作业时应进行仪器一致性的测定（允许相对均方误差为 2%）。

地面供电电极通常采用金属棒状电极、测量电极采用棒状铜电极或不极化电极，井下宜采用微电极系，可根据井径和地层条件用纯铅丝（片）制作。导线应具有导电性强、绝缘好、柔软抗拉等特点，其电阻应小于 10 Ω/km、绝缘电阻应大于 2 MΩ/km。宜采用干电池供电，需要较大电流供电时应采用多组电池并联各组电池的电压差不得超过 5%，内阻差不得超过 20%。

16.6.1 电阻率原位测试

建设场地、输电线路土壤电阻率测点布置应符合要求，当无总平面布置图而仅有厂址范围时可根据设计要求和地表 10 m 深度内或永冻土层以下的地层复杂程度均匀布置测点；当已有总平面布置图时应在各建（构）筑物边线和转角处布置测点；应根据各建（构）筑物（主厂房、烟囱、冷却塔、升压站、计算机房）特点、要求和主要设备（变压器、进出线走廊、控制室、避雷器）位置增加测点；按设计所提供的点位进行测定；输电线路沿线各大地电导率测点处应同时测定土壤电阻率；应根据输电线路所经过的不同地层、地貌单元，分段增加土壤电阻率测点。场地、输电线路土壤电阻率因受地表土壤湿度影响不得在雨后立即进行测定。当在厂址地基整平后进行土壤电阻率测定时宜在土层固结一段时间后再进行测定。土壤电阻率测定可在地面上、探坑内或钻孔中进行，且应根据设计要求和场地条件决定。宜采用四极电测深法和电测井法。四极电测深法应根据解释深度、精度和地层条件确定最佳供电极距和测量极距；电测井法应根据井径和地层条件确定电极系最佳极距。

16.6.2 大地导电率原位测试

大地导电率测点选择应遵守相关规定，输电线路全长小于 30 km、全线为一个地质地貌单元时不得少于三个测点；输电线路全长小于 30 km、线路跨越两个地质地貌单元时每个地貌单元应不少于三个测点；输电线全长大于 30 km、线路跨越地段地质地貌条件复杂时测点间距不得大于 10 km，在线路两端或与其他线路交汇地段应增加测点。大地导电率测点与拟建输电线路路径的距离在平原地区不得大于 500 m、山区不得大于 800 m。同一地质地貌单元相邻两侧点的大地导电率之比大于 3 倍时应在两点间加测一点，直至满足小于等于 3 倍的要求，若仍不能满足小于 3 倍的要求时应准确划分地质分界线进行大地导电率分段。大地导电率测量方法有四极对称电测探法、电流互感法、线圈法、偶极法等。

50 Hz 电流的最大渗透深度可达数千米，为取得 300～500 m 有效深度的大地导电率值 A、B 最大极距宜大于或等于 900～1500 m，在平原和丘陵地区宜采用 900 m、山区宜采用 1500 m。供电极距 A、B 最小间距一般宜选取 6～12 m；供电极距 AB/2 极距的间距在 6.25 cm 模数的双对数座标纸上沿 AB/2 轴大致均匀分布，相临极距彼此间距 5～15 mm。测量时供电电极 AB 和测量电极 MN 放线方向应与输电线路走向一致，地形复杂时可允许有一个角度但不得大于 30°。

16.6.3 数据处理

电阻率原位测试应绘制各测点实测曲线图、提供各极距的实测视电阻率值；土壤电阻率测点位置应在场地总平面图上准确标出；资料整理时发现场地土壤电阻率变化无规律时应增加测点；应提供现场测定时地表土壤湿度和岩性变化的情况；应编制土壤电阻率成果表及说明书。

大地导电率原位测试应绘制四极对称电测探曲线图。实测曲线解释应遵守相关规定,采用量板法时实测曲线与理论量板相对比求得测点竖向深度内各岩层厚度及电阻率,用拉德列夫曲线换算 50 Hz 或任意频率下的视在大地导电率，单位 $1×10^{-3}$S/m（西[门子]/米）；采用简化法时以温耐尔装置所测的曲线与简化曲线量板的纵横坐标轴重合相交直接求得视在大地导电率值，单位 $1×10^{-3}$S/m。最后应绘制大地导电率测点位置图。

思考题与习题

1. 岩土波速原位测试的作用是什么？
2. 简述单孔法测试的特点及基本要求。
3. 简述跨孔法测试的特点及基本要求。
4. 简述面波法测试的特点及基本要求。
5. 简述岩体声波测试的特点及基本要求。
6. 单孔法数据处理有何要求？
7. 跨孔法数据处理有何要求？
8. 面波法数据处理有何要求？
9. 岩体声波测试数据处理有何要求？
10. 动力机器基础地基动力特性测试的作用是什么？
11. 简述强迫振动测试方法的特点及基本要求。
12. 简述自由振动测试方法的特点及基本要求。
13. 如何进行强迫振动数据处理？
14. 如何进行自由振动数据处理？
15. 地基动力参数如何换算？
16. 岩体应力测试的作用是什么？
17. 如何进行表面应力测试？
18. 如何进行孔壁应力测试？
19. 如何进行孔底应力测试？
20. 如何进行孔径变形法测试？
21. 岩体应力测试资料整理有何要求？
22. 简述振动衰减测试的特点及基本要求。
23. 简述地脉动测试的特点及基本要求。
24. 简述地电参数原位测试的特点及基本要求。
25. 如何进行电阻率原位测试？
26. 如何进行大地导电率原位测试？

第 17 章　工程地质灾害及预防

17.1　工程地质灾害的主要类型及特点

17.1.1　工程地质灾害的基本特征

工程地质灾害是以地质动力活动或地质环境异常变化为主要成因的自然灾害，指在地球内动力、外动力或人为地动力作用下地球发生异常能量释放、物质运动、岩土体变形位移以及环境异常变化等危害人类生命财产、生活与经济活动或破坏人类赖以生存与发展的资源、环境的现象或过程，比如崩塌、滑坡、泥石流、地裂缝、地面沉降、地面塌陷、岩爆、坑道突水、突泥、突瓦斯、煤层自燃、黄土湿陷、岩土膨胀、砂土液化、土地冻融、水土流失、土地沙漠化及沼泽化、土壤盐碱化，以及地震、火山、地热害等。

地质灾害背景是指影响或控制地质灾害形成与发展的基础环境和总体条件，它与地质灾害形成条件既联系密切又有一定区别。地质灾害形成条件指的是造成地质灾害的直接因素，地质灾害背景指的是控制和影响地质灾害的更高层次的基础条件。地质灾害背景由两个系列组成，即以地球动力活动为核心的自然背景；以人口、经济、社会发展水平为核心的社会经济背景。地质灾害背景虽然不能直接决定一个具体灾害事件的发生和发展，但却能从宏观上控制了一个地区一种或多种地质灾害的成灾程度和变化的总体趋势，因此研究地质灾害背景条件是进行地质灾害宏观评价的重要内容。

2003 年 11 月 19 日我国国务院颁发的《地质灾害防治条例》（中华人民共和国国务院令第 394 号）规定，地质灾害通常指由于地质作用引起的人民生命财产损失的灾害，地质灾害可划分为 30 多种类型，由降雨、融雪、地震等因素诱发的称为自然地质灾害，由工程开挖、堆载、爆破、弃土等引发的称为人为地质灾害。常见的地质灾害主要指危害人民生命和财产安全的崩塌、滑坡、泥石流、地面塌陷、地裂缝、地面沉降等六种与地质作用有关的灾害。地质灾害在成因上具备自然演化和人为诱发双重性，其既是自然灾害的组成部分，也属于人为灾害的范畴。在某种意义上，地质灾害已经是一个具有社会属性的问题，已经成为制约社会经济发展和人民安居的重要因素。因此，地质灾害防治已不仅仅局限于预防、躲避和工程治理，而应在高层次的社会意识努力提高人类自身素质、通过制定公共政策或政府立法约束公众行为、自觉地保护地质环境从而达到避免或减少地质灾害的目的。自然地质灾害发生的地点、规模和频度受自然地质条件控制，不以人类意志为转移。人为地质灾害受人类工程开发活动制约，常随社会经济发展规模的增大而日益增多。

地质环境灾害是指区域性地质生态环境变异引起的危害，比如区域性地面沉降、海水人侵、干旱半干旱地区的荒漠化、石山地区的水土流失、石漠化和区域性地质构造沉降背景下平原或盆地地区的频繁洪灾等。这些问题通常都是由多种因素引起且缓慢发生的，地质界常称其为缓变性地质灾害。

17.1.2 工程地质灾害的分类

地质灾害的分类有不同的角度与标准、十分复杂，就其成因而论主要由自然变异导致的地质灾害（称自然地质灾害）以及主要由人为作用诱发的地质灾害（称人为地质灾害）。就地质环境或地质体变化的速度而言可分突发性地质灾害与缓变性地质灾害两大类，前者为狭义的地质灾害，比如崩塌、滑坡、泥石流、地面塌陷、地裂缝等。后者为环境地质灾害，比如水土流失、土地沙漠化等。根据地质灾害发生区的地理或地貌特征可分山地地质灾害，比如崩塌、滑坡、泥石流等；平原地质灾害，比如地面沉降等。工程地质灾害按危害程度和规模、大小可分为特大型、大型、中型、小型地质灾害险情与灾情。特大型地质灾害险情是指受灾害威胁需搬迁转移人数在 1000 人以上或潜在可能造成的经济损失 1 亿元以上的地质灾害险情，特大型地质灾害灾情是指因灾死亡 30 人以上或因灾造成直接经济损失 1000 万元以上的地质灾害灾情。大型地质灾害险情是指受灾害威胁需搬迁转移人数在 500 人以上、1000 人以下或潜在经济损失 5000 万元以上、1 亿元以下的地质灾害险情，大型地质灾害灾情是指因灾死亡 10 人以上、30 人以下，或因灾造成直接经济损失 500 万元以上、1000 万元以下的地质灾害灾情。中型地质灾害险情是指受灾害威胁需搬迁转移人数在 100 人以上、500 人以下或潜在经济损失 500 万元以上、5000 万元以下的地质灾害险情，中型地质灾害灾情是指因灾死亡 3 人以上、10 人以下或因灾造成直接经济损失 100 万元以上、500 万元以下的地质灾害灾情。小型地质灾害险情是指受灾害威胁需搬迁转移人数在 100 以下或潜在经济损失 500 万元以下的地质灾害险情，小型地质灾害灾情是指因灾死亡 3 人以下，或因灾造成直接经济损失 100 万元以下的地质灾害灾情。

17.1.3 工程地质灾害的评估与预测

地质灾害勘查不同于一般建筑地基的岩土工程勘察，其特点至少应包括以下 8 方面内容，即应重视区域地质环境条件调查并从区域因素中寻找地质灾害体的形成演化过程和主要作用因素。应充分认识灾害体的地质结构并从其结构出发研究其稳定性以及与外界诱发因素的关系，包括变形原因分析，诱发因素的作用特点与强度、灵敏度。应合理设定稳定性评价和防治工程设计参数，应根据灾害个体的特点与作用因素综合确定并应进行多状态的模拟计算，合理设置假定条件。应重视勘查工作的延续性与跟踪性，比如实时监测、实时跟踪、及时修正。应重视既有经验，寻求以最少的工作量和最低的投资获得最佳的勘查效果，即以能够查明地质体的形态结构特征和变形破坏的作用因素、满足稳定性评价对有关参数的需求为基准，勘查方法越少越好、勘查设备越简单越好、勘查周期越短越好。应重视勘查队伍的素质提升，即应具备能力、具备实验条件、具备相应资质、具备相关装备。

诱发地质灾害的因素主要有以下 4 个方面，即采掘矿产资源不规范，比如预留矿柱少造成采空坍塌和山体开裂继而发生滑坡；开挖边坡，比如修建公路、依山建房等建设中形成人工高陡边坡而造成滑坡；山区水库与渠道渗漏，其会增大浸润、软化作用导致滑坡、泥石流发生；其他破坏岩土环境的活动，比如采石放炮、堆填加载、乱砍乱伐等。

地质灾害危险性评估是对地质灾害活动程度进行的调查、监测、分析、评估工作，主要评估地质灾害的破坏能力。地质灾害危险性可通过各种危险性要素体现，包括历史灾害危险性和潜在灾害危险性。历史灾害危险性是指已经发生的地质灾害的活动程度，其要素包括灾害活动强度或规模、灾害活动频次、灾害分布密度、灾害危害强度等。危害强度是指灾害活动所具有的破坏能力，是灾害活动的集中反映，是一种综合性的特征指标，目前只能用灾害等级进行相对量度。地质灾害潜在危险性评估是指对未来时期将在什么地方可能发生什么类型的地质灾害以及灾害活动强度、规模、危害范围、危害程度进行的分析、预测，地质灾害潜在危险性受多种条件控制、具有不确定性。地质灾害活动条件的充分程度是地质灾害潜在危险性的最重要因素，包括地质条件、地形地貌条件、气候条件、水文条件、植被条件、人为活动条件等。历史地质灾害活动对地质灾害的潜在危险性具有一定影响，这种影响可能具有双向效应。其有可能在地质灾害发生后能量得到释放，灾害的潜在危险性削弱或基本消失；也可能具有周期性活动特点，灾害发生后其活动并没有使不平衡状态得到根本解除，新的灾害又在孕育且在一定条件下将继续发生。地质灾害危险性评估的方法主要有发生概率及发展速率的确定方法；危害范围及危害强度分区；区域危险性区划等。地质灾害危险性评估应阐明工程建设区和规划区的地质环境条件基本特征，分析论证工程建设区和规划区各种地质灾害的危险性并进行现状评估、预测评估和综合评估，提出防治地质灾害措施与建议并给出建设场地适宜性评价结论。

地质灾害监测方法可视具体情况选择，可采用精密大地测量法、GPS 法、近景摄影测量法、GIS 技术、InSAR 或 D-InSAR。比如采用 ERS 数据生成干涉 DEM 并利用获取的地面控制点改进地理编码和高程值，获取地理编码高程变化图。由此辨识出边坡的位移及证明其不稳定，在滑坡真正发生之前进行预测。然后，从滑坡堆积带的影像中分别选出三个主要为粗略纹理、中等纹理以及细碎片的不同区域进行局部直方图分析，量测影像纹理，进一步找出滑坡碎片的大小及分布。也可采用简易监测方法，比如借助简单的测量工具、仪器装置和量测方法监测灾害体、房屋或构筑物裂缝位移变化；或借助简易、快捷、实用、易于掌握的位移、地声、雨量等群测群防预警装置和简单的声、光、电警报信号发生装置来提高预警的准确性和临灾快速反应能力。

17.1.4　工程地质灾害防治的基本原则

工程地质灾害防治是指对由于自然作用或人为因素诱发的对人民生命和财产安全造成危害的山体崩塌、滑坡、泥石流、地面塌陷、地裂缝、地面沉降等地质现象通过有效的地质工程手段改变其产生过程达到减轻或防止灾害发生目的。地质灾害防治工作应贯彻"预防为主、避让与治理相结合"的方针，应按照"以防为主、防治结合、全面规划、综合治理"的原则进行。

17.2　地震灾害及预防

17.2.1　地震的基本特点

地震又称地动、地振动，是地壳快速释放能量过程中造成的振动的一种自然现象，期间会产生地震波。地球上板块与板块之间相互挤压碰撞造成板块边沿及板块内部产生错动和破裂是引起地面震动（即地震）的主要原因。地震开始发生的地点称为震源，震源正上方的地面称为震中。破坏性地震的地面振动最烈处称为极震区，极震区往往也就是震中所在的地区。地震常常造成严重人员伤亡并能引起火灾、水灾、有毒气体泄漏、细菌及放射性物质扩散，还可能造成海啸、滑坡、崩塌、地裂缝等次生灾害。

地球表层的岩石圈称作地壳，其厚度约为 35 km 左右。大多数破坏性地震均发生在地壳内，有时也会发生在软流层中。深源地震一般发生在地下 300～700 km 处，目前已知的最深震源是 786 km。传统的板块挤压地层断裂学说并不能合理解释深源地震，因为786 km 深处并不存在固态物质。关于地震特别构造地震它是怎样孕育和发生的、其成因和机制是什么的问题至今尚无完满的解答，但目前科学家比较公认的解释是构造地震是由地壳板块运动造成的。我国科技工作者发现地震多发生在日地引力、月地引力脉动性陡增或陡减的时刻。

人们根据地震发生位置的不同将其分为板缘地震（板块边界地震）、板内地震和火山地震等 3 类。板缘地震是指发生在板块边界上的地震，环太平洋地震带上绝大多数地震属于此类。板内地震是指发生在板块内部的地震，比如欧亚大陆内部的地震多属此类，包括中国。板内地震除与板块运动有关还受局部地质环境影响，其发震的原因与规律比板缘地震更复杂。火山地震是指由火山爆发时所引起的能量冲击而产生的地壳振动。根据震动性质的不同分为天然地震、人工地震和脉动等 3 类，天然地震是指自然界发生的地震现象，人工地震是指由爆破、核实验等人为因素引起的地面震动，脉动是指由于大气活动、海浪冲击等原因引起的地球表层的经常性颤动。按地震形成的原因的不同分为构造地震、火山地震、陷落地震、诱发地震、人工地震等类型，构造地震是由于岩层断裂发生变位错动在地质构造上发生巨大变化而产生的地震（也叫断裂地震），火山地震是由火山爆发时所引起的能量冲击而产生的地壳振动。火山地震有时也相当强烈，但这种地震所波及的地区通常只限于火山附近的几十千米远的范围内且发生次数也较少，只占地震次数的 7%左右，所造成的危害较轻。陷落地震是由于地层陷落引起的地震，这种地震发生的次数更少，只占地震总次数的 3%左右，震级很小、影响范围有限、破坏也较小。诱发地震是指在特定地区因某种地壳外界因素诱发而引起的地震，比如陨石坠落、水库蓄水、深井注水。人工地震是指地下核爆炸、炸药爆破等人为因素引起的地面振动，比如工业爆破、地下核爆炸造成的振动；深井中进行高压注水以及大水库蓄水后增加了地壳的压力有时也会诱发地震。根据震源深度的不同分为浅源地震、中源地震、深源地震，浅源地震是指震源深度小于 60 km 的地震，大多数破坏性地震是浅源地震。中源地震的震源深度为 60～300 km，深源地震是指震源深度在 300 km 以上的地震，全球一年中所有地震释放的能量约有 85%来自浅源地震、12%来自中源地震、3%来自深源地震。按地震远近的不同分为地方震（震中距小于 100 km）、近震（震中距为 100～1000 km）、远震（震中距大于 1000 km）。按震级大小的不同分为弱震（震级小于 3 级）、有感地震（震级等于或大于 3 级、小于或等于 4.5 级）、中强震（震级大于 4.5 级、小于 6 级）、强震（震级等于或大于 6 级，震级大于或等于 8 级的叫巨大地震）。按破坏程度的不同分为一般破坏性地震、中等破坏性地震、严重破坏性地震、特大破坏性地震，一般破坏性地震是指造成数人至数十人死亡或直接经济损失在一亿元以下（含一亿元）的地震；中等破坏性地震是指造成数十人至数百人死亡或直接经济损失在一亿元以上（不含一亿元）、五亿元以下的地震；严重破坏性地震是指人口稠密地区发生的七级以上地震、大中城市发生的六级以上地震或者造成数百至数千人死亡或直接经济损失在五亿元以上、三十亿元以下的地震；特大破坏性地震是指大中城市发生的七级以上地震或造成万人以上死亡或直接经济损失在 30 亿元以上的地震。

构造地震又可分为孤立型地震、主震—余震型地震、双震型地震、震群型地震等 4 类。孤立型地震有突出的主震，余震次数少、强度低，主震所释放的能量占全序列的 99.9% 以上，主震震级和最大余震相差 2.4 级以上。主震—余震型地震的主震非常突出，余震十分丰富，最大地震所释放的能量占全序列的 90% 以上，主震震级和最大余震相差 0.7～2.4 级。双震型地震一次地震活动序列中 90% 以上的能量主要由发生时间接近、地点接近、大小接近的两次地震释放。震群型地震有两个以上大小相近的主震且余震十分丰富，其主要能量通过多次震级相近的地震释放，最大地震所释放的能量占全序列的 90% 以下，主震震级和最大余震相差 0.7 级以下。

地震活动在时间上的分布具有不均匀性，表现出地震活动的周期性。一段时间发生地震较多、震级较大称地震活跃期；另一段时间发生地震较少、震级较小称地震活动平静期。地震活动周期可分为几百年的长周期和几十年的短周期，比如河北邢台大约 100 年左右一个周期。不同地震带其活动周期也不尽相同，当然也有的地震是没有周期的，这跟地质情况有关。中国大陆东部地震活动周期普遍比西部长，东部活动周期大约 300 年左右，西部为 100 至 200 年左右。

据统计，全球有 85% 的地震发生在板块边界上，仅有 15% 的地震与板块边界的关系不那么明显。而地震带是地震集中分布的地带，在地震带内地震密集，在地震带外地震分布零散。世界上主要有环太平洋地震带、欧亚地震带、大洋中脊地震活动带等 3 大地震带。环太平洋地震带分布在太平洋周围，包括南北美洲太平洋沿岸和从阿留申群岛、堪察加半岛、日本列岛南下至中国台湾省，再经菲律宾群岛转向东南，直到新西兰的区域。这里是全球分布最广、地震最多的地震带，所释放的能量约占全球的 3/4。欧亚地震带有 2 支，从地中海向东，一支经中亚至喜马拉雅山，然后向南经中国横断山脉，过缅甸，呈弧形转向东，至印度尼西亚；另一支从中亚向东北延伸，至堪察加，分布比较零散。大洋中脊地震活动带蜿蜒于各大洋中间、几乎彼此相连，总长约 65000 km，宽约 1000～7000 km，其轴部宽 100 km 左右。大洋中脊地震活动带的地震活动性较之前两个带要弱得多，而且均为浅源地震，尚未发生过特大的破坏性地震。除此以外，还有规模较小的大陆裂谷地震活动带，该带不连续地分布于大陆内部在地貌上常表现为深水湖，比如东非裂谷、红海裂谷、贝加尔裂谷、亚丁湾裂谷等。

中国的地震活动主要分布在 5 个地区，这 5 个地区是台湾省及其附近海域；西南地区，包括西藏、四川中西部和云南中西部；西部地区主要在甘肃河西走廊、青海、宁夏以及新疆天山南北麓；华北地区主要在太行山两侧、汾渭河谷、阴山—燕山一带、山东中部和渤海湾；东南沿海地区，广东、福建等地。从中国宁夏经甘肃东部、四川中西部直至云南有一条纵贯中国大陆、大致呈南北走向的地震密集带被称为中国南北地震带，该带历史上曾多次发生强烈地震。2008 年 5 月 12 日汶川 8.0 级地震就发生在该带中南段。

该带向北可延伸至蒙古境内向南可到缅甸。我国科技工作者根据地质力学理论在中国划分了 20 个地震带，分别是台湾带、海原—松潘—雅安带、河西走廊带、炉霍—乾宁带、天山带、闽粤沿海带、山西带、马边—巧家—通海带、花石峡带、哀牢山带、东北深震带、渭河平原带、冕宁—西昌—鱼鲊带、拉萨—察隅带、兰州—天水带、营口—郯城—庐江带、银川带、腾冲—澜沧带、西藏西部带、河北平原带。

在地球内部传播的地震波称为体波（分纵波和横波）。振动方向与传播方向一致的波为纵波（P 波），来自地下的纵波会引起地面上下颠簸振动。振动方向与传播方向垂直的波为横波（S 波），来自地下的横波能引起地面的水平晃动。由于纵波在地球内部传播速度大于横波，所以地震时纵波总是先到达地表，而横波总落后一步。这样，发生较大的近震时一般人们先感到上下颠簸，过数秒到十几秒后才感到有很强的水平晃动。横波是造成破坏的主要原因。沿地面传播的地震波称为面波（分勒夫波和瑞利波 2 类）。面波是指体波到达岩层界面或地表时产生的沿界面或地表传播的幅度很大的波，面波传播速度小于横波，所以跟在横波的后面。

地球内部直接产生破裂的地方称震源，其是一个区域，但研究地震时常把它看成一个点。地面上正对着震源的那一点称为震中，它实际上也是一个区域。根据地震仪记录测定的震中称为微观震中，用经纬度表示。根据地震宏观调查所确定的震中称为宏观震中，它是极震区的几何中心也是震中附近破坏最严重的地区，也用经纬度表示。由于方法不同，宏观震中与微观震中往往并不重合，1900 年以前没有仪器记录时地震的震中位置都是按破坏范围而确定的宏观震中。震中距是指从震中到地面上任何一点的水平距离。震源深度是指从震源到地面的距离，极震区是指震后破坏程度最严重的地区，极震区往往是震中所在地。

震级是地震大小的一种度量，根据地震释放能量的多少来划分，用"级"来表示。震级的标度最初是美国地震学家里克特（C. F. Richter）于 1935 年研究加里福尼亚地方性地震时提出的，规定以震中距 100 km 处"标准地震仪"或称"安德生地震仪"所记录的水平向最大振幅（单振幅，以 μm 计）的常用对数为该地震的震级，其周期 0.8 s、放大倍数 2800、阻尼系数 0.8。后来发展为远台及非标准地震仪记录经过换算也可用来确定震级。震级分面波震级（MS）、体波震级（Mb）、近震震级（ML）等不同类别，彼此之间也可以换算。用里克特的测算办法计算，2000 年前已知的最大地震没有超过 8.9 级的、最小的地震则已可用高倍率的微震仪测到-3 级。按震级的大小可将地震划分为超微震、微震、弱震（或称小震）、强震（或称中震）和大地震等。震级小于 3 级的弱震、震源不是很浅时人们一般不易觉察。有感地震震级等于或大于 3 级、小于或等于 4.5 级，这种地震人们能够感觉到但一般不会造成破坏。中强震震级大于 4.5 级、小于 6 级，属可造成破坏的地震，但破坏轻重与震源深度、震中距等多种因素有关。强震震级等于或大于 6 级，其中震级大于等于 8 级的又称为巨大地震。里氏 4.5 以上的地震可以在全球范围内监测到。

同样大小的地震造成的破坏不一定相同，同一次地震在不同的地方造成的破坏也不同，人们用地震烈度衡量地震的破坏程度，影响烈度的因素有震级、震源深度、距震源的远近、地面状况和地层构造等。西方国家比较通行的是改进的麦加利烈度表，简称 M.M.烈度表，从 I 度到XII度共分 12 个烈度等级。通常震级越大震源越浅、烈度越大，震中区破坏最重、烈度最高，这个烈度称为震中烈度，其从震中向四周扩展地震烈度逐渐减小。一次地震可以划分出好几个烈度不同的地区，这与一颗炸弹爆后近处与远处破坏程度不同道理一样。炸弹的炸药量，好比是震级；炸弹对不同地点的破坏程度，好比是烈度。震源浅、震级大的地震破坏面积较小但震中区破坏程度较重；震源较深、震级大的地震影响面积较大但震中区烈度较轻。在一定的地方和一定时间内连续发生的一系列具有共同发震构造的一组地震称为地震序列。

大地振动是地震最直观、最普遍的表现。在海底或滨海地区发生的强烈地震能引起巨大波浪（称为海啸）。在大陆地区发生的强烈地震，会引发滑坡、崩塌、地裂缝等次生灾害。地震可由地震仪所测量，地震的震级是用作表示由震源释放出来的能量，以"里氏地震规模"来表示，烈度则透过"修订麦加利地震烈度表"来表示。地震释放的能量决定地震的震级，释放的能量越大震级越大，地震相差一级，能量相差约 30 倍。震级相差 0.1 级，释放的能量平均相差 1.4 倍。

地震直接灾害是地震的原生现象，比如地震断层错动以及地震波引起地面振动，所造成的灾害主要有地面破坏，建筑物与构筑物破坏，山体等自然物破坏比如滑坡、泥石流等、海啸、地光、烧伤等。地震时最基本的现象是地面的连续振动，地震对自然界景观有很大影响，最主要的后果是地面出现断层和地裂缝。大地震的地表断层常绵延几十至几百千米且往往具有较明显的竖向错距和水平错距，能反映出震源处的构造变动特征。

地震次生灾害是直接灾害发生后破坏了自然或社会原有的平衡或稳定状态从而引发出的灾害，主要有火灾、水灾、毒气泄漏、瘟疫等。其中火灾是次生灾害中最常见、最严重的。地震火灾多是因房屋倒塌后火源失控引起，由于震后消防系统受损，社会秩序混乱，火势不易得到有效控制，因而往往酿成大灾。地震时海底地层发生断裂，部分地层出现猛烈上升或下沉造成从海底到海面的整个水层发生剧烈"抖动"，这就是地震海啸。强烈地震发生后灾区水源、供水系统等遭到破坏或受到污染，灾区生活环境严重恶化，故极易造成疫病流行，社会条件的优劣与灾后疫病是否流行关系极为密切。滑坡和崩塌这类地震次生灾害主要发生在山区和塬区。由于地震的强烈振动，使得原已处于不稳定状态的山崖或塬坡发生崩塌或滑坡。这类次生灾害虽然是局部的，但往往是毁灭性的，使整村整户人财全被埋没。地震引起水库、江湖决堤或是由于山体崩塌堵塞河道造成水体溢出等都可能造成地震水灾。此外，社会经济技术的发展还带来新的继发性灾害，比如通信事故、计算机事故等，这些灾害是否发生或灾害大小往往与社会条件有着更为密切的关系。地震灾害破坏程度除了与震级大小有关外，还与震源深度、距震中远近、震中区的地质条件、建筑物的抗震性能、人们的防震搞震意识、应急措施和预报预防程度等有关。

地震成灾具有瞬时性。地震在瞬间发生，地震作用的时间很短，最短十几秒，最长两三分钟就造成山崩地裂，房倒屋塌，使人猝不及防、措手不及。人类辛勤建设的文明在瞬间毁灭，地震爆发的当时人们无法在短时间内组织有效的抗御行动。地震本身不伤人，地震使大量房屋倒塌是造成人员伤亡的元凶，尤其一些地震发生在人们熟睡的夜间。2008 年 5 月 12 日汶川 8.0 级地震的爆发情况见图 17-2-1。

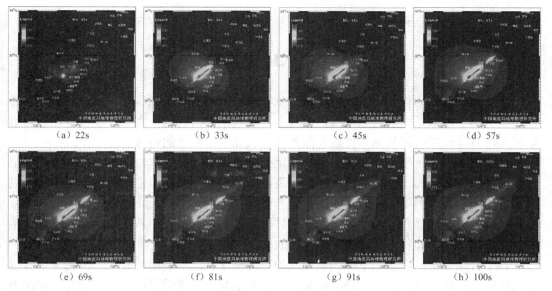

| (a) 22s | (b) 33s | (c) 45s | (d) 57s |
| (e) 69s | (f) 81s | (g) 91s | (h) 100s |

图 17-2-1　汶川 8.0 级地震的爆发情况

17.2.2　地震防御

地震前自然界出现的可能与地震孕育、发生有关的各种征兆称地震前兆。地震前兆大体有微观前兆和宏观前兆两类，微观前兆是指人的感官不易觉察须用仪器才能测量到的震前变化，比如地面变形；地球磁场、重力场、电场的变化；地温变化；电磁波反射与吸收特征变化；地下水化学成分变化；小地震活动等。宏观前兆是指人的感官能觉察到的地震前兆，它们大多在临近地震发生时出现，比如井水水位的升降及变浑；水质变化；水温变化；动物行为反常；地声、地光等。地震监测手段主要有测震、地壳形变观测、地温监测或地温遥感、地磁测量、地电观测、重力观测、地应力观测、地下水的物理和化学性质动态观测，地震遥感监测是一种可靠性高的、效果显著的预测预报手段，其相关技术与理论有待进一步开发。

地震的设防主要有 3 个环节，即按抗震设防要求确定制定区划图、开展地震小区划、开展地震安全性评价，按抗震设防要求和抗震设计规范进行工程结构设计，按照抗震设计要求进行施工。亦即工程建设时应设立防御地震灾害的措施，涉及工程的规划选址、工程设计与施工直到竣工验收的全过程。应选择好建筑场地，千万不要在不利于抗震的场地建房，不利于抗震的场地包括活动断层及其附近地区；饱含水的松砂层、软弱的淤泥层、松软的人工填土层；古河道、旧池塘和河滩地；容易产生开裂、沉陷、滑移的陡坡、河坎；细长突出的山嘴、高耸的山包或三面邻水田的台地等。高楼、高烟囱、水塔、高大广告牌等高大建（构）筑物或其他高悬物震时容易倒塌威胁邻近房屋的安全；高压线、变压器等危险物震时电器短路等容易起火会危及周边住房和人身安全；危险品生产地或仓库震时工厂受损会引起毒气泄漏、燃气爆炸等事故而影响周边。应重视房屋的抗震加固工作。

地震可能产生的伤害包括在室内因器物倾倒或房屋倒塌被砸伤；在室外被倒塌的建筑物等砸伤；在野外被山上的滚石砸伤；被地光烧伤；应防止地震引起的水灾、毒气泄漏、危险品爆炸伤害。避震原则是因地制宜、行动果断、听从指挥。

17.3　火山灾害及预防

　　火山是一个由固体碎屑、熔岩流或穹状喷出物围绕着其喷出口堆积而成的隆起的丘或山。火山喷出口是一条由地球上地幔或岩石圈到地表的管道，大部分物质堆积在火山口附近，有些被大气携带到高处而扩散到几百或几千千米外的地方。

　　火山的形成是一系列物理化学过程。地壳上地幔岩石在一定温度压力条件下产生部分熔融并与母岩分离，熔融体通过孔隙或裂隙向上运移，并在一定部位逐渐富集而形成岩浆囊。随着岩浆的不断补给，岩浆囊的岩浆过剩压力逐渐增大。当表壳覆盖层的强度不足以阻止岩浆继续向上运动时，岩浆通过薄弱带向地表上升。从部分熔融到喷发一系列的物理化学过程的差别形成了形形色色的火山活动。

　　原生岩浆是地核俘获的熔融物质形成的。地核俘获熔融物质和其他一些物质形成巨厚的熔融层。这些物质其成分是不均的。原生岩浆凝固形成最原始的地球外壳。现在所见到的各类侵入岩，比如超基性岩、基性岩、中性岩、酸性岩和碱性岩等以及火山喷发出的各类岩浆，它们都是再生岩浆，只是来源深度、通道、物质成分及分异程度不同而已。再生岩浆包括原生岩浆变异出的岩浆和重熔岩浆。现在地球液态层是由原生岩浆经变异形成的再生岩浆组成的，即经过温度、成分和物态的改变而形成。

　　岩浆由地球深处移动到地壳内形成侵入岩或喷发到地表形成火山，岩浆移动的动力主要有 2 个，其一是由于地球内球比重大于液态层和外球，在绕太阳公转时内球始终偏向引力的反方向，内球不在地球中心。形成内球对液态层由内向外的挤压力，使岩浆和其他气液态物质由地球内部向外移动或喷发到地表。其二是岩浆结晶或发生其他物化反应产生一些水和气及其他物质形成膨胀挤压力使岩浆和其他气液态物质由地球内部向外移动或喷发到地表。

　　火山出现的历史很悠久。有些火山在人类有史以前就喷发过，但不再活动，这样的火山称之为"死火山"；而有史以来曾经喷发过，但长期以来处于相对静止状态的火山，此类火山都保存有完好的火山锥形态，仍然具有火山活动能力，或尚不能断定其已丧失火山活动能力，人们称之为"休眠火山"；人类有史以来，时有喷发的火山，称为"活火山"。

　　地壳之下 100～150 km 处，有一个"液态区"（软流层），区内存在着高温、高压下含气体挥发分的熔融状硅酸盐物质，即岩浆。它一旦从地壳薄弱的地段冲出地表，就形成了火山。火山活动能喷出多种物质，在喷出的固体物质中，一般有被爆破碎了的岩块、碎屑和火山灰等；在喷出的液体物质中，一般有熔岩流、水、各种水溶液以及水、碎屑物和火山灰混合的泥流等；在喷出的气体物质中，一般有水蒸汽和碳、氢、氮、氟、硫等的氧化物。除此之外，在火山活动中，还常喷射出可见或不可见的光、电、磁、声和放射性物质等，这些物质有时能致人于死地，或使电、仪表等失灵，使飞机、轮船等失事。

　　板块构造理论建立以来，很多学者根据板块理论建立了全球火山模式，认为大多数火山都分布在板块边界上、少数火山分布在板内，前者构成了环太平洋火山带、大洋中脊火山带、东非裂谷火山带和阿尔卑斯—喜马拉雅火山带四大火山带。板块学说在火山研究中的意义在于它能把很多看来是彼此孤立的现象联为一个有机的整体，但以这个学说建立的火山活动模式并不十分完美，比如环大西洋为什么就没有火山带；板内火山不在板块边界上，用地幔柱解释它的成因似乎依据也不够充分。两极挤压说揭开了地球发展奥秘，认为在两极挤压力作用下地球赤道轴扩张形成经向张裂和纬向挤压，全球火山主要分布在经向和纬向构造带内。火山喷发类型按岩浆通道分为裂隙式喷发、熔透式喷发和中心式喷发三大类。

火山爆发喷出的大量火山灰和暴雨结合形成泥石流能冲毁道路、桥梁，淹没附近的乡村和城市，使得无数人无家可归。泥土、岩石碎屑形成的泥浆可像洪水一般淹没整座城市。火山喷发时灼热的火山灰流与火山区暴雨、附近的河流湖泊等的水混合则形成密度较大的火山泥流。火山灰流和泥流都带有灾害性。火山碎屑流是主要的火山杀手之一，具有极大的破坏性和致命性。由于其速度很快，因而很难躲避。火山碎屑流是气体和火山碎屑的混合物。它不是水流，而是一种夹杂着岩石碎屑的、高密度的、高温的、高速的气流，常紧贴地面横扫而过。火山碎屑流温度可达 1500°F，速度可达每小时 100～150 英里，它能击碎和烧毁在它流经路径上的任何生命和财物。火山碎屑流起因于火山爆炸式喷发或熔岩穹丘的崩塌。

在火山喷发后，有一定概率会形成熔岩流。呈液态在地表流动的熔岩被称为熔岩流，熔岩流冷却后形成固体岩石堆积有时也称为熔流岩。呈液态流动的熔岩温度熔岩流常在 900～1200℃ 之间，如熔岩中气体的含量多，更低的温度也能流动。酸性熔岩黏滞，流动不远，大面积的熔岩流常为基性熔岩。温度高、坡度陡时，熔岩流的流速可达每小时 65km。熔岩流的形态取决于多个方面，比如熔岩成分（玄武岩、鞍山岩、英安岩、流纹岩）、流量、地形和环境等。在火山喷发之后，火山喷发所产生的巨大震动，会导致火山周边的泥土松动，从而导致山体滑坡。

火山资源的利用也可以带给我们生活的乐趣与便利。一般来说，火山资源主要体现在它的旅游价值、地热利用和火山岩材料方面。火山和地热是一对孪生兄弟，有火山的地方一般就有地热资源。地热能是一种廉价的新能源，同时无污染，因而得到了广泛的应用。从医疗、旅游、农用温室、水产养殖一直到民用采暖、工业加工、发电方面，都可见到地热能的应用。地热可以发电，我国西藏羊八井建立了全国最大的地热实验基地，取得了很好的成绩。

火山活动还可以形成多种矿产，最常见的是硫磺矿的形成。陆地喷发的玄武岩，常结晶出自然铜和方解石，海底火山喷发的玄武岩，常可形成规模巨大的铁矿和铜矿。另外，我们熟知的钻石，其形成也和火山有关。玄武岩是分布最广的一种火山岩，同时它又是良好的建筑材料。熔炼后的玄武岩称为"铸石"，可以制成各种板材、器具等。铸石最大的特点是坚硬耐磨、耐酸、耐碱、不导电和可作保温材料。火山灰富含养分能使土地更肥沃。

17.4 崩塌灾害及预防

17.4.1 崩塌灾害的基本特点

崩塌是指陡峻山坡上岩块、土体在重力作用下，发生突然的急剧的倾落运动。多发生在大于 60°～70° 的斜坡上。崩塌的物质称为崩塌体。崩塌体为土质者称为土崩，崩塌体为岩质者称为岩崩，大规模的岩崩称为山崩。崩塌可以发生在任何地带，山崩限于高山峡谷区内。崩塌体与坡体的分离界面称为崩塌面。崩塌面往往就是倾角很大的界面，比如节理、片理、劈理、层面、破碎带等。崩塌体的运动方式为倾倒、崩落。崩塌体碎块在运动过程中滚动或跳跃，最后在坡脚处形成堆积地貌即为崩塌倒石锥。崩塌倒石锥结构松散、杂乱、无层理、多孔隙；崩塌所产生的气浪作用会使细小颗粒的运动距离更远一些，因而在水平方向上有一定的分选性。

崩塌会使建筑物甚至使整个居民点遭到毁坏，使公路和铁路被掩埋。由崩塌带来的损失，不单是建筑物毁坏的直接损失，并且常因此而使交通中断，给运输带来重大损失。崩塌有时还会使河流堵塞形成堰塞湖，这样就会将上游建筑物及农田淹没，在宽河谷中崩塌能使河流改道及改变河流性质并造成急湍地段。崩塌根据坡地物质组成不同可分为崩积物崩塌、表层风化物崩塌、沉积物崩塌、基岩崩塌等 4 类，山坡上已有的崩塌岩屑和沙土等物质由于质地很松散而在有雨水浸湿或受地震震动时可再一次形成崩塌即为崩积物崩塌，在地下水沿风化层下部基岩面流动时会导致风化层沿基岩面崩塌，有些由厚层冰积物、冲击物或火山碎屑物组成的陡坡因结构松散易形成沉积物崩塌，在基岩山坡面上常沿节理面、地层面或断层面等发生基岩崩塌。崩塌根据移动形式和速度不同可分为散落型崩塌、滑动型崩塌、流动型崩塌，在节理或断层发育的陡坡或软硬岩层相间的陡坡或由松散沉积物组成的陡坡常形成散落型崩塌。滑动型崩塌是指沿某一滑动面发生崩塌时崩塌体保持了整体形态，其和滑坡很相似但竖向移动距离往往大于水平移动距离。松散岩屑、砂、黏土受水浸湿后易产生流动崩塌，这种类型的崩塌和泥石流很相似，故也称崩塌型泥石流。

崩塌的特征是速度快、一般为 5～200 m/s，规模差异大、体积 1～108 m^3，崩塌下落后崩塌体各部分相对位置完全打乱、大小混杂，形成较大石块翻滚较远的倒石堆。

崩塌的形成条件决定于岩土类型、地质构造、地形地貌，这些通称地质条件，是形成崩塌的基本条件。岩土是产生崩塌的物质条件，其类型不同所形成崩塌的规模大小也不同。通常岩性坚硬的各类岩浆岩、变质岩及沉积岩会形成规模较大的岩崩比如石灰岩、白云岩等碳酸盐岩、石英砂岩、砂砾岩、初具成岩性的石质黄土、结构密实的黄土等。页岩、泥灰岩等互层岩石及松散土层等往往以坠落和剥落为主。节理、裂隙、层面、断层等各种构造面对坡体的切割、分离为崩塌的形成提供了脱离体（山体）的边界条件，坡体中裂隙越发育越易产生崩塌，与坡体延伸方向近乎平行的陡倾角构造面最有利于崩塌的形成。江、河、湖（岸）、沟的岸坡及各种山坡、铁（公）路边坡、工程建筑物的边坡及各类人工边坡都是有利于崩塌产生的地貌部位，坡度大于 45° 的高陡边坡、孤立山嘴或凹形陡坡均为崩塌形成的有利地形。

崩塌形成的外界因素通常为地震、融雪、冲刷、浸泡以及不合理的人类活动。地震可引起坡体晃动、破坏坡体平衡从而诱发坡体崩塌，烈度大于 7 度的地震通常都会诱发大量崩塌。降雨，特别是大暴雨、暴雨和长时间的连续降雨，会使地表水渗入坡体软化岩土及其中软弱面、产生孔隙水压力等诱发崩塌。地表冲刷、浸泡以及河流等地表水体不断冲刷边脚也能诱发崩塌。开挖坡脚、地下采空、水库蓄水、泄水等改变坡体原始平衡状态的人类活动也都会诱发崩塌活动。冻胀、昼夜温度变化等也会诱发崩塌。在形成崩塌的基本条件具备后，诱发因素就显得非常重要，诱发因素作用的时间和强度都与崩塌有关，能够诱发崩塌的外界因素很多，其中人类工程经济活动是诱发崩塌的一个重要原因，比如采掘矿产资源、道路工程开挖边坡、水库蓄水与渠道渗漏、堆（弃）渣填土、强烈机械震动等。

岩崩通常发生在以下 5 个时间段，即特大暴雨、大暴雨、较长时间连续降雨的过程之中（或稍微滞后）；强烈地震过程中；开挖坡脚过程中或滞后一段时间；水库蓄水初期及河流洪峰期；强烈机械震动及大爆破之后。

17.4.2 崩塌灾害的防御

崩塌体的边界条件特征对崩塌体的规模大小起决定作用，崩塌体边界的确定主要依据坡体地质结构。首先应查明坡体中所有发育的节理、裂隙、岩层面、断层等构造面的延伸方向、倾向以及倾角大小及规模、发育密度等，即构造面的发育特征。平行斜坡延伸方的陡倾角面或临空面常形成崩塌体的两侧边界，崩塌体底界常由倾向坡外的构造面或软弱带组成或由岩、土体自身折断形成。其次应调查结构面的相互关系、组合形式、交切特点、贯通情况及它们能否将或已将坡体切割并与母体（山体）分离。最后应综合分析调查结果，即那些相互交切、组合可能或已经将坡体切割与其母体分离的构造面就是崩塌体的边界面。其中，靠外侧、贯通（水平或铅直方向上）性较好的结构面所围的崩塌体的危险性最大。

防治崩塌的工程措施主要是排水、锚固、刷坡、削坡、镶补沟缝、灌浆等，锚固可采用遮挡、拦截、支挡、打桩、护墙、护坡等方式。排水是指在有水活动的地段布置排水构筑物进行拦截与疏导，包括排出边坡地下水和防止地表水进入。遮挡是指遮挡斜坡上部的崩塌物，常用于中、小型崩塌或人工边坡崩塌防治，通常采用修建明硐、棚硐等工程进行，在铁路工程中较为常用。拦截是指对仅在雨后才有坠石、剥落和小型崩塌的地段在坡脚或半坡上设置拦截构筑物，比如设置落石平台和落石槽以停积崩塌物质；修建挡石墙以拦坠石；利用废钢轨、钢钎及纲丝等编织钢轨或钢钎棚栏来栏截，也常用于铁路工程。支挡、打桩是指在岩石突出或不稳定的大孤石下面修建支柱、支挡墙或用废钢轨做支撑。护墙的作用是固定边坡。护墙、护坡是指在易风化剥落的边坡地段修建护墙或对缓坡进行水泥护坡，一般边坡均可采用。刷坡、削坡是指在危石孤石突出的山嘴以及坡体风化破碎的地段采用刷坡技术放缓边坡。镶补沟缝是指对坡体中的裂隙、缝、空洞用片石填补、水泥沙浆沟缝以防止裂隙、缝、洞的进一步发展。灌浆主要是充填硅酸盐水泥。

崩塌发生前一般会有以下 4 方面前兆，即崩塌体后部出现裂缝；崩塌体前缘掉块、土体滚落、小崩小塌不断发生；坡面出现新的破裂变形甚至小面积土石剥落；岩质崩塌体偶尔发生撕裂摩擦错碎声。发现前兆必须注意以下 3 点，即不能心存侥幸，千万不能有"也许崩塌不会发生"的想法；要及时远离以及通知周围的居民、游客远离。崩塌即将发生或正在发生时应首先撤离人员，千万不要立即进行排土、清理水沟等作业，应待灾情稳定以后再作处理。大雨过后虽然天气转晴但在 5～7 天内仍有可能发生崩塌灾害，因此，人员撤出后虽然崩塌没有发生，也不要天气一转晴就急着搬回去居住。为防患于未然还可采取以下简单可行的避让措施，即最好能临时搬出投亲靠友，待天气晴好 5～7

天后再搬回居住。不要在靠山坡的房间内居住，比如有上下堂的不要在上堂居住，可搬到下堂房间居住。晚上睡觉时房门要打开以备遇到危险时及时逃生。

崩塌防治的具体措施主要包括掌握崩塌活动分布规律，居民点和重要工程设施要尽可能避开崩塌危险区及可能的危害区。应加强对危岩体监测、预测、预报工作，临崩前及时疏散人员和重要财产。应实施必要的工程措施加固斜坡或防护受威胁的工程设施。主要工程措施包括护墙或护坡防止斜坡岩土剥落；镶补、填堵坡体岩石缝洞；削坡，人工消除小型危岩体或减缓陡峭高坡；锚固，加固危岩体，提高其稳定程度，防止崩落；排水，疏通地表水和地下水，减缓对危岩陡坡的冲刷和潜蚀；拦截，修筑挡石墙、落石平台、拦石栅栏等阻止崩塌物对工程设施的破坏；建造明硐、棚硐等防护铁路、房屋等建筑设施。

17.5　滑坡灾害及预防

17.5.1　滑坡灾害的特点

滑坡是斜坡岩土体沿贯通的剪切破坏面所发生的滑移地质现象，滑坡的机制是某一滑移面上剪应力超过了该面的抗剪强度，滑坡常常给工农业生产以及人民生命财产造成巨大损失，有的甚至是毁灭性的灾难。滑坡对乡村最主要的危害是摧毁农田、房舍、伤害人畜、毁坏森林、道路以及农业机械设施和水利水电设施等，有时甚至给乡村造成毁灭性灾害。位于城镇的滑坡常常砸埋房屋、伤亡人畜、毁坏田地、摧毁工厂、学校、机关单位并毁坏各种设施，并会造成停电、停水、停工，有时甚至毁灭整个城镇。发生在工矿区的滑坡可摧毁矿山设施，伤亡职工，毁坏厂房，使矿山停工停产，造成重大损失。

滑坡按滑坡体的体积分为小型滑坡（小于 $10^5 m^3$）、中型滑坡（$10^5 \sim 10^6 m^3$）、大型滑坡（$10^6 \sim 10^7 m^3$）、特大型滑坡或巨型滑坡（大于 $10^7 m^3$）。按滑坡滑动速度分为蠕动型滑坡、慢速滑坡、中速滑坡、高速滑坡。按滑坡体的度物质组成和滑坡与地质构造关系分为覆盖层滑坡，包括黏性土滑坡、黄土滑坡、碎石滑坡、风化壳滑坡；基岩滑坡，包括均质滑坡、顺层滑坡、切层滑坡，顺层滑坡又可分为沿层面滑动或沿基岩面滑动的滑坡；特殊滑坡，包括融冻滑坡、陷落滑坡等。按滑坡体的厚度分为浅层滑坡、中层滑坡、深层滑坡、超深层滑坡。按形成的年代分为新滑坡、古滑坡、老滑坡、正在发展中滑坡。按力学条件分为牵引式滑坡、推动式滑坡。按物质组成分为土质滑坡、岩质滑坡。按滑动面与岩体结构面之间的关系分为同类土滑坡、顺层滑坡、切层滑坡。按结构分为层状结构滑坡、块状结构滑坡、块裂状结构滑坡。

滑坡的组成要素包括滑坡体、滑坡壁、滑动面、滑动带、滑坡床、滑坡舌、滑坡台阶、滑坡周界、滑坡洼地、滑坡鼓丘、滑坡裂缝等，以上滑坡诸要素只有在发育完全的新生滑坡才同时具备，而并非任一滑坡都具有。

产生滑坡的基本条件是斜坡体前有滑动空间、两侧有切割面（比如中国西南丘陵山区）；具有松散土层、碎石土、风化壳和半成岩土层；降雨；地震。不少滑坡具有"大雨大滑、小雨小滑、无雨不滑"的特点。滑坡的主要条件是地质条件、地貌条件、内外营力（动力）、人为作用。第一个条件与岩土类型、地质构造条件、地形地貌条件、水文地质条件有关。通常各类岩、土都有可能构成滑坡体。其中结构松散，抗剪强度和抗风化能力较低，在水的作用下其性质能发生变化的岩、土，比如松散覆盖层、黄土、红黏土、页岩、泥岩、煤系地层、凝灰岩、片岩、板岩、千枚岩等及软硬相间的岩层所构成的斜坡易发生滑坡。组成斜坡的岩、土体只有被各种构造面切割分离成不连续状态时才有可能向下滑动。同时，构造面又为降雨等水流进入斜坡提供了通道。故各种节理、裂隙、层面、断层发育的斜坡、特别是当平行和垂直斜坡的陡倾角构造面及顺坡缓倾的构造面发育时最易发生滑坡。只有处于一定的地貌部位、具备一定坡度的斜坡才可能发生滑坡。一般江、河、湖（水库）、海、沟的斜坡，前缘开阔的山坡、铁路、公路和工程建筑物的边坡等都是易发生滑坡的地貌部位。坡度大于10°、小于45°，下陡中缓上陡、上部成环状的坡形是产生滑坡的有利地形。地下水活动在滑坡形成中起主要作用，其可软化岩、土，降低岩、土体的强度，产生动水压力和孔隙水压力，潜蚀岩、土，增大岩、土容重，对透水岩层产生浮托力等。尤其是对滑面（带）的软化作用和降低强度的作用最突出。现今地壳运动的地区和人类工程活动的频繁地区是滑坡多发区，外界因素和作用可使产生滑坡的基本条件发生变化从而诱发滑坡。主要的诱发因素包括地震、降雨和融雪、地表水的冲刷、浸泡、河流等地表水体对斜坡坡脚的不断冲刷；不合理的人类工程活动，比如开挖坡脚、坡体上部堆载、爆破、水库蓄（泄）水、矿山开采等都可诱发滑坡，海啸、风暴潮、冻融等作用也可诱发滑坡。

滑坡的活动强度主要与滑坡的规模、滑移速度、滑移距离及其蓄积的位能和产生的功能有关。通常滑坡体位置越高、体积越大、移动速度越快、移动距离越远则滑坡的活动强度也就越高、危害程度也就越大。影响滑坡活动强度的因素主要有地形、岩性、地质构造、诱发因素。坡度、高差越大滑坡位能越大所形成滑坡的滑速越高，斜坡前方地形的开阔程度对滑移距离的大小有很大影响，地形越开阔则滑移距离越大。组成滑坡体的岩、土的力学强度越高、越完整则滑坡越少，滑坡面的力学强度越低滑坡体的滑速也越高。切割、分离坡体的地质构造越发育形成滑坡的规模往往也就越大越多。诱发滑坡活动的外界因素越强滑坡的活动强度越大。强烈地震、特大暴雨所诱发的滑坡多为大的高速滑坡。

违反自然规律、破坏斜坡稳定条件的人类活动都会诱发滑坡，比如开挖坡脚、蓄水、排水、厂矿废渣的不合理堆弃、劈山开矿爆破、乱砍滥伐等。滑坡的活动时间主要与诱发滑坡的各种外界因素有关，比如地震、降温、冻融、海啸、风暴潮及人类活动等。其可表现为同时性，即诱发因素作用后立即活动，比如强烈地震、暴雨、海啸、风暴潮、开挖、爆破等。其还存在滞后性，即有些滑坡发生时间稍晚于诱发作用因素的时间，比如降雨、融雪、海啸、风暴潮、人工开挖坡脚等。

滑坡的分布规律主要与地质和气候等因素有关，以下4类地带是滑坡的易发和多发地区，即江、河、湖（水库）、海、沟的岸坡地带、地形高差大的峡谷地区以及山区、铁路、公路、工程建筑物的边坡地段等，这些地带为滑坡形成提供了有利的地形地貌条件。地质构造带之中，比如断裂带、地震带等。地震烈度大于7度地区、坡度大于25°的坡体在地震中极易发生滑坡，断裂带中的岩体破碎、裂隙发育则非常有利于滑坡的形成。易滑坡的岩、土分布区，比如松散覆盖层、黄土、泥岩、页岩、煤系地层、凝灰岩、片岩、板岩、千枚岩等岩，土的存在为滑坡的形成提供了良好的物质基础。暴雨多发区或有异常强降雨地区，异常的降雨为滑坡发生提供了有利的诱发因素。上述地带的叠加区域通常形成滑坡的密集发育区，比如中国从太行山到秦岭，经鄂西、四川、云南到藏东一带就是这种典型地区，其滑坡发生密度极大、危害非常严重。

17.5.2 滑坡灾害的防御

不同类型、不同性质、不同特点的滑坡滑动前均会有不同的异常现象、显示出滑坡的预兆（前兆）。比如大滑动之前在滑坡前缘坡脚处有堵塞多年的泉水复活现象或出现泉水（井水）突然干枯、井（钻孔）水位突变等类似的异常现象；滑坡体前部出现横向及纵向放射状裂缝，反映滑坡体向前推挤并受到阻碍已进入临滑状态；大滑动之前滑坡体前缘坡脚处土体出现上隆（凸起）现象，是滑坡明显的向前推挤现象；大滑动之前有岩石开裂或被剪切挤压的音响，反映深部变形与破裂。动物对此十分敏感且会有异常反应；临滑之前滑坡体四周岩（土）体会出现小型崩塌和松弛现象；大滑动之前水平位移量或竖向位移量均会出现加速变化的趋势，是临滑的明显迹象；滑坡后缘的裂缝急剧扩展并从裂缝中冒出热气或冷风；临滑之前滑坡体范围内的动物惊恐异常、植物变态（枯萎或歪斜）。

在野外可根据一些外表迹象和特征从宏观角度观察滑坡体、判断稳定性。已稳定的老滑坡体的特征是后壁较高、长满了树木、找不到擦痕且十分稳定；滑坡平台宽大且已夷平，土体密实有沉陷现象；滑坡前缘斜坡较陡、土体密实、长满树木、无松散崩塌现象，前缘迎河部分有被河水冲刷过的现象；目前的河水远离滑坡的舌部甚至在舌部外已有漫滩、阶地分布；滑坡体两侧的自然冲刷沟切割很深甚至已达基岩；滑坡体舌部的坡脚有清晰的泉水流出；等等。不稳定滑坡体常具有下列迹象，即滑坡体表面总体坡度较陡且延伸很长、坡面高低不平；有滑坡平台且面积不大并有向下缓倾和未夷平现象；滑坡表面有泉水、湿地且有新生冲沟；滑坡表面有不均匀沉陷的局部平台、参差不齐；滑坡前缘土石松散、小型坍塌时有发生且有面临河水冲刷的危险；滑坡体上无巨大直立树木。

滑坡的防治要贯彻"及早发现，预防为主；查明情况，综合治理；力求根治，不留后患"的原则，应结合边坡失稳的因素和滑坡形成的内外部条件治理滑坡，主要应从以下两个大的方面着手，即消除和减轻地表水和地下水的危害、改善边坡岩土体的力学强度。滑坡的发生常和水的作用密切相关，应降低孔隙水压力和动水压力防止岩土体的软化及溶蚀分解、消除或减小水的冲刷和浪击作用。为防止外围地表水进入滑坡区可在滑坡边界修截水沟；在滑坡区内可在坡面修筑排水沟；在覆盖层上可用浆砌片石或人造植被铺盖以防止地表水下渗；对岩质边坡还可用喷混凝土护面或挂钢筋网喷混凝土方式。排除地下水的措施应根据边坡地质结构特征和水文地质条件选择，常用方法包括水平钻孔疏干、铅直孔排水、竖井抽水、隧洞疏干、支撑盲沟等。应通过一定的工程技术措施改善边坡岩土体的力学强度、提高其抗滑力、减小滑动力，常用措施有削坡减载，即通过降低坡高或放缓坡角来改善边坡的稳定性。削坡设计应尽量削减不稳定岩土体的高度，阻滑部分岩土体不应削减。此法并不总是最经济、最有效的措施，要在施工前作经济技术比较。也可进行边坡人工加固，比如修筑挡土墙、护墙等支挡不稳定岩体；钢筋混凝土抗滑桩或钢筋桩作为阻滑支撑工程；预应力锚杆或锚索加固有裂隙或软弱结构面的岩质边坡；固结灌浆或电化学加固法加强边坡岩体或土体的强度；SNS 边坡柔性防护技术等。

滑坡发生时应积极应对措施。当处在滑坡体上时首先应保持冷静、不慌乱，迅速环顾四周向较安全的地段撤离，逃离时向两侧跑为最佳方向，滑坡呈整体滑动时可原地不动或抱住大树等物。当处于非滑坡区发现可疑的滑坡活动时应立即报告邻近的村、乡、县等有关政府或单位。应急措施或计划实施应迅捷以便组织群众迅速撤离危险区及可能的影响区。应重视水库、干线铁路、干线公路、发电厂、通信设备、干线渠道等生命线工程引发的滑坡次生灾害或第三次灾害。对受伤人员应及时施以援手，比如人工呼吸、心脏按摩。

施行人工呼吸前应首先清除患者口中污物，取去口中的活动义齿，然后使其头部后仰，下颌抬起，并为其松衣解带以免影响胸廓运动。人工呼吸救护者位于患者头部一侧，一手托起患者下颌，使其尽量后仰，另一手掐紧患者的鼻孔，防止漏气，然后深吸一口气，迅速口对口将气吹入患者肺内。吹气后应立即离开患者的口，并松开掐鼻的手，以便使吹入的气体自然排出，同时还要注意观察患者胸廓是否有起伏。成人每分钟可反复吸入 16 次左右，儿童每分钟 20 次，直至患者能自行呼吸为止。

如果患者心跳停止应在进行人工呼吸的同时立即施行心脏按摩。若有 2 人抢救，则一人心脏按压 5 次，另一人吸气 1 次，交替进行。若单人抢救，应按压心脏 15 次，吹气 2 次，交替进行。按压时，应让患者仰卧在坚实床板或地上，头部后仰，救护者位于患卧一侧，双手重叠，指尖朝上，用掌根部压在胸骨下 1/3 处（即剑突上两横指），垂直、均匀用力，并注意加上自己的体重，双臂垂直压下，将胸骨下压 3～5cm，然后放松，使血液流进心脏，但掌根不离胸壁。成年患者，每分钟可按压 80 次左右，动作要短促有力，持续进行。一般要在吹气按压 1 分钟后，检查患者的呼吸、脉搏一次，以后每 3 分钟复查一次，直到见效为止。

防治滑坡的工程措施很多，归纳起来主要有三类，即消除或减轻水的危害，包括排除地表水、排除地下水、防止河水、库水对滑坡体坡脚的冲刷；改变滑坡体的外形、设置抗滑建筑物，包括削坡减重、修筑支挡工程；改善滑动带的土石性质，包括焙烧法、爆破灌浆法。排除地表水是整治滑坡不可缺少的辅助措施且应是首先采取并长期运用的措施，其目的在于拦截、旁引滑坡区外的地表水、避免地表水流入滑坡区内，或将滑坡区内的雨水及泉水尽快排除，阻止雨水、泉水进入滑坡体内。主要工程措施有设置滑坡体外截水沟、滑坡体上地表水排水沟、引泉工程、做好滑坡区的绿化工作等。对地下水可疏不可堵，其主要工程措施有截水盲沟，用于拦截和旁引滑坡区外围的地下水；支撑盲沟，兼具排水和支撑作用；仰斜孔群，用近于水平的钻孔把地下水引出。此外还有盲洞、渗管、竖向钻孔等排除滑坡体内地下水的工程措施。防止河水、库水对滑坡体坡脚的冲刷时应在滑坡体上游严重冲刷地段修筑促使主流偏向对岸的"丁坝"，在滑坡体前缘抛石、铺设石笼、修筑钢筋混凝土块排管，以使坡脚的土体免受河水冲刷。削坡减重常用于治理处于"头重脚轻"状态而在前方又没有可靠的抗滑地段的滑体，使滑体外形改善、重心降低从而提高滑体稳定性。对因失去支撑而滑动的滑坡或滑坡床陡以及滑动可能较快的滑坡采用修筑支挡工程的办法来增加滑坡的重力平衡条件，使滑体迅速恢复稳定。支挡建筑物包括抗滑片石垛、抗滑桩、抗滑挡墙等。改善滑动带土石性质一般采用焙烧法、爆破灌浆法等物理化学方法对滑坡进行整治。由于滑坡成因复杂、影响因素多，因此经常需将上述几种方法同时使用综合治理方能达到目的。

17.6 泥石流灾害及预防

17.6.1 泥石流的特点

泥石流是介于流水与滑坡之间的一种地质作用。典型泥石流通常由悬浮着粗大固体碎屑物并富含粉砂及黏土的黏稠泥浆组成。适当地形条件下，大量水体浸透山坡或沟床中的固体堆积物质使其稳定性降低，饱含水分的固体堆积物质在自身重力作用下发生运动就形成泥石流。泥石流是一种灾害性地质现象。泥石流经常突然爆发、来势凶猛并可携带巨大石块高速前进，具有强大能量，破坏力极大。泥石流流动的全过程通常只有几个小时，短的可只有几分钟，是一种广泛分布于世界各国一些具有特殊地形、地貌状况地区的自然灾害，山区沟谷或山地坡面上由暴雨、冰雪融化等水源激发的含有大量泥沙石块的介于挟沙水流和滑坡之间的土、水、气混合流均属于泥石流，泥石流大多伴随山区洪水而发生，其与一般洪水的区别是洪流中含有足够数量的泥、沙、石等固体碎屑物，其固体碎屑物体积含量最少15%、最高可达80%左右，因此其比洪水更具破坏力。影响泥石流强度的因素主要包括泥石流容量、流速、流量等，其中泥石流流量对泥石流成灾程度的影响最为关键。另外，多种人为活动也在多方面加剧上述因素的作用并可促进泥石流的形成。

泥石流按物质成分不同分为泥石流、泥流、石流3类，由大量黏性土和粒径不等的砂粒、石块组成的属于泥石流；以黏性土为主并含少量砂粒、石块且黏度大、呈稠泥状的为泥流；由水和大小不等的砂粒、石块组成的为石流。按物质状态可分为黏性泥石流和稀性泥石流。黏性泥石流为含大量黏性土的泥石流或泥流，其特征是黏性大，固体物质占40%～60%，最高达80%；其中的水不是搬运介质而是组成物质；稠度大、石块呈悬浮状态；暴发突然、持续时间短、破坏力大。稀性泥石流以水为主要成分，其特征是黏性土含量少，固体物质占10%～40%，具有很大分散性，水为搬运介质，石块以滚动或跃移方式前进，具有强烈的下切作用，其堆积物在堆积区呈扇状散流，停积后似"石海"。按泥石流的成因分为水川型泥石流、降雨型泥石流。按泥石流流域大小分小型泥石流（一次的固体物质总量小于 $1\times10^4 m^3$）、中型泥石流（一次的固体物质总量为 $1\times10^4\sim10\times10^4 m^3$）、大型泥石流（一次的固体物质总量为 $10\times10^4\sim50\times10^4 m^3$）；特大型泥石流（一次的固体物质总量大于 $50\times10^4 m^3$）。按泥石流发展阶段分为发展期泥石流、旺盛期泥石流和衰退期泥石流等。

泥石流的活动强度主要与地形地貌、地质环境和水文气象条件有关。崩塌、滑坡、岩堆群落地区岩石破碎、风化程度深易成为泥石流固体物质的补给源；沟谷的长度较大、汇水面积大、纵向坡度较陡等可为泥石流流通提供条件；水文气象因素可直接提供水动力条件。泥石流形成必须同时具备以下3个条件，即陡峻的便于集水、集物的地形、地貌；丰富的松散物质；短时间内大量的水源。山高沟深、地形陡峻、沟床纵度降大的流域形状便于水流汇集。泥石流地貌通常可分形成区、流通区和堆积区三部分，上游形成区地形多为三面环山、一面出口的瓢状或漏斗状。地形比较开阔，周围山高坡陡、山体破碎、植被生长不良，这样的地形有利于水和碎屑物质的集中。中游流通区地形多为狭窄陡深的峡谷，谷床纵坡降大使泥石流能迅猛直泻。下游堆积区地形通常为开阔平坦的山前平原或河谷阶地，使堆积物有堆积场所。

泥石流常发生于地质构造复杂、断裂褶皱发育、新构造活动强烈、地震烈度较高的地区，其地表岩石破碎以及崩塌、错落、滑坡等不良地质现象的发育为泥石流形成提供了丰富的固体物质来源。另外，岩层结构松散、软弱、易于风化、节理发育或软硬相间成层的地区因易受破坏也可为泥石流提供丰富的碎屑物来源。滥伐森林造成的水土流失、开山采矿、采石弃渣等人类工程活动往往也可为泥石流提供大量的物质来源。水既是泥石流的重要组成部分又是泥石流的激发条件和搬运介质（动力来源），泥石流的水源存在暴雨、水雪融水和水库（池）溃决水体等形式，中国大部分泥石流的水源是暴雨、长时间的连续降雨等。

泥石流的发生时间具有季节性和周期性，泥石流发生的时间通常与集中降雨时间一致（表现出明显的季节性。一般发生在多雨的夏秋季节。我国西南地区为 6～9 月、西北地区为 6～8 月），泥石流的活动周期与暴雨、洪水、地震的活动周期大体一致，当暴雨、洪水两者的活动周期叠加时常形成泥石流活动的高潮。泥石流在中国主要集中分布在两个带上，一是青藏高原与次一级高原与盆地间的接触带；另一个是上述的高原、盆地与东部的低山丘陵或平原的过渡带。在各大型构造带中具有高频率的泥石流又往往集中在板岩、片岩、片麻岩、混合花岗岩、千枚岩等变质岩系及泥岩、页岩、泥灰岩、煤系等软弱岩系和第四系堆积物分布区。泥石流的分布还与大气降水、水雪融化的显著特征密切相关，高频率泥石流主要分布在气候干湿季较明显、较暖湿、局部暴雨强大、水雪融化快的地区，比如云南、四川、甘肃、西藏等。低频率的稀性泥石流主要分布在我国东北和南方地区。

泥石流常具有暴发突然、来势凶猛、迅速之特点。并兼有崩塌、滑坡和洪水破坏的三重作用，其危害程度比单一的崩塌、滑坡和洪水更为广泛和严重，其对人类的危害主要表现在对居民点的危害、对公（铁）路的危害、对水利（电）工程的危害、对矿山的危害。

17.6.2　泥石流的防御

减轻或避防泥石流损害的工程措施主要有跨越工程、穿过工程、防护工程、排导工程、拦挡工程。跨越工程是指修建桥梁、涵洞从泥石流沟的上方跨越通过，让泥石流在其下方排泄以避防泥石流，是铁道和公路交通部门为保障交通安全常用的措施。穿过工程是指修隧道、明硐或渡槽从泥石流的下方通过、让泥石流从其上方排泄，也是铁路和公路通过泥石流地区的主要工程形式。防护工程是指对泥石流地区的桥梁、隧道、路基以及泥石流集中的山区变迁型河流的沿河线路或其他主要工程措施设置一定的防护建筑物以抵御或消除泥石流对主体建筑物的冲刷、冲击、侧蚀和淤埋等危害，防护工程主要有护坡、挡墙、顺坝和丁坝等。排导工程的作用是改善泥石流流势、增大桥梁等建筑物的排泄能力，使泥石流按设计意图顺利排泄。排导工程包括导流堤、急流槽、束流堤等。拦挡工程是指用以控制泥石流的固体物质和暴雨、洪水径流、削弱泥石流流量、下泄量和能量以减少泥石流对下游建筑工程冲刷、撞击和淤埋等危害的工程措施。拦挡措施主要有栏渣坝、储淤场、支挡工程、截洪工程等。人们防治泥石流通常采用多措施结合方式，比用单一措施更为有效。

泥石流预测预报工作非常重要，是防灾减灾的重要步骤和措施。目前我国对泥石流的预测预报研究方法主要体现在以下四个方面，即在典型泥石流沟定点监测，以力求解决泥石流的形成与运动参数问题。调查潜在泥石流沟有关参数和特征，加强水文、气象预报工作，特别是对小范围的局部暴雨的预报。因暴雨是形成泥石流的激发因素，当月降雨量超过 350mm 时或日降雨量超过 150mm 时就应发出泥石流警报。建立泥石流技术档案，特别是大型泥石流沟的流域要素、形成条件、灾害情况及整治措施等，资料应逐个详细记录并解决信息接收和传递等问题，应划分泥石流的危险区、潜在危险区或进行泥石流灾害敏感度分区。设置泥石流防灾警报器以及进行室内泥石流模型实验。

沿山谷徒步时一旦遭遇大雨要迅速转移到安全的高地，不要在谷底过多停留。应注意观察周围环境，特别应留意是否听到远处山谷传来打雷般声响，若听到要高度警惕，这很可能是泥石流将至的征兆。要选择平整的高地作为营地，应尽可能避开有滚石和大量堆积物的山坡下面，不要在山谷和河沟底部扎营，应尽可能避开河（沟）道弯曲的凹岸或地方狭小高度又低的凸岸，切忌在沟道处或沟内的低平处搭建宿营棚。发现泥石流后要马上与泥石流流向成垂直方向向两边的山坡上面爬，爬得越高越好、跑得越快越好，绝对不能往泥石流的下游走。逃生时要抛弃一切影响奔跑速度的物品，不要躲在有滚石和大量堆积物的陡峭山坡下面，不要停留在低洼的地方，也不要攀爬到树上躲避。遇到长时间降雨或暴雨时应警惕泥石流的发生。

泥石流发生前的迹象是河流突然断流或水势突然加大并夹有较多柴草、树枝；深谷或沟内传来类似火车轰鸣或闷雷般的声音；沟谷深处突然变得昏暗并有轻微震动感等。

发生泥石流后灾区卫生条件差，尤其饮用水的卫生难以得到保障。首先要预防的是肠道传染病，比如霍乱、伤寒、痢疾、甲型肝炎等。另外，人畜共患疾病和自然疫源性疾病也是洪涝期间极易发生的，比如鼠媒传染病中的钩端曼旋体病、流行性出血热；寄生虫病中的血吸虫病；虫媒传染病中的疟疾、流行性乙型脑炎、登革热等。灾害期间还常见浸渍性皮炎（"烂脚丫"、"烂裤裆"）、虫咬性皮炎、尾蚴性皮炎等皮肤病。应防止溺水、触电、中暑、外伤、毒虫咬螫伤、毒蛇咬伤、食物中毒、农药中毒等意外伤害有。灾区群众要把好"病从口入"关，不要喝生水，饭前便后要洗手，不用脏水漱口或洗瓜果蔬菜，不要食用发霉、腐烂的食物，淹死、病死的家禽家畜要深埋，掌握"勤洗手、喝开水、吃熟食、趁热吃"防病口诀。同时要注意搞好环境卫生，不要随地大小便，及时清理粪便和垃圾，不能直接用手接触死鼠及其排泄物；此外，室外活动时要尽量穿长衣裤，扎紧裤腿和袖口，防止蚊虫叮咬，暴露在外的皮肤可涂抹驱蚊剂。灾区群众要积极配合卫生防疫人员的消毒工作，在外劳动时应注意防止皮肤受伤。

要规避泥石流伤害应注意以下 5 方面问题，即房屋不要建在沟口和沟道上；不能把冲沟当作垃圾排放场；应保护和改善山区生态环境；雨季不要在沟谷中长时间停留；做好泥石流监测预警工作。

17.7　水土流失灾害及预防

17.7.1　水土流失灾害的特点

水土流失（water and soil loss）是指在水力、重力、风力等外营力作用下水土资源和土地生产力的破坏和损失，包括土地表层侵蚀和水土损失，也称水土损失。其本质是地表土壤及母质、岩石受到水力、风力、重力和冻融等外力作用而受到各种破坏发生的移动、堆积过程以及水本身的损失现象，人们也常将水土流失称为土壤侵蚀。

根据产生水土流失的"动力"的不同人们将分布最广泛的水土流失分为水力侵蚀、重力侵蚀和风力侵蚀三种类型。水力侵蚀分布最广，在山区、丘陵区和一切有坡度的地面暴雨时都会产生水力侵蚀，其特点是以地面的水为动力冲走土壤，比如黄河流域。重力侵蚀主要分布在山区、丘陵区的沟壑和陡坡上，在陡坡和沟的两岸沟壁中一部分的下部被水流淘空，土壤及其成土母质在自身重力的作用下不能继续保留在原来位置而分散地或成片地塌落。风力侵蚀主要分布在中国西北、华北和东北的沙漠、沙地和丘陵盖沙地区，其次是东南沿海沙地，再次是河南、安徽、江苏几省的"黄泛区"，其特点是风力扬起的沙粒离开原来位置随风飘浮到另外的地方降落，比如河西走廊、黄土高原等。除此以外，还可分为冻融侵蚀、冰川侵蚀、混合侵蚀、风力侵蚀、植物侵蚀和化学侵蚀等。

水土流失的形成主要决定于自然和人为2大因素。自然因素主要涉及气候、地形、土壤（地面物质组成）、植被四个方面。沟谷发育的陡坡其地面坡度越陡、地表径流流速越快、对土壤的冲刷侵蚀力就越强；坡面越长汇集地表径流量越多、冲刷力也越强。产生水土流失的降雨一般是强度较大的暴雨,降雨强度超过土壤入渗强度才会产生地表（超渗）径流并造成对地表的冲刷侵蚀。达到一定郁闭度的林草植被有保护土壤不被侵蚀的作用，郁闭度越高其保持水土的能力越强。人类对土地不合理的利用会破坏地面植被和稳定地形并导致严重的水土流失，比如破坏植被、轮荒等不合理的耕作制度、开矿等。

17.7.2　水土流失灾害的治理与防御

水土流失危害性很大，可导致土地生产力下降甚至丧失，比如长江、黄河领域大片肥沃土壤和氮、磷、钾肥料被冲走，有人心痛地说黄河流走的不是泥沙而是中华民族的血液。水土流失会淤积河道、湖泊、水库，有专家预测，若水土流失不治理，再过50年长江流域的一些水库都要淤平或成为泥沙库。污染水质还会影响生态平衡。水土流失的危害性不仅很大而且还具有长期效应。中国是世界上水土流失最为严重的国家之一，由于特殊的自然地理和社会经济条件使水土流失成为主要的环境问题，中国的水土流失分布范围广、面积大，典型地区是南方丘陵和黄土高原，黄土高原表现为土质疏松、降水集中、人类过度放牧、开矿、毁林开荒。

水土流失治理开发必须尊重客观规律，可采用化学处理法和综合治理法。应用阴离子聚丙烯酰胺（PAM）防治水土流失已成为国际普遍采用的化学处理措施。综合治理的原则是调整土地利用结构、治理与开发相结合，应压缩农业用地。应重点抓好川地、塬地、坝地、缓坡梯田的建设，充分挖掘水资源潜力，采用现代农业技术措施，提高土地生产率，建设旱涝保收、高产稳产的基本农田。应扩大林草种植面积、改善天然草场，超载过牧的地方应适当压缩牲畜数量，提高牲畜质量，实行轮封轮牧。应重视复垦回填工作。小流域综合治理的重点是保持水土、合理开发利用水土资源、建立有机高效的农林牧业生产体系，方针是"保源，护坡，固沟"，模式是工程措施生物措施、农业技术措施并举，比如打坝建库、平整土地、修建基本农田、抽引水灌溉；深耕改土、科学施肥、选育良种、地膜覆盖、轮作复种等。

17.8　地面塌陷灾害及预防

17.8.1　地面塌陷灾害的特点

地面塌陷是指地表岩、土体在自然或人为因素作用下向下陷落并在地面形成塌陷坑（洞）的一种动力地质现象。由于发育地质条件和作用因素的不同地面塌陷可分为岩溶塌陷、非岩溶性塌陷等2种类型。岩溶塌陷是因可溶岩中存在的岩溶洞隙而产生的，（可溶岩以碳酸岩为主，其次有石膏、岩盐等。）可溶岩上有松散土层覆盖的岩溶区的塌陷主要产生在土层中，称为"土层塌陷"，其发育数量最多、分布最广。若组成洞隙顶板的各类岩石较破碎时也可发生顶板陷落的"基岩塌陷"。我国岩溶塌陷分布广泛，除天津、上海、甘肃、宁夏外其余各个省（区、市）都有发生，其中以广西、湖南、贵州、湖北、江西、广东、云南、四川、河北、辽宁等省（区）最为发育。非岩溶性塌陷是指由于非岩溶洞穴产生的塌陷，比如采空塌陷、黄土地区黄土陷穴引起的塌陷、玄武岩地区其通道顶板产生的塌陷等，但两个分布较局限。采空塌陷是指煤矿及金属矿山的地下采空区顶板冒落塌陷。采空塌陷在我国分布较广泛，除天津、上海、内蒙、福建、海南、西藏外其余各个省（区、市）都有发生，其中黑龙江、山西、安徽、江苏、山东等最为发育。以上几类塌陷中以岩溶塌陷分布最广、数量最多、发生频率最高、诱发因素最多且具有较强的隐蔽性和突发性特点，严重威胁人民群众的生命财产安全。采空塌陷一般较大，面积通常均在几百平方米以上，大者可达百万平方米。

黄土湿陷从成因上可分自然和人为诱发两类。造成黄土湿陷原因主要包括从内部改变了黄土的力学性质、黄土内部浸水湿化、黄土内部结构发生崩解。黄土在浸水及外部荷载因素下剪应力超过抗剪强度时就会发生湿陷，黄土内部因浸水湿化作用使土壤自身摩擦力降低加之外部扰动作用可诱发湿陷。黄土内部结构发生崩解时会使黄土颗粒间胶结强度弱化，颗粒间发生相对迁移并伴随小颗粒进入大间隙，同时由于颗粒间胶结被水溶解，在外部扰动作用下强度已不堪平衡从而造成土质结构损坏。湿性黄土干燥状态下可承受一定荷重而变形不大，但浸水后土粒间水膜会增厚、水溶盐被溶解、土粒联结力显著减弱，从而可引起土体结构破坏并产生湿陷。由于其湿陷往往突然发生，因此常导致建筑物突然发生沉陷甚至导致建筑物破坏。黄土湿陷主要见于河北、青海、陕西、甘肃、宁夏、河南、山西、黑龙江等8个黄土分布省区，塌陷问题最严重的是河南。湿陷性黄土中自重湿陷性黄土危害最大。

岩溶塌陷的平面形态各种各样，可为圆形、椭园形、长条形及不规则形，主要与下伏岩溶洞隙的开口形状及其上复岩、土体的性质在平面上分布的均一性有关。其常见剖面形态为坛状、井状、漏斗状、碟状及不规则状等，主要与塌层的性质有关，黏性土层塌陷多呈坛状或井状，砂土层塌陷多具漏斗状，松散土层塌陷常呈碟状，基岩塌陷剖面常呈不规则的梯状。岩溶塌陷的规模以个体塌陷坑的大小来描述，主要取决于岩溶发育程度，洞隙开口大小及其上覆盖层厚度等因素。通常土层塌陷陷坑直径一般不超过 30 m，其中大多小于 5 m，占总数的 63%～71%，5～10m 的占 10%～20%，个别大的可达 60～80 m。塌陷坑可见深度绝大多数小于 5 m，占总数的 84%～97%。基岩塌陷一般规模较大，四川兴文县小岩湾塌陷长 650 m、宽 490 m、深 208 m。

17.8.2　地面塌陷灾害的防御

地下排水管或污水管破裂、邻近建筑施工、大雨、大旱引起的地下水位急剧变化等都可能引起地面塌陷，挖矿、抽水等也可引起地面塌陷。地面塌陷危害主要表现在突然毁坏城镇设施、工程建筑、农田，干扰破坏交通线路，造成人员伤亡。地面塌陷中采空塌陷危害最大、造成的损失最重，岩溶塌陷次之，黄土湿陷相对小也较集中。

虽然地面塌陷具有随机、突发特点让人防不胜防，但其发生仍然是有内、外因的，人们完全可以针对塌陷原因，事前采取一些必要的措施，以避免或减少灾害损失。这些预防措施主要应该包括以下 4 个方面，即应采取有效措施减少地表水的下渗；雨季前应注意疏通地表排水沟渠，降雨季节时刻应提高警惕、增强防范意识，发现异常情况及时躲避与处置。应强化地下输水管线管理，发现问题及时解决。应做好地表和地下排水系统的防水工作，特别应加强居民厨房下水道的防水问题。应合理采矿、科学预留保护煤柱，合理科学的采矿方案可以防止或减少塌陷的发生，小煤窑不能影响国有矿山企业的安全和开采规划，采矿单位应向地方规划部门提供采空区位置及有关资料以便工程建设单位根据采空区位置进行勘察设计工作，采煤时建筑物下应预留保护柱并应按等级确定保护带宽度。应加强采空区的地质工程勘察工作，即加强塌陷区地质工程勘察和资料收集分析工作，对勘察工作确定的重点塌陷危险区应坚决采取搬迁措施。应防治结合、提高工程的自身防护能力，在采空区进行工程建设时应尽可能绕避最危险的地方，对不能绕避的塌陷区、采空区应根据实际情况采取压力灌浆等工程措施，对已坍塌的地区应进行填堵、夯实，条件许可时还可采取直梁、拱梁、筏板等方法跨越塌陷坑，设计时应增强建筑物的整体刚度和整体性并提高工程本身的防护能力，比如采取缩短变形缝、防渗漏等措施。

应重视监测预警工作。通过长期、连续监测地面、建筑物变形和水点中水量、水态变化以及地下洞穴分布及其发展状况等可掌握地面塌陷的形成发展规律，提早预防、治理。对地面和建筑物的变形监测通常须设置一定的点位用水准仪、百分表及地震仪等进行测量，地下岩、土体特征的变化可采用伸缩性钻孔桩（分层桩）、钻孔深部应变仪等进行监测，水点变化的观测常用测量水量、水位的仪器进行，地下洞穴分布及其发展状况可借助物探或钻探方法查明。塌陷前兆现象是塌陷的序幕，其离塌陷时间近而且短促。因此，及时发现这些现象并作出预警报对减轻灾害损失具有重要意义，这些现象通常比较直观，比如抽、排地下水引起泉水干枯；地面积水、人工蓄水（渗漏）引起地面冒气泡或水泡；植物变态；建筑物有响声或倾斜；地面环形开裂；地下有土层垮落声；水点的水量、水位和含沙量突变以及动物的惊恐异常现象等。塌陷前兆现象监测至关重要。

17.9　地裂缝灾害及预防

17.9.1　地裂缝灾害的特点

地裂缝（ground fissures 或 ground fracture）是地表岩、土体在自然或人为因素作用下产生开裂并在地面形成一定长度和宽度的裂缝的一种地质现象，当这种现象发生在有人类活动的地区时便可成为一种地质灾害。地裂缝的形成通常是指强烈地震时因地下断层错动使岩层发生位移或错动并在地面上形成断裂，其走向和地下断裂带一致、规模大、常呈带状分布。

地裂缝的形成原因复杂多样，地壳活动、水的作用和部分人类活动均是导致地面开裂发生的主要原因，按地裂缝成因的不同可将其分为地震裂缝、基底断裂活动裂缝、开启裂缝、松散土体潜蚀裂缝、黄土湿陷裂缝、地面沉陷裂缝、滑坡裂缝等。各种地震引起地面的强烈震动均可产生地震裂缝。基底断裂活动裂缝是因基底断裂的长期蠕动导致岩体或土层逐渐开裂并显露于地表形成。开启裂缝发育于隐伏裂隙土体，在地表水或地下水的冲刷、潜蚀作用下裂隙中的物质被水带走导致裂隙向上开启、贯通即为开启裂缝。松散土体潜蚀裂缝是因地表水或地下水的冲刷、潜蚀、软化和液化作用等使松散土体中部分颗粒随水流失、土体开裂形成。黄土湿陷裂缝是因黄土地层受地表水或地下水的浸湿产生沉陷形成。胀缩裂缝是由于气候的干、湿变化使膨胀土或淤泥质软土产生胀缩变形发展而成。地面沉陷裂缝是因各类地面塌陷或过量开采地下水、矿山地下采空引起地面沉降过程中的岩土体开裂形成。滑坡裂缝是因斜坡滑动造成地表开裂形成。地裂缝以西安最为发育，西安市区根据地表出露形迹和多种勘察手段确定的地裂缝带共有 11 条，由南往北依次为南三爻—射击场地裂缝带、陕西师范大学—陆家寨地裂缝带、大雁塔—北池头地裂缝带、陕西宾馆—小寨地裂缝带、沙井村—秦川厂地裂缝带、黄雁村—和平门地裂缝带、西北大学—西光厂地裂缝带、劳动公园—铁路材料总厂地裂缝带、红庙坡—八府庄地裂缝带、大明宫—辛家庙地裂缝带、方新村—井上村地裂缝带，上述 11 条地裂缝带出露总长度 70.57 km、延伸总长度 114.87 km。

17.9.2　地裂缝灾害的防御

过量抽汲承压水可导致地裂缝两侧发生不均匀地面沉降并进一步加剧地裂缝的活动，地裂缝所经之处地面及地下各类建筑物开裂、路面破坏、地下管道（供水、输气等）错断，不但会造成较大经济损失而且会给居民生活带来不便。在中国发育的各类地裂缝中除地震裂缝和基底断裂活动裂缝外，其他各类均能人为地加以控制和防御甚至避免和根除。对地震裂缝和基底断裂活动裂缝目前的技术手段还难以抗御，改善人类活动和一些治理措施只能起到一定的减轻作用。在目前的技术水平和认识状况下各类工程建筑绕、避这类裂缝区段是一种最为有效的减灾措施。

通常一个地区的地裂缝活动具年内季节变化规律和突变性，还具有统一的三维空间变形特征。引起地裂缝强烈活动的因素除构造活动外，主要与过量开采承压水引发的地裂缝两侧地面不均匀沉降有关。

由于地裂缝活动对建筑物破坏的难以抵御性，地裂缝灾害防治主要以避让为主，关键是确定的合理避让距离，在地裂缝经过的场地进行建设时要进行详细的地裂缝场地勘察以确定主、次裂缝的准确位置，从而确定合适的避让距离和选择必要的建筑结构。应加强地裂区的工程地质勘察工作，采取各种行政、管理手段限制地下水的过量开采，应对已有裂缝进行回填、夯实并改善地裂区土体的性质；应改进地裂区建筑物的基础形式、提高建筑物的抗裂性能；应对地裂区既有建筑物进行加固处理；应设置各种监测点密切注视地裂缝的发展动向。矿区开采中应增大、增多预留保安柱并应限制开采区域。

地裂缝种类多，防治方法也各种各样。地震地裂缝、构造蠕变地裂缝等构造地裂缝主要受地壳运动控制，人类无法限制其活动，因此只能通过对区域和工程场地的工程地质环境调查和分析圈定地裂缝危险区、确定地裂缝破坏带（影响带），使工程设施尽可能避开地裂缝影响区或影响带。对难以避开的工程设施则应采取抗裂、防沉措施预防地裂缝破坏。对受人类活动影响的地裂缝应通过改善人类活动方式防止地裂缝的发生和发展。对于已经形成的地裂缝可采取回填、夯实、灌注等方法进行有针对性的治理。

17.10　土地盐渍化灾害及预防

17.10.1　土地盐渍化灾害的特点

土壤盐渍化（soil salinization）也称盐碱化，是指土壤底层或地下水的盐分随毛管水上升到地表，水分蒸发后，使盐分积累在表层土壤中的过程。也指易溶性盐分在土壤表层积累的现象或过程。中国盐渍土（或称盐碱土）的分布范围广、面积大、类型多，主要发生在干旱、半干旱和半湿润地区。盐碱土的可溶性盐主要包括钠、钾、钙、镁等的硫酸盐、氯化物、碳酸盐和重碳酸盐。硫酸盐和氯化物一般为中性盐，碳酸盐和重碳酸盐为碱性盐。干旱、半干旱区由于漫灌和只灌不排导致地下水位上升或土壤底层或地下水的盐分随毛管水上升到地表，水分蒸发后使盐分积累在表层土壤中，当土壤含盐量太高（超过 0.3%）时就会形成盐碱灾害。

中国的盐渍土面积约为 1.0×10^8ha（公顷），其中现代盐渍土约占 37%，残积盐渍土约占 45%，潜在盐渍土约占 18%。中国盐渍土分布于辽、吉、黑、冀、鲁、豫、晋、新、陕、甘、宁、青、苏、浙、皖、闽、粤、内蒙古及西藏等 19 个省区，按自然地理条件及土壤形成过程可划分为滨海湿润—半湿润海浸盐渍区、东北半湿润—半干旱草原—草甸盐渍区、黄淮海半湿润—半干旱旱作草甸盐渍区、甘新漠境盐渍区、青海极漠境盐渍区及西藏高寒漠境盐渍区等 8 个分区。

中华人民共和国成立初期对盐渍土的水盐运动规律认识不足，在开发大型灌区、发展灌溉、扩大灌溉面积中曾使大面积土壤出现过严重的次生盐质化，造成了不良后果。比如 1956—1961 年间的华北平原大搞引黄灌溉和平原蓄水而忽视了排水曾导致平原北部大面积土壤盐渍化，使盐渍土面积由 2800 万亩增加到 4800 万亩，经过 10 年的治理才得到恢复。土壤次生盐渍化的形成很大程度上给地下水带来不良影响，由于地下水超采使地下水位持续下降，沿渤海、黄海的沙质和基岩裂隙海岸地带发生海水入侵，在有咸水分布的地区出现咸水边界向淡水区移动的问题。

17.10.2　土地盐渍化灾害的防御

由于不同区域不同气候条件下的不同类型盐渍土水盐运动的规律有所不同，所以水盐运动规律的研究近几年仍是盐渍化土壤理论研究的重点。其研究趋向于分区研究水盐运动或是采用参数模型进行区域水盐均衡计算及利用区域水盐运动分布参数模型作区域水盐平衡与产流的模拟、建立水盐均衡方程。但目前区域水盐运移的模型成果相对较少，主要是因为区域的空间变异性大，直接受作物、土壤、气候的影响，区域与区域之间的差异也很显著。目前土壤的改良方法中，水利工程改良和通过土壤耕作增施有机肥改良土壤理化性质，施用农家肥和植物残体等改良土壤的方法在生产实践中已经广泛应用。化学改良和生物改良是目前研究的重点。化学改良虽然见效快但却容易引入新的离子造成二次污染且资金投入和技术要求都很高，对大面积的土地修复实施起来比较困难。如何降低成本使高效的改良剂能尽快的运用到实际中是今后有待解决的问题。综合现有的治理措施不难发现，植物修复是盐渍化土地恢复的最经济有效的措施，而且盐渍地修复最终目标也是实现植被的恢复与重建，有关抗盐碱植物耐盐碱基因的分离、提取、克隆已有所研究，以后还需要不断深入转基因技术和其他技术手段的结合建立完善的植物耐盐体系，尽快运用到实际当中。应建立区域水盐监测体系，寻求最佳的宏观生态调控模式和环境保护策略。应开展区域水盐研究的各种信息的数字化、智能化，计算机决策自动化技术基础研究工作。治理实践证明，改良盐渍土是一项复杂、难度大、需时间长的工作，应视各国、各地的具体情况制定措施。

次生盐渍化又称"次生盐碱化"，是指由于不合理的耕作灌溉而引起的土壤盐渍化过程。主要发生我国的华北平原、松辽平原、河套平原、渭河平原等。因受人为不合理措施的影响，使地下水抬升，在当地蒸发量大于降水量的条件下，使土壤表层盐分增加，引起土壤盐化。防治的关键在于控制地下水位，故应健全灌排系统，采取合理灌溉等农业技术措施，防止地下水位抬升和土壤返盐。

实践证明，改良盐渍土是一项复杂、难度大、需时间长的工作，应视各国、各地的具体情况制定措施。比如建立完善的灌溉系统使地下水深度保持在临界深度以下，前苏联科学院 V.Akovda 等专家认为可能引起土壤盐渍化的矿化地下水的深度平均为 $2.5\sim3$ m。应建立现代化排水系统，水平排水主要以明沟、暗管的形式进行，既能降低地下水位又可排出土壤中的盐份；竖井排水价格低、不占地、水量大、水质好、控制调节地下水位灵活、维修工作少，同时又可和灌溉相结合，竖直设井以梅花型布井效果为最好应重视土体的化学改良，在碱土上施用石膏、硫酸、矿渣（磷石膏）等化学改良剂，土地类型不同施入量也应不同，施用时间长短取决于当地经验和资金状况。施用改良剂后需用大量水冲洗，在水资源缺乏的情况下应用困难且成本高。但这种方法能使土壤积水从 379 天降到 145 天、渗水从 292 mm 升到 605 mm。化学改良尽管成本高但从经济效益看是有益的。应重视种植水稻的生物效应，种植水稻对碱土改良比较有效并可取得良好的改土增产效果。采用灌溉冲洗、施用化学改良剂和种稻改良三结合的综合改良措施效果较好，但要求水平排水必须畅通。可向土壤中注入聚丙烯酸酯溶液，该液可与土壤形成 0.5 cm 的不透水层从而减少土壤水分的蒸发、减少盐分随毛管水蒸发向表土累积，使作物产量明显增加。有人成功地将沥青混入表层 5 cm 土层中然后冲洗使土温提高 $1.3℃\sim2.3℃$ 从而提高盐分的溶解度、增加淋洗效果。应重视利用咸水灌溉，咸水灌溉虽能增加土壤中盐分但也能增加土壤湿度、降低土壤溶液中的盐浓度。咸水灌溉浓度为 $1\sim8g/L$，具体应做实验。应重视种植耐盐碱的树种，特别是能固氮的耐盐树种和草木（绿肥）植物。这样既可减少地表水分的蒸发、防止土壤表面积盐，又可降低地下水位和盐分、改良土壤物理性状、增加有机质和土壤微生物、降低土壤 pH 值，从而彻底改善周围的生态环境。

17.11　沼泽化灾害及预防

沼泽化是指存在泥炭化的土地长期过湿，在湿生作物作用或厌氧条件下进行的有机质的生物积累和矿质元素还原的过程。沼泽化土壤有机质多，植物养料的灰分元素缺乏，水分长期饱和、通气不良。排水可防止沼泽化的发生发展。沼泽化的原因是存在泥炭化的土地长期过湿，防止的方法是排水，沼泽化的途径是水体沼泽化和陆地沼泽化。

中国沼泽发育过程同世界其他地区一样也主要有两种途径，即水体沼泽化和陆地沼泽化。水体沼泽化主要是在湖泊中进行，流速缓慢或停滞的小河也可能沼泽化。湖泊经过长期的泥沙淤积、化学沉积和生物沉积后湖水会变浅，然后在光照、温度等条件适宜的情况下开始生长喜水植物和漂浮植物，植物死亡不断堆积湖底，其在在缺氧条件下分解很慢，逐年累积而形成泥炭，随着泥炭的增厚湖水进一步变浅、湖面缩小，最后泥炭堆满湖盆、水面消失，整个湖泊水草丛生演化为沼泽。可见，湖泊变成沼泽是自然演替的必然结果，其标志着湖泊的消亡。但由于湖盆特征不同和区域地理差异湖泊沼泽化过程并不完全一样。

缓岸湖泊沼泽化是从边缘开始的，首先在岸边浅水带生长挺水植物。因水深不同，挺水植物群落呈同心圆状有规律的分布，向湖心逐渐生长沉水植物。注入湖泊的水流所携带的泥沙淤积和死亡植物残体的堆积使浅水带逐渐向湖心推移，沼泽植物也向湖心蔓延，最后整个湖泊长满了沼泽植物。中国小兴凯湖目前正处于沼泽化阶段。小兴凯湖南岸湖底坡度不大，缓缓向湖心倾斜，从岸边到湖心植物呈有规律的分布，沿岸湿润地带为小叶樟群落，生长茂密，多呈纯群落；水深 10 cm 以内地带为苔草—小叶樟群落，有稀疏草丘；水深 20 cm 左右的湖滩以芦苇群落为主，局部地段生长狭叶甜茅呈斑状镶嵌在芦苇群落中间；在湖滩与湖心邻接的地方风浪作用较大，泥沙在这里淤积，湖水变浅甚至露出水面，生长了菰；湖心水深 $1\sim2$ m 生长了沉水植物竹叶眼子菜等。目前，湖滩不断扩大，芦苇、甜茅群落向湖心侵入，湖泊正在日益收缩。

陡崖湖泊沼泽化是从水面植物繁殖过程开始的，在背风侧的湖面生长着长根漂浮植物。它们根茎交织，常与湖岸连在一起，形成较厚的漂浮植物毡，俗称漂筏。随着植物不断繁殖、生长，浮毡逐渐扩大、厚度增加，浮毡下部的植物残体在重力作用下脱落湖底，年积月累使湖底变高。浮毡布满水面但与湖底之间尚存在水层，随着时间推移，湖底泥炭堆积愈来愈厚，直至水层消失，两者相接，湖泊最后演化为沼泽。漂浮植物毡布满湖面需经历长期的演化过程，初期由于风浪作用，往往使浮毡碎裂，小块漂筏像绿色小舟，随风漂游散布在湖中；沼泽化后期，各漂浮植物毡逐渐扩大，彼此结合，布满整个湖面，但在个别接触处还有局部明水，称为湖窗。此外，因漂浮植物种属不同以及受其他因素影响而造成生长状况的差异，使浮毡厚薄不均，薄层地段人畜行走其上，有沉陷危险，在东北地区把这种现象，叫做"大酱缸"。当年中国红军长征走过的"草地"有些沼泽就是"人陷不见头，马陷不见颈"的漂筏沼泽。陡岸湖泊沼泽化虽然不及缓岸湖泊沼泽化普遍，但在中国东北和西南地区以及西北内陆地区的一些湖泊都可看到，比如黑龙江省抚远县境内的芦清河泡子。此外，人工湖泊（水库）也可以沼泽化。

河流沼泽化通常发生在流速缓慢或水流停滞的小河或河流的个别河段，在岸边甚至到河心，常见到水草丛生的沼泽化现象，其发育过程大部分与陡岸湖泊沼泽化相似，比如三江平原的一些河流。

如果说水体沼泽化对生态环境的变化是由湿趋干的过程，那么陆地沼泽化恰恰相反，是在不断增强湿地生态环境。在中国，陆地沼泽化过程主要有草甸沼泽化和森林沼泽化两种。草甸沼泽化过程是草甸过度湿润，导致土壤严重潜育化形成的嫌气环境以及植物残体强烈的蓄水能力共同作用的结果，比如若尔盖高原沼泽区。

在中国高寒山区森林带，特别是寒温带、温带的针叶林和针阔叶混交林带，常有面积不等的沼泽分布其间，有的镶嵌在林海中间，有的分布在林下，严重影响树木生长和更新。在一般情况下，森林是不易发育沼泽的，只在森林采伐迹地或火烧迹地才能看到沼泽化现象。因树木消失后失去了巨大的吸水能力，破坏了土层的水分平衡，使土层过湿或地表积水，导致迹地沼泽化。在季节冻土时间长并有永冻层分布的山地，水分下渗困难，地表过湿，也容易引起林地沼泽化。林下沼泽或林间空地的沼泽不断向四周扩展，恶化了树木的生长环境，造成树木大量死亡而形成"站杆"，或因限制了树木的正常发育，出现树木枯梢、生长缓慢，变成矮小的"小老树"这种现象在大、小兴安岭和长白山都可以看到。

综上所述，沼泽化是一种自然现象和地质灾害，沼泽化过程主要有两种途径，即水体沼泽化和陆地沼泽化。沼泽化治理应辩证施治、生物措施与工程措施并举，应根据具体沼泽类型的成因改变其形成沼泽的条件和环境。

17.12　地面沉降灾害及预防

17.12.1　地面沉降灾害的特点

地面沉降是指地球表面的海拔标高在一定时期内不断降低的环境地质现象，是地层形变的一种形式。狭义的地面沉降又称地面下沉或地陷，是在人类工程经济活动影响下由于地下松散地层固结压缩导致地壳表面标高降低的一种局部的下降运动或工程地质现象。我国长三角地区、华北平原和汾渭盆地是地面沉降的重灾区。地面沉降有自然地面沉降和人为地面沉降2类。自然地面沉降有2种类型，一种是地表松散或半松散的沉积层在重力的作用下由松散到细密的成岩过程，另一种是由于地质构造运动、地震等引起的地面沉降。人为的地表沉降主要是大量抽取地下流体（水、石油、天然气）所致。地面沉降也可分为构造沉降、抽水沉降和采空沉降三种类型，构造沉降是由地壳沉降运动引起的地面下沉现象；抽水沉降是由于过量抽汲地下水（或油、气）引起水位（或油、气压）下降导致欠固结或半固结土层分布区内土层固结压密并发生大面积地面下沉的现象；采空沉降是指因地下大面积采空引起顶板岩（土）体下沉而造成的地面碟状洼地现象。按发生地面沉降的地质环境可将地面沉降分为三种模式，即现代冲积平原模式，比如中国的几大平原；三角洲平原模式，尤其是在现代冲积三角洲平原地区，比如长江三角洲；断陷盆地模式。断陷盆地模式可再分为近海式和内陆式两类。近海式指滨海平原，比如宁波。内陆式为湖冲积平原，比如西安、大同。

造成地面沉降的自然因素是地壳的构造运动和地表压实；人为的地面沉降广泛见于一些大量开采地下水的大城市和石油或天然气开采区。不同地质环境模式的地面沉降具有不同的规律和特点，在研究方法和预测模型方面也应有所不同。另外，根据地面沉降发生的原因还可分为抽汲地下水引起的地面沉降、采掘固体矿产引起的地面沉降、开采石油或天然气引起的地面沉降、抽汲卤水引起的地面沉降、地面下施工引起的地面沉降，比如地铁施工。另外，"楼升地降"是地面下沉的另一个人为因素，高层建筑对地面沉降的影响能达到40%，对地质环境的影响非常明显。

17.12.2　地面沉降灾害的防御

地面沉降危害主要是毁坏建筑物和生产设施；不利于建设事业和资源开发。发生地面沉降的地区属于地层不稳定的地带，在进行城市建设和资源开发时需更多的建设投资且生产能力也会受到限制。地面沉降会造成海水倒灌。地面沉降区多出现在沿海地带。地面沉降到接近海面时，会发生海水倒灌，使土壤和地下水盐碱化。对地面沉降的预防主要是针对地面沉降的不同原因而采取相应的工程措施。地面沉降还会对地表或地下构筑物造成危害；在沿海地区还能引起海水入侵、港湾设施失效等不良后果。人为地面沉降主要是过量开采地下液体或气体致使贮存这些液、气体的沉积层的孔隙压力发生趋势性的降低，有效应力相应增大，从而导致地层压密。

地面沉降防治应注重研究开发高新技术，注重水准测量、基岩标和分层标等传统技术方法利用，应始终把地下水和地面沉降监测工作作为防治地面沉降的基础。对地面沉降的监测可采取传统地面测量监测法、GPS监测法、合成孔径干涉雷达监测法。传统的地面沉降测量方法包括水准测量、基岩标和分层标测量，这些方法精度很高但只能在比较小范围内开展工作。大规模区域地面沉降监测应采用先进的全球定位系统（GPS）进行。合成孔径干涉雷达监测是一种卫星遥感技术，可敏感地监测出地面沉降的变化。

通常情况下，地面沉降从一个或几个中心向周围不断减弱，逐渐过渡为非沉降区。通过以精密水准测量或卫星标高定位测量为主要手段的综合监测可以确定地面沉降范围及其变化情况。地面沉降范围大小不一，初始阶段相对独立的地面沉降区仅几平方千米；如其继续发展，众多独立的地面沉降区相连后，形成的区域性地面沉降范围可达几千平方千米以上。地面沉降范围越大，灾害越严重，防治越困难。

地面沉降控制应随时正确监测地面和地下水位沉降并提供标准数据，其对预测和预报地面沉降工作至关重要。应根据地面沉降的特点以及实际情况采用合理的方法来减缓地面沉降的速度或修复地面沉降，把损失降到最低。可采用含水层存储和修复技术缓解地面沉降。可通过将土地使用由农业用地型向城市用地型转变以降低需水强度，防止地下水位的进一步下降。可通过节水措施缓解地面沉降，即利用含水层组储藏和运输地下水优于造价高昂的地表蓄水和输水系统。可通过加固堤防解决海水入侵问题，即对沿海城市进行海岸加固，建造堤防防止洪水泛滥和海水入侵。通过立法保护缓解地面沉降，其基本目标是加强对已衰竭含水层组的管理，把有限的地下水资源进行最合理的分配，开发新的水资源供应来增加地下水资源。应防止和减少落水洞的形成，落水洞的活动与地下水的抽取有直接关系，控制地下水位的波动可以防止落水洞的形成。应建立联防联控机制。

17.12.3　长江三角洲地面沉降的特点

1．长江三角洲的地史特征及地层结构

从地质学的角度讲，长江三角洲是一个建设性三角洲，其区域在不断扩大中。地学意义上的长江三角洲（见图 17-12-1 中的虚线）顶点为江苏仪征、北界为新通扬运河、南界为钱塘江（杭州湾），是由长江和钱塘江共同冲积而成的三角洲，图 17-12-2 为长江三角洲的卫星遥感图。长江三角洲地面沉降都是在第四纪地层中发生的，工程上遇到的大多数土也都是在第四纪地质历史时期内所形成的，第四纪地质年代的土通常分更新世和全新世等 2 类，时间跨度为 73～248 万年，第四纪土因搬运和堆积方式的不同有残积土和运积土两大类，长江三角洲地区为运积土中的冲积土。

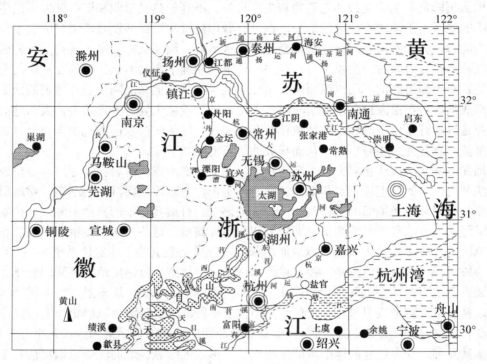

图 17-12-1　长江三角洲的地理区位

第四纪以来，由于地壳升降运动较强烈加上频繁的古气候周期性冷暖变化使长江三角洲地区发生了多次海侵和海退、经历了反复出现的沧海变化。大量第四纪地质研究成果，特别是 100 多个钻孔的微体古生物、孢粉及古地磁测量等资料的分析，反映长江三角洲平原第四系中至少发育有 5 个海侵层，反映第四纪以来该地区至少发生过 5 次海侵（见表 17-12-1）。与地面沉降较为密切的是最近的 4 次海侵（见图 17-12-3～图 17-12-7），自下而上为第 I 次（上海海侵）、第 II 次（太湖海侵）、

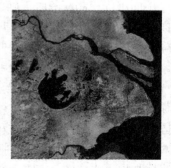

图 17-12-2　长江三角洲卫星遥感图

第Ⅲ次（澌湖海侵）、第Ⅳ次（镇江海侵）。第Ⅰ次海侵（上海海侵）时代为中更新世晚期，海侵层以河口相灰色、深灰色中粗砂、粉细砂为主，海陆相化石混生，化石种属和数量相对贫乏、个体较小，该海侵层埋深 110～170 m 左右、厚数米至 30 余米。第Ⅱ次（太湖海侵）海侵时代为晚更新世早期，海侵层为滨岸沼泽相沉积，岩性为灰色淤泥质黏土、粉土或粉砂，水平层理非常发育，厚数米至 30 余米，自西向东增厚，埋深 30～60 m。第Ⅲ次（澌湖海侵）海侵时代为晚更新世晚期，海侵层为海湾泻湖相沉积，以灰、灰黑色淤泥质黏土夹粉砂为主，常见千层并状特殊结构特征，埋深 10～30 m、厚数米至 20 余米，该层含青刚栎、栎、枫香、藜、水龙骨等孢粉化石（反映暖热湿润气候环境）并含有丰富的毕克卷转虫、缝裂希望虫、波伊艾筛九字虫、山西九字虫等有孔虫化石。第Ⅳ次（镇江海侵）海侵时代为全新世早中期，海侵层为海湾泻湖相沉积，以青灰色黏土、粉质黏土为主，含以毕克卷转虫、山西九字虫为主的有孔虫化石，孢粉以栎、松、柏、水龙骨等为主，反映为温暖潮湿的气候环境所形成，底板埋深 2～13 m、厚 3～8 m。

表 17-12-1　我国东部沿海第四纪海侵名称对比表

时	距今万年	长江三角洲	我国东部(汪品先等)	华北(赵松龄等)	下辽河(汪品先等)
Q_4	0.87～0.6	镇江海侵	卷转虫海侵	黄骅海侵	水源海侵
Q_3^2	3.5～2.4	澌湖海侵	假轮虫海侵	献县海侵	先锋海侵
Q_3^1	7～10	太湖海侵	星轮虫海侵	沧州海侵	盘山海侵
Q_2^1	70	上海海侵	盘旋虫海侵		
Q_1^2	180～100	如皋海侵			

　　长江三角洲地表基本为第四纪地层所覆盖，基岩露头极少。根据不同的工程地质分区可大致做出对其第四纪地层的成因类型及沉积环境的相应推断。长江三角洲第四系沉积物在基底隆起产生的次级凹陷和凸起相间的背景上堆积、沉降幅度相对较小。第四系厚度为 40～236 m，大多在 80～130 m 之间，仅部分地段有下更新统地层分布区，这些地段厚度为 170～197 m。地层结构以砂（砾）与黏性土互层为特征（韵律清晰），每个沉积旋回的上部因沉积间断发育了风化淋溶层，并形成含铁、锰质结核，以褐黄色为主色，色调呈杂斑状的杂色硬黏土层，后期因潜育化作用杂色层有时呈暗绿色、灰绿色调。上述硬黏性土层的迭复出现在各组段地层间留有清晰的间断面，形成"间断型"沉积层序，杂色硬黏性土层的广泛分布形成了地层划分的标志层。沉积相以河流、河湖相为主，一般在 60 m 以浅为陆海交互沉积，有老到新依次为下更新统、中更新统、上更新统、全新统。下更新统的下段埋深大致在 150 m 左右，因沉积时期处于山前和山间盆地为大量补偿性充填的粗碎屑沉积，以冲洪积—洪积相的棕黄、杂色含砾粉质黏土或黏砾混杂堆积为主，砾石多为次棱角—棱角状。砾石成分因地而异，有灰岩、砂岩、火山岩、等，且砾径大小不一。下更新统的中上段有为泥质粗砾层及冲洪积层；河湖相黏土层，青灰、棕黄夹杂色含少量钙质结核；特异层，比如下部的灰—灰黄色中细砂局部含砾的山溪性古河道冲积层和上部的河湖相褐黄、灰绿等杂色粉质黏土层组成，黏性土层中含钙质结核。中更新统为典型的河流相砂、砂砾层（即古长江支流）并与河湖相杂色黏性土层组成两个正韵律。其下部以灰、灰黄、灰绿色中细砂、中粗砂、粗砂含砾层为主，厚度一般在 20～40 m。上更新统主要由两个海侵旋回组成，下段的下部为河口—滨海相的灰—灰黄色粉土、粉砂互层，呈千层饼状，水平透镜层理发育，局部夹粉质黏土薄

层，为本区第Ⅰ次海侵层位。下段的上部为河湖相的灰、灰黄、灰绿色黏土、粉质黏土层，含铁锰结核，局部夹粉砂层。上段的下部为滨海—河口相的灰、深灰色粉细砂，粉质黏土与粉细砂薄层互层，局部为灰绿色粉质黏土和淤质粉质黏土，见水平层理，含海相微古化石，为本区第Ⅱ次海侵层位，海侵范围较广，向西一直延伸到常州的漏湖附近。上段的上部为河湖相的暗绿、灰绿、褐黄色等杂色黏土、粉质黏土层，含铁锰质结核、硬塑、分布广泛且较稳定，该硬黏性土层之顶面可作为全新统与更新统的划界标志。全新统的下段以滨海—浅海相的深灰、灰黑色淤泥质粉质黏土、黏土为主。其含极微碎屑，局部为灰、青灰色粉质黏土，为本区第四纪的最后一次海侵。全新统的中段为河湖相的灰、深灰色粉质黏土、粉土、粉砂层。其总体呈北西—南东向展布，西北侧较窄，东南侧广大，顶板埋深一般 7～10 m，厚度 2～4 m，局部位置厚有较大变化，其中顶部分布的黄褐色黏土层分布广且较稳定，可～硬塑状态，含铁、锰结核。全新统的上段以湖沼相沉积的灰褐、夹青灰色的黏土、粉质黏土、粉土为主。其为暗灰色、深灰、灰绿色淤泥、淤泥质粉质黏土、淤泥质亚砂土和褐黑色泥炭层，夹半炭化腐木，厚度一般 2～4 m，最厚处超过 12.0 m，流塑—软塑状态。长江三角洲低山丘陵区的第四纪沉积物受地形地貌影响，沉积物质的成分和堆积方式与平原区截然不同，一般以洪坡积、残坡积、冲坡积、冲积形式混杂堆积，岩性复杂，分布极不稳定，主要特征有以下五点。即下更新统时期山丘处于剥蚀、搬运、冲刷的环境，碎屑物质未能沉积下来，缺失下更新统地层。在山丘区的坡脚或岗脊之上分布中更新统的洪坡积层，岩性为红棕带黄色网纹红土、蠕虫状构造、含角砾、成分主要为石英砂岩、棱角—次棱角状，可见厚度 0.5～1.0 m。山麓地带常分布有上更新统下段的冲坡积层，岩性为黄棕、灰棕色黏土砾石层，混杂少量泥砂，无分选，厚一般 0.3～1.5 m。坡脚与平原接界处常分布上更新统上段的冲积层，呈长垄、垄岗或高墩状展现，岩性为棕黄、深黄色粉质黏土，质纯，结构紧密，偶含砾，厚 3～4 m，与下蜀土层位相当。在山间沟谷中分布全新统的残坡、冲坡积物，岩性为灰黄色粉质黏土夹石英砂岩碎块及砂、砾岩，砾径 5～10 cm，分选差，厚度一般小于 1 m。图17-12-3～图 17-12-7 中的长江三角洲的几个典型地质剖面见图 17-12-7～图 17-12-10。

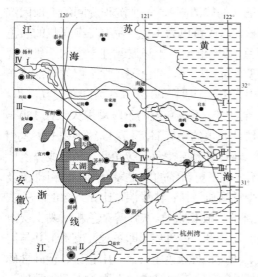

图 17-12-3　第Ⅰ次海侵（上海海侵）

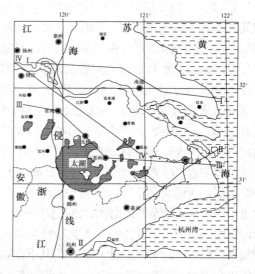

图 17-12-4　第Ⅱ次海侵（太湖海侵）

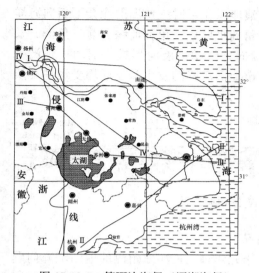

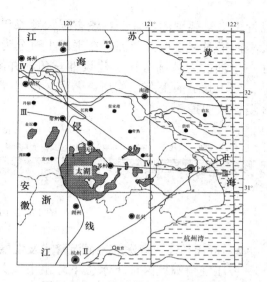

图 17-12-5　第Ⅲ次海侵（潟湖海侵）　　　　图 17-12-6　第Ⅳ次海侵（镇江海侵）

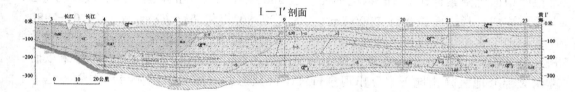

图 17-12-7　Ⅰ-Ⅰ'水文地质剖面

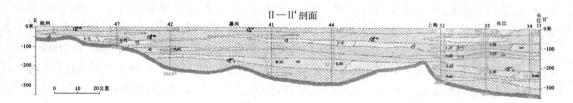

图 17-12-8　Ⅱ-Ⅱ'水文地质剖面

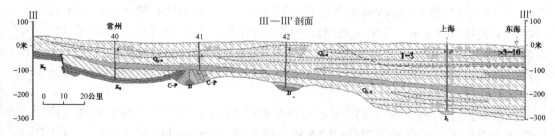

图 17-12-9　Ⅲ-Ⅲ'水文地质剖面

　　长江三角洲属于近代三角洲平原沉积模式。三角洲位于河流的入海地段，介于河流冲积平原与滨海大陆架的过渡地带。随着地壳的节奏性升降运动河口地段接受了陆相和海相两种沉积物。其沉积结构具有由以中细砂为主夹有机黏土的陆源碎屑与海相

301

黏性土交错叠置的特征。在没有强大潮流和波浪能量作用时三角洲前缘会不断向海洋发展而形成建设性三角洲，在平面上可分为三角洲平原、三角洲前缘和前三角洲。长江三角洲的主体部分属于建设性三角洲并继续向外淤积扩展而形成广阔的三角洲平原，位于其上的上海、苏州、无锡、常州等城市地面沉降的发生和发展均受这种地质环境模式的控制。

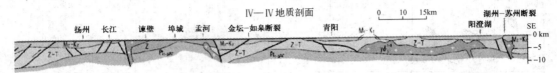

图 17-12-10　Ⅳ-Ⅳ'地质剖面

2. 近代长江三角洲的地面沉降史及发展情况

长江三角洲地区地下水位下降由来已久，十几年前，长江三角洲的地面沉降问题颇令人担忧。长江三角洲地区的地面沉降中心已由城区向郊区蔓延并逐步成片。苏锡常地区地面沉降累计在 0.2 m 以上的面积达 5000 km^2，0.5 mm 地面沉降等值线已将 3 个城市连成一片、面积接近 2000 km^2。20 世纪 80 年代调查资料显示，1970—1980 年常州地下水位平均每年下降 4 m，漏斗中心潜水位深达 60 多米。苏州、无锡、常州三市 1950—1980 年平均地下水位下降速度为 1.8 m～2.0 m。20 世纪 90 年代末以前苏南大部分地区静止地下水位出现了持续下降状态并形成多个以城市为中心的地下水位降落漏斗，苏州、无锡、常州三城市中心附近以及常熟、昆山、太仓等市区 1991 年以来地下水位下降速率为 1m/年，常州的戚墅堰、无锡江阴的青阳和马镇、苏州吴中区的望亭和浒墅关、苏州市区、吴江的平望和盛泽地下水位下降速率为 2 m/年，无锡的前洲、洛社、石塘湾地区出现水位加速下降趋势（达 3 m/年）。苏州市区地面沉降始于 20 世纪 60 年代初，70 年代地面沉降速率有所加快，市区沉降速率为 0.04～0.05 m/年、市郊为 0.02～0.03 m/年。无锡市 1955—1964 年已产生地面沉降但沉降速率较小，仅 0.007 m/年，1964—1975 年沉降速率加快（平均 0.038 m/年），1975 年以后为 0.01～0.25 m/年。常州市地面沉降发生时间稍晚但发展迅速，20 世纪 70 年代仅仅发生沉降迹象，1984—1991 年地面沉降速度一直保持在 0.04～0.05 m/年量级。苏锡常三市地面沉降以无锡市最为严重且发展速度快，在惠山区石塘湾浒四桥附近累计沉降量最大超过 2.0 m。苏州市地面沉降中心位于城区北寺塔附近，老城区累计沉降量最大超过 1.0 m，其中齐门大街达 1.55 m。1999 年以后江苏省委、省政府出台了相关控制地面沉降的政策措施才使苏南太湖流域地面沉降趋势得到有效控制，部分地区地下水位甚至出现回升势头。

图 17-12-11 为根据精密水准测量资料获得的 2014 年度长江三角洲地面沉降图，水准测量资料不足时借助了部分 GNSS 测量成果（即 GPS 测量成果，特别是江苏 CORS 站的测量成果。长江三角洲地区江苏 CORS 站的分布见图 17-12-12）。从图 17-12-11 可见长江三角洲地面沉降已得到很好的抑制，功劳归因于全面禁采地下水以及回灌地下水。

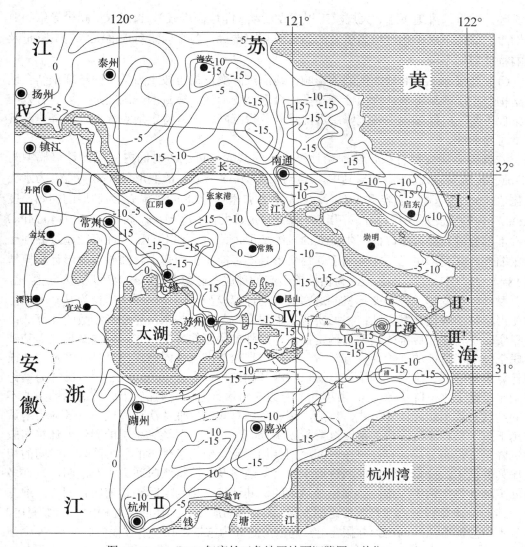

图 17-12-11　2014 年度长三角地区地面沉降图（单位：mm）

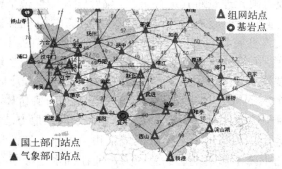

图 17-12-12　长江三角洲地区江苏 CORS 站点分布示意

3. 长江三角洲地面沉降的主要影响因素及影响特征

通过大量的地质调查、原位测试、实验室研究，发现引发长江三角洲地面沉降的主

303

要原因是过量超采地下水、大规模工程建设活动（即地面堆载）、长江水量减少导致的海水倒灌，即地下水矿化度增高引发的黏性土超固结等，各个因素对地面沉降的贡献量及影响特征迥然不同。

（1）超采地下水对地面沉降的影响。地面沉降变形量可按土力学中固结理论结合地层结构及土层变形特征计算，计算模型应合理，变形量计算目的是确定某一附加有效应力条件下某一时间过程中各沉降层沉降量并获得沉降区内各特定地点的综合沉降值及沉降量时序曲线。

砂或砂砾层变形可按弹性理论计算并认为其变形可在短时间内完成，计算模型为 $\Delta S = \rho_\omega g \Delta h\, H_0 / E_S = \Delta \rho_e H_0 / E_S$，其中，$\Delta \rho_e = \rho_\omega g \Delta h$，$\Delta S$ 为砂层的变形量（cm）；Δh 为水头变化值（m）；ρ_ω 为水的容重（t/m³）；g 为重力加速度（9.8 m/s²）；H_0 为砂层的初始厚度（m）；E_S 为砂土变形模量（MPa），压缩时 $E_S = 1/m_v$、回弹时 $E_S' = 1/m_s$。高压力（7～140 MPa）条件下部分砂粒会被压碎而产生较大的压缩变形，此时，砂土的压缩性可能超过黏性土的压缩性，其变形也已不完全属于弹性变形且不可能完全回弹，含油砂岩变形计算模型为 $\Delta S = \Delta e\, H_0 / (1 + e_0)$，其中，$\Delta e$ 为由抽液引起的砂层孔隙比变化；e_0' 为砂层初始孔隙比。

黏性土层变形应按其变形机制选择适当的计算模型，比如以固结理论为基础考虑土体变形特征的理论计算方法；根据实测压缩层应力—应变关系反算变形参数的计算法；根据实际资料建立标准化模型按预定抽液计划外推预测的方法；等。以固结理论为基础考虑土体变形特征的理论计算方法有一维固结理论、准三维固结理论、黏弹性及塑性模型计算理论等。一维固结理论计算法以太沙基固结理论方程 $\partial u / \partial t = C_v (\partial^2 u / \partial z^2)$ 为理论基础、以地下水位降落差值 Δh 所引起的有效应力增量 Δp_e 为附加应力、考虑黏性土的不同固结状态选用相应计算公式，然后，按照分层总和法原理依次计算任一有效应力增量作用下每一黏性土沉降层的最终沉降量 s_c 并按任一时间 t 时该黏土层的固结度计算相应的沉降量 s_t，将分层计算结果按时间序列叠加得到该应力条件下的总沉降量与时间的相关序列并做出沉降量的时序曲线进而求得沉降速率及沉降持续时间。实践证明，在许多地面沉降计算实例中一维固结理论是适用的，其计算结果与实际测量值比较相近。准三维固结理论计算法是一维固结理论的发展，其考虑均质饱和土体固结过程中的三维变化，假定土中渗流服从达西定律并假定一点总应力之和为常量，其基本方程为 $C_{v3} \nabla^2 u = \partial u / \partial t$，其中，$\nabla^2 u = \partial^2 u / \partial x^2 + \partial^2 u / \partial y^2 + \partial^2 u / \partial z^2$，$C_{v3}$ 为三向固结系数，当土体变形及边界条件复杂时可利用差分法或有限元理论对其进行求解。黏弹性及塑性模型计算理论把工程力学中的黏弹性变形、塑性变形两种形式引入到了土体变形研究中。黏弹性理论考虑土体在一定附加应力下表现出的蠕变特性以及在一定附加应变下表现出的应力衰减对弹性变形的调整过程，其黏弹性模型可较好地表现软塑性土体的变形特征。塑性理论认为土体的屈服强度对变形特征有重要影响，当土体内有效应力高于土体屈服强度时土体产生塑性变形（属永久变形）。同时考虑土体的弹性和塑性变形的数学模型有剑桥模型、邓肯模型等，借助这些模型可得出的弹塑性应力—应变关系矩阵，然后借助数值方法可计算沉降量。

大量研究表明，地面沉降与地下水位降低成正相关关系，从饱和含水层中抽水时引起的含水层静水压力的下降不影响地层的总应力，即在抽水过程中孔隙水压力的变化将转化为土体骨架上的有效应力。根据大量原位监测实测数据，利用计算机模拟方法总结的长江三角洲地区地表沉降与地下水位降低的关系为

$$h = 2.7113\sqrt{[\ln(d+1)] / E}\,\ln(W/100 + 1) + 0.0031 \tag{1}$$

式（1）中，h 为地表沉降量（单位为 m）；W 为地下水位降低量（单位为 m）；E 为地表到硬岩间土层的加权平均压缩模量（单位为 MPa），$E=\sum(E_id_i)/\sum d_i$；d 为地表到硬岩间的铅直距离，即地表到硬岩间的土层厚度，单位为 m；E_i 为各土层的压缩模量；d_i 为与 E_i 对应的土层厚度。式（1）的相关系数 $r=0.97653211$，具有较高的准确性。

应重视基坑降水引发的局域地面沉降问题。我国科技工作者在获得大量原位测试数据基础上借助计算机建模得出的无截水措施情况下基坑降水后基坑周边地下水位变化的经验数学模型（见图 17-12-13）为

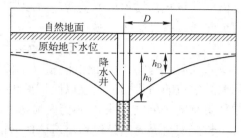

$$h_D = h_0 \times e^{-\alpha \times D^{3.32}} + \beta \qquad (2)$$

式（2）中，α、β 为经验系数，α 的变化范围在 $0.9622 \sim 0.9788$ 之间，可取其

图 17-12-13　基坑降水后基坑周边地下水位的变化

中值 0.9705。β 的变化范围在 $0.023 \sim 0.029$ 之间，可取其中值 0.026；D 为地面点到降水井的水平距离（单位为 km）；h_0 为降水井处的降水深度（单位为 m）；h_D 为地面点到降水井的水平距离为 D 处的地下水位降低量，即降水深度，单位为 m。式（3）反映的是降水井周边地区地下水位随降水井内实际水位变化的经验数学关系，不反映降水井实际水位与降水时间的相关关系。当然，降水井内实际水位的高低是与降水方式及降水时间密切相关的。这种相关关系极其复杂，涉及因素很多，不太容易用一个简捷型函数表示，故可只考虑降水井实际水位的变化而不涉及降水方式及降水时间问题。

无截水措施情况下基坑降水后周边土体承载能力的变化用承载能力保持系数 γ 进行衡量，其经验数学模型为

$$\gamma = e^{-a \times h/100} + b \qquad (3)$$

式（3）中，a、b 为经验系数，a 的变化范围在 $1.259 \sim 1.363$ 之间，可取其中值 1.311。b 的变化范围在 $0.0010 \sim 0.0014$ 之间，可取其中值 0.0012；h 为计算位置地下水位的降低量，即降水深度，单位为 m。当 $\gamma=1$ 时土体承载能力不变，γ 越小承载能力降低的幅度越大，未降水前的土体承载力乘以 γ 就是降水后的土体承载力。式（4）反映的是天然状态下土体在地下水位变化时的承载能力变化经验数学关系，与基坑是否支护没有直接的关联关系，当然基坑支护会适当弥补周边土体的承载力损失。弥补的程度与支护形式、土体特性等多种因素有关，也不太容易用一个简捷型函数表示，故以上只给出了无支护条件下天然状态土体在地下水位变化时的承载能力变化。

（2）地面堆载对地面沉降的影响特征。黏性土地层在外荷载作用下的实际变形发展情况显示地层土的总沉降量 s 由瞬时沉降 s_d（畸变沉降）、固结沉降 s_c（主固结沉降）、次压缩沉降 s_s（次固结沉降）等 3 大部分组成。瞬时沉降是紧随着加压之后地层即时发生的沉降，此时地层土在外荷载作用下其体积还来不及发生变化，即尚未反应过来。主要是地层土的畸曲变形，也称畸变沉降、初始沉降或不排水沉降。固结沉降是由于荷载作用下超孔隙水压力的消散以及有效应力的增长而完成的。次固结被认为与土的骨架蠕变有关，它是在超孔隙水压力已经消散、有效应力增长基本不变之后仍随时间而缓慢增长的压缩，在次压缩沉降过程中土的体积变化速率与孔隙水从土中的流出速率无关，即

次压缩沉降的时间与土层厚度无关。人们习惯将黏性土地层固结过程中任意时刻的沉降量用土的固结度表达，土的固结（压密）度是指地层土在某一压力作用下经历时间 t 所产生的固结变形（沉降）量与最终固结变形（沉降）量之比。

地面沉降与地面堆载成正相关关系。我国科技工作者在获得大量原位测试数据基础上借助计算机建模得出的第四纪沉积层厚度为 H 的土层上分布有连续均布荷载 P 时的地面沉降量 S 的经验数学模型为

$$S = 6.2279736 \times 10^{-4} PH / E + 0.00017 \qquad (4)$$

式（4）中，S 为地面沉降量（单位为 m）；P 为地面连续均布荷载（可将区域内全部地面建筑的质量相加后除以区域面积获得，单位为 MPa）；H 为计算区域第四纪沉积层平均厚度（单位为 m）；E 为区域第四纪沉积层加权平均压缩模量（单位为 MPa）。

长江三角洲第四纪沉积层沉降时效的基本规律为

$$\Delta h = \alpha h P e^{-\beta t} / (SE) - \gamma \qquad (5)$$

式（5）中，α、β、γ 为区域经验系数，对长江三角洲地区 $\alpha=26.0182$，$\beta=1.008$，$\gamma=0.044$；Δh 为地面堆载的年沉降增量（单位为 mm）；h 为地面到硬岩的平均距离（单位为 m）；P 为地面堆载总荷载（单位为 MN）；S 为地面堆载区域面积（单位为 m^2）；E 为地表到硬岩间土层的加权平均压缩模量（单位为 MPa）；t 为距堆载完成日的时间，t 以年为单位，$t \geqslant 1$；e 为自然对数的底，e=2.718281828。式（5）的相关系数 $r=0.89561130$，具有较高的准确性。

（3）地下水矿化度增高对地面沉降的影响特征。长江三角洲冲积物中富含黏土，黏土的基本构成单位是一个硅氧四面体和一个铝氢氧八面体，由于每一个单位的化合价不均衡最后呈现负价特征，很多个单位微粒会结合成片状结构而不是孤立结构。四面体通过共享氧离子然后形成硅氧片层。八面体则通过共享羟基来形成铝氧八面体。硅氧片层显负性，铝氧八面体电中性。同时，硅和铝也可被其他元素代替而引起电荷的不平衡，这就是所谓的"同晶型替代"。各种形式的层结构堆叠到一起就形成了黏土层。高岭土的基本结构是由单片状的二氧化硅和铝氧八面体组成的，很难发生同晶型替换。其中的二氧化硅和铝氧八面体由较强的氢键连接，一个高岭土的微粒有超过 100 个小分子堆叠形成。伊利石基本结构是一单片铝氧八面体和两单位二氧化硅，部分二氧化硅片层中的硅可被铝替代，这种组合比较弱，因会有钾离子存在其中。蒙脱石和伊利石具有相同的结构组成，片状铝氧八面体中部分铝可被镁和铁替代，而片状二氧化硅中部分硅则可被铝替代。由于它们之间靠水分子和可交换的阳离子连接而不是钾离子，故这样的连接会很不稳定。一旦有额外的水被吸附到联合的片状物中就会出现膨胀的蒙脱石。由于硅和铝会被其他更低化合价的同晶型替换，也由于羟基会分离，故黏土表面常带负电荷，当边缘微粒间的纽带断裂时就会出现不平衡化合价，负价会导致水中阳离子被吸附到微粒空隙间但对阳离子这种吸附力很弱，当水的质量改变时阳离子也会被替换，这种现象就是阳离子交换。阳离子会因黏土微粒表面的负电荷而被吸引，同时它们也会因自身的热能而互相远离。最后结果是阳离子在微粒旁形成分散层，随离微粒表面距离的增大阳离子数量减少，直到总数量和水中的空隙间负电荷相等达到均衡。人们用双电层来描述负电性微粒表面和阳离子分散层，对特定微粒而言，阳离子层厚度取决于阳离子的化合价和密集度。由于阳离子交换，导致的化合价升高或密集度增加时阳离子层就会变薄，温度同样会影响阳离子层，温度升高时也会使阳离子层变薄。因为水分子具有两极性，水分子层通过氢键和微粒表面的负电荷连接环绕在黏土微粒周围，同时也会由于阳离子的互换而连

接，比如它们变为水合物时，这样微粒就会被一层吸收了的水分子环绕。其中最靠近微粒的水分子粘合紧密，随微粒表面和边缘自由水分子距离的变大粘合力会减弱，吸收的水分子可自由地在微粒表面做平行移动但竖向运动不会发生。相邻黏土微粒间存在排斥力和吸引力，当双电层电性相同时就会产生斥力，斥力取决于微粒层的特性，阳离子化合价升高或更集中就会导致斥力减小，反之亦然。引力产生于短程的范德华力，即中性分子间的吸引力，这种力与双电层本身的性质无关，它会随着距离的增加急速减小。最终的粒子间的力会影响黏土微粒的结构，净斥力会使微粒趋向于面对面，形成分散结构。净引力会使微粒趋向边对边，形成絮凝结构。自然黏土中通常含有较多的大型颗粒，这种情况下的结构特征一般比较复杂，单个黏土颗粒间的相互作用比较少见，它们都趋向于形成面对面的基本聚合物或域。然后这些基本的聚合物又会集合形成更大的集合物，这些集合物的结构会受到沉积环境的影响。集合体有页状集数结构和乱层结构两种。

　　由于黏土的表面带有负电荷，一旦其周围出现负电荷时就会相互积聚，因此，地面沉降与沉积层的碱含量（钠、钙含量）成正相关关系，含碱量越高沉降量越大，含碱量与海水的内侵关系密切，海水内侵与长江水的下泄流量密切相关，下泄流量越大冲积物质含量越多、三角洲的扩展速度越快、沉积层碱含量越少、地面沉降速度越缓。近几年，长江来水量的减少导致了长江三角洲的海水倒灌问题，海水倒灌使第四纪沉积层地下水矿化度增高，长江三角洲地区的地下水化学特征见图17-12-14，继而引发黏性土的超固结导致地面沉降，即矿化孔隙水的物理化学作用会使黏性土呈现超固结土的特征进而引发地面沉降。比如海相黏性土堆积过程中由于含钠、钙的矿化水作用使土粒凝集、颗粒和粒团间胶结作用增强、固体体积减小。再比如盐碱地的土壤板结等。我国科技工作者通过原位实验发现，土壤中矿化孔隙水的钠、钙矿化度 K 每增加 24.64g/L 土壤的体积就会缩小 1/1000，亦即引起黏性土 1 mm 的沉降量。矿化度增量 ΔK 与地面沉降量 S 的统计型关系为

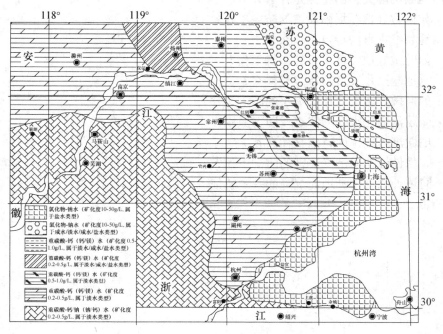

图 17-12-14　长江三角洲地区地下水化学图

307

$$S = 4.058787478 \times 10^{-5} H \Delta K + 0.000024 \tag{6}$$

式（6）中，S 为矿化沉降量（单位为 m）；H 为受矿化孔隙水影响的黏性土厚度（单位为 m）；ΔK 为矿化孔隙水的钠、钙矿化度增量（单位为 g/L）。

思考题与习题

1. 工程地质灾害的基本特征有哪些？
2. 简述工程地质灾害的类型。
3. 工程地质灾害评估与预测的基本原则是什么？
4. 工程地质灾害防治的基本原则是什么？
5. 简述地震的基本特点。
6. 如何做好地震防御工作？
7. 简述火山灾害的特点及防御原则。
8. 崩塌灾害的基本特点是什么？
9. 如何做好崩塌灾害的防御工作？
10. 滑坡灾害的特点是什么？
11. 如何做好滑坡灾害的防御工作？
12. 泥石流的特点是什么？
13. 如何做好泥石流的防御工作？
14. 水土流失灾害的特点是什么？
15. 如何做好水土流失灾害的治理与防御工作？
16. 地面塌陷灾害的特点是什么？
17. 如何做好地面塌陷灾害的防御工作？
18. 地裂缝灾害的特点是什么？
19. 如何做好地裂缝灾害的防御工作？
20. 土地盐渍化灾害的特点是什么？
21. 如何做好土地盐渍化灾害的防御工作？
22. 简述沼泽化灾害的特点及防御原则。
23. 地面沉降灾害的特点是什么？
24. 如何做好地面沉降灾害的防御工作？
25. 简述长江三角洲地面沉降的基本特征。

参 考 文 献

[1] AASHTO Standard M 145-87. The classification of soils and soil-aggregate mixtures for highway construction purposes. AASHTO Materials, Part I, Specifications. American Association of State Highway and Transportation Officials, Washington, D.C.

[2] AASHTO Standard T 11-90. Amount of material finer than 75- m sieve in aggregate. AASHTO Materials, Part I, Specifications. American Association of State Highway and Transportation Officials, Washington, D.C.

[3] AASHTO Standard T 27-88. Sieve analysis of fine and coarse aggregates. AASHTO Materials, Part I, Specifications. American Association of State Highway and Transportation Officials, Washington, D.C.

[4] AASHTO Standard T 88-90. Particle size analysis of soils. AASHTO Materials, Part I, Specifications. American Association of State Highway and Transportation Officials, Washington, D.C.

[5] AASHTO Standard T 89-89. Determining the liquid limit of soils. AASHTO Materials, Part I, Specifications. American Association of State Highway and Transportation Officials, Washington, D.C.

[6] AASHTO Standard T 87-90. Determining the plastic limit and plasticity index of soils. AASHTO Materials, Part I, Specifications. American Association of State Highway and Transportation Officials, Washington, D.C.

[7] ASTM Designation: C 117-190. Test method for materials finer than 75- m (No. 200) sieve in mineral aggregates by washing. ASTM Book of Standards. Sec. 4, Vol. 04.02. American Society for Testing and Materials, Philadelphia, PA.

[8] ASTM Designation: C 136-193. Method for sieve analysis of fine and coarse aggregates. ASTM Book of Standards. Sec. 4, Vol. 04.02. American Society for Testing and Materials, Philadelphia, PA.

[9] ASTM Designation: D 422-463 (1990). Test method for particle-size analysis of soils. ASTM Book of Standards. Sec. 4, Vol. 04.08. American Society for Testing and Materials, Philadelphia, PA.

[10] ASTM Designation: D 653-690. Terminology relating to soil, rock, and contained fluids. ASTM Book of Standards. Sec. 4, Vol. 04.08. American Society for Testing and Materials, Philadelphia, PA.

[11] ASTM Designation: D 1140-1192. Test method for amount of material in soils finer than the No. 200 (75- m) sieve. ASTM Book of Standards. Sec. 4, Vol. 04.08. American Society for Testing and Materials, Philadelphia, PA.

[12] ASTM Designation: D 2487-2493. Standard classification of soils for engineering purposes (unified soil classification system). ASTM Book of Standards. Sec. 4, Vol.

04.08. American Society for Testing and Materials, Philadelphia, PA.

[13] ASTM Designation: D 2488-2493. Practice for description and identification of soils (visual–manual procedure).

[14] ASTM Book of Standards. Sec. 4, Vol. 04.08. American Society for Testing and Materials, Philadelphia, PA.

[15] ASTM Designation: D 4318-4393. Test method for liquid limit, plastic limit, and plasticity index of soils.

[16] ASTM Book of Standards. Sec. 4, Vol. 04.08. American Society for Testing and Materials, Philadelphia, PA.

[17] ASTM Designation: E 11-87. Specification for wire-cloth sieves for testing purposes. ASTM Book of Standards. Sec. 4, Vol. 04.02. American Society for Testing and Materials, Philadelphia, PA.

[18] USEPA, 1982. Office of Solid Waste and Emergency Response. Evaluating Cover Systems for Solid and Hazardous Waste.

[19] USEPA, 1984. Office of Emergency and Remedial Response. Slurry Trench Construction for Pollution Migration Control, EPA-540/2-84-001.

[20] USEPA, 1986. Office of Solid Waste and Emergency Response. Technical Guidance Document: Construction Quality Assurance for Hazardous Waste Land Disposal Facilities, EPA/530-SW-86-031.

[21] USEPA, 1988. Risk Reduction Engineering Laboratory. Guide to Technical Resources for the Design of Land Disposal Facilities, EPA/625/6-88/018.

[22] USEPA. 1993. Office of Research and Development. Quality Assurance and Quality Control for Waste Containment Facilities, Technical Guidance Document EPA/600/R-93/182.

[23] USEPA. 1993. Office of Research and Development. Report of Workshop on Geosynthetic Clay Liners, EPA/600/R-93/171.

[24] USEPA. 1993. Office of Research and Development. Proceedings of the Workshop on Geomembrane Seaming, EPA/600/R-93/112.

[25] ASTM 1194, Standard Test Method for Bearing Capacity of Soil for Static Load and Spread Footings, Vol. 04.08.

[26] ASTM D1586, Standard Test Method for Penetration Test and Split Barrel Sampling of Soils, Vol. 04.08. ASTM D1587, Standard Practice for Thin-Walled Sampling of Soils, Vol. 04.08.

[27] ASTM D2573, Standard Test Method for Field Vane Shear Test in Cohesive Soil, Vol. 04.08.

[28] ASTM D3213, Standard Practices for Handling, Storing and Preparing Soft Undisturbed Marine Soil, Vol. 04.08.

[29] ASTM D3441, Standard Test Method for Deep, Quasi-Static, Cone and Friction Cone Penetration Tests of Soil, Vol. 04.08.

[30] ASTM D4220, Standard Practices for Preserving and Transporting Soil Samples, Vol. 04.08.

[31] ASTM D4428, Standard Test Methods for Crosshole Seismic Testing, Vol. 04.08.

[32] ASTM D4719, Standard Test Method for Pressuremeter Testing in Soils, Vol. 04.08.

[33] ASTM D5079, Standard Practice for Preserving and Transporting Rock Samples, Vol. 04.08.

[34] ASTM D 1143-81 (reapproved 1987). Standard method for piles under static compressive load.

[35] ASTM D 3441-86. Standard method for deep, quasi-static, cone and friction-cone penetration tests of soils.

[36] ASTM D 4719-87. Standard method for pressuremeter testing in soils.

[37] 陈祥军，王景春.地质灾害防治[M].北京：中国建筑工业出版社，2011.

[38] 申元村.荒漠化[M].北京：中国环境科学出版社，2001.

[39] 施雅风.中国冰川概论[M].北京：科学出版社，1988.

[40] 王礼先.水土保持学[M].北京：中国林业出版社，2005

[41] 夏邦栋，普通地质学[M].北京：地质出版社，2001.

[42] 谢自楚，刘潮海.冰川学导论[M].上海：上海科学普及出版社，2010.

[43] Bowles J E. Engineering Properties of Soils and Their Measurement. McGraw-Hill, New York, 1992.

[44] Carter M, Bentley S P. Correlations of Soil Properties. Pentech Press, London.

[45] Domenico, P. A., and Schwartz, F. W. 1990. Physical and Chemical Hydrogeology. John Wiley & Sons, New York, 1991.

[46] Das B M. Principles of Geotechnical Engineering, 2nd ed. PWS-Kent, Boston, MA, 1990.

[47] Harr M E. Reliability-Based Design in Civil Engineering. McGraw-Hill, New York, 1987.

[48] Mitchell J K. Fundamentals of Soil Behavior. John Wiley & Sons, New York,1993.

[49] Nyer E K. Groundwater Treatment Technology. Van Nostrand Reinhold, New York,1992.

[50] Sara M N. Standard Handbook for Solid and Hazardous Waste Facility Assessments. Lewis Publishers, Boca, 1994.

[51] Bowles J E. Engineering Properties of Soils and Their Measurement, 4th ed. McGraw-Hill, New York,1992.

[52] Terzaghi K, Peck R. Soil Mechanics in Engineering Practice. John Wiley & Sons, New York, 1967.

[53] Crowther C L. Load Testing of Deep Foundations, John Wiley & Sons, New York, 1988.

[54] Koerner R M. Designing with Geosynthetics, 3rd ed. Prentice Hall, New York, 1990.